BIBLIOTHÈQUE PRATIQUE DU COLON

AGRICULTURE — INDUSTRIE — COMMERCE

PROGRAMME DE LA COLLECTION

Le Cocotier (*paru*).
Le Bananier (*paru*).
Ananas (*paru*).
Plantes à parfums (*paru*).
Fruits des pays chauds.
Le Manioc.
Le Cotonnier.
Plantes textiles.
Vanilliers. — Vanille. — Vanilline.

Plantes résineuses, tannantes et tinctoriales.
Plantes oléagineuses.
Epices et Aromates.
Le Caféier.
Le Cacaoyer.
Plantes à fécule.
Sucre, Mélasses, Rhum.
Caoutchouc et Gutta, etc.

Chaque volume forme environ 200 pages in-8° avec nombreuses figures et se vend 5 francs, cartonné.

Plantes à parfums, 2 volumes réunis : **10 francs**.

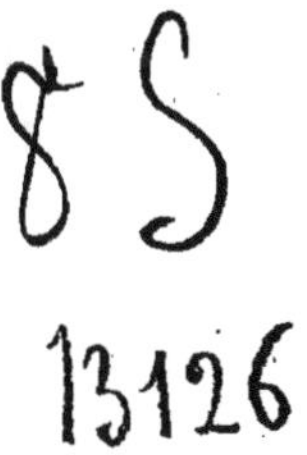

PLANTES A PARFUMS

PAR

Paul HUBERT

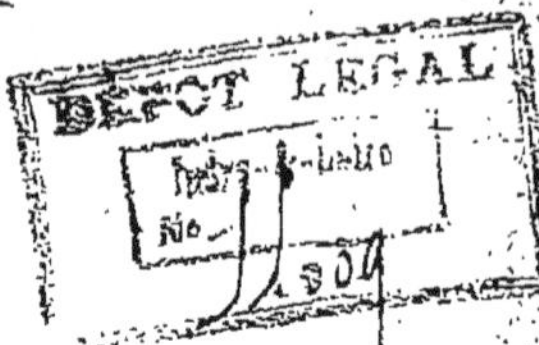

PRODUITS MARCHANDS EN PARFUMERIE

MONOGRAPHIES DES PRINCIPALES PLANTES A PARFUMS. — COMMERCE

GÉNÉRALITÉS. — PARFUMS DES VÉGÉTAUX. — CHIMIE

DES PARFUMS. — INDUSTRIE DES PARFUMS

PARIS (VIᵉ)

H. DUNOD ET E. PINAT, ÉDITEURS

49, Quai des Grands-Augustins, 49

1909

A Monsieur SAINT-GERMAIN

Sénateur

HOMMAGE RESPECTUEUX

PRÉFACE

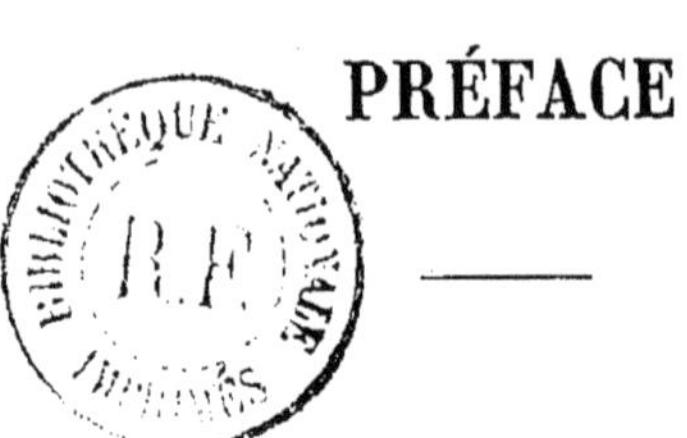

Le Génie, le Progrès modifient, heureusement, bien des industries.

Les métamorphoses se produisent selon les conceptions et indications d'hommes clairvoyants assez audacieux pour sonder l'avenir.

Ces précurseurs, sous une forme quelconque, nous livrent leurs travaux ; à nous, ouvriers, de pétrir et de modeler la pâte.

Nous devons nous souvenir, néanmoins, qu'aucune de nos productions n'est parfaite. Seule la Nature est créatrice : ses œuvres sont irréprochables.

*
* *

L'Incohérence, la Mode, la Fashion ne font, d'autre part, que désorganiser et bouleverser certaines autres industries considérées comme établies.

... Soyeuses étoffes, chatoyantes couleurs, suaves parfums, gemmes précieuses..., rien de ce qui s'adresse plus spécialement à la Femme n'échappe à l'intrigue, à l'imprévu, à la coquetterie.

> Souvent femme varie
> Bien fol...

Fémina : source, cause, mystère.

*
* *

Mais, ne voyons-nous pas nos savants eux-mêmes se mettre servilement à la remorque des « lanceurs de modes » et se disputer — farouches puritains ! — les faveurs d'une terrible intrigante : fantasque souvent, vitrioleuse et empoisonneuse à ses heures ; déconcertante toujours ? dame Chimie !

C'est Elle, la Fée criminelle ! Elle détient mille secrets, formules, recettes. Ses premiers amants, les alchimistes, se coiffaient de chapeaux pointus, s'entouraient de chouettes et de têtes de morts ; leur peau était aussi parcheminée que leurs formulaires : ils étaient cousins des astrologues et des sorciers.

De nos jours, les amoureux de notre Belle sont pléthore ; ils se reconnaissent à la grossière blouse de toile tombant jusqu'aux talons ; mais, comme MM. les rapins, calicots et épiciers s'affublent de même façon, il arrive que l'Idole est souvent infidèle... Serait-ce là l'origine de la fraude dans toutes ses nuances, trames et maléfices ?

De par cette Magicienne, de fabuleuses fortunes s'échafaudent comme par enchantement..., tandis que se produisent les pires catastrophes.

...Elle est également cause que des régions entières

se soulèvent, après s'être disqualifiées par le dol et la fraude... Cinglez, baguette ; flirtez, chimistes ; la Souveraine opère et s'amuse.

*
* *

D'où nous vient la vanille. D'une belle et gracieuse orchidée ?... Ouais ! C'était vrai, il y a quelques années. Toute pulvérisée, elle sort maintenant d'une vulgaire cornue de laboratoire ! Du même récipient noir et crasseux sont extraits, aussi, les parfums les plus pénétrants, les couleurs les plus vives, les matières les plus sucrées sans oublier les aliments les plus malfaisants. Ce qui n'empêche que chacun s'extasie, propage, admire ! Par contre, certains clament la faillite de la Science.

*
* *

Faillite autrement redoutable que « Contestes de frontières », « Soulèvements d'Autochtones » et « Élucubrations » de politiciens quelconques.

Planteurs, producteurs, manufacturiers sont à la merci d'une analyse, d'une synthèse.

L'Industriel, lui, peut modifier ses machineries, orienter sa fabrication, et, selon l'expression classique, se mettre à la hauteur du Progrès.

En est-il de même pour ces millions d'individus de toutes races, de toutes couleurs qui, intelligemment où inconsciemment, vivent « de la Terre »; de ses productions végétales ? Non, pour l'homme des champs, des forêts et des savanes, tout est à refaire ; en hâte, il faut changer le fusil d'épaule ; de nouvelles cultures s'imposent et avec elles recommencent les années d'essais, de luttes, d'énervement, de déceptions, de misère.

Telles furent bien souvent mes réflexions, alors que, parcourant d'anciennes colonies : la Réunion, Nossi-Bé, les Comores, etc., j'y voyais émerger péniblement de brousses matelassées, des cheminées d'usines, d'épaisses murailles, de solides piliers ; entre lesquels gisaient, éboulés, anéantis, refends, transmissions, toitures, machines..., tristes ruines de pierre, de fonte et d'acier.

*
* *

Ces pays, néanmoins, virent travailler, côte à côte : Agriculteurs et Artisans. Dans ces vallées où la végétation a reconquis ses droits et dans l'ouate de laquelle s'étouffent les pas, résonnaient et se confondaient jadis, carillons, appels de sirènes, bruits d'usines : caractéristiques de l'activité humaine..., de la vie elle-même.

Aujourd'hui, sous l'immense linceul de verdure, tout n'est plus que silence et cimetière.

*
* *

Et, pourtant, devons-nous nous décourager ? Est-ce parce que l'industrie sucrière n'est plus, ou si peu ! parce que le goudron, par ses multiples dérivés, a causé tant de paniques ; ou pour toutes autres causes, enfin, que nous devons remiser à jamais nos outils culturaux et abandonner définitivement la partie ?

Non, mille fois non !

Notre devoir, au contraire, est de lutter avec plus d'ardeur encore ; il nous faut démontrer que, si les Métropoles inondent les Colonies de leurs ingrédients falsifiés, les Colonies sauront se passer des Métropoles ; qu'elles produiront des « types » qui, défiant toute contrefaçon, s'imposeront à leur tour. Ce sera la lutte ouverte du Naturel contre l'Artificiel, et l'issue n'est pas douteuse.

. . . .

C'est un peu forcément que j'ai été amené à présenter ainsi cette préface.

*
* *

Dans l'étude des *Plantes à Parfums* et des *Parfums sans Plantes*, nous sommes en continuel va-et-vient du laboratoire à l'usine, de l'officine aux champs.

La question se montre complexe.

J'espère, néanmoins, que le présent ouvrage trouvera près des lecteurs le même bienveillant accueil que les précédents.

C'est au jour le jour, parmi les Planteurs, Usiniers et Négociants, que j'en ai recueilli les éléments. Ma seule ambition est d'être utile surtout à ceux qui, loin des leurs, loin de solides affections, *peinent*, sans jamais se lasser ni se désespérer... en pleine solitude..., en exil !

Paul HUBERT.

PLANTES A PARFUMS

PREMIÈRE PARTIE

CHAPITRE I

GÉNÉRALITÉS

Définition. — Quand une *matière* est cause de sensation agréable sur l'odorat, on a coutume de dire qu'elle est *parfumée*. Elle dégage un parfum : « elle sent bon ». Elle est dite, elle-même, *parfum*.

Divisions. — La matière pouvant être quelconque, il y a lieu de distinguer :

1° Les parfums naturels ;
2° Les parfums synthétiques ;
3° Les parfums organiques ;
4° Les parfums artificiels.

Les parfums naturels se divisent en *parfums des végétaux* et en *parfums des animaux*.

Dans cette étude, nous n'envisagerons que les parfums des végétaux et plus particulièrement ceux des *pays chauds*.

Formation. — **Répartition.** — La formation et le mode de répartition des *principes odorants*, dans les végétaux, sont encore mal définis; pourtant, d'après les travaux les plus récents, il résulterait que pour les *fleurs*, par exemple, les *globules odorants* sont localisés sur les faces internes du calice et de la corolle. Ces globules sont contenus dans des glandes huileuses qui semblent *indépendantes* de la vitalité proprement dite des *plantes*. Le point de départ de la formation des parfums serait la *chlorophylle*, ou pigment vert des plantes.

Cette chlorophylle se transformerait d'abord en *glucosides* (combinaisons de glucoses et de substances organiques), qui subiraient des transformations sous l'action de la lumière; c'est ainsi que sur la face externe se développeraient les pigments colorés et le tannin ; tandis que sur la face interne, restant à l'abri de la lumière tant que les boutons ne se développent pas, les glucosides se transformeraient en *huiles* qui, par oxydation au moment de la floraison, laissent dégager les parfums.

Plus l'huile essentielle est à l'état de pureté dans la plante, c'est-à-dire exempte des produits secondaires de la chlorophylle, plus le parfum est fin. Nous parlons longuement de cette question : pages 276 et 348.

Classifications. — Vulgairement, on divise les odeurs en deux catégories :

Les bonnes ;

Les mauvaises.

Linné en distinguait sept espèces :

1° Les odeurs flagrantes : lis, jasmin, rose, etc. ;

2° Les odeurs aromatiques : laurier, œillet, etc. ;

3° Les odeurs ambrosiaques : ambre, géranium, etc. ;

4° Les odeurs alliacées : ail, etc. ;

5° Les odeurs fétides : satyron, etc. ;

6° Les odeurs repoussantes : œillet d'Inde, etc. ;

7° Les odeurs nauséeuses : vératrum (ellébore), etc.

D'autres classifications ont été proposées par Fourcroy, Larry, Virey, Haller, le D' Bain, etc.

Le parfumeur Rimmel résume sa classification en un tableau. Il part de ce principe qu'il existe des *odeurs primaires* auxquelles on peut rattacher les autres.

SÉRIES	TYPES	ODEURS SECONDAIRES APPARTENANT A LA MÊME SÉRIE
Rosée	Rose	Géranium, Eglantine, Rhodium, Palissandre.
Jasminée	Jasmin	Muguet, Ilang-Ilang.
Orangée	Fleur d'oranger	Acacia, Seringa, Feuille d'oranger.
Tubérosée	Tubéreuse	Lis, Jonquille, Narcisse, Jacinthe.
Violacée	Violette	Cassie, Iris, Réséda.
Balsamique	Vanille	Baumes du Pérou et de Tolu, Benjoin, Styrax, Fève tonka, Héliotrope.
Epicée	Cinamone	Cannelle, Muscade, Macis, Tout-épices.
Caryophillée	Girofle	OEillet.
Camphrée	Camphre	Romarin, Patchouli.
Santalée	Santal	Vétiver, Cèdre.
Citrine	Citron	Orange, Bergamote, Cédrat, Limette.
Herbacée	Lavande	Aspic, Thym, Serpolet, Marjolaine.
Menthacée	Menthe poivrée	Menthe sauvage, Basilic, Sauge.
Anisée	Anis	Badiane, Carvi, Aneth, Fenouil, Coriandre.
Amandée	Amande amère	Laurier, Noyer, Mirbane.
Musquée	Musc	Civette, Ambrette.
Ambrée	Ambre gris	Mousse de chène.
Fruitée	Poire	Pomme, Ananas, Coing.

D'autre part, des savants, tels que Bacon, G.-B. Allen, Field, etc., ont essayé de démontrer que l'harmonie des couleurs s'accorde avec la mélodie de la gamme.

Field disposait son échelle comme suit :

Bleu	Pourpre	Rouge	Orange	Jaune	Vert	Vert
Do	*Ré*	*Mi*	*Fa*	*Sol*	*La*	*Si*

Cet auteur disait que les trois couleurs primitives,

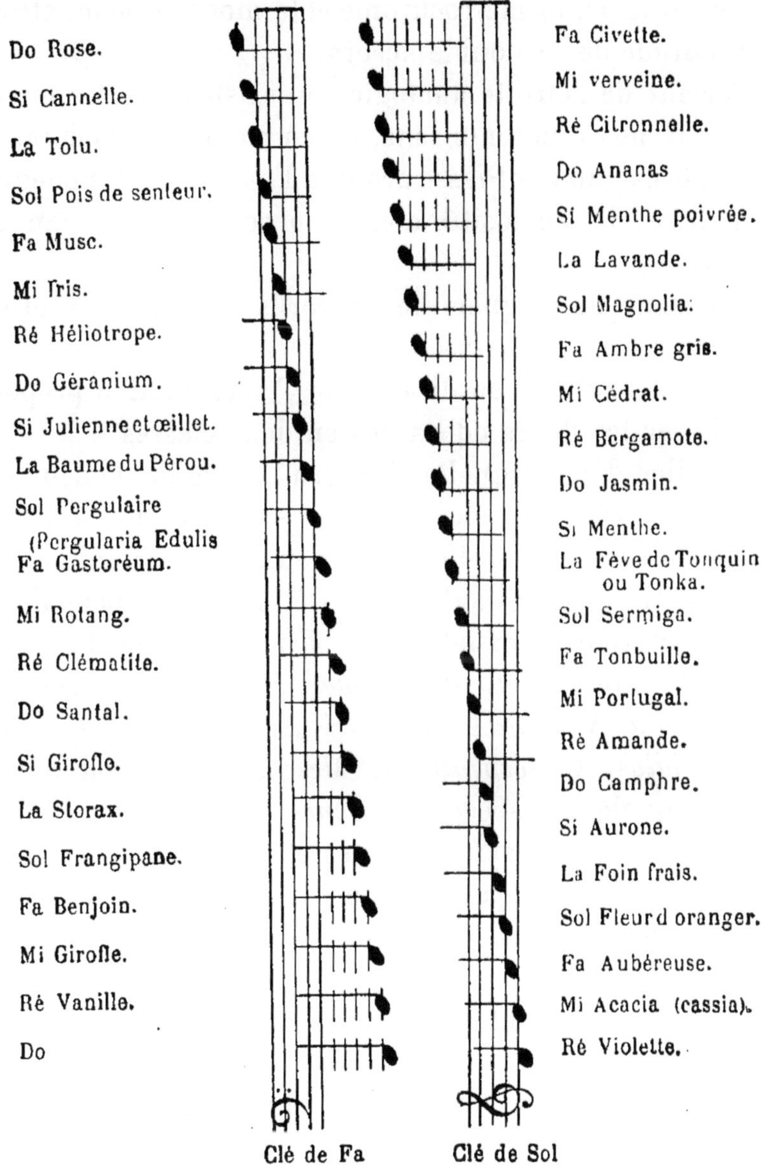

Fig. 1. — Gamme des odeurs.

bleu, rouge et jaune, combinées ou opposées, produisent

une parfaite harmonie et qu'il en est de même des sons *do, mi sol ;* or, le métrochrome et le monocorde montrent l'exactitude de ce double accord.

Partant de l'étroite analogie qui existe entre les forces affectant nos différents sens, notamment pour l'odorat et l'ouïe, le parfumeur Piesse proposa l'harmonie des odeurs.

A titre de curiosité nous reproduisons la gamme Piesse.

A chacun de plaquer des accords harmonieux et de composer des *bouquets d'odeurs !*

Enfin, terminons en disant que Trinchinetti a proposé de diviser les fleurs odorantes en deux classes :

1° Celles dans lesquelles l'intermittence de l'odeur est liée à l'épanouissement et au sommeil de la fleur. Cette classe contient elle-même deux subdivisions :

a) Fleurs qui, restant fermées et inodores, pendant le jour, s'ouvrent et exhalent un parfum pendant la nuit : *Mirabilis jalapa, M. dichotoma, M. longiflora, Datura ceratocaula, Nyctanthes arbor tristis, Cereus grandiflorus, C. nyctialus, C. serpentinus, Mesembryantherum nocti- florum,* quelques espèces de *silènes ;*

b) Fleurs qui, restant fermées et inodores pendant la nuit, s'ouvrent et répandent un parfum pendant le jour : *Convolvulus arvensis, Cucurbita pepo, Nymphæa alba* et *Nymphæa cærulea.*

2° Fleurs qui sont toujours ouvertes, mais qui sont tour à tour odorantes et inodores. — Deux sections :

a) Fleurs toujours ouvertes et qui n'ont d'odeur que le jour : *Cestrum diurnum, caronilla glauca* et *Cacalia septentrionalis ;*

b) Fleurs toujours ouvertes, n'ayant d'odeur que la nuit : *Pelargonium triste, Cestrum nocturnum, Hesperis tristis, Gladiolus tristis.*

CHAPITRE II

CHIMIE DES PARFUMS

Caractéristiques des essences. — Les essences, bien que très différentes de composition, ont entre elles certains caractères communs. Voici les principaux.

Odeur. — L'odeur plus ou moins forte qu'elles exhalent rappelle ordinairement le parfum de la plante.

Saveur. — Toutes ont une saveur âcre et pénétrante, parfois insupportable.

Densité. — Elle est très variable. Certaines essences sont plus lourdes que l'eau ; d'autres sont plus légères.

Aspect. — Elle se présente généralement sous la forme de liquides huileux très réfringents ; parfois elles sont solides ou peuvent se solidifier facilement.

Couleur. — On en connaît de vertes, de jaunes, de rougeâtres, de bleues, etc. ; toutes deviennent incolores après rectification.

Solubilité. — Elles sont peu solubles dans l'eau, mais elles s'incorporent facilement à l'alcool concentré, à l'éther, au sulfure de carbone, au tétrachlorure de carbone, à l'essence de pétrole ou ligroïne ; aux huiles, graisses, résine, etc.

Action de la chaleur. — *Volatilité.* — *Ébullition.* — Leur point d'ébullition varie entre 140 et 240° C. *Soumises à l'ac-*

Fig. 2. — Au pays des fleurs (Grasse).
(Phot. Brunot-Court.)

tion d'un courant de vapeur d'eau, les molécules d'essence se trouvent englobées dans celles de vapeur et sont entraînées.

Toute la distillation ordinaire des *plantes à parfums* est basée sur ce principe fondamental.

Plus une essence est volatile, plus son parfum est intense.

Propriétés physiologiques et antiseptiques. — Ces propriétés peuvent tellement différer les unes des autres, selon les essences, que nous les étudierons séparément en deuxième partie : *Monographies des plantes.*

Combinaisons. — Les essences se combinent avec l'ammoniaque et certains acides végétaux tels que : acides acétique, camphorique, etc.

Composition. — Nous en parlons plus loin, disons seulement ici que l'on distingue dans les essences brutes deux parties :

L'*éléoptène*, qui surnage dans les essenciers ;
Le *stéaroptène*, qui se dépose.

TRAVAUX DE LABORATOIRE

Si, maintenant, nous précisons les phénomènes physiques et chimiques constatés en étudiant les essences dans les laboratoires, nous constaterons que c'est en Allemagne qu'on s'est particulièrement efforcé d'isoler les *constituants*. En France, les recherches ont principalement porté sur les *constantes physiques et chimiques* des essences pures.

Dans cet ouvrage de vulgarisation, nous ne pouvons donner en détail toutes les belles recherches de labora-

FIG. 3. — Triage des fleurs d'oranger.
(Phot. Brunot-Court.)

toire. Des traités spéciaux ont paru à ce sujet[1] ; malheureusement la *chimie des parfums* est très compliquée, et des études préparatoires sont indispensables à ceux qui désirent enrichir leur documentation.

Nous nous contenterons donc de résumer les principales données qu'on ne peut ignorer si, non content de respirer les parfums, on prend la liberté... d'en parler.

Nous résumerons, comme suit, les recherches de laboratoire :

1° Détermination des constantes physiques ;

2° Détermination des constantes chimiques ;

3° Dosage des fonctions chimiques et leur caractérisation ;

4° Recherches d'éléments divers et analyses.

1° **Constantes physiques.** — Les plus importantes à déterminer sont :

Le point de congélation ou de solidification : appareil Beckmann modifié par Schimmel ;

Le point d'ébullition : distillation fractionnée ; ballon à boule, tube rectificateur Otto ;

Le poids spécifique relatif ou densité : densimètre ; méthode du flacon ; balance aérothermique de Mohr ;

Le pouvoir rotatoire : polarimètre à pénombres et tube de 100 millimètres ;

Les indices de réfraction : réfractomètre de Ch. Féry ;

La viscosité : pipette compte-gouttes de Duclaux ;

La solubilité dans les alcools dilués : burette de Mohr.

Des tableaux résument les observations.

---

1. Se reporter au *Bulletin scientifique et industriel* de la maison Roure-Bertrand fils, à Grasse (Alpes-Maritimes).

TABLEAU A

CONGÉLATION. — ÉBULLITION. — FUSION, ETC. — (POINT DE)

PRINCIPALES ESSENCES PURES

	degrés.
Huile fixe d'amande ne bout pas à....	+ 349
Essence de bois de santal bout à.....	+ 288
— vétiver bout à..........	+ 287
— patchouli bout à..........	+ 268
— bois de cèdre bout à.....	+ 264
— lavande anglaise bout à..	+ 246
— schœnanthe bout à.......	+ 227
— rose de Turquie bout à...	+ 222
— géranium d'Espagne bout à................	+ 221
Essence de géranium indien bout à...	+ 216
— gaultherie bout à........	+ 204
— bergamote bout à........	+ 188
— amandes amères bout à...	+ 180
— carvi (cumen d'Allemagne) bout à................	+ 176
Essence d'écorce d'orange bout à....	+ 174
— — de citron bout à....	+ 174
— de lavande française bout à..	+ 82
Le camphre se volatilise à..........	+ 63,4
Essence de roses d'Italie gèle à......	+ 16,7
— — de Turquie gèle à..	+ 14,5
Essence de géranium, de girofle, de néroli, déposent des cristaux à.....	— 19
Essence de santal, de schœnanthe, de cèdre, se prennent en gelée à......	— 20,5
Essence de bergamote gèle..........	— 24,5
— cannelle est encore liquide à......................	— 25

Le chimiste S. Piesse a donné le tableau suivant de la puissance des odeurs.

TABLEAU B

VOLATILITÉ DES ESSENCES

Eau	1,0000
Essence de sureau	0,2850
Zeste de citron	0,2480
Zeste de Portugal	0,2270
Lavande anglaise	0,0620
Lavande française	0,0610
Bergamote	0,0550
Persil	0,0370
Petit grain	0,0330
Thym anglais	0,0220
Lemon grass (*Andropogon schœnantus*)	0,0170
Géranium d'Espagne	0,0106
Calamus	0,0069
Lemon, thym anglais (*Thymus serpillum,* serpolet)	0,0062
Foin coupé anglais	0,0039
Géranium français	0,0074
Essence de roses de Turquie	0,0051
Essence de roses de France	0,0038
Girofle	0,0035
Cèdre	0,0020
Patchouli	0,0010

TABLEAU C

POIDS SPÉCIFIQUE ET INDICES DE RÉFRACTION

(D'APRÈS LE Dr GLADSTONE ET LE RÉV. F. P. DALE)

ESSENCES CRUES	POIDS SPÉCIFIQ. à 15°,5	INDICE DE RÉFRACTION				ROTATION
		TEMP.	A	D	H	
Anis....................	9852	10°5	1.5433	1.5566	1.6118	— 1°
Sassafras de Victoria......	1.0425	14°	1.5172	1.5274	1.5628	+ 7°
Laurier.................	8808	18°5	1.4944	1.5022	1.5420	— 6°
Bergamote...............	8825	22°	1.4559	1.4625	1.4779G	+ 23°
— de Florence...	8804	26°5	1.4547	1.4614	1.4760G.	+ 40°
Ecorce de bouleau.......	9005	8°	1.4851	1.4921	1.5172	+ 38°
Cajeput.................	9203	25°5	1.4561	1.4611	1.4778	0°
Calamus.................	9388	10°	1.4965	1.5031	1.5204G.	+ 43°5
— de Hambourg...	9410	11°	1.4843	1.4911	1.5144	+ 42°?
Carvi...................	8845	19°	1.4601	1.4671	1.4886	+ 63°
— de Hambourg (1re dist.)	9121	10°	1.4829	1.4903	1.5142	..
— — (2° dist.)	8832	10°5	......	1.4784	....	..
Cascarille.............	8956	10°	1.4844	1.4918	1.5158	+ 26°
Casse...................	1.0297	19°5	1.5602	1.5748	1.6243G.	0°
Cèdre	9622	23°	1.4978	1.5035	1.5238	+ 3°
Cédrat..................	8584	18°	1.4671	1.4731	1.4952	+ 156°
Citronnelle............	8908	21°	1.4599	1.4659	1.4866	— 4°
— de Penang ..	8847	15°5	1.4604	1.4665	1.4875	— 1°
Girofle.................	1.0475	17°	1.5213	1.5312	1.5666	— 4°
Coriandre.............	8775	10°	1.4592	1.4652	1.4805G.	+ 21°?
Cubèbe.................	9414	10°	1.4953	1.5011	1.5160G.	..
Fenouil.................	8922	11°5	1.4764	1.4834	1.5072	+ 206°
Sureau	8584	8°5	1.4686	1.4749	1.4965	+ 14°5
Eucalyptus amygdalinus.	8812	13°5	1.4717	1.4788	1.5021	— 136°
— huileuse.....	9322	13°5	1.4661	1.4718	1.4909	+ 4°
Géranium de l'Inde......	9043	21°5	1.4653	1.4714	1.4868G.	— 4°
Lavande	8903	20°	1.4586	1.4648	1.4862	— 20°
Citron..................	8498	16°5	1.4667	1.4727	1.4946	+ 164°
Andropogon.............	8932	24°	......	1.4705		— 3°?
— de Penang ..	8766	13°5	1.4756	1.4837	1.5042	0°
Malaleuca ericifolia......	9030	9°	1.4655	1.4712	1.4901	+ 26°
— linarifolia.....	9046	9°	1.4710	1.4772	1.4971	+ 11°
Menthe.................	9342	19°	1.4767	1.4840	1.5015G.	— 116°
—	9105	14°5	1.4756	1.4822	1.5027	— 13°
Myrte..................	8911	14°	1.4623	1.4680	1.4879	+ 21°
Myrrhe	1.0189	7°5	1.5196	1.5278	1.5472G.	— 136°

PLANTES A PARFUMS

TABLEAU C (*Suite*)

ESSENCES CRUES	POIDS SPÉCIFIQ. à 15°,5	INDICE DE RÉFRACTION				ROTATION
		TEMP.	A	D	H	
Néroli.................	8789	18°	1.4614	1.4676	1.4835G.	+ 15°
—	8743	10°	1.4673	1.4741	1.4831F.	+ 28°
Muscade...............	8826	24°	1.4644	1.4709	1.4934	+ 44°
— de Penang	9069	16°	1.4749	1.4818	1.5053	+ 9°
Écorce d'orange........	8509	20°	1.4633	1.4699	1.4916	+ 32°?
— — de Florence	8864	20°	1.4707	1.4774	1.4980	+ 216°
Persil	9926	8°5	1.5068	1.5162	1.5417G.	— 9°
Patchouli..............	9554	21°	1.4990	1.5050	1.5194G.	..
— . de Penang....	9592	21°	1.4980	1.5040	1.5183G.	— 120°
— français	1.0119	14°	1.5074	1.5132	1.5202F.	..
Menthe poivrée.........	9028	14°5	1.4612	1.4670	1.4854	— 72°
— de Florence	9116	14°	1.4628	1.4682	1.4867	— 44°
Petit grain............	8765	21°	1.4536	1.4600	1.4808	+ 26°
Rose	8912	25°5	1.4567	1.4627	1.4835	— 7°
Romarin...............	9080	16°	1.4632	1.4638	1.4867	+ 17°
Bois de rose...........	9064	17°	1.4843	1.4903	1.5113	— 16°
— de santal...	9750	24°	1.4959	1.5021	1.5227	— 50°
Thym..................	8843	19°	1.4695	1.4754	1.4909G.	..
Térébenthine	8727	13°	1.4672	1.4732	1.4938	— 79°
Verveine..............	8812	20°	1.4794	1.4870	1.5959G.	— 6°
Winthergreen(Gaultheræ)	1.1423	15°	1.5163	1.5273	1.5737	+ 3°
Absinthe....	9122	18°	1.4631	1.4688	1.4736F.	..

Solubilité dans les alcools dilués. — Il y a lieu de déterminer la *solubilité dans l'eau* et la *solubilité dans l'alcool* à différents degrés de concentration.

Parfois, aussi, on détermine la solubilité dans divers dissolvants: éther ordinaire, éther de pétrole, acétone, etc.

2° **Constantes chimiques.** — Il y a lieu de déterminer :

La *réaction ou acidité* : papier ou teinture de tournesol ;

L'*indice de saponification avant et après acétylation* ; dosage des éthers à l'aide de la potasse caustique ;

Fig. 4. — La cueillette du matin.
(Phot. Bruno-Court)

L'*acétylation* : dosage des alcools libres, action de l'anhydride acétique sur les alcools ;

La *teneur en produits solubles dans la soude ;*

La *teneur en produits solubles dans le bisulfite de soude.*

3° Fonctions chimiques et caractérisation. — Les fonctions peuvent être des *acides, éthers, alcools, aldéhydes, cétones, phénols.*

Le dosage des aldéhydes se fait au moyen du bisulfite de sodium ou par la phénylhydrazine.

On dose les phénols par la lessive de soude.

Méthyle. — Benedickt et Grüssner désignent par *indice de méthyle* la quantité, en milligrammes de méthyle, que 1 gramme d'essence donne par ébullition avec l'acide iodhydrique.

4° Éléments divers.—Tels que : *chlore, brome, iode, acide cyanhydrique.*

CONSTITUANTS ET COMPOSITION DES HUILES ESSENTIELLES

Nous venons d'indiquer les principales *caractéristiques* des essences ; de définir les *constantes physiques et chimiques;* de grouper les *fonctions chimiques* et *éléments divers.*

Il nous reste maintenant à parler des huiles essentielles ou essences elles-mêmes. Nous nous efforcerons de le faire aussi clairement que possible.

Les essences sont souvent des *mélanges complexes* d'éléments ou *constituants* pouvant être de *composition chimique* identique, mais qui diffèrent totalement par leurs *propriétés.*

Certains de ces constituants sont *utiles ;* d'autres *neutres* ou *nuisibles.*

Les constituants à même fonction chimique peuvent appartenir à l'une des catégories suivantes :

Série grasse ;
— benzénique ;
— polyméthylique ;
— terpénique ;
— sesquiterpénique.

Ils peuvent être, comme nous l'avons dit plus haut, des hydrocarbures, des alcools, des aldéhydes, des acides, etc.

Ne pouvant nous étendre, comme nous le voudrions, sur chacune des séries, nous nous contenterons de nous remémorer : les termes génériques ; les familles d'hydrocarbures et aussi la façon de passer des hydrocarbures aux alcools ; de ceux-ci aux aldéhydes, etc. [1].

FONCTIONS CHIMIQUES FONDAMENTALES

I. **Carbures d'hydrogène.** — Ce sont des *composés binaires* à atomes de carbone C et d'hydrogène H.

Les quatre *carbures* ou *hydrures* fondamentaux sont :

1° Le protohydrure de carbone ou acétylène :

Un atome de carbone se combine à 1 atome d'hydrogène :

$$CH \text{ ou } (CH)^2 = C^2H^2 ;$$

---

[1]. Nous renvoyons ceux de nos lecteurs que ces questions spéciales intéresseraient à la magistrale étude de MM. Berthelot et Jungfleisch, *Traité élémentaire de Chimie organique,* chez MM. Dunod et Pinat, éditeurs, 49, quai des Grands-Augustins, Paris.

2° Le bihydrure de carbone ou éthylène :

Un atome de carbone se combine à 2 atomes d'hydrogène :

$$CH^2 \text{ ou } (CH^2)^2 = C^2H^4 \text{ ;}$$

3° Le trihydrure de carbone ou hydrure d'éthylène :

Un atome de carbone se combine à 3 atomes d'hydrogène :

$$CH^3 \text{ ou } (CH^3)^2 = C^2H^6 \text{ ;}$$

4° Le quadrihydrure de carbone ou formène :

Un atome de carbone se combine à 4 atomes d'hydrogène :

$$CH^4.$$

Ces quatre carbures fondamentaux, par leurs combinaisons réciproques et leurs condensations engendrent tous les autres carbures, dont le nombre est considérable.

Les uns sont gazeux ; d'autres liquides ; d'autres solides et cristallisés.

Pour les étudier, on les a divisés en un certain nombre de classes caractérisées par des compositions analogues, un mode de synthèse pareil et des propriétés communes.

Ces classes constituent des *séries homologues*, et les formules de ces composés organiques de même fonction chimique diffèrent, pour beaucoup d'entre elles, d'un ou de plusieurs nombre de fois CH^2.

La première série répond à la formule générale :

$$C^nH^{2n+2},$$

où n a successivement les valeurs de 1, 2, 3, 4, etc.

Les *corps homologues* sont ceux qui font partie d'une même série homologue.

Voici les principales « séries homologues » :

1° CARBURES FORMÉNIQUES OU CARBURES SATURÉS OU PARAF-FINES. — Leurs atomes d'hydrogène sont supérieurs de 2 unités au nombre doublé de leurs atomes de carbone.

Tous sont compris dans la formule C^nH^{2n+2}.

Ils ne donnent aucune réaction d'addition.

On les distingue par la désinence *ane* ; ils constituent la série des homologues du formène ou homologues du méthane :

Formène ou méthane	CH^4
Hydrure d'éthylène ou éthane	C^2H^6
Hydrure de propylène ou propane	C^3H^8
Hydrures de butylène ou butanes	C^4H^{10}
Hydrures d'amylène ou pentanes	C^5H^{12}
Hydrures d'hexylène ou hexanes	C^6H^{14}, etc.
. . . .	. . . .
jusqu'à Pentatriacontane	$C^{35}H^{72}$.

2° CARBURES ÉTHYLIQUES OU OLÉFINES OU ALKYLÈNES. — Leurs atomes d'hydrogène sont en nombre double de celui de leurs atomes de carbone. Ce sont les plus riches en hydrogène des *carbures non saturés*.

Formule générale : C^nH^{2n}.

On les distingue par la désinence *ène* ; ils constituent la série des homologues de l'éthylène :

Éthylène ou éthène	C^2H^4
Propylène ou propène	C^3H^6
Butylène ou butène	C^4H^8
Amylène ou pentène	C^5H^{10}, etc.

3° CARBURES ACÉTYLÉNIQUES. — Leurs atomes d'hydrogène sont inférieurs de 2 unités au nombre doublé de leurs atomes de carbone.

Formule générale : C^nH^{2n-2}.

On les distingue par la désinence *ine*.

Ils se subdivisent en deux groupes :

Carbures acétyléniques proprements dits ;

Carbures diéthyléniques.

α) Carbures acétyléniques proprement dits :

Acétylène ou éthine	C^2H^2
Allylène ou propine	C^3H^4
Crotonylène ou butine	C^4H^6
Valérylène ou pentine	C^5H^8

β) Carbures diéthyléniques ou dioléfines.

On les distingue par la désinence *adiène*.

Il se différencient des carbures acétyléniques en ce que leurs termes ne réagissent pas comme ceux de la série acétylénique sur le protochlorure de cuivre ammoniacal :

Allène ou propadiène	C^3H^4
Érythrène ou butadiène	C^4H^6
Pipérylène ou pentadiène	C^5H^8

Nota. — Se placent ici les :

Carbures triéthyléniques	$C^{10}H^{16}$
— diacétyléniques	

Les carbures des trois classes précédentes ont des formules à *chaînes ouvertes ;* ils constituent, avec leurs dérivés oxygénés et azotés, l'ensemble des matières organiques dites : *série grasse* ou *aliphatique*, parce qu'ils contiennent les substances constitutives des graisses.

La caractéristique des carbures saturés ou paraffinés est qu'on peut *substituer* à un ou plusieurs atomes de leur hydrogène, des *corps simples* ou *radicaux*.

Fig. 5. — Le travail aux champs.
(Phot. Bruno-Court.)

4° CARBURES BENZÉNIQUES. — Leurs atomes d'hydrogène sont inférieurs de 6 unités au nombre doublé de leurs atomes de carbone.

Formule générale : C^nH^{2n-6}

Benzine ou benzène	C^6H^6
Toluène	C^7H^8
Xylène	C^8H^{10}
Cumène	C^9H^{12}
Cymène	$C^{10}H^{14}$, etc.

5° CARBURES CAMPHÉNIQUES OU TERPÈNES. — Leurs atomes d'hydrogène sont inférieurs de 4 unités au nombre doublé de leurs atomes de carbone.

Formule générale : C^nH^{2n-4}

Leur type est le :

Camphène $C^{10}H^{16}$

Au point de vue de leur *condensation*, les carbures camphéniques se classent en quatre groupes :

1°	Carbures	dimères	$C^{10}H^{16}$,	$(C^5H^8)^2$
2°	—	trimères	$C^{15}H^{24}$,	$(C^5H^8)^3$
3°	—	tétramères	$C^{20}H^{32}$,	$(C^5H^8)^4$
4°	—	polymères plus élevés,		$(C^5H^8)^n$

Mais, si on part du degré de *saturation*, on divise les carbures camphéniques en trois classes :

a) Carbures terpiléniques ou terpilènes, ou terpadiènes;
b) Carbures camphéniques proprement dits ou terpènes;
c) Carbures camphéniques relativement saturés ou terpanes, menthanes.

On peut encore ajouter :

d) Carbures camphéniques divers (caoutchouc et gutta-percha).

Fig. 6. — Laboratoire : Bains-marie (Maison Bruno-Court).

Carbures isomères[1]. — Il existe des carbures isomères, des carbures dont nous venons de parler : c'est-à-dire qui ont même composition chimique, mais qui en diffèrent par leurs propriétés.

1° C'est ainsi que, si nous reprenons les *carbures forméniques*, nous dirons qu'il n'existe qu'un seul carbure saturé à 1, 2 ou 3 atomes de carbone. A partir de là, plus la formule devient complexe, plus les isomères se multiplient. On connaît deux butanes, trois pentanes, cinq hexanes, etc.

2° Pour les *carbures éthyléniques*, on connaît deux propylènes, trois butylènes, etc., en se multipliant de plus en plus.

Des observations analogues pourraient être faites pour chaque série de carbures.

NOTA. — Les isomères jouent un rôle prépondérant dans la « chimie des parfums ».

Dérivés des carbures. — Chacune des séries que nous venons d'indiquer et tous les isomères donnent naissance à des dérivés tels que : alcools, éthers, aldéhydes, acides.

Quant aux isomères, ils donnent naissance à des iso-alcools, etc.

II. Alcools. — Ce sont des principes neutres, composés de carbone, d'hydrogène et d'oxygène.

Si nous partons d'un carbure d'hydrogène et que nous y remplacions un atome d'H par un *groupe* monovalent hydroxyle -OH ou oxhydrile -O-H, nous obtenons un alcool.

---

1. On distingue : *l'isomérie proprement dite, l'isomérie dynamique*, la *polymérie.*

FIG. 7. — Laboratoire des alambics (Maison Brunot-Court).

Autrement dit, les alcools sont des composés ternaires formés de C, d'H et d'oxygène O.

Partons, par exemple, du méthane CH^4, que nous pouvons écrire :

$$\begin{array}{c} H \\ | \\ H-C-H \\ | \\ H \end{array}$$

Substituons un groupe oxhydrile OH à l'un des atomes H et nous obtenons :

$$\begin{array}{c} H \\ | \\ H-C-OH \\ | \\ H \end{array}$$

Or, par reconstitution, $H-CH^2OH = CH^4O$ qui est l'alcool méthylique ou méthanol, esprit-de-bois, hydrate de méthyle.

On partage les alcools en six classes :

1° *Alcools primaires.* — Quand on les oxyde, ils perdent H^2 et se changent en un aldéhyde contenant le même nombre d'atomes de C que lui :

$$C^2H^6O \;+\; O = H^2O \;+\; C^2H^4O.$$

alcool   aldéhyde
éthylique   éthylique

2° *Alcools secondaires.* — Par oxydation donnent un *aldéhyde secondaire* ou *acétone* ; mais, si on oxyde cet aldéhyde secondaire, il ne se transforme pas en un *acide* à même nombre d'atomes de carbone, comme cela se produit pour un aldéhyde primaire dérivé d'un alcool primaire :

$$C^3H^8O \;+\; O = H^2O \;+\; C^3H^6O,$$

alcool
propylique
secondaire   aldéhyde
propylique
secondaire

$$C^3H^6O \;+\; 3O = C^2H^4O^2 \;+\; CH^2O^2.$$

aldéhyde   acide   acide
propylique   acétique   formique
secondaire

Fig. 8. — Fabrication des pommades à chaud.
(Phot. Roure-Bertrand fils.)

3° *Alcools tertiaires.* — Ils ne donnent, quand on les oxyde, ni aldéhyde primaire, ni aldéhyde secondaire, contenant le même nombre d'atomes de carbone qu'eux ; ils se détruisent en donnant naissance à des composés multiples, à nombre d'atomes de carbone inférieurs au leur.

4° *Alcools à fonction mixte.* — Bien qu'alcools, ils sont acides, éthers, alcalis, etc.

5° *Phénols.* — Ce sont des alcools dérivés des carbures benzéniques.

6° *Phénols à fonction mixte.* — En même temps que la fonction phénolique, ils présentent une ou plusieurs autres fonctions.

ATOMICITÉ ET ORDRES. — En outre, les *alcools primaires* comprennent, d'après leur atomicité, les ordres suivants :

Alcools monoatomiques	$C^n H^{2p+1} (OH)$
— diatomiques	$C^n H^{2p} (OH)^2$
— triatomiques	$C^n H^{2p-1} (OH)^3$
— tétratomiques	$C^n H^{2p-2} (OH)^4$
— pentatomiques	$C^n H^{2p-3} (OH)^5$
— hexatomiques	$C^n H^{2p-4} (OH)^6$
— heptatomiques	$C^n H^{2p-5} (OH)^7$
— octatomiques	$C^n H^{2p-6} (OH)^8$

Chaque ordre se subdivise en famille, puis les familles en espèces.

FAMILLES ET ESPÈCES. — *Première famille : alcools primaires monoatomiques ou paraffiniques.*

Un atome d'oxhydrile OH remplace un atome d'hydrogène H.

Ils comprennent les alcools saturés d'hydrogène $C^nH^{2n+2}O$ ou C^nH^{2n+1}-OH dont les principales espèces, sont :

Alcool	méthylique	CH^4O ou CH^3-OH
—	éthylique	C^2H^6O ou C^2H^5-OH
—	propylique	C^3H^8O ou C^3H^7-OH
Alcools	butyliques (2 isomères)	$C^4H^{10}O$ ou C^4H^9-OH
—	amyliques (3 —)	$C^5H^{12}O$ ou C^5H^{11}-OH
—	hexyliques (5 —)	$C^6H^{14}O$ ou C^6H^{13}-OH
—	heptyliques (2 —)	$C^7H^{16}O$ ou C^7H^{15}-OH
. . . .	. . . .	. . . .
Alcool	mélinique	$C^{30}H^{62}O$ ou $C^{30}H^{61}$-OH

Deuxième famille : alcools acétyliques ou oléfiniques $C^nH^{2n}O$ ou C^nH^{2n-1}-OH.

Alcool	vinylique	C^2H^4O ou C^2H^3-OH
—	allylique	C^3H^6O ou C^3H^5-OH
Alcools	butyléniques	C^4H^8O ou C^4H^7-OH
—	amyléniques	$C^5H^{10}O$ ou C^5H^9-OH
—	hexyléniques	$C^6H^{12}O$ ou C^6H^{11}-OH
Alcool	heptylénique	$C^7H^{14}O$ ou C^7H^{13}-OH
—	octylénique	$C^8H^{16}O$ ou C^8H^{15}-OH

Troisième famille : alcools acétyléniques et alcools camphéniques $C^nH^{2n-2}O$ ou C_nH^{2n-3}-OH. — Les alcools acétyléniques sont engendrés par des carbures de la série grasse.

Les alcools camphéniques dérivent des carbures camphéniques.

Alcools acétyléniques :

Alcool propargylique (acétylénique)	C^2H^4O ou C^3H^3-OH
Diallycarbinol (diéthylénique)	$C^7H^{12}O$ ou C^7H^{11}-OH
Ethyldiallylcarbinol (diéthylénique)	$C^9H^{16}O$ ou C^9H^{15}-OH
Géraniol et isomères (diéthyléniques)	$C^{10}H^{18}O$ ou $C^{10}H^{17}$-OH
Etc.	

Alcools camphéniques :

Ils répondent tous à la même composition :

$$C^{10}H^{18}O \text{ ou } C^{10}H^{17}\text{-}OH.$$

Quatrième famille : alcools $C^nH^{2n-4}O$ *ou* $C^nH^{2n-5}OH.$

Cinquième famille : alcools benzéniques $C^nH^{2n-2}O$ ou $C^nH^{2n-7}OH.$ — Ils proviennent de substitutions hydroxylées, effectuées dans le carbure saturé combiné avec la benzine; en d'autres termes, par substitution dans une chaîne latérale.

Alcool benzylique	C^7H^8O	ou $C^6H^5\text{-}CH^2\text{-}OH$
Alcool toluylique	$C^8H^{10}O$	ou $C^6H^5\text{-}CH^2\text{-}CH^2\text{-}OH$
. . . .		
Alcool ilicylique	$C^{25}H^{44}O.$	

Sixième famille : alcools cinnaméniques $C^nH^{2n-8}O$ ou $C^nH^{2n-9}\text{-}OH$:

Alcool cinnamylique	$C^9H^{10}O$
. . . .	
Alcools cholestériques ou cholestérines	$C^{26}H^{44}O,$ etc.

ALCOOLS SECONDAIRES. — Ils sont isomériques avec les alcools primaires.

NOTA. — Même classification que pour les alcools primaires.

Les alcools secondaires donnent également, par oxydation, un aldéhyde, dit également secondaire ou *acétone.* L'aldéhyde secondaire, par oxydation, ne se transforme pas en un acide, mais bien en deux, dont l'ensemble des atomes de carbone est en nombre égal à celui des atomes de carbone de l'alcool secondaire générateur.

ALCOOLS TERTIAIRES. — On les classe d'après leur richesse en hydrogène, comme les alcools primaires et secondaires.

Par oxydation, ils ne donnent ni aldéhyde primaire ni aldéhyde secondaire, contenant le même nombre d'atomes de carbone qu'eux ; ils se détruisent directement en produisant des composés multiples, à nombre d'atomes de carbone inférieur au leur.

III. Éthers. — Si l'on fait agir sur l'*alcool* un corps *avide d'eau*, un acide, par exemple, on obtient un éther.

Les *hydracides* : acides fluorhydrique, chlorhydrique, bromhydrique, iodhydrique, sulfurique, donnent des éthers simples.

Les *oxacides*, c'est-à-dire tout acide ne renfermant pas d'oxygène, donnent des *éthers composés*.

Les *éthers composés*, ou *éthers-sels*, résultent de la combinaison des *acides* et des *alcools*, avec élimination d'eau. On fait agir l'alcool sur l'acide ; les deux corps étant à l'état libre ou à l'état naissant. Les éthers peuvent également résulter de l'action d'un alcool sur un autre alcool.

Il existe des éthers des acides monobasiques, des éthers des acides bibasiques, des éthers et des acides tribasiques.

IV. Aldéhydes. — Ce sont des composés de carbone, d'hydrogène et d'oxygène qui dérivent des alcools par élimination d'hydrogène ; ils régénèrent les alcools par fixation inverse d'hydrogène :

$$C^2H^6O - H^2 = C^2H^4O.$$

alcool ordinaire   aldéhyde ordinaire

On distingue cinq classes d'aldéhydes :

1° Aldéhydes proprement dits ou aldéhydes primaires ;

2° Acétones ou cétones, ou aldéhydes secondaires ;

3° Camphres ;

4° Quinones ;

5° Aldéhydes à fonctions mixtes.

Les premiers dérivent des alcools primaires.

Les acétones ou cétones dérivent des alcools secondaires.

Les camphres dérivent de carbures et d'alcools hydro-aromatiques.

. Les quinones dérivent de certains phénols polyatomiques.

Les aldéhydes à fonction mixte présentent, en même temps que leurs fonctions aldéhydiques, une autre fonction chimique, ils dérivent des alcools polyatomiques ou alcools-phénols.

Parmi les aldéhydes-alcools, il convient de citer tout particulièrement les aldéhydes-alcools d'atomicités peu élevées, les aldéhydes-alcools hexatomiques, heptatomiques, octatomiques et nonatomiques.

Puis viennent les aldéhydes-phénols.

V. Acides. — En poussant plus loin l'oxydation des alcools ; en remplaçant, par exemple, deux atomes d'H par un atome d'oxygène O, on passe à la famille des acides.

C'est ainsi que l'acide acétique $C^2H^4O^2$ dérive de l'alcool ordinaire, C^2H^6O :

$$C^2H^6O + O^2 = C^2H^4O^2 + H^2O.$$

Comme on le constate donc, toutes ces transformations sont dues à des oxydations successives, par substitution.

Fig. 9. — Fabrication des pommades à froid.
(Phot. Roure-Bertrand fils.)

VI. Alcalis. — Ils sont formés par l'union de l'ammoniaque avec les alcools et les aldéhydes ; c'est ainsi que l'éthylamine, C^2H^7Az, dérive de l'alcool ordinaire :

$$C^2H^6O + AzH^3 = C^2H^7Az + H^2O.$$

VII. Amides. — Ils résultent de la combinaison de l'ammoniaque avec les acides.

Si nous faisons réagir l'ammoniaque AzH^3 sur l'acide acétique $C^2H^4O^2$, nous obtenons l'acétamide C^2H^5AzO :

$$C^2H^4O^2 + AzH^3 = C^2H^5AzO + H^2O.$$

VIII. Radicaux métalliques composés. — Ce sont également des fonctions chimiques.

Ces radicaux sont des substances artificielles que MM. Bunsen, Kolbe et Frankland ont obtenues en introduisant des métaux, sous une forme spéciale, parmi les éléments des principes organiques.

Résumé des fonctions chimiques fondamentales. — 1° Carbures d'hydrogène ;
2° Alcools ;
3° Aldéhydes ;
4° Ethers ;
5° Acides ;
6° Alcalis ;
7° Amides ;
8° Radicaux métalliques composés.

CARBURES AROMATIQUES

On sait que les atomes de carbone peuvent s'unir entre eux et donner ainsi des groupements d'atomes possédant des *valences* [1] disponibles moins nombreuses.

Ainsi, 2 atomes de carbone peuvent s'unir de trois manières, en saturant réciproquement et partiellement leurs valences :

1° Les 2 atomes s'unissent par 1 seule valence et forment un groupement conservant 6 valences disponibles [2] :

$$\equiv C\text{-}C\equiv$$

2° Les 2 atomes s'unissent par 2 valences et forment un groupement conservant 4 valences disponibles :

$$=C=C=$$

3° Les 2 atomes s'unissent par 3 valences et forment un groupement conservant 2 valences disponibles :

$$-C\equiv C-$$

En s'unissant de cette façon, les atomes de carbone peuvent constituer des *chaînes ouvertes*, lorsque 2 atomes

1. *Valence.* — On appelle valence, l'atomicité propre.
2. L'atome de carbone est tétravalent C = 12, il s'unit au maximum à 4 atomes ou groupes d'atomes monovalents, identiques entre eux ou différents,

$$
\begin{array}{cccc}
\text{H} & \text{Cl} & \text{Cl} & \text{H} \\
| & | & | & | \\
\text{H-C-H} & \text{H-C-H} & \text{Cl-C-Cl} & \text{H-C-Az}\big\langle\begin{smallmatrix}\text{H}\\\text{H}\end{smallmatrix} \\
| & | & | & | \\
\text{H} & \text{H} & \text{Cl} & \text{H} \\
\text{Formène} & \text{Formène monochloré} & \text{Tétrachlorure} & \text{Méthylamine} \\
 & & \text{de carbone} &
\end{array}
$$

de carbone n'y sont liés chacun qu'à 1 seul atome de carbone :

Exemple : hydrure d'amylène :

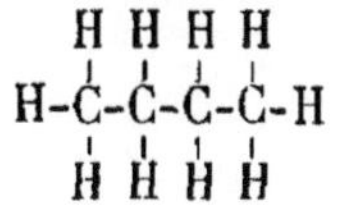

$$
\begin{array}{ccccccc}
 & H & H & H & H & \\
 & | & | & | & | & \\
H- & C- & C- & C- & C- & H \\
 & | & | & | & | & \\
 & H & H & H & H &
\end{array}
$$

Ou des *chaînes fermées*, lorsque tous les atomes de carbone y sont liés à 2 autres atomes de carbone :

Exemple, benzine, qui contient une chaîne fermée :

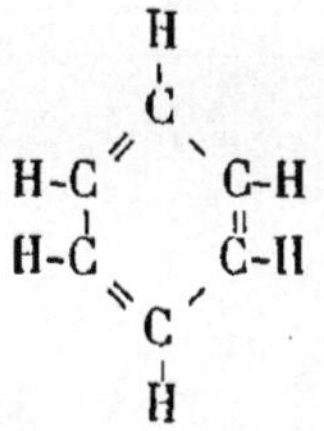

et naphtaline qui en contient deux :

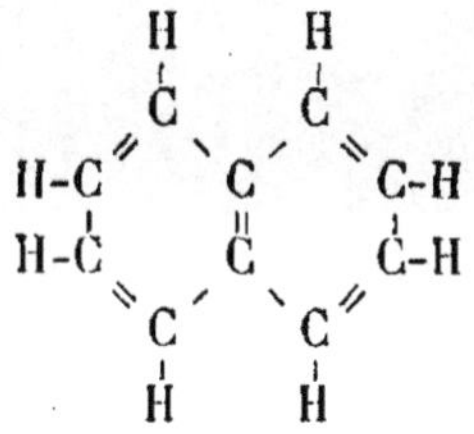

Les combinaisons à chaînes fermées sont encore dites : *combinaisons cycliques.*

On dit qu'un composé est *hétérocyclique* quand ses deux carbones extrêmes s'unissent à un élément polyvalent autre que le carbone ; exemple : la pyridine. Au contraire, si les chaînes fermées sont exclusivement composées d'atomes carbone, on dit que les corps sont des *composés homocycliques.*

F𝚒𝚐. 10. — Fabrication des pommades à chaud (salle des presses).
(Phot. Roure-Bertrand fils.)

Les chaînes sont encore appelées *squelettes ;* et les chaînes hétérocycliques ou homocycliques **sont** parfois dites *noyaux.*

Enfin mentionnons qu'il existe des *chaînes latérales* arborescentes, etc.

Ceci posé, nous disons que les CARBURES AROMATIQUES sont des carbures à chaînes fermées ou noyaux.

Tout comme les carbures de la série grasse, ils donnent naissance à des alcools, aldéhydes, acides, etc.

Leurs alcools, dits *alcools aromatiques* sont en même temps *phénols* et peuvent former des combinaisons à fonctions mixtes.

Les carbures aromatiques comprennent surtout des *carbures benzéniques ;* des *carbures camphéniques ou terpènes,* etc.

Bien qu'ayant déjà parlé de ces carbures, pages 22 et 24, nous pensons devoir ajouter quelques explications.

Rappelons que l'action prolongée de la chaleur sur les carbures d'hydrogène tend à les transformer en *carbures pyrogénés* et que ces derniers sont liés entre eux et avec les générateurs primitifs par des relations générales.

Carbures pyrogénés. — Ils se divisent en deux groupes fondamentaux :

1° Les dérivés polymériques de l'acétylène ;

2° Les dérivés de l'acétylène associé à un ou plusieurs carbures saturés : carbures homologues de la benzine.

Les carbures du deuxième groupement peuvent être, à leur tour, partagés en plusieurs classes, d'après la nature du carbure ou des carbures associés à l'acétylène.

a) Carbures méthylbenzéniques :

	Benzine	Formène	
Toluène ou méthylbenzine	$C^6H^6 + CH^4 - H^2 = C^7H^8$
Xylènes ou diméthylbenzines	$C^6H^6 + 2CH^4 - 2H^2 = C^8H^{10}$
Cumènes ou triméthylbenzines	$C^6H^6 + 3CH^4 - 3H^2 = C^9H^{12}$
Durols ou tétraméthylbenzines	$C^6H^6 + 4CH^4 - 4H^2 = C^{10}H^{14}$
Pentaméthylbenzine	$C^6H^6 + 5CH^4 - 5H^2 = C^{11}H^{16}$
Hexaméthylbenzine	$C^6H^6 + 6CH^4 - 6H^2 = C^{12}H^{18}$

b) Les autres classes d'homologues de la benzine contiennent un nombre presque illimité de composés; en voici quelques exemples simples :

Ethylbenzine	$C^6H^6 + C^2H^6 - H^2 = C^8H^{10}$
Ethylméthylbenzines	$C^6H^6 + C^2H^6 + CH^4 - 2H^2 = C^9H^{12}$
Méthylpropylbenzines	$C^6H^6 + CH^4 + C^3H^8 - 2H^2 = C^{10}H^{14}$
Méthylbutylbenzines	$C^6H^6 + CH^4 + C^4H^{10} - 2H^2 = C^{11}H^{16}$

Carbures benzéniques. — Disons quelques mots des carbures benzéniques, les plus importants; rappelons leur formule générale C^nH^{2n-6}.

Benzine ou benzol, hydrure de phényle, phène, ou benzène :

$$n = 6, \qquad C^6H^6,$$

s'extrait du goudron de houille.

Toluène ou méthylbenzine, méthylphène, méthylbenzène :

$$n = 7, \qquad C^7H^8, \qquad C^6H^5\text{-}CH^3$$

Xylols ou xylène, diméthylbenzines :

$$n = 8, \qquad C^8H^{10}, \qquad C^6H^4=(CH^3)^2$$

Il en existe trois :
Orthodiméthylbenzine ou orthoxylène ;

Métadiméthylbenzine ou métaxylène ou isoxylène;
Paradiméthylbenzine ou paraxylène.

Cumènes, cumols, cumolènes, triméthylbenzine :

$$n = 9, \qquad C^9H^{12}, \qquad C^6H^3\equiv(CH^3)^3.$$

Il en existe trois :
Mésitylène ou triméthylbenzine symétrique ou triallylène ;
Pseudocumène ou triméthylbenzine asymétrique;
Hémimellithène ou triméthylbenzine à substitutions voisines.

Durols ou tétraméthylbenzines :

$$n = 10, \qquad C^{10}H^{14}, \qquad C^6H^2\equiv(CH^3)^4.$$

On en connaît trois :
Durol α ou tétraméthylbenzine symétrique ;
Durol β ou isodurol ou tétraméthylbenzine asymétrique;
Prehnitol ou tétraméthylbenzine à substitutions voisines.

Pentaméthylbenzine :

$$n = 11, \qquad C^{11}H^{16}, \qquad C^6H\,(CH^3)^5.$$

Hexaméthylbenzine :

$$n = 12, \qquad C^{12}H^{18}, \qquad C^6\,(CH^3)^6.$$

Ajoutons qu'il existe d'autres carbures homologues de la benzine.

CARBURES HYDROBENZÉNIQUES OU HYDRO-AROMATIQUES

Ces carbures se produisent dès qu'on chauffe la benzine et ses homologues, en vase clos, à 280°, avec l'acide iodhydrique fumant.

On distingue :

Carbures dihydrobenzéniques :

$$C^n H^{2n-4} :$$

Dihydrobenzine,
Dihydrotoluène,
Dihydroxylènes,
Dihydrocumènes et dihydrodurols ;

Carbures tétrahydrobenzéniques ou cyclohexènes ou naphtylènes :

$$C^n H^{2n-2} :$$

Tétrahydrobenzine,
Tétrahydrotoluène,
Tétrahydroxylènes,
Tétrahydrocymènes ;

Carbure hexahydrobenzéniques :

$$C^n H^{2n} :$$

Hexahydrobenzine,
Hexahydrotoluène,
Hexahydroxylènes,
Hydrure de terpilène ;

Carbures benzéniques divers :

Diphényle ou phényl- benzine :	$C^{12}H^{10}$ ou	C^6H^5-C^6H^5 ;
Diphénylbenzines :	$C^{18}H^{14}$ ou	C^6H^4=$(C^6H^5)^2$;
Triphénylbenzines :	C^6H^3≡$(C^6H^5)^3$;	
Diphénylméthane :	$C^{13}H^{12}$ ou	CH^2=$(C^6H^5)^2$;
Triphénylméthane :	$C^{19}H^{16}$ ou	CH≡$(C^6H^5)^3$;
Tolyldiphénylméthane :	$C^{20}H^{18}$ ou	CH^3-C^6H^4-CH=$(C^6H^5)^2$;

Diphénylméthane symétrique ou dibenzyle :
$$C^{14}H^{14} \quad \text{ou} \quad C^6H^5\text{-}CH^2\text{-}CH^2\text{-}C^6H^5 ;$$

Diphényléthane asymétrique : CH^3-CH=$(C^6H^5)^2$;

Diphényléthylène symétrique ou stilbène ou toluylène :
$$C^{14}H^{12} \quad \text{ou} \quad C^6H^5\text{-}CH\text{=}CH\text{-}C^6H^5 ;$$

Phénylacétylène ou acéténylbenzine ou acétylènebenzine :
$$C^8H^6 \quad \text{ou} \quad C^6H^5\text{-}C\text{≡}CH ;$$

Diphénylacétylène ou tolane : $C^{14}H^{10}$ ou C^6H^5-C≡C-C^6H^5.

ALCOOLS AROMATIQUES

Encore dénommés *alcools de la série benzénique.*
Leur formule générale est : $C^nH^{2n-6}O$.
Alcool benzylique :

$$C^7H^7 + OH \text{ ou } C^7H^8O,$$
$$C^6H^5\text{-}CH^2\text{-}OH.$$

Pour le préparer, on part du chlorure de benzyle.
Alcool phénylthylique :

$$C^8H^{10}O.$$

Alcool cinnamylique ou cinnamique, phénylallylique, styrone, ou alcool styrylique ou phenpropénylol :

$$C^9H^9 + OH = C^9H^{10}O, \quad C^6H^5\text{-}CH\text{=}CH\text{-}CH^2\text{-}OH.$$

Alcool cuminique :

$$C^{10}H^{14}O.$$

ALDÉHYDES DE LA SÉRIE BENZÉNIQUE

Aldéhyde benzoïque ou benzylique, benzylal, hydrure de benzoïle, toluénal :

$$C^7H^{16}O, \qquad C^6H^5\text{-}COH.$$

Aldéhydes toluiques :

$$C^8H^8O, \qquad CH^3\text{-}C^6H^4\text{-}COH.$$

Aldéhyde cuminique ou cuminal, cuminol, paraisopropylbenzaldéhyde :

$$C^{10}H^{12}O \quad ou \quad (CH^3)^2{=}CH^6\text{-}C^6H^4\text{-}COH^6.$$

Aldéhyde cinnamique ou benzènepropénal :

$$C^9H^8O, \qquad C^6H^5\text{-}CH{=}CH\text{-}COH.$$

ACIDES DE LA SÉRIE BENZÉNIQUE

Acide benzoïque :

$$C^7H^6O^2.$$

Acide phénylacétique :

$$C^8H^8O^2.$$

Acide cinnamique :

$$C^9H^8O^2.$$

CARBURES CAMPHÉNIQUES OU TERPÈNES

Ce qui suit complète les indications déjà données.

Les carbures camphéniques répondent à la formule :

$$(C^5H^8)^n.$$

Pour $n = 1$ . . . . C^5H^8 ou   hémiterpènes

— $n = 2$ . . . . $C^{10}H^{16}$ ou   terpènes

— $n = 3$ . . . . $C^{15}H^{24}$ ou   sesquiterpènes

— $n = x$ . . . . $(C^5H^8)^x$ ou   polyterpènes

Nous n'envisagerons que :

$$n = 2.$$

a) **Carbures camphéniques proprement dits.** — *Térébenthènes ou pinènes :*

$$C^{10}H^{16}.$$

Les essences de térébenthine ont pour origine les térébenthènes.

Camphènes :

$$C^{10}H^{16}.$$

Ce sont des isomères des térébenthènes.

Fenchènes ou fénolènes ou fénènes :

$$C^{10}H^{16}.$$

Ils sont très voisins des camphènes.

b) **Carbures terpinéliques.** — *Terpilènes ou limonènes, citrène, carvène, dipentines, di-isoprènes, etc. :*

$$C^{10}H^{16}.$$

Sylvestrène et carvestrène :

$$C^{10}H^{16}.$$

Terpinolène.

FIG. 11. — Jardin de Buitenzorg.
Pépinières de plantes à parfums.
(Phot. Roure-Bertrand fils.)

c) **Carbures relativement saturés.** — *Phellandrènes :*

$$C^{10}H^{16}.$$

Terpinène :

$$C^{10}H^{16}.$$

d) **Carbures camphéniques divers.** — Caoutchouc et gutta-percha.

ALCOOLS CAMPHOLIQUES OU TERPÉNIQUES

Encore dénommés *bornéols, camphols, camphénols*.

Ce sont des alcools secondaires qui dérivent des térébenthènes et des camphènes.

Fig. 12. — Parfumerie Ed. Pinaud (Hall d'expédition).

A l'état libre ou à l'état d'éthers composés, ils entrent dans un grand nombre d'essences, dont quelques-unes à bas prix.

Industriellement on a donc été amené à les isoler et

à s'en servir en parfumerie comme succédanés d'essences rares ou difficiles à obtenir. C'est ainsi que M. Bertram a isolé le *géraniol* dans l'essence de citronnelle et que, depuis on l'utilise comme succédané de l'essence de géranium.

Pour séparer les alcools terpéniques des autres éléments, on commence généralement par les transformer en éthers, puis on les soumet à une distillation fractionnée.

Les alcools campholiques sont l'un des trois groupes d'alcools répondant à la formule $C^nH^{2n-2}O$; rappelons ces groupes :

1° Ceux qui ont pour type l'alcool propargylique et qui dérivent des carbures acétyléniques ;

2° Ceux qui dérivent des carbures diéthyléniques ; ils sont très voisins des précédents ;

3° Enfin les alcools camphéniques qui sont engendrés par des carbures hydrobenzéniques et encore par des carbures camphéniques.

Parmi les alcools de cette troisième catégorie, citons : géraniol, lemonol, aurantiol, linalol, citronellol, rhodinol, réuniol, etc.

ALDÉHYDES DE LA SÉRIE CAMPHÉNIQUE

Citral :

$C^{10}H^{16}O$.

Citronellal :

$C^{10}H^{18}O$.

Etc.

CONCLUSIONS

Nous ne saurions mieux terminer ce chapitre de la *Chimie des Parfums* qu'en reproduisant la classification générale adoptée par MM. S. Charabot, J. Dupont et L. Pillet dans leur belle étude : *les Huiles essentielles et leurs principaux constituants* [1].

---

1. *Les Huiles essentielles et leurs principaux constituants*, par T. Charabot, J. Dupont et L. Pillet. Ch. Béranger, 15, rue des Saint-Pères, Paris.

TABLEAU DES ESSENCES

D'APRÈS LA FONCTION CHIMIQUE DU PRINCIPE PRÉDOMINANT

FAMILLES	CONSTITUANTS PRINCIPAUX	ESSENCES
I Alcools terpéniques et leurs Ethers.......	1. Bornéol	Aiguilles de Conifères. Valériane.
	2. Linalols (droit et gauche).........	Linaloé. Coriandre. Bergamote. Lavande. Aspic. Sauge muscat. Néroli. Petit grain. Limette. Ylang-Ylang. Cananga.
	3. Géraniol et Citronellol...........	Palma-Rosa. Géranium. Rose. Citronelle.
	4. Menthol.........	Menthe poivrée.
	5. Alcools sesquiterpéniques......	Patchouli. Ledon. Bois de santal. Ecorce d'augusture.
II Aldéhydes	1. Aldéhyde benzoïque..........	Amandes amères. Cerisier sauvage. Laurier-cerise.
	2. Aldéhyde cuminique..........	Cumin. Eucalyptus hœmastama.
	3. Aldéhyde cinnamique........	Cannelle de Chine. Cannelle de Ceylan. Lemon Grass.

TABLEAU DES ESSENCES (*suite*)

FAMILLES	CONSTITUANTS PRINCIPAUX	ESSENCES
II Aldéhydes .... (*suite*)	4. Citral et Citronellal..........	Mélisse. Citron. Petit grain citronnier. Oranges. Mandarines. Cédrat. Eucalyptus. { Backousia citriodora ; Triodora ; Staigeriana ; Dealbata ; Maculata.
III Cétones	1. Méthylnonylcétone.	Rue.
	2. Irone.............	Iris.
	3. Carvone	Carvi. Aneth. Kuro-moji. Menthe verte. Menthe crépue.
	4. Pulégone	Menthe pouliot. Hedeoma pulegioides. Thymus virginicus.
	5. Thuyone........	Tanaisie. Thuya. Absinthe. Sauge. Artemisia barrelieri.
	6. Fenone	Fenouil.
	7. Camphre........	Laurus camphora. Romarin. Marjolaine.
IV Lactones et Anhydrides ...	1. Alantolactone. (Hélémine).........	Aunée.
	2. Sédanolide et Anhydride sédanonique.	Céleri.

TABLEAU DES ESSENCES (*suite*)

FAMILLES	CONSTITUANTS PRINCIPAUX	ESSENCES
V Phénols et Dérivés phénoliques	1. Thymol et Carvacrol	Ajowan ptychotis. Thym. Serpolet. Monarde. Sarriette. Cunila. Origan. Curcuma.
	2. Eugénol et Bételphénol	Girofle. Massoy. Cannelle blanche. Bay. Culilavan. Piment. Bétel. Racines de Paracoto. Asarum europeum. Asarum canadensal.
	3. Anéthol et Estragol	Anis. Badiane. Ecorce d'Anis. Estragon. Persea gratissima. Basilic.
	4. Safrol.	Sassafras. Huile de camphre.
	5. Apiol.	Persil. Bois de camphre du Venezuela.
VI Aldéhydes-phénols	1. Aldéhyde salicylique	Reine des prés.
	2. Diosphénol.	Bucco. Diosma creneta.
VII. — Cinéol		Eucalyptus. Cajeput. Cardamone. Eugenia Checken.

TABLEAU DES ESSENCES (*suite*)

FAMILLES	CONSTITUANTS PRINCIPAUX	ESSENCES
VII. — Cinéol		Galanga. Laurier. Laurier de Californie. Myrte. Semen-contra. Zédoaire.
VIII. — Terpènes et sesquiterpènes		Térébenthine. Cyprès. Angélique. Phellandrium. Sbinus molle. Gingembre. Encens. Elemi. Poivre noir. Cubèbe. Copahu. Gurjam. Genièvre. Cèdre. Houblon. Chanvre.
IX. — Ethers d'alcools de la série grasse		Camomille. Heracleum sphondylium. Panaris. Gaultheria. Marc de raisin.
X Composés sulfurés	1. Sulfures	Ail. Ail des ours. Ferula asa fœtida. Oignon.
	2. Isosulfocyanates	Moutarde blanche. Moutarde noire. Cochléaria. Racines de réséda.

TABLEAU DES ESSENCES (*suite*)

FAMILLES	CONSTITUANTS PRINCIPAUX	ESSENCES
XI. — Constituants inconnus........		Achillée. Ambrette. Armoise. Arnica. Carotte. Carline. Carlamus. Cascarille. Erigeron. Galbanum. Bois de Gaïac. Hysope. Impératoire. Jaborandi. Jasmin. Champaca. Livêche. Myrrhe. Thé. Vétiver.

CHAPITRE III

INDUSTRIE DES PARFUMS. — MANIPULATIONS
A L'USINE

Classification des plantes au point de vue « Extraction des parfums ». — Les plantes à parfums peuvent être divisées en catégories selon les parties utilisées.

Les parfums sont extraits :

1° Des racines ;

2° Des écorces ;

3° Du bois ;

4° Des feuilles ;

5° Des boutons et fleurs ;

6° Des fruits et graines ;

7° Des résines : résines-gommes, baumes.

De cet exposé, il ne faudrait pourtant pas conclure que toute « plante-racine », par exemple, ne pourrait présenter des feuilles, des fleurs, etc., intéressantes. Non seulement plusieurs organes d'une même plante peuvent servir en parfumerie, mais encore il arrive qu'on peut extraire des parfums de valeurs très différentes d'une plante ; les falsificateurs ne l'ignorent pas.

Comme on le verra, nous avons fait concorder les divisions de la deuxième partie du présent ouvrage avec le tableau ci-dessus.

Fabrication des essences naturelles. — *Procédés d'extraction des parfums.* — Nous envisagerons principalement les manipulations à faire en *pays producteurs :* opérations qui permettront aux *planteurs* d'extraire eux-mêmes les

FIG. 13. — Installation complète d'un évaporateur Ryder.
(Cliché Ph. Mayfarth et Cᵉ.)

principes odorants qu'ils expédieront comme *matières premières* aux distillateurs-parfumeurs des *pays importateurs.*

En s'y prenant ainsi, on diminuera de beaucoup les frais de transports, d'emballage, etc.

Il y a quatre procédés d'extraction des parfums :

1° L'expression ;

2° L'enfleurage (absorption, macération);

3° L'épuisement (dissolution) ;

4° L'entraînement à la vapeur d'eau (distillation).

Nous passerons en revue chacun de ces modes opératoires, nous réservant de donner plus de détails au chapitre de la *Distillation*.

Mais, avant d'entrer dans le vif du sujet, rappelons que nous devons :

Préparer les matières premières ;

Extraire et purifier les essences.

I. — PRÉPARATION DES MATIÈRES PREMIÈRES

De tous les organes des plantes susceptibles d'être utilisés pour l'extraction des parfums, il n'est guère que les fleurs et les feuilles qui puissent être employées sans manipulations préparatoires. Les autres parties : racines, écorces, bois, etc., nécessitent généralement une manutention destinée à faciliter le travail d'extraction. Fleurs et feuilles doivent être cueillies en temps voulu et immédiatement traitées.

En cas de surproduction, on les conserve un ou deux jours en les salant, puis en les tassant dans des tonneaux ; enfin, si la conservation doit être de plus longue durée, on a recours à la réfrigération (Voir page 171).

Cependant il arrive que des feuilles, telles que celles de la menthe poivrée, gardent leurs parfums à l'état sec. Cela simplifie beaucoup les opérations.

Dans le cas d'expédition d'organes de plantes à parfums, on a toujours avantage à les soumettre à une légère dessiccation, ce qui élimine du « poids inutile » sous forme d'eau, sans oublier que, par la suite, les fermentations sont moins à craindre.

Dessiccation. — Nous conseillerons l'évaporateur Ryder, que nous avons déjà décrit dans nos ouvrages précédents [1].

Le foyer produit dans son manteau de l'air sec et chaud. Cet air chaud tendant à s'élever, traverse la caisse inclinée, entrant ainsi en contact avec les végétaux qui y sont disposés, et entraînant sous forme de vapeur une partie de l'eau dont ils sont chargés. Il sort par l'ouverture qui se trouve à l'extrémité supérieure de la chambre de séchage. La tendance de l'air chaud à monter est augmentée par l'air frais qui rentre continuellement par le bas dans le manteau du foyer et qui remplace l'air chaud en haut. Cela produit un courant d'air ou tirage continu et des plus énergiques et ceci sans l'aide de ventilateurs, d'aspirateurs ou autres appareils coûteux.

Tout combustible peut convenir : houille, bois, etc.

La figure 13 représente l'installation complète d'un dessiccateur Ryder. Selon les exigences de l'industrie, les modèles sont plus ou moins importants.

Broyage. — On broie plus particulièrement les racines, écorces, bois, etc.

Moulin concasseur. — La figure 14 représente un appareil adopté dans de nombreuses parfumeries. Il est formé de deux disques en acier à denture spéciale.

La denture, en effet, est taillée en pointe de diamant très grosse au centre et se diminuant progressivement jusqu'à devenir excessivement fine vers la circonférence desdites meules.

1. *Le Cocotier*, *le Bananier* (*Bibliothèque pratique du Colon*).

Il s'ensuit que les produits introduits par la trémie subissent une mouture progressive, puis sont rejetés,
moulus à volonté, dans une rigole entourant les disques
taillés, d'où ils s'échappent par un conduit placé à la partie inférieure.

Fig. 14. — Moulin concasseur.

Un réglage variable permet l'écartement ou le rappro-
chement du disque rotatif selon les matières à traiter.

Le plateau de devant, venu de fonte avec la trémie
d'alimentation, est monté sur charnière afin de faciliter
le nettoyage à l'intérieur.

Il existe également des appareils légèrement différents

de construction, tels que des *déchiqueteurs*, des *varlo-peuses*, etc.

Pulvérisation. — Si l'on veut réduire en poudre, on se sert de pileries, dont les figures 15 à 17 donnent une idée très exacte.

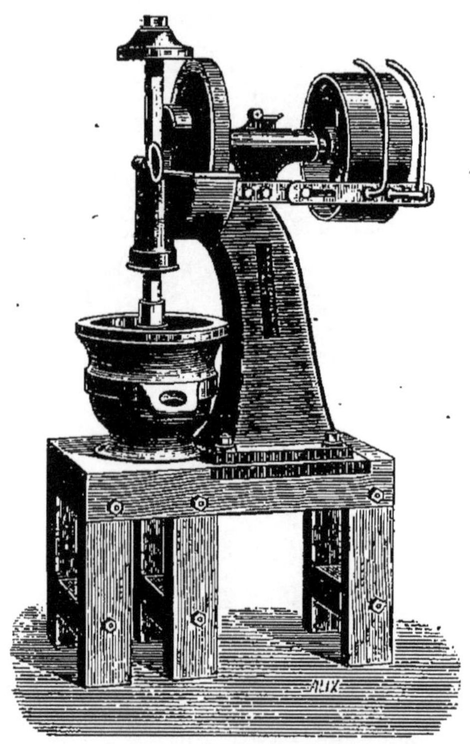

Fig. 15. — Pilerie simple.

La figure 15 est une pilerie simple, fonctionnant à bras ou au moteur. Elle comprend un bâti en fonte monté sur un socle en bois ; le mouvement est tournant et ascen-sionnel.

La figure 16 montre une pilerie double montée sur socle en chêne, en bois debout. Les cames actionnant les pilons sont fondues avec plateau circulaire pour en garantir l'approche et éviter toute crainte d'accident.

En outre de leur mouvement ascensionnel, les pilons à trépans tournants en acier sont animés d'un mouvement de rotation sur leur axe. Ils retombent donc dans tous

FIG. 16. — Pilerie double.

les sens dans les mortiers et produisent ainsi un travail très énergique sans échauffer la matière pilonnée.

La commande se fait directement ; les poulies fixe et folle sont munies d'un débrayage à courroie.

Chacun des pilons-trépans peut être arrêté isolément et maintenu en l'air, au repos, par une fourchette avec poignée se logeant dans une double entaille du bâti et correspondant à une gorge tournée dans la tige verticale du pilon.

FIG. 17. — Pilerie à deux pilons dans le même mortier.

La pilerie indiquée par la figure 17 se compose d'un solide bâti fixé au-dessus du mortier en fonte : le tout repose sur un fort billot assemblé en bois debout afin de résister aux trépidations.

Les organes principaux de cette machine sont deux pilons-trépans en acier, tête en forme de croissant.

Une double came placée entre les deux tiges de ces pilons les élève constamment en leur communiquant, par l'intermédiaire des plateaux à friction qu'ils portent, un mouvement de rotation qui a pour effet de les faire tomber dans tous les sens.

En tournant et retombant alternativement dans le mortier, les têtes des pilons déplacent constamment la matière, la renvoient de l'un à l'autre, et, par suite, la pulvérisent très rapidement en évitant l'échauffemen

L'appareil est actionné par courroie au moyen de poulies fixe et folle montées sur l'arbre de la came.

Le chargement se fait par le haut de l'appareil, en enlevant le couvercle en bois qui ferme le mortier, pour empêcher les poussières de se répandre à l'extérieur.

La vidange s'effectue par un large orifice situé au niveau du fond du mortier et fermé, pendant le travail, par un bouchon en bois dur.

Afin de faciliter la vidange et le nettoyage de l'appareil, chaque tige de pilon est pourvue d'un embrèvement dans lequel s'engage une fourchette qui permet de l'arrêter en haut de sa course et l'empêche de retomber.

Tamisage. — S'il est besoin de tamiser, on fait intervenir l'un des appareils indiqués par les figures 18 et 19. Ces tamiseuses donnent avec peu d'effort un travail énergique et rapide : Tous les mécanismes en sont équilibrés. Les tamis-tambours sont constamment agités et animés par une triple action qui les oblige à la fois à un mouvement saccadé de va-et-vient et de rotation dans leurs cages placées obliquement.

Fig. 18. — Tamiseuse à deux galeries.

Fig. 19. — Tamiseuse à quatre galeries.

La figure 18 donne l'ensemble d'une tamiseuse à deux galeries fonctionnant au moteur.

La figure 19 est une tamiseuse à quatre galeries, marchant par force motrice.

Macération. — Nous verrons, quand nous traiterons de la distillation, qu'il est indispensable, dans bien des cas, de faire macérer, au préalable, certaines plantes.

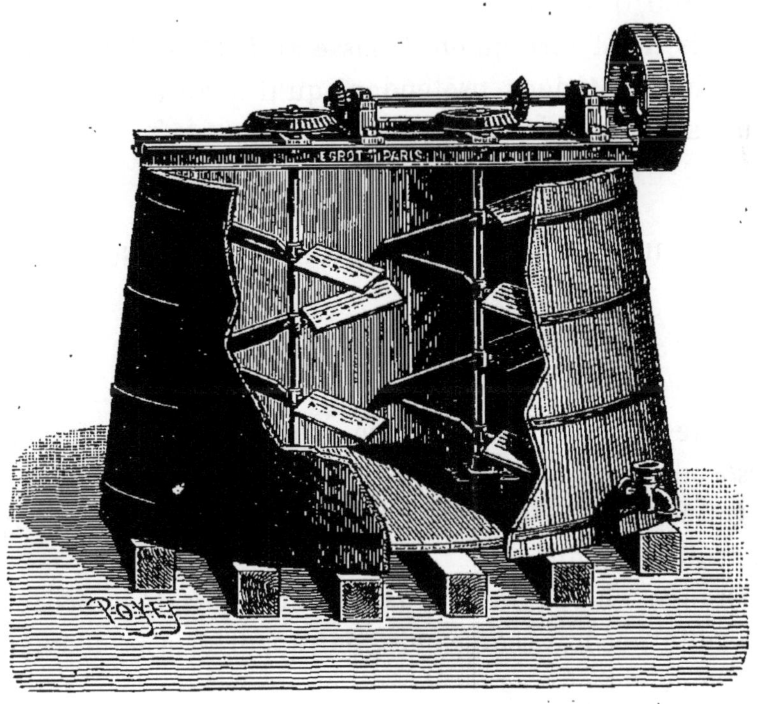

Fig. 20.— Cuves pour macérations.

On emploie de l'eau à la température ordinaire et, en poids, on en met de trois à quatre fois plus que de matière.

La trempe peut varier de douze à quarante-huit heures.

La macération s'impose surtout pour les racines, écorces bois, graines, etc.

Comme matériel de macération, on peut se contenter de cuves simples installées à proximité des alambics, ou mieux, on prend des cuves munies d'agitateurs, du genre de celle représentée par la figure 20.

Addition de sel. — On ajoute parfois du sel NaCl à l'eau de macération, afin d'augmenter la densité du liquide et de retarder son point d'ébullition : 108° si l'eau est saturée, soit 40 0/0 de sel.

Mais il est rare qu'on dépasse 10 à 15 0/0 de sel, car certains praticiens prétendent qu'il y aurait à craindre une altération des essences.

II. — EXTRACTION ET PURIFICATION DES ESSENCES

1° MÉTHODE PAR EXPRESSION

Cette méthode est employée pour les écorces fraîches, *zeste*, de certains fruits très riches en essences.

On commence par *râper* la partie colorée du *péricarpe* de fruits, tels que :

Orange, bergamote, mandarine, citron (procédé à l'écuelle), cédrat, coing, etc. Se rapporter à la deuxième partie de cet ouvrage.

Il en résulte une *pulpe* que l'on soumet à de fortes pressions. Le *liquide odorant* qui s'écoule, se divise, par le repos, en deux couches. Généralement, celle inférieure ne contient que de l'eau ; l'autre renferme l'huile essentielle.

Il reste à *décanter* et à *filtrer*.

On a remarqué que les produits ainsi obtenus sont fréquemment plus odorants que ceux résultant de distilla-

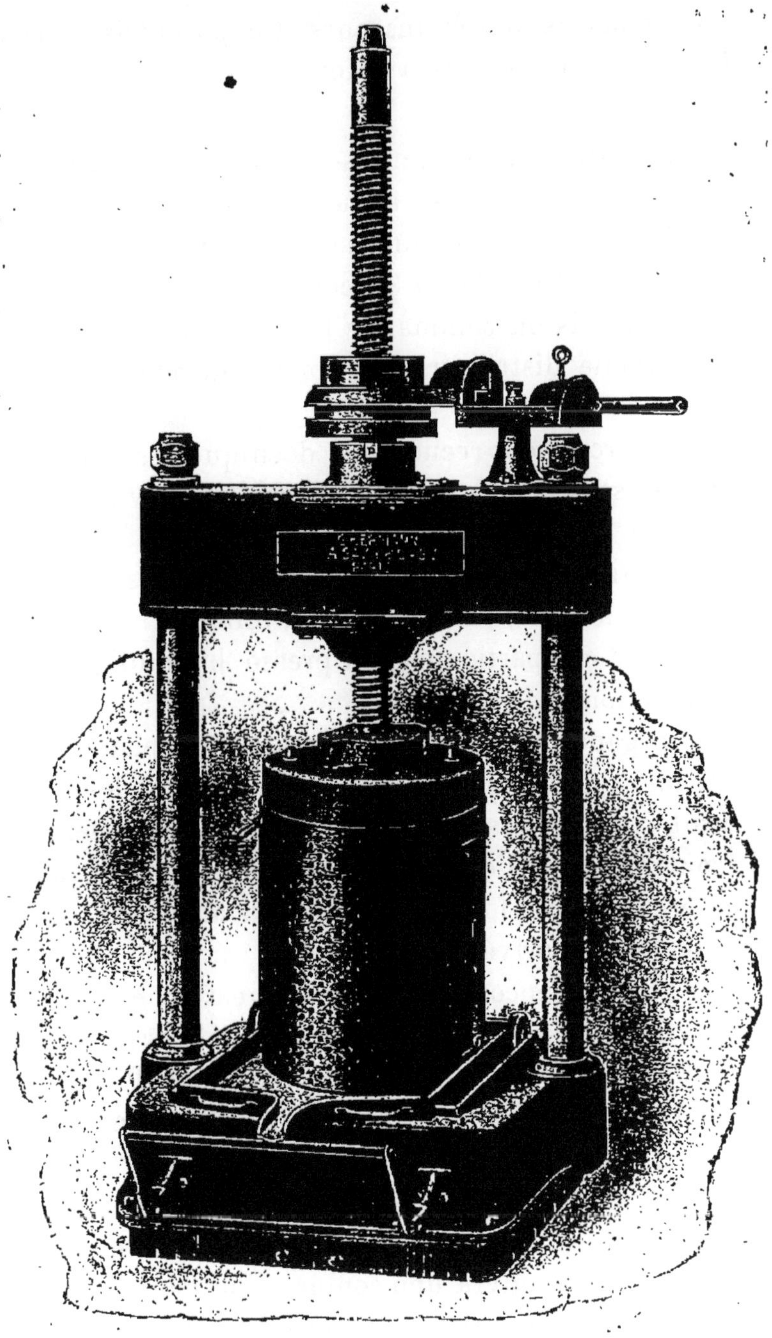

Fig. 21. — Presse à levier différentiel.

tions; mais ils sont moins purs et déposent dans les récipients pendant la conservation.

Opérations. — *Broyage.* — Pour broyer ou râper les écorces, on se sert d'un appareil se composant de deux cylindres à fines cannelures; les diamètres respectifs sont ordinairement de 130 et 35 centimètres.

Par une vis on commande l'écartement.

La trémie distributrice permet l'introduction des matières à broyer.

Les écorces sont recueillies, déchiquetées, puis placées dans des sacs de chanvre ou de crin de cheval.

Compression. — On utilise de fortes presses (*fig.* 21) et, quand on le peut, de presses hydrauliques.

Dans ce cas particulier, la presse hydraulique est de construction spéciale.

Ses organes essentiels comprennent un piston jouant à frottement doux dans un cylindre contenant les matières à traiter. Des trous pratiqués sur le cylindre permettent l'écoulement des liquides extraits. En fin d'opération la matière ligneuse forme un gâteau compact de cellulose complètement privée d'huile.

Un appareil encore très employé est la *presse à pots* (*fig.* 22). Elle se compose d'une presse hydraulique dont le cylindre de pression est en A et piston en P. Les tiroirs T et les boîtes K jouent le principal rôle. Les tiroirs T peuvent se mouvoir de bas en haut et pénétrer dans les boîtes K. Si donc ces boîtes sont garnies des matières à traiter et qu'on fasse monter le piston P commandant les tiroirs T, il s'ensuivra une compression dans les boîtes K et les liquides extraits s'échapperont; ils passeront par des ouvertures ménagées à cet effet aux parois supérieures des boîtes K et seront recueillis dans des rigoles *d*, d'où ils s'écouleront pour être réunis. Quand les pots K sont épuisés, on peut les bloquer à la partie supérieure de la presse et les remplacer par de nouveaux pots garnis.

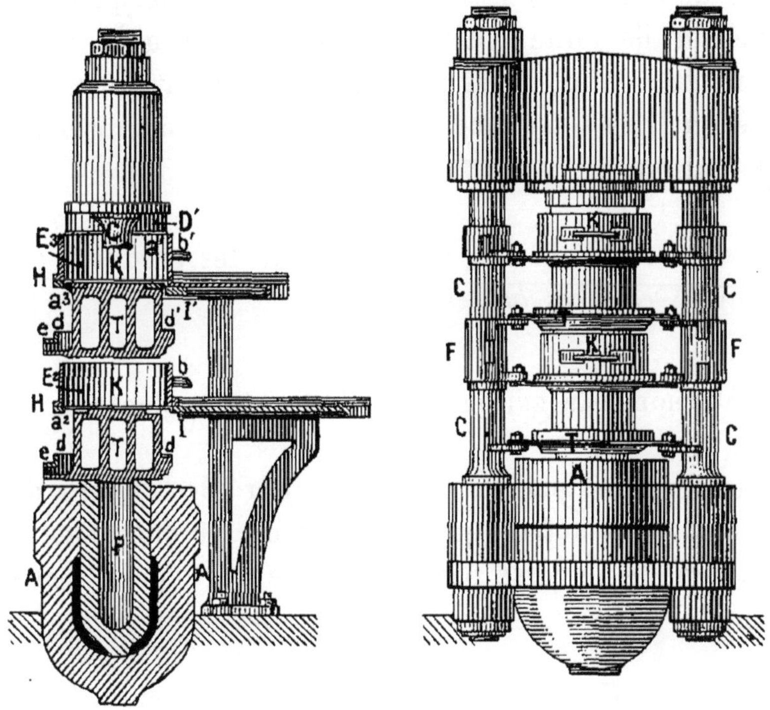

Fig. 22. — Presse à pots.

Décantation. — Le liquide obtenu, comme nous venons de le voir, renferme : de l'essence, de l'eau et de matières grasses.

On le laisse en repos dans des vases ou mieux, dans de grands cylindres en verre ; après quelques heures, le liquide se sépare en deux couches ; il reste à recueillir celle du dessus qui renferme l'essence.

Si le liquide huileux a été recueilli dans des vases, on le décante en inclinant, avec soin, le récipient.

Si, au contraire, on a reçu le liquide dans de grands flacons ouverts et renversés, il suffira de manœuvrer un robinet pour faire écouler en premier lieu la couche des impuretés.

Purification. — Quand les produits craignent la chaleur, on peut simplement filtrer sur double papier Joseph, dans le cas de décantation réelle. Bien souvent on pourra se dispenser de toute filtration si l'on opère avec le vase décanteur ; enfin, si les parfums ne perdent aucune de leurs qualités sous l'action du calorique, on procède par rectification.

Produits marchands. — On dénomme les produits ainsi obtenus : *essences brutes*.

2° Méthode par enfleurage : Absorption, Macération

L'enfleurage permet de travailler des fleurs dont l'arome serait détruit par la chaleur et dont l'activité fonctionnelle ne cesse pas immédiatement après la cueillette.

Fleurs. — Tubéreuse, Jasmin, Réséda, Jonquille. On distingue deux cas :
a) Enfleurage d'une graisse ;
b) Enfleurage d'une huile.

a) **Enfleurage d'une graisse.** — L'opération peut se faire en petit ou en grand.
S'il ne s'agit que d'une petite préparation, on se contente d'enduire d'axonge des plaques de verre V (*fig.* 23) d'environ 1 mètre de longueur sur $0^m,60$ de largeur ; on les couvre ensuite de fleurs, puis elles sont portées sur des châssis ou supports R. On les y laisse de vingt-quatre

à soixante-douze heures ; les fleurs épuisées sont alors remplacées par d'autres, fraîches, s'il y a lieu.

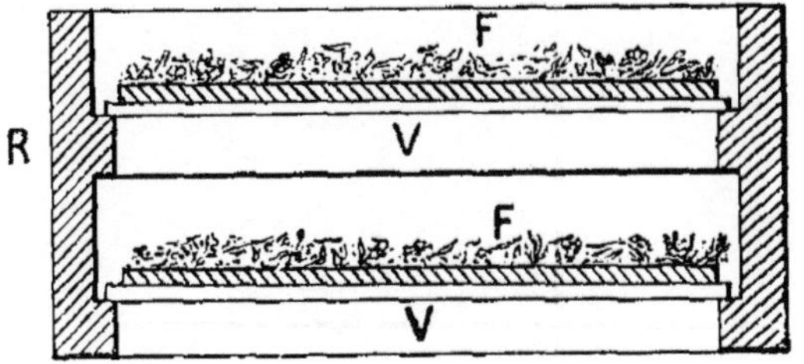

Fig. 23. — Enfleurage en petit.

Pour l'opération en grand, on se sert d'une chambre C (*fig.* 24) fermée hermétiquement et dans laquelle, on a

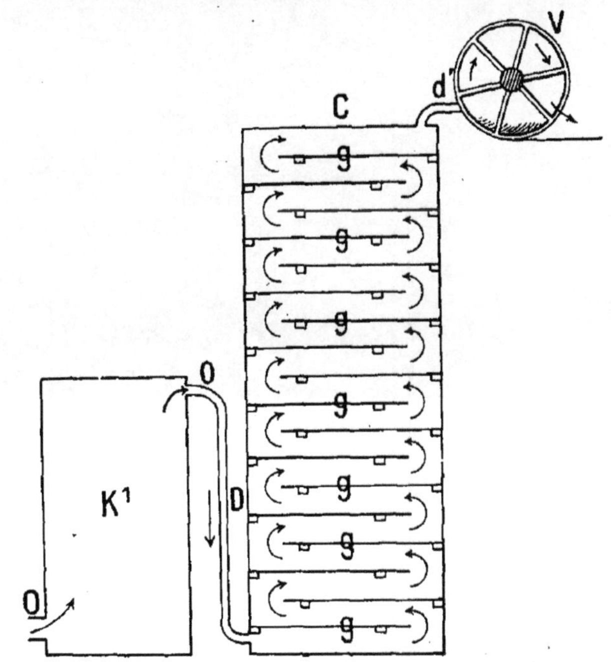

Fig. 24. — Appareil à circulation d'air pour enfleurage en grand.

placé un grand nombre de plaques *g* enduites d'axonge.

En K¹ est une autre chambre remplie de fleurs fraîches et présentant deux ouvertures *o* et *o'*.

Fig. 25. — Enfleurage. Fabrication des pommades à froid.
(Maison Roure-Bertrand fils.)

Les deux chambres C et K^1 communiquent entre elles par la conduite D. A la partie supérieure de C est une autre conduite d' communiquant avec un ventilateur-aspirateur V. Dès que le ventilateur agit, l'air chargé de parfums de K^1 passe en C où il abandonne son parfum dont se sature l'axonge.

Fig. 26. — Agitateur ordinaire.

Cette façon d'opérer offre un immense avantage sur la précédente : Les fleurs ne sont pas en contact avec l'axonge et, dès qu'elles sont épuisées, on les remplace avec la plus grande facilité.

Tandis que, par contact, il faut essorer, ce qui offre toujours des difficultés.

Produits d'enfleurage des graisses. — Ce sont des *pommades*, qu'on emploie telles que dans la fabrication des cosmétiques. Si on épuise ces pommades par l'alcool, on obtient les *extraits aux fleurs* et la concentration de ces extraits donne les *huiles essentielles*.

L'épuisement des pommades par l'alcool s'opère dans des récipients remplis du dissolvant et dans lesquels on introduit les pommades.

FIG. 27. — Agitateur à dix bombes.

La figure 26 représente un type d'agitateur marchant à bras ou au moteur. La figure 27 montre un agitateur à dix bombes.

Après agitation suffisante, on distille à basse température.

b) **Enfleurage d'une huile.** — On trempe des pièces de coton dans de l'huile d'olive, puis on les étend sur des châssis à grillage métallique. Les fleurs y sont déposées en couches et y séjournent vingt-quatre heures. On les change tous les jours et on ne peut guère considérer l'huile comme saturée qu'au bout d'un mois.

Les huiles sont alors soumises à l'action d'une presse ; l'huile parfumée s'écoule.

Dans les grandes installations on remplace avantageusement la presse par des appareils pneumatiques.

Produits d'enfleurage des huiles. — Ce sont des *huiles antiques* que l'on traite par l'alcool pour en extraire les parfums. Comme pour le traitement des pommades, l'alcool doit titrer de 90 à 95°. Les huiles sont placées dans de grandes fioles en verre contenant de l'alcool, et l'on agite vivement.

Comme avec les pommades on obtient des *extraits aux fleurs*. Si l'on met, par exemple, 1 litre d'huile et 1 litre d'alcool en contact durant quarante-huit heures, et que l'on décante ensuite l'alcool qui surnage, on obtient l'extrait n° 1 ; en reversant à nouveau 1 litre d'alcool sur la même huile, on obtient, dans les mêmes conditions, l'extrait n° 2 ; après l'extrait n° 3, on considère l'huile comme épuisée.

Saturation directe de l'alcool. — Ces procédés d'enfleurage, surtout celui à circulation d'air pour enfleurage en grand, ont amené à imaginer un appareil spécial pour saturation de l'alcool sans intervention des pommades et huiles.

L'appareil se compose d'un grand vase de verre où l'on prépare de l'acide carbonique par action d'acide chlorhydrique sur du marbre :

$$CO^3Ca + 2HCl = CaCl^2 + CO^2 + H^2O.$$

L'acide carbonique se dégage, passe dans un flacon laveur, puis dans un récipient en fer-blanc contenant les fleurs et où il détermine un entraînement des molécules

Fig. 28. — Laboratoire des presses (Maison Bruno-Court).

odorantes. Ainsi chargé d'odeurs, le gaz vient dans un dernier flacon rempli d'alcool.

Cet alcool se sature ; il ne reste qu'à récupérer les parfums s'il y a lieu.

3° MÉTHODE PAR ÉPUISEMENT

Il y a lieu d'envisager :
a) Épuisement par un dissolvant fixe ;
b) Épuisement par un dissolvant volatil.

a) **Épuisement par un dissolvant fixe.** — Méthode encore dénommée *macération, infusion, saturation.*

Absorbant. — On utilise principalement les graisses de bœuf et de porc fondues, ainsi que les huiles végétales et minérales.

Fleurs. — Rose, fleur d'oranger, cassie, violette, quassia, sureau, etc.

Opération. — On se sert de vases en porcelaine ou en fer émaillé, dans lesquels sont placées les graisses ou huiles à saturer. Ces vases sont chauffés au bain-marie et la température peut être portée à 45°, 50° et même 70°, suivant les cas. Les fleurs, précédemment mises dans des petits sacs de toile fine, sont plongées dans le liquide chaud et y restent de douze à quarante-huit heures. Les sacs sont alors retirés et les fleurs épuisées remplacées par d'autres fraîches ; ces immersions sont répétées une quinzaine de fois. On obtient de cette façon, comme par enfleurage, des pommades et huiles odorantes.

Cet épuisement n'est, en réalité, qu'un enfleurage à chaud.

On a remarqué que les parfums sont plus délicats quand

les fleurs restent peu en contact avec les absorbants ; aussi a-t-on été amené à imaginer le dispositif suivant :

Une cuve étamée C (*fig.* 29) est divisée par des cloisons *c* en un certain nombre de compartiments N. Cette cuve ou chambre C peut être hermétiquement fermée au moyen d'un couvercle à vis.

On commence par placer dans les compartiments N des corbeilles de fer étamé, remplies de fleurs ; puis on fixe

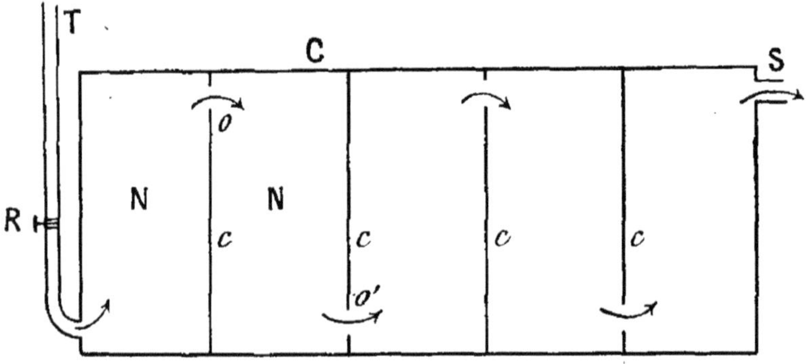

Fig. 29. — Cuve pour épuisement par contact rapide.

le couvercle, et la chambre C est chauffée au bain-marie ; la température est portée à une moyenne de 50°. En ouvrant le robinet R, on fait arriver par le tube T de la graisse fondue ou de l'huile dans le premier compartiment. Les fleurs de la première corbeille sont ainsi en partie épuisées.

Le liquide absorbant sous l'action d'une coulée ininterrompue, passe par l'ouverture *o* et envahit le deuxième compartiment où il s'enrichit encore, grâce aux nouvelles fleurs qu'il rencontre ; cet enrichissement durera jusqu'à la sortie du liquide en S. Quand on juge la première corbeille tout à fait épuisée, on l'enlève et on la remplace par la corbeille n° 2 ; ainsi de suite jusqu'au dernier compartiment où est introduite une corbeille fraîche.

b) **Épuisement par un dissolvant volatil.** — Cette méthode est généralement dite: *extraction.*

On opère à froid, mais il y a deux inconvénients:

1° Il est difficile de se débarrasser des dernières traces du dissolvant;

2° D'autres produits que les essences dérivées sont entraînés; on ne les isole que péniblement.

Dissolvants. — Les dissolvants neutres employés sont:

	Formules	Point d'ébullition
Chlorure de méthyle....	CH^3Cl	— 23°
Éther.................	$(C^2H^5)\,O$	35°
Sulfure de carbone......	CS^2	46°
Acétone...............	CH^3COCH^3	56°
Éther de pétrote........		65-70°
Alcool	CH^3CH^2OH	78°
Benzine...............	C^6H^6	80°

Le plus souvent on n'emploie que l'éther de pétrole et le sulfure de carbone, parce qu'ils sont meilleur marché que l'éther ordinaire et le chloroforme.

Opération. — On se sert d'appareils dits *extracteurs*, que l'on peut toujours hermétiquement fermer.

Ce mode opératoire ne pouvant guère recevoir d'applications isolées aux colonies, nous nous contenterons de donner la description de l'extracteur connu sous le nom d'alambic à déplacement « Omnium Dorvault », représenté par la figure 30.

Il se compose d'une cucurbite, d'un bain-marie contenant le liquide extracteur, d'un condenseur et d'un récipient contenant la matière dont on veut faire l'extrait. Le liquide extracteur se vaporise dans le bain-marie, se rend, par le col de cygne extérieur, dans le serpentin où il se condense et de là s'écoule sur la matière pour retourner ensuite dans le bain-marie, où il se transforme de nouveau en vapeur ; un *double regard* ainsi qu'un *robinet de preuves* permettent de se rendre compte de la marche de l'opé-

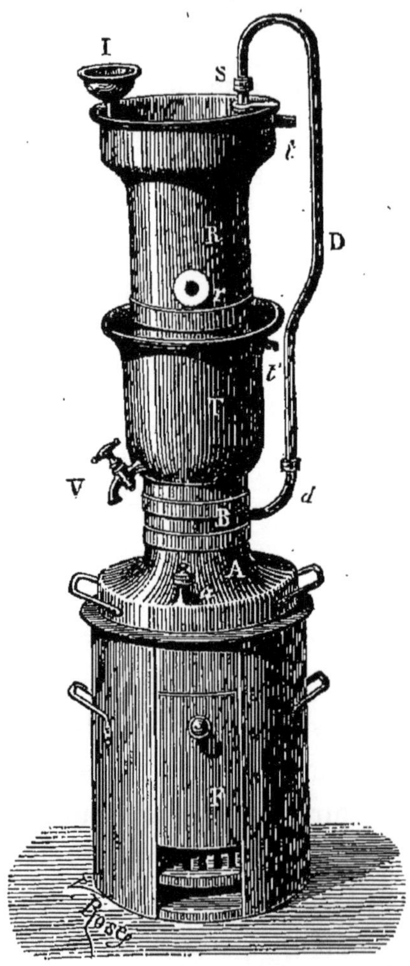

Fig. 30. — Omnium Dorvault avec fourneau en tôle.

ration. De nouveaux perfectionnements apportés récemment à cet appareil facilitent l'opération et en augmentent la rapidité.

Ces appareils se font à feu nu ou à vapeur.

Extracteurs pour travail en grand. — La figure 31 représente l'un de ces extracteurs. En A est le vase d'extraction dans lequel sont placées les plantes. B est l'évaporateur toujours chauffé au bain-marie ; c'est dans B que s'opère la séparation du dissolvant et du parfum, grâce à la différence des points d'ébullition. D est un récipient à circulation d'eau froide contenant un serpentin où se liquéfient les vapeurs du dissolvant. En tous temps, le dissolvant est donc récupéré et peut servir pour des opérations ultérieures. Cet appareil est très pratique pour des fabrications d'importance moyenne ; il est portatif et monté sur un seul bâti.

L'extracteur A bascule sur tourillons, ce qui simplifie de beaucoup la vidange.

Pour les extractions tout à fait en grand, on a recours au dispositif représenté par la figure 32. Les organes essentiels sont les mêmes que ceux que nous venons d'étudier.

En A est toujours le récipient à extraction ; en B, le récipient de séparation et en C le récupérateur.

L'avantage de ce second appareil est qu'on peut utiliser des dissolvants de densités différentes.

Pour faciliter la manœuvre, les plantes sont placées dans des paniers métalliques.

Appareil d'extraction méthodique. — Pour le travail d'une grande quantité de matières, il y a des avantages considérables à employer le travail méthodique, c'est-à-dire à faire circuler le liquide solvant successivement dans des vases indépendants (*fig.* 33).

Les vases se trouvent épuisés et rechargés de matières neuves les uns après les autres ; une tuyauterie permet de faire circuler les liquides d'un vase dans l'autre en commençant à tour de rôle par chacun d'eux.

Fig. 31. — Appareil d'extraction des parfums par les dissolvants volatils
(petit modèle).

Indépendamment d'une plus grande rapidité d'opération, ce système donne des solutions beaucoup plus concentrées, tout en épuisant plus rapidement et plus complètement les matières traitées, il résulte de cette plus grande concentration que les opérations subséquentes sontrendues plus rapides et plus économiques.

La construction de cet appareil varie beaucoup selon les matières traitées et le but que l'on se propose d'obtenir.

Appareil d'extraction rotatif. — Enfin, citons pour terminer, un nouvel appareil d'extraction qui présente une solution très complète et très originale du difficile problème de l'extraction des principes contenus dans certaines substances, qui se laissent très difficilement traverser par des liquides, même sous des pressions élevées.

Le procédé de macération méthodique décrit précédemment présente l'inconvénient, pour certaines matières compactes ou pulvérulentes, de rendre difficile ou impossible la circulation du liquide dissolvant successivement dans les vases ; le liquide se crée des chemins dans la masse dont certaines parties seulement abandonnent aux dissolvants la matière soluble. Il résulte de cette action incomplète du dissolvant une mauvaise utilisation et une perte considérable du produit traité.

L'appareil (*fig.* 34) permet, par une agitation mécanique, de mettre en contact intime le dissolvant et la matière traitée. Il permet aussi de placer les vases verticalement, parallèlement à eux-mêmes, de manière qu'ils viennent, l'un après l'autre, occuper le point le plus haut ou le point le plus bas.

Ils peuvent être rendus solidaires de la grande roue et être soumis, lorsque celle-ci est mise en mouvement, à une agitation qui effectue le mélange intime des matières contenues dans les vases.

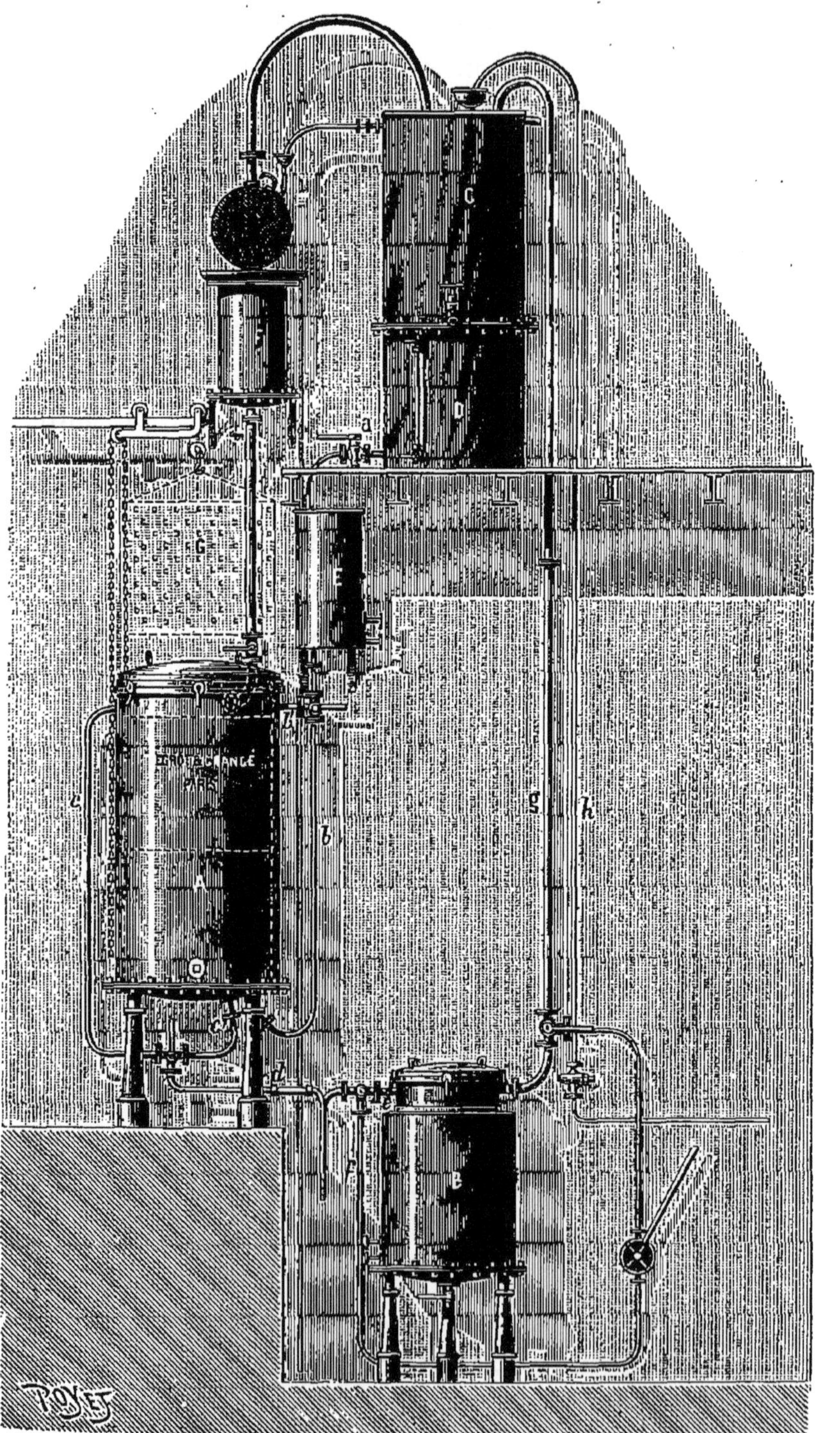

Fig. 32. — Appareil d'extraction des parfums par les dissolvants volatils (grand modèle).

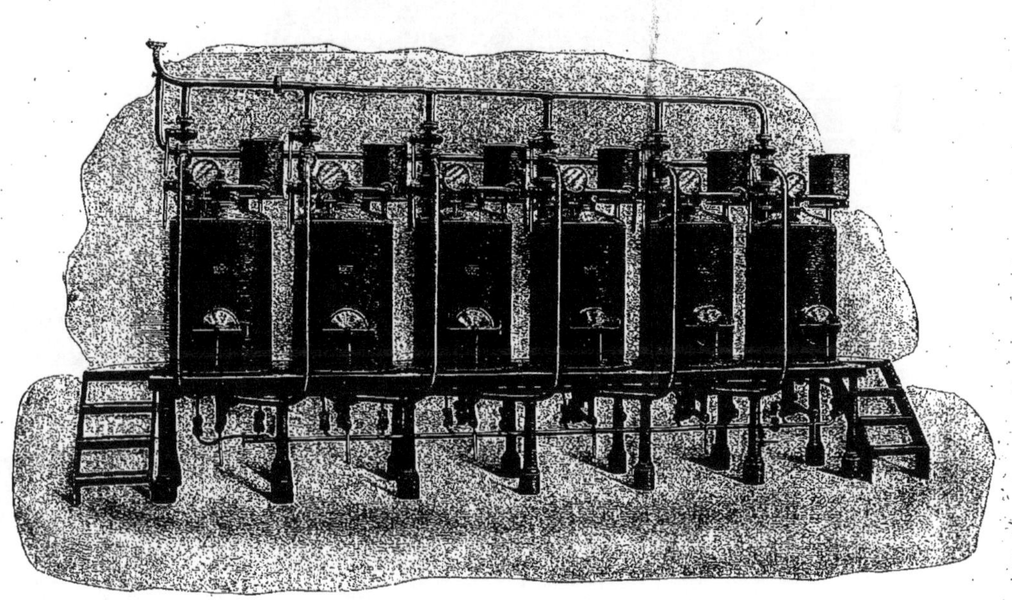

Fig. 33. — Appareil d'extraction méthodique.

Lorsque cette agitation a suffisamment duré pour que l'extraction soit complète dans chaque récipient, on rend ceux-ci à la position verticale et on laisse reposer les ma-

FIG. 34. — Appareil d'extraction rotatif.

tières qui y sont contenues, afin de pouvoir effectuer la décantation et la circulation du dissolvant méthodiquement d'un vase dans l'autre.

Les résultats donnés par cet appareil sont des plus remarquables.

Rectification. — Il est indispensable de purifier les essences ainsi obtenues. On rectifie à la vapeur d'eau.

On commence par laisser au repos les essences recueillies ; une décantation permet déjà l'élimination de certaines impuretés qui se sont déposées ; pour ne rien perdre,
on filtre ce dépôt.

Pour la rectification proprement dite, on ajoute à l'essence cinq ou six fois son volume d'eau ; puis on vaporise
l'essence par un jet de vapeur.

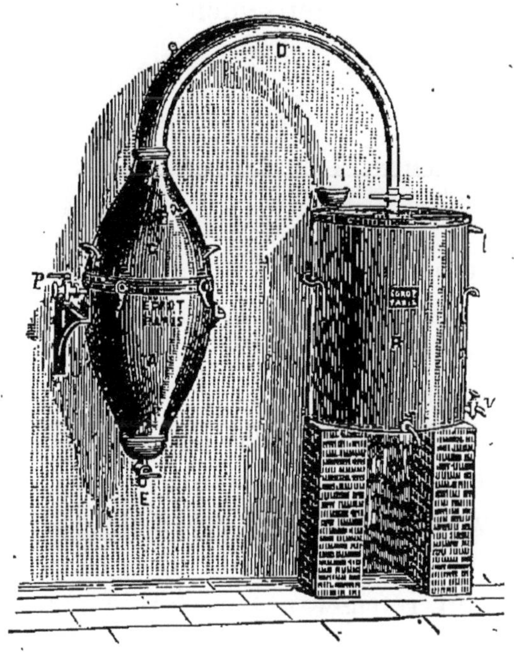

Fig. 35. — Œuf rectificateur à vapeur.

On se sert généralement d'un appareil construit spécialement à cet effet et connu sous le nom d'*œuf rectificateur* (*fig.* 35).

La vapeur nécessaire est produite par la cucurbite d'un
alambic ordinaire que la figure ne représente pas, et les
essences volatilisées se liquéfieront dans le réfrigérant R
de ces appareils.

Il faut de grands soins de propreté pour toutes ces

manipulations; aussi les appareils sont-ils entièrement démontables, et il est facile de les nettoyer après chaque opération.

Produits. — Les dissolvants laissent comme résidus de concentration des matières cireuses parfumées plus ou moins solubles dans l'alcool.

Les produits purifiés sont connus sous le nom de *parfums concrets*, et leur épuisement par l'alcool donne des *extraits aux fleurs*.

4° PAR ENTRAINEMENT A LA VAPEUR D'EAU. — DISTILLATION

C'est à ce mode d'extraction que recourent le plus souvent les « planteurs-distillateurs » des « pays tropicaux ».

Le principe est simple :

On met dans un *alambic* les substances à traiter avec une quantité d'eau variable; à l'ébullition, les vapeurs d'eau se chargent de molécules odorantes, puis elles passent dans un réfrigérant où elles se condensent.

A la sortie du réfrigérant, les liquides tombent dans un *essencier* où s'opère une première séparation.

On reconnaît que les produits sont épuisés quand l'eau sortant du *bec-de-corbin* n'amène plus d'essence.

Appareils à distillation. — Quels que soient les accessoires, ces appareils ont pour organes essentiels :

1° Une chaudière ou cucurbite ;

2° Un chapiteau. Anciens modèles : tête de maure ; nouveaux modèles : double joint hydraulique ;

3° Un col de cygne ;

4° Un réfrigérant ou serpentin.

La cucurbite et le chapiteau sont en cuivre étamé ; la bâche du réfrigérant est généralement en tôle de fer ; le serpentin est en cuivre ou en étain.

On appelle *lentille* le cercle-collet qui rattache le col au serpentin, et *bec de corbin* la partie basse extrême du serpentin.

Essencier. — Anciennement appelé : *vase* ou *récipient florentin*. On en a proposé plusieurs modèles, mais le principe reste le même.

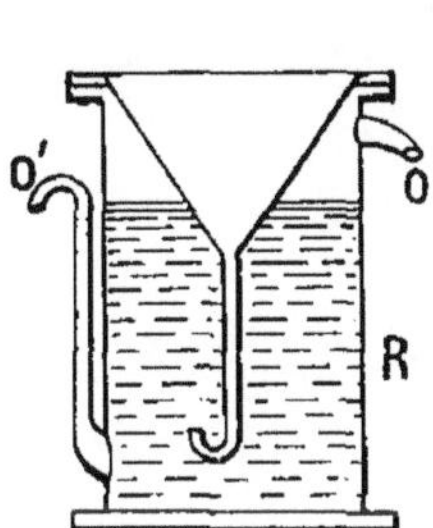
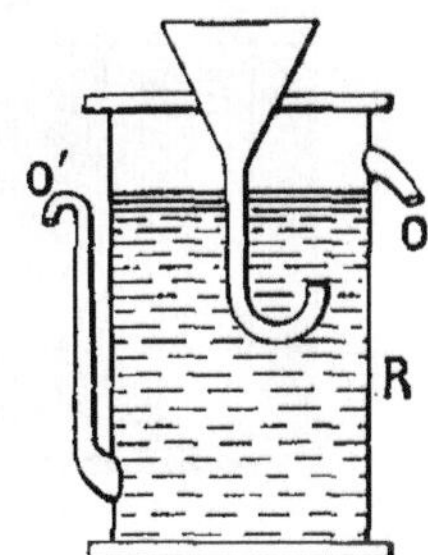
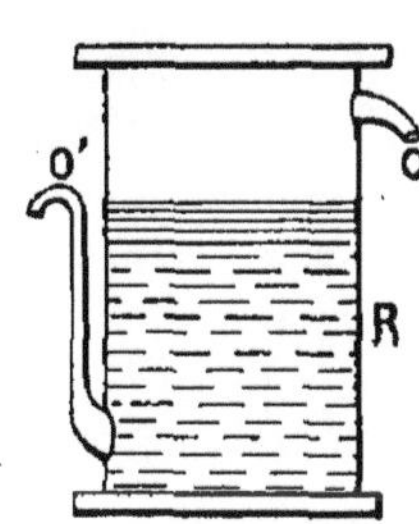

FIG. 36. — Essencier.   FIG. 37. — Essencier.   FIG. 38. — Essencier.

L'essencier est un récipient à deux becs de décharge ; par l'un des orifices s'écoule le contenu de la partie supérieure ; par l'autre *o'*, celui de la partie inférieure ; on bouche *o'*, si l'on désire obtenir par *o* les produits de couche supérieure ou encore si l'on ne désire garder que les couches de fond ; dans le premier cas, les huiles légères sont recueillies dans un autre récipient, dans le second, on laisse s'écouler librement l'eau-mère.

Les essences et l'eau se séparent d'elles-mêmes dans le récipient R, par suite de leur différence de densité.

Les eaux-mères font retour à l'alambic.

Pour éviter de troubler la séparation qui s'opère en R, on adopte le dispositif de la figure 36 pour les huiles plus lourdes que l'eau, et celui représenté par la figure 37 pour les huiles plus légères.

La Maison Egrot construit, en outre, des seaux et récipients décanteurs, qui remplacent dans bien des cas très avantageusement les vases florentins.

Seau décanteur. — L'eau chargée d'huiles essentielles est introduite dans l'entonnoir du milieu, qui la conduit au fond du récipient. La vitesse d'écoulement entre les

Fig. 39. — Seau décanteur.

cloisons (*fig.* 39) étant toujours croissante, il s'en suit que la séparation de l'eau et des essences s'opère dans de bonnes conditions.

Récipient décanteur. — L'arrivée de l'eau et des essences se fait par le haut.

Sur le côté est un trop-plein mobile d'où s'écoule l'eau et par une autre tubulure on recueille les *huiles légères*, car cet appareil est spécialement construit pour ces sortes d'essences. Celles-ci se réunissent à la partie supérieure, qui est très rétrécie et elles s'écoulent. Grâce à l'action d'une vis, on peut régler la différence de niveau d'écoulement entre les deux liquides.

Réfrigérants. — Ils sont tous construits sur le même principe : Faire passer des vapeurs dans un serpentin plongé dans l'eau froide. Par condensation les vapeurs se liquéfient. Les serpentins doivent toujours pouvoir se démonter et se nettoyer facilement.

Dans certains cas, il est indispensable de tenir compte de l'*allure* des essences à recueillir, pour la conduite du réfrigérant, quand on a affaire à des essences cristallisables, par exemple, telles que celles de carvi, de badiane, d'anis, de fenouil, de roses, de menthe poivrée, etc., il faut maintenir la température du serpentin à environ 30°. Également vers la fin d'une opération, il est d'usage de ralentir l'arrivée d'eau froide de façon à chasser du serpentin les molécules adhérentes d'essence.

Chauffage. — Le chauffage des alambics peut se faire de quatre façons :

1° A feu nu ;

2° Au bain-marie ;

3° Par la vapeur ;

4° Sous pression réduite.

Successivement nous étudierons les appareils les plus employés.

1° CHAUFFAGE A FEU NU. — *Alambic simple à feu nu.* — Les matières à distiller sont introduites dans l'alambic par N (*fig.* 40).

Une grille intérieure en cuivre les isole du fond de la chaudière. On fait arriver directement du réfrigérant l'eau nécessaire à la distillation par le tube indiqué sur la figure.

Les vapeurs qui s'échappent de A passent dans le réfrigérant R, grâce au col de cygne D. Cet appareil est très simple, mais il a l'inconvénient de mettre en con-

tact les produits avec les parois latérales de la cucurbite.
Il s'ensuit une surchauffe en certains endroits, de laquelle peuvent résulter des distillations de goudrons,

Fig. 40. — Alambic simple à feu nu.

d'odeur particulièrement désagréable et qui nuisent à la qualité des huiles obtenues. Pour éviter cet inconvénient on a imaginé le système suivant.

Alambic à feu nu avec tamis métallique. — La chaudière est munie d'une soupape de sûreté (*fig.* 41) ; dans la cucur-

bite se place un panier en cuivre qui contient les plantes
à distiller.

FIG. 41. — Alambic simple à feu nu, système Egrot, avec tamis métallique et appareil de levage.

LÉGENDE. — A, chaudière de l'alambic. — B, fourneau en tôle. — C, chapiteau-couvercle. — D, robinet de vidange. — L, boîte à vis soupape. — E, appareil de levage
du panier. — M, panier métallique. — R, réfrigérant. — I, entonnoir. — a, sortie
du serpentin. — t, trop-plein. — v, vidange du réfrigérant. — x, récipient à
essences dit : *Vase Florentin*.

La manœuvre de ce panier se fait facilement en actionnant un appareil de levage à balancier. Le couvercle est hermétiquement fermé par des joints à verrou.

Déjà avec cet appareil, les coups de feu ne se produisent que très accidentellement.

Il est essentiel que toutes les parties des plantes contenues dans le panier M soient également soumises à l'action

Fig. 42. — Alambic à feu nu à bascule.

de l'eau chaude et de sa vapeur. La figure 42 donne le détail d'un excellent dispositif intérieur du panier M. En outre, le panier, au lieu d'être à déplacement vertical, est simplement à bascule.

Alambic à essence à bascule. — Par simple inspection de la figure 42, on peut se rendre parfaitement compte des détails du mécanisme et de la marche de l'opération.

Le panier M, perforé sur toutes ses faces, plonge dans

l'eau de la cucurbite; quand on suppose l'opération terminée, on agit sur la poignée H, et M bascule entièrement
(*fig.* 43). Ce panier affecte la forme d'un tronc de cône
renversé; en réalité, la perforation s'arrête à mi-hauteur,
de façon à faire passer toute la vapeur dans la masse.

Aucun contact direct ne se produit entre les matières
et les parois de la chaudière, on évite la distillation des

FIG. 43. — Vue de l'alambic Egrot basculé.

goudrons. En outre il est bon de remarquer que l'eau qui
sort du vase florentin retourne automatiquement à la chaudière.

Alambic à essence avec retour direct des petites eaux. —
L'alambic à essences, à bascule, que nous venons de
décrire, peut recevoir, au lieu d'une grille de fond, un
panier en cuivre étamé perforé, avec couvercle perforé
également.

Mais il n'est pas besoin de sortir le panier pour en effectuer la vidange; après avoir basculé l'alambic on peut en

faire écouler le liquide dans un récipient ; on défait les clavettes qui retiennent le couvercle du panier, et on extrait facilement du panier les matières distillées.

Le réfrigérant est formé d'un serpentin en cuivre étamé mais sur demande et avec plus-value il est établi un nouveau modèle démontable.

Le réfrigérant est élevé suffisamment pour que les petites eaux retombent dans l'alambic au fur à mesure qu'elles sortent de l'essencier.

2° CHAUFFAGE AU BAIN-MARIE. — Les appareils diffèrent selon l'importance des exploitations.

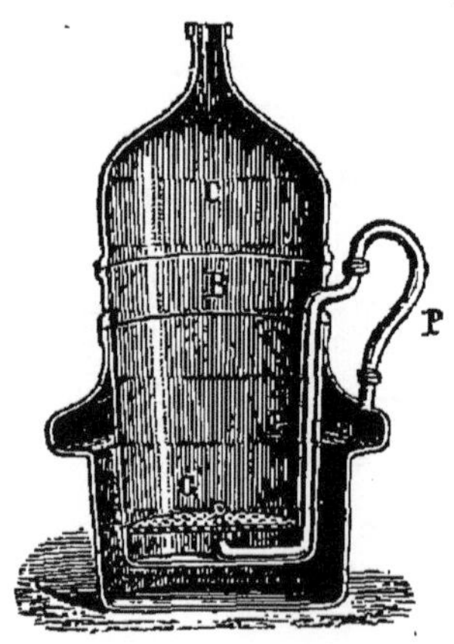

FIG. 44. — Détail de l'appareil Soubeiran.

Appareil Soubeiran. — Pour les essais, on ne saurait trop recommander cet appareil, représenté par la figure 44.

Le manchon A contient l'eau ; la vapeur s'échappe par P, puis est ramenée sous la grille G. Sur cette grille sont disposées les plantes à distiller.

Alambic à bain-marie percé. — Quand il ne s'agit que d'essais ou de très petites productions, on peut encore employer cet alambic qui comprend : une colonne à fleurs présentant une série de plateaux perforés supportant les matières à distiller. Les huiles lourdes qui ne distillent pas sont reçues dans le vase extractif qu'il suffit de vider.

Cet alambic est surtout réservé à la préparation des *eaux aromatiques.*

Alambic à bain-marie avec fourneau. — Pour des productions moyennes on ne peut se contenter des deux

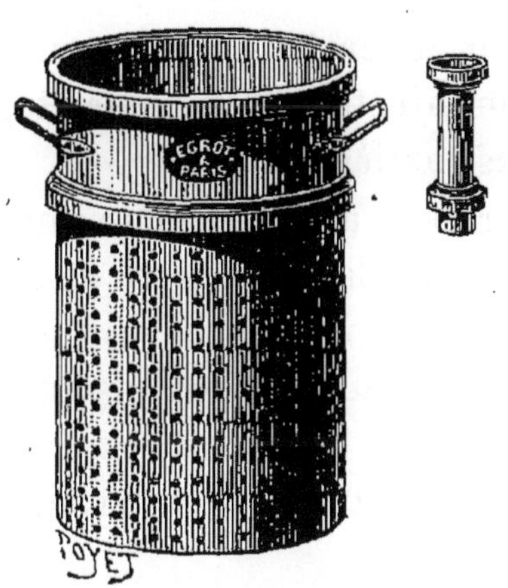

Fig. 45.
Bain-marie percé.

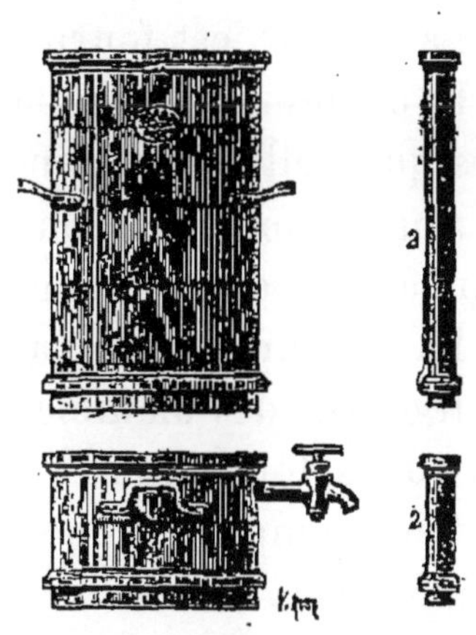

Fig. 46.
Colonne à fleurs et vase extractif.

appareils que nous venons de décrire. Il en est d'autres que nous allons indiquer.

La figure 46 donne le détail d'un appareil très répandu.

L'eau de chauffe entoure le récipient A dans lequel sont placées l'eau de distillation et les matières à travailler. Comme précédemment, les vapeurs, enrichies de molécules odorantes, s'échappent par le col de cygne D et vont se condenser dans le réfrigérant R.

3° CHAUFFAGE PAR LA VAPEUR. — Il permet d'opérer

rapidement et d'atteindre de hautes températures sans craindre les coups de feu.

Il y a trois sortes d'appareils :

a) Appareils à double fond ;

b) Appareils à serpentin ;

c) Appareils à chauffage direct.

a) *Appareils à double fond. — Alambic à double fond ordinaire.* — Il est en cuivre étamé ainsi que le serpentin ; la bâche du serpentin est en tôle et le double fond de l'alambic en fonte (*fig.* 47).

La vapeur est fournie par un générateur quelconque.

Le chapiteau C est facilement ajusté sur la cucurbite, dès que celle-ci est remplie des matières à traiter.

Après l'opération, on se débarrasse facilement des eaux condensées dans le double fond, par la manœuvre de E.

La vapeur, entrée par p s'échappe par p' :

Il existe des alambics à double fond pouvant basculer sur deux tourillons.

Leur emploi suppose des installations de certaine importance.

b) *Appareils à serpentin.* — La figure 48 représente un appareil de ce genre. La vapeur, venant d'une prise sur conduite ou d'un générateur, arrive par p pour sortir par p', comme pour l'appareil à double fond.

Le chargement et l'extraction des matières se font par deux larges portes-tampons en cuivre.

On peut facilement remplacer les deux portes-tampons par un joint à verrous.

Alambic à couvercle mobile et à retour direct des petites eaux. — Cet alambic diffère du précédent par la suppression du tampon de chargement qui est remplacé par le joint à verrous rapide permettant d'enlever le chapiteau-couvercle.

Une chaîne à contrepoids équilibre le couvercle et le soutient en l'air pendant qu'on charge l'alambic.

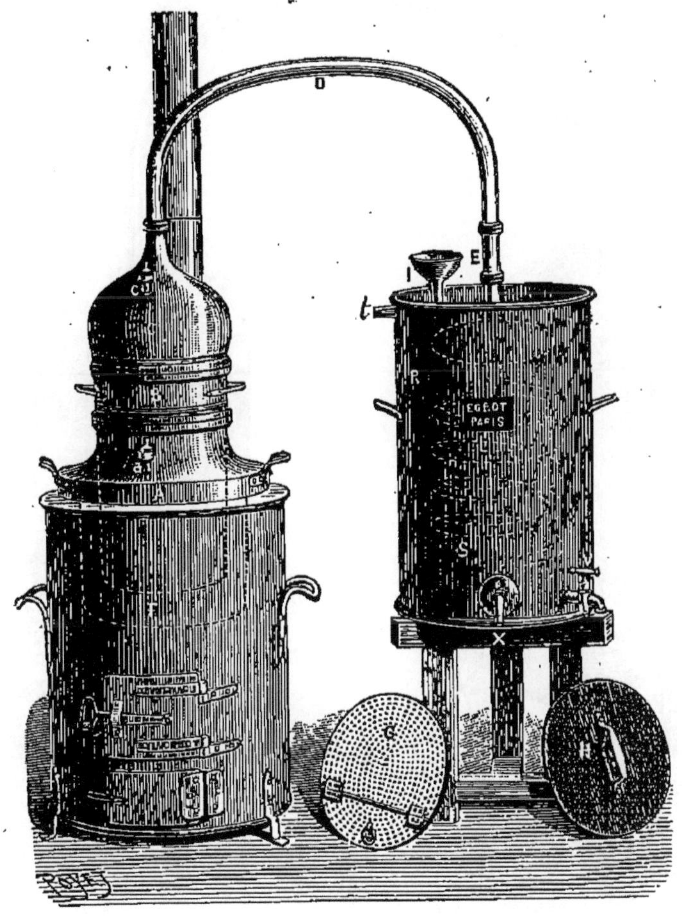

FIG. 47. — Alambic à bain-marie avec fourneau.

LÉGENDE. — A, cucurbite cuivre étamé. — a, boîte à vis — B, bain-marie cuivre étamé. — C, chapiteau cuivre étamé. — c, boîte à vis. — D, col de cygne. — E, manchon. — F, fourneau. — G, grille mobile se plaçant au fond de la cucurbite. — H, couvercle pouvant s'adapter sur le bain-marie ou la cucurbite. — I, entonnoir. — R, bâche du réfrigérant (cuivre étamé). — Serpentin étain pur. — s, sortie du serpentin. — t, trop-plein de la bâche. — V, robinet de vidange de la bâche. — X, bec-de-corbin.

La disposition du réfrigérant permet le retour direct par le tube *h* des petites eaux dans l'alambic pendant le cours de la distillation, l'essence étant retenue dans le décanteur.

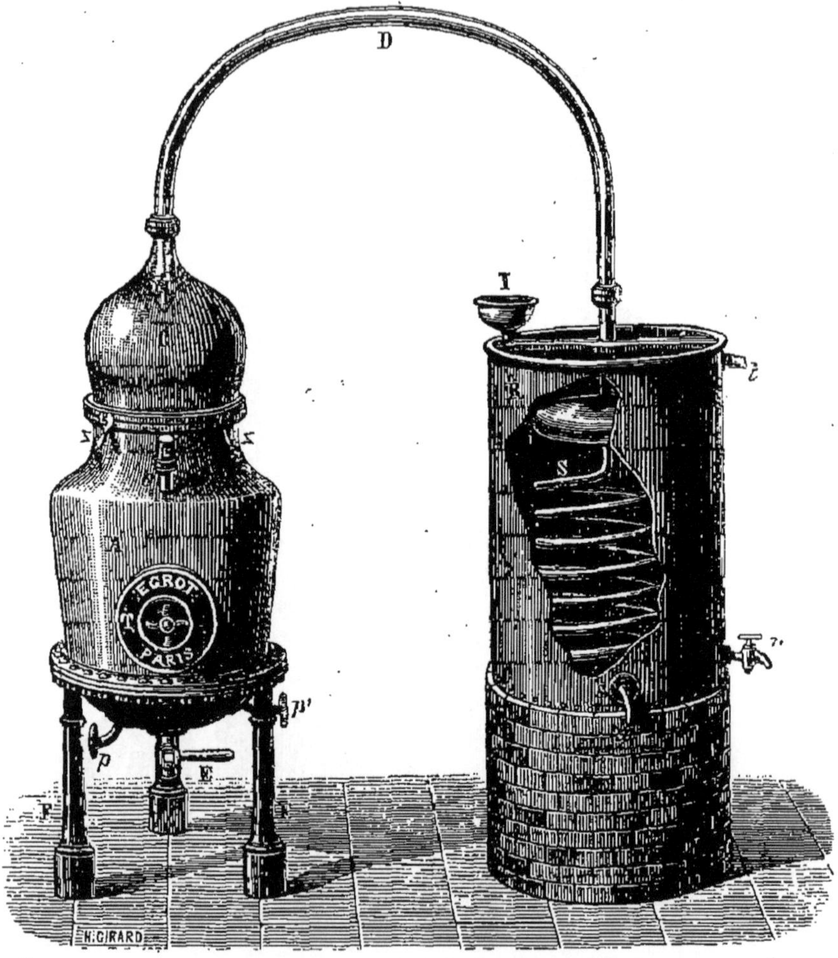

Fig. 48. — Alambic à vapeur sur pied de fonte muni de tampon revolver.
Légende. — A, cucurbite cuivre étamé. — C, chapiteau en cuivre étamé. — c, boîte à vis soupape. — D, col de cygne. — E, robinet de vidange. — F, pieds en fonte. — R, bâche du réfrigérant en tôle. — S, serpentin en cuivre étamé. — s, sortie du serpentin. — x, bec-de-corbin. — v, robinet de vidange de la bâche. — t, trop-plein de la bâche. — I, entonnoir. — p,p', piétements d'entrée et de sortie de vapeur. — T, tampon de décharge revolver, système Egrot. — z,z, verrous, système Egrot.

Alambic à bain-marie à vapeur. — Les précédents appareils à vapeur utilisent la vapeur sans la produire.

La figure 51 montre un alambic monté sur fourneau.

L'eau de la chaudière C chauffe A extérieurement et, par une prise de vapeur *a*, les produits peuvent être surchauffés sans crainte de coups de feu.

FIG. 49. — Alambic simple à vapeur.

Enfin, pour terminer cette série d'alambics à vapeur à distillation continue, disons qu'il existe encore des alambics basculant; des alambics à vapeur montés sur chariots et rendus portatifs (*fig.* 52).

Alambic à vapeur à vases basculants pour distillation fractionnée. — Il arrive parfois qu'il est nécessaire de

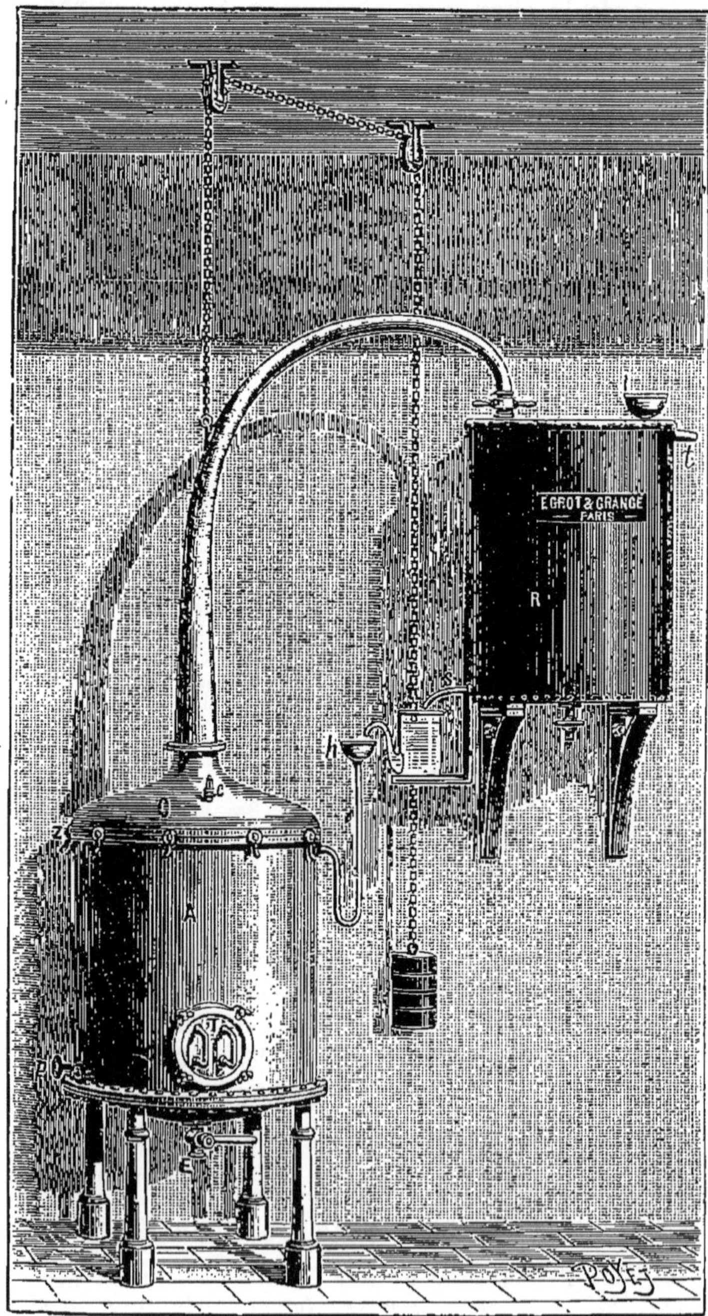

Fig. 50. — Alambic à vapeur avec retour direct des petites eaux.

distiller méthodiquement les plantes et de séparer les différents produits de la distillation : c'est ce qu'on appelle
opérer par distillation fractionnée.

Cette méthode est surtout indispensable quand la valeur
des essences d'une même plante varie selon que ces essences

Fig. 51. — Alambic basculant à bain-marie à vapeur, système Egrot.

proviennent du commencement ou de la fin de la distillation.

L'appareil (*fig.* 53) permet de recueillir séparément ces
diverses qualités d'essences dans des essenciers correspondants.

L'appareil proprement dit se compose de trois vases en

cuivre A¹, A², A³, ferméspar des couverts à joints rapides
« verrous Egrot ».

Fig. 52. — Alambic portatif à vapeur.

Chaque récipient comporte à la partie inférieure une

grille sous laquelle débouchent deux barboteurs : l'un

FIG. 53. — Appareil à vases basculants pour la distillation fractionnée et rapide des essences.

amenant la vapeur du générateur, l'autre les vapeurs du

récipient précédent ; c'est par les tourillons que passent les barboteurs ; ils ne sont donc pas un obstacle au bas-

Fig. 54. — Alambic à distillation dans le vide.

culage des vases. Deux autres grilles perforées sont disposées à l'intérieur de A^1, A^2, A^3, pour éviter le tassement des produits et faciliter le passage de la vapeur. Pour éviter l'entraînement, par le col de cygne des parties menues des produits traités, l'orifice intérieur du col de cygne est elle-même protégée par un grillage métallique.

Au centre du dispositif sont deux réfrigérants superposés destinés aux deux qualités d'essence, et c'est par un distributeur C que l'on règle l'entrée des vapeurs ; quant à leur marche dans les récipients, on en est toujours maître par la manœuvre du levier P.

Supposons que A^1 et A^2 soient épuisés de leur première qualité et A^3 rempli de produits frais ; on dispose le levier P sur le repère correspondant ; puis par la manœuvre de C on fait arriver de la vapeur dans A^3. L'essence qui se dégage en premier est dite « extra»; elle se rend directement dans le réfrigérent supérieur en R ; de là, elle est recueillie dans un essencier F ; les petites eaux tombent dans le récipient B. En même temps qu'on opère ainsi pour A^3, on dirige de la vapeur sur A^1, qui se dépouillera de sa deuxième qualité. Son essence seconde se rendra en A^2, par le barboteur dont nous avons parlé plus haut, puis gagnera le récipient R' où on la recueillera ; et ainsi de suite, pour les autres manœuvres.

La capacité moyenne de A^1, A^2, A^3, est de 300 litres.

4° Chauffage sous pression réduite. — Nous énumérons ci-dessous les principaux avantages de cette méthode:

1° Point d'ébullition abaissé, comme l'indique le tableau suivant :

DEGRÉS DE VIDE	PRESSION ABSOLUE en centimètres DE MERCURE	POINT D'ÉBULLITION DE L'EAU ou TEMPÉRATURE DES VAPEURS
		degrés
0 (pression atmosphérique)	76	100
40	36	80
60	16	62
65	11	54
68	8	47
70	6	42
71	5	38
72	4	34
73	3	29
74	2	23
75	1	12
76 (vide absolu)	0	»

2° Diminution de l'action oxydante de l'air sur les produits chauds ;

3° Suppression, en partie, de réactions secondaires se produisant à température de 100° et plus ;

4° Certains produits peuvent être distillés à basse température, tandis que leurs parfums perdraient de leurs qualités à température relativement élevée ;

5° Grande économie de calorique.

ALAMBIC A DISTILLATION DANS LE VIDE. — Celui que construit la Maison Egrot est chauffé au bain-marie. La cucurbite D peut basculer (*fig.* 54).

Il existe un condenseur mixte, un récepteur de mousses et un autre de distillation avec sa pompe.

Rendement des végétaux en essences. — Les rendements d'un même végétal sont variables ; ils dépendent de bien des causes dont les principales sont :

Moment de la récolte ;

RÉSUMÉ DES MODES D'EXTRACTIONS ET DES PRODUITS OBTENUS

MODES OPÉRATOIRES	PRODUITS DE TRANSFORMATION	OPÉRATIONS FINALES	PRODUITS
1° Par expression	Liquides odorants	Décantation, filtration, rectification.	Essences brutes.
2° Par enfleurage	Pommades et huiles parfumées.	Épuisement à l'alcool. Concentration de ces extraits.	Extrait aux fleurs. Huiles ou essences.
3° Par épuisement : Dissolvant fixe (Infusion).	Pommades et huiles parfumées.	Épuisement à l'alcool. Résidus de la concentration de l'alcool.	Extrait aux fleurs. Huiles ou essences.
Dissolvant volatil (Extraction) Pétrole, etc.	Liquides saturés.	Distillation.	Parfums concrets.
Alcool.......	Parfums concrets (moins les cires).	Rectification.	Quintessences.
4° Par entraînement à la vapeur..............	Eaux sursaturées.	Décantation, filtration, rectification.	Essences.
	Eaux saturées.	Concentration. Cohobation.	Eaux aromatiques.

Conditions atmosphériques ;

Nature du sol ;

Qualité des plants ;

Orientation de plantations ;

Perfectionnement des appareils distillatoires ;

Habileté des opérateurs, etc.

Néanmoins, nous inspirant de moyennes de rendements, nous avons cru pouvoir dresser le tableau suivant relatif aux principales essences des pays tropicaux.

Voir à ce sujet les monographies formant la deuxième partie du présent ouvrage.

Conseils pratiques pour la conduite des appareils à distiller. — Avec les alambics à feu nu, il faut éviter les coups de feu qui, non seulement détériorent les appareils, mais encore déterminent des distillations secondaires de goudrons, et autres, grandement nuisibles.

Il est également indispensable de bien se rendre compte de la fin de l'opération. On y arrive par l'examen du liquide sortant du serpentin. Tant que l'essence distille, ce liquide est blanchâtre, laiteux ou opalin ; dès qu'il passe clair et limpide, on peut arrêter la distillation et cesser de faire retourner les petites eaux ou eaux aromatiques à la chaudière.

On doit cesser de « travailler » dès que l'essence ne distille plus : d'abord parce que ce serait brûler du combustible en pure perte, ensuite parce que l'eau pure qui se mélangerait aux eaux aromatiques redissoudrait un peu de l'essence isolée.

Les eaux mères ou petites eaux qui ne sont pas cohobées dans le but d'obtention d'eaux aromatiques, sont mises de côté pour une opération ultérieure.

On recommande de verser les produits à distiller sur

l'eau bouillante ou de chauffer à la vapeur directe si l'on veut fabriquer des eaux aromatiques; au contraire, on chargera à froid pour la fabrication des essences.

Les produits obtenus : essences ou eaux aromatiques, sont filtrés, puis recueillis dans des vases opaques en verre, faïence, cuivre étamé ou étain ; ces récipients sont conservés à l'abri de la chaleur et de la lumière; la chaleur ferait rancir les huiles et la lumière les foncerait en couleur.

Les flacons sont bouchés à l'émeri; si l'on emploie des bouchons de liège, on doit les entourer de papier d'étain ou de parchemin, afin d'éviter le noircissement.

Si les essences restaient un certain temps au contact de l'air, elles fonceraient, s'épaissiraient et pourraient même se transformer en des résines parfois très dures.

Si l'on remarque un dépôt de mucilage au fond des récipients, il faut transvaser et filtrer, car ce dépôt pourrait déterminer la perte de tout le contenu.

Quand on garde des eaux aromatiques, il est urgent de les observer de temps à autre : dans le cas où elles se troubleraient, on leur rendrait leur limpidité première par une addition de quelques gouttes de vinaigre ou de 2 grammes de borax par litre. Au reste, pour être certain de la qualité des eaux aromatiques, il est indispensable de les redistiller avant la mise en flacon.

Examen pratique et rapide d'une plante pour son parfum. — Il arrive fréquemment au « broussard » de découvrir, au cours de ses explorations, des plantes émettant des parfums.

Voici un « essai » que nous recommandons en pareille circonstance, car nous l'avons expérimenté utilement à diverses reprises.

L'opération est basée sur des observations de M. Pier-relot. L'éther chasse l'eau de végétation et absorbe les principes volatils.

L'eau déplacée, tenant en dissolution la matière extractive, l'albumine et quelques sels, gagne le fond de l'entonnoir (*fig*. 58, page 120).

On écrase donc, dans un mortier, et, selon les cas : racines, tubercules, écorces, bois, feuilles, fleurs,

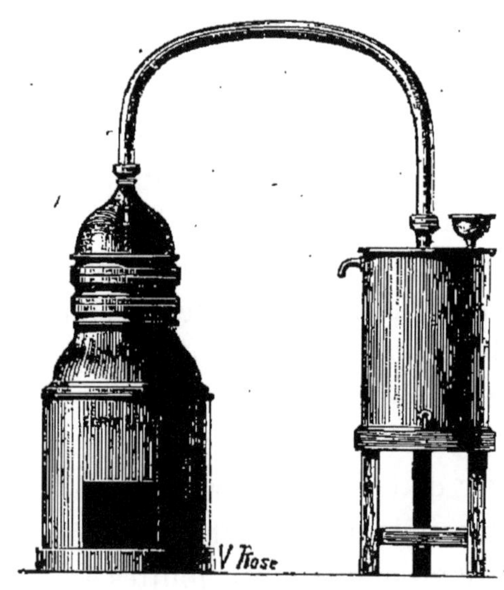

Fig. 55. — Alambic à bain-marie petit modèle (complet).

graines, etc. Le produit obtenu est versé sur l'enton-noir.

Par addition d'éther on sépare la matière extractive, l'albumine, etc., qui gagnent le fond de l'entonnoir.

On soutire par le robinet C; puis, on verse à nouveau de l'éther jusqu'à complet déplacement de l'eau.

Le marc est soumis à l'action d'une petite presse de laboratoire ; le liquide s'écoule et est recueilli soigneu-sement. Le marc est alors reporté sur l'entonnoir où on le lave à l'eau pure ; cette dernière est recueillie, ajoutée à l'éther, puis le tout est distillé au bain-marie à 30° C. (*fig*. 55).

L'éther se dégage en entraînant les principes volatils

Fig. 56. — Type de pompe de la maison Pellet et Cie.

On remarque dans le flacon :

L'éther incolore ;

Une huile essentielle bleuâtre ;

Une matière grasse, résineuse, d'un jaune verdâtre, très riche en parfum.

Par filtration on élimine l'éther ; sur papier restent les

principes odorants, lesquels peuvent être expédiés aux laboratoires pour étude complète.

Pompes spéciales. — Les pompes employées au transvasement doivent être simples, robustes, d'une visite très facile et d'un entretien commode. Elles doivent être, de plus, appropriées aux liquides qu'elles auront à manutentionner (*fig.* 56).

C'est ainsi que, pour transvaser des liquides épais et visqueux, il faudra employer des pompes réalisant de fortes aspirations, ayant des orifices très vastes, des clapets à boulets, des boîtes à clapets à visite rapide ; que pour transvaser des liquides légèrement acides, on devra employer des pompes en bronze ; que pour les liquides très acides, il faudra avoir recours à des pompes à cylindre de cristal et dont toutes les parties métalliques auront été soigneusement vitrifiées. Ces dernières pompes s'emploient aussi pour les liquides susceptibles de s'altérer par un contact métallique. La maison Pellet et Cie, de Paris, qui nous semble avoir étudié très sérieusement ces applications spéciales de la pompe, présente un choix d'appareils très complet et très intéressant.

Moteurs. — Quant aux moteurs, nous pensons qu'il n'est pas superflu de citer également quelques-unes des observations que nous avons, personnellement, faites aux Colonies.

Le moteur à pétrole lampant trouve de nombreuses applications dans les régions dépourvues de gaz ou d'électricité. Il peut être mis entre des mains les moins expérimentées en matière de machines.

Le pétrole ordinaire, de 800 à 820 de densité, se trouve partout à un prix assez bas.

L'installation de ces moteurs peut se faire, soit à demeure, sur socle en fonte ou sur massif en maçonnerie, soit sur chariot facilement transportable (*fig*. 57).

La société des « Moteurs Niel », par exemple, livre des moteurs portant un numéro d'ordre, ce qui permet aux

Fig. 57. — Moteur Niel.

acheteurs, en rappelant ce numéro, de se procurer toutes pièces de rechange sans avoir à fournir de longues explications.

La consommation d'un moteur à pétrole est d'environ 380 grammes par cheval et par heure.

Un régulateur très sensible n'admet, du reste, que la quantité de pétrole nécessaire suivant la force demandée au moteur.

L'emploi des moteurs à gaz pauvre dans les localités dépourvues de gaz et d'électricité est également à recommander ; mais il ne faut pas oublier que l'emploi du gaz pauvre n'est guère pratique qu'à partir de 8 à 10 chevaux.

Le gazogène produisant le gaz pauvre est alimenté soit avec des anthracites, soit avec des charbons maigres ; dans certains cas, on utilise aussi du charbon de bois et mêmes des déchets de bois.

Il est certain que le gaz pauvre est à l'heure actuelle une source d'énergie mécanique très économique en matière de moteurs.

Dans le cas d'utilisation de gaz riche, la première mise de fonds est moins importante.

Quoi qu'il en soit, nous ne saurions trop conseiller aux industriels des colonies de ne pas regarder à quelques centaines de francs, afin de n'avoir que du matériel de premier choix et muni de tous les derniers perfectionnements ; par exemple, pour les moteurs à gaz : allumage électrique, chemise de cylindre amovible, graissage automatique, etc. En matière d'industrie, la force motrice étant le point capital, il est nécessaire, avant tout, que celui qui s'en sert puisse compter sur son parfait fonctionnement. Il y parvient en ne s'adressant qu'à des marques connues et ayant fait leurs preuves.

CHAPITRE IV

PRODUITS MARCHANDS EN PARFUMERIE

Afin de rendre plus claire leur longue énumération, nous commencerons par les diviser en deux grandes classes :

Les produits simples ;

Les produits composés ;

Et nous dirons que les produits simples sont ceux qui ne renferment qu'un parfum, les autres en contenant plusieurs.

A. — PRODUITS SIMPLES

a) Eaux aromatiques ;

b) Eaux odorantes ;

c) Esprits simples ou extraits simples d'odeurs ;

d) Infusions spiritueuses ou teintures à froid ;

e) Teintures et alcoolats ;

f) Esprits parfumés ;

g) Huiles essentielles ou principes odorants ;

h) Huiles parfumées simples ;

i) Pommades simples ;

j) Poudres absorbantes simples ;

k) Poudres simples pour sachets;

l) Savons simples ;

m) Vinaigres simples.

Nous étudierons sommairement chacun de ces produits.

a) **Eaux aromatiques.** — Il y en a de deux sortes : celles qui sont obtenues par distillation ; celles fabriquées sans distillation.

Eaux aromatiques distillées. — On peut dire que ce sont les eaux résiduaires de distillation. Mais, pour qu'une eau aromatique soit suffisamment forte, on doit *cohober*. En fin d'opération, il est bon de filtrer ; puis, pour éviter toute altération, les eaux aromatiques sont conservées en lieu frais, dans des vases opaques, bien remplis et hermétiquement fermés. Il faut éviter également l'action de la lumière.

Si, au bout de quelque temps, les eaux deviennent troubles, il suffit de leur ajouter, par litre, un mélange de 2 grammes de borax et de 2 grammes d'alun; il reste à filtrer.

C'est de cette façon qu'on obtient les eaux de fleurs d'oranger, de roses, d'œillets, de giroflées jaunes, etc.

Ces eaux aromatiques sont dites simples, doubles, triples, quadruples, selon que l'on pousse plus ou moins la distillation.

Pour fixer les idées, citons l'exemple des « eaux de fleurs d'oranger ». Voir page 403.

On met dans la cucurbite : 6 kilogrammes de fleurs et 18 litres d'eau ; la distillation s'opère lentement.

Si l'on retire 1 kilogramme de produit par demi-kilogramme de fleurs, soit, au total 12 kilogrammes, on aura *l'eau de fleurs d'oranger double*.

Si l'on obtient 1^{kg},500 de produit par kilogramme de fleurs, on aura l'*eau d'oranger triple ;* enfin, si l'on se contente d'un demi-kilogramme de produit par demi-kilogramme de fleurs, on aura l'*eau d'oranger quadruple.*

Pour l'obtention de l'*eau de fleurs d'oranger simple*, il suffira d'ajouter à l'*eau double*, volume égal d'eau distillée.

Eaux aromatiques non distillées. — Elles sont de qualité inférieure aux précédentes. On les obtient en versant des essences sur du carbonate de magnésie ou sur du sucre en poudre ; on triture. L'eau est ajoutée peu à peu. Quand le mélange est jugé suffisamment étendu, on l'agite avec force ; il reste à filtrer après repos.

b) **Eaux odorantes.** — Les essences étant insolubles dans l'eau, il faut pour obtenir une dissolution, introduire un facteur étranger.

C'est ainsi que l'on mélange le parfum avec son poids de sulforicinate d'ammoniaque, qui est une *huile soluble ;* on chauffe lentement en ayant soin de cohober (faire passer plusieurs fois à la distillation). La masse, ainsi parfaitement mélangée, est versée dans suffisamment d'eau tiède pour que la dissolution soit complète.

On peut encore chauffer à 100°, pendant un quart d'heure, 100 parties d'huile essentielle, avec 50 parties d'acide sulforicinique. Après refroidissement, on sature par l'ammoniaque, absolument comme dans la préparation du sulforicinate d'ammoniaque, puis on étend avec de l'eau distillée.

En terme de parfumerie industrielle, ces dissolutions d'essences constituent les *eaux odorantes* dont l'usage se répand de plus en plus, étant donné que ces produits remplacent facilement les *essences* elles-mêmes et coûtent bien moins cher.

Par l'une de ces deux méthodes on peut mêler de 5 à 20 0/0 d'essence à l'eau selon la force que l'on veut donner au produit. Toutefois, pour les dosages élevés, il ne faut pas oublier d'augmenter la proportion de sulforicinate d'ammoniaque.

Ces notes pratiques que nous venons de donner pourront être appliquées, au lieu même de fabrication des essences, par les colons-distillateurs désirant écouler directement une partie de leurs produits.

c) **Esprits simples ou extraits simples d'odeurs.** — En parfumerie, *esprit* signifie *alcool* .Nous pouvons donc traduire *esprits d'odeur* ou *alcools parfumés*.

On les obtient en faisant agir de l'alcool sur des *essences* ou sur des *matières grasses* tenant en dissolution des principes odorants. Dans ce dernier cas, les produits sont grandement supérieurs.

On divise les esprits ou extraits d'odeurs en deux séries : les simples et les composés.

d) **Infusions spiritueuses ou teintures à froid.** — Elles se font entièrement à froid.

On les prépare en mettant dans un récipient un poids déterminé du produit à épuiser que l'on attaque par un poids déterminé d'alcool titré.

EXEMPLE. — *Infusion de lavande.* — On met dans un récipient 500 grammes de fleurs égrainées et 1 litre et demi d'alcool rectifiée à 80°. Le récipient bouché est abandonné pendant un mois à six semaines ; puis on tire au clair, afin de mettre en flacon.

On procéderait de même pour les infusions de *tolu*, de *mélisse*, d'*iris*, d'*absinthe*, etc.

e) **Teintures et alcoolats.** — Les teintures ordinaires ou alcoolats, s'obtiennent à une douce chaleur. Il faut chauffer, car les principes à fixer ne se dissolveraient pas dans l'alcool froid.

Les teintures sont donc aussi des alcools saturés d'odeurs.

Fréquemment les teintures sont faites à l'aide de résines odorantes : ambre, benjoin, musc, etc.

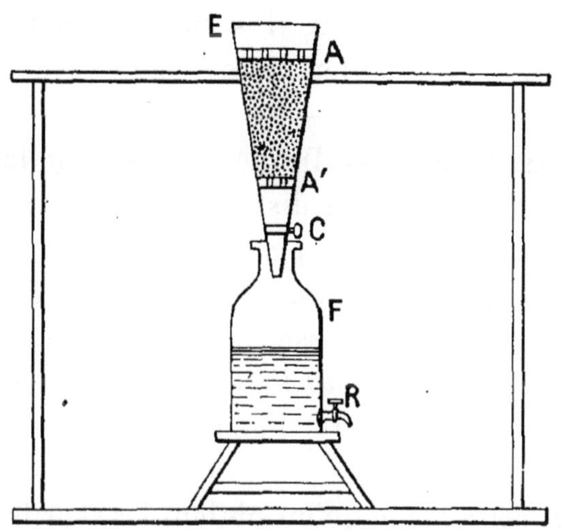

Fig. 58. — Appareil à teintures et infusions.

On se sert de l'appareil (*fig.* 58), composé d'un entonnoir ou cône en cuivre étamé E dont la capacité varie de 2 à 10 litres : deux plaques circulaires en cuivre étamé A et A' permettant d'emprisonner entre elles la matière à traiter; elles sont percées de petits trous pour le passage des liquides.

A la base du cône est un robinet C permettant l'écoulement de l'alcool saturé. F est un flacon en verre muni d'un robinet R; ce flacon sert de récipient provisoire; c'est par R qu'il est vidangé. Quand on craint que la matière placée entre A et A′ ne devienne trop compacte, on la mêle avec son poids de verre pilé, et au-dessus du disque A′ on place un peu de coton qui agit comme produit filtrant.

Après avoir placé A on verse l'alcool jusqu'à ce que son niveau surmonte ce disque de quelques centimètres ; on laisse ainsi pendant douze heures ; l'alcool se sature des principes solubles ; on ouvre C, et le liquide est recueilli dans F. C'est une teinture ou extrait n° 1.

Pour obtenir un n° 2, il suffirait d'épuiser, avec un nouvel alcool, le premier marc.

f) **Esprits parfumés.** — De même que pour les eaux aromatiques, il convient de distinguer les *esprits parfumés non distillés* et les *esprits parfumés distillés*.

Esprits parfumés non distillés. — Ils résultent de l'action de l'alcool sur des essences ou extraits.

EXEMPLE. — *Esprit d'héliotrope.* — On fait dissoudre de 600 grammes à $1^{kg},200$ d'héliotrope dans 25 litres d'alcool à 85°.

C'est de cette façon qu'on obtient les esprits de menthe, de rose, de jonquille, de réséda, etc.

Esprits parfumés distillés ou alcools aromatisés ou extraits d'odeur. — Ce sont des alcools chargés de principes odorants et obtenus par distillation.

Il faut en tout premier lieu, que le principe odorant soit soluble dans l'alcool.

Les matières à traiter sont finement broyées et mises à macérer pendant vingt-quatre heures avec de l'alcool très pur à 85° ; on ajoute alors un demi-volume d'alcool ; moitié de la quantité employée primitivement, puis on distille lentement ; on ne pousse pas trop loin l'opération, et les flegmes sont mises à part : on additionne les produits distillés de la moitié de leur volume d'eau, puis on rectifie dans un petit appareil chauffé au bain-marie.

Pour obtenir des produits supérieurs, on se contente de recueillir, à cette deuxième distillation, le quart du volume des produits mis en cucurbite. Quant aux flegmes, on les distille séparément pour en extraire l'alcool qui servira à nouveau.

Ces esprits parfumés doivent être conservés dans des vases bien bouchés et à la fraîcheur.

Ils s'améliorent en vieillissant.

g) **Huiles essentielles ou Essences ou principes odorants.** — Ce sont les odeurs naturelles des végétaux. Parmi ces odeurs, il en est qu'on isole sous forme d'*essences*, mais d'autres n'ont pu encore être « séparées »; on les recueille à l'état de solutions dans l'alcool ou absorbées par des corps gras; c'est ainsi qu'il n'existe pas dans le commerce d'essence de jasmin, de tubéreuse, de seringa, de vanille, de violettes, etc. On en tire, il est vrai, des « esprits » en traitant convenablement les graisses ou huiles ayant servi à l'enfleurage.

En réalité les principes odorants *directement* obtenus des plantes devraient toujours être appelés *essences;* on doit dire « essence de lavande » et non « huile essentielle de lavande ».

En effet, pourquoi cette dénomination « huile »?

Nous avons vu dans notre ouvrage *le Cocotier*, que les huiles proprement dites se combinent avec des bases salifiables pour former du savon. Est-ce également le cas de toutes les huiles essentielles ou volatiles? — Non, au contraire, puisque fréquemment elles s'unissent aux acides.

C'est donc à tort que cette désignation « huile » a été

si complètement généralisée et, dans le présent cas, on devrait dire très simplement : *essences* ou *essences volatiles*.

Dans la deuxième partie de cet ouvrage nous parlons longuement des propriétés et applications des essences des plantes ; nous n'avons donc pas à donner de détails, ici ; qu'il nous suffise de rappeler, que les essences qui, au point de vue parfumerie sont des « produits simples », sont, au contraire des « produits complexes », en étude chimique. Voir : Chimie des parfums, page 6.

h) **Huiles parfumées.** — Le titre explique le produit.

On part d'*huiles* dites de *bases* que l'on parfume.

Les principales huiles de bases sont :

Huiles d'amandes douces ;

Huiles d'amandes amères ;

Huile des quatre semences ;

Huile de bend ou de béhen (*Moringa pterygosperma*, Gaertner).

Huile d'olive ; etc.

On opère par infusion, enfleurage, courant de vapeur chargé de parfum, etc.

Huiles par infusion. — On fait chauffer au bain-marie une huile de bonne qualité ; au bout d'une demi-heure, on retire l'huile, et c'est à ce moment qu'on y projette les fleurs ou les feuilles. Le contact dure vingt-quatre heures : on agite de temps à autre. Les fleurs ou feuilles sont alors retirées, passées au canevas, puis soumises à la presse.

On recommence l'opération de six à dix fois, selon la force à donner à l'huile ; les marcs retirés des presses peuvent, dans certains cas, être utilisés pour des parfums de qualité inférieure.

Huiles par enfleurage. — Sans revenir sur les détails précédemment donnés (p. 73), nous dirons qu'avant chaque opération, la caisse à châssis doit être complètement nettoyée ; que les toiles de coton sont lavées et bien séchées.

Les fleurs à demi épanouies donnent les meilleurs résultats ; toutes les parties verdâtres : queues, calices, etc., sont enlevées.

Pour l'imbibition on s'arrange de façon que les toiles soient uniformément huilées, mais sans excès ; quand elles sont étendues sur les châssis, on les recouvre des fleurs à épuiser, de façon que les pétales touchent l'huile par leur partie supérieure ; l'onglet se trouve donc en l'air.

Ce premier contact dure vingt-quatre heures ; les fleurs retirées au moyen de brucelles sont remplacées par d'autres fraîches ; les manipulations durent jusqu'à ce que l'on juge l'huile suffisamment saturée de parfum.

Pour terminer cette opération, les toiles sont enlevées, roulées comme des serviettes et portées à la presse.

L'expression se fait lentement ; peut durer une huitaine de jours ; quand toute l'huile est extraite, les étoffes redeviennent sèches.

Remarque. — Dans bien des cas, pour abréger l'enfleurage, on trouve plus expéditif d'ajouter un peu d'essence de la fleur travaillée.

Huiles parfumées par courant de vapeur. — Ce procédé est dû à M. Piver, le parfumeur bien connu.

On refoule un fort courant d'air sur des fleurs fraîches contenues dans un tambour ; l'air se sature des principes odorants, puis, toujours sous pression, passe dans un cylindre rempli d'huile en constante agitation ; à son tour, l'huile se sature d'odeur aux dépens de l'air et enfin d'expérience ; quand l'opération a été bien conduite l'air s'échappe complètement inodore.

Comme l'air qui passe du tambour dans le cylindre est toujours très chargé d'humidité, on a prévu un dispositif spécial qui permet à l'eau de s'écouler. Cette eau est soigneusement recueillie, car elle-même est très odorante et a acquis ainsi une réelle valeur commerciale.

i) **Pommades simples.** — Pour la préparation des huiles parfumées, nous sommes partis d'*huiles de bases*. Pour la fabrication des pommades nous partirons de *corps de pommade*; c'est-à-dire de matières grasses parfaitement épurées et que nous « chargerons » de parfums.

Les principaux corps de pommade sont :

Pommade d'axonge ;

Pommade de graisse de mouton ;

Pommade de graisse de bœuf ;

Pommade de moelle de bœuf ;

Pommade de graisse d'ours.

Les pommades simples peuvent être préparées par infusion ou par enfleurage.

Pommades par infusion. — On fait infuser dans la graisse fondue les matières odorantes; pour cela on se sert de vases à grande ouverture ; on fait fondre, puis la matière odorante est ajoutée. Pendant le premier jour on malaxe toutes les heures et, entre les opérations, le vase est soigneusement recouvert. Le lendemain, on fait fondre à nouveau en ayant soin de fortement agiter pour empêcher les corps durs de s'attacher aux parois ; pendant toute la journée la masse est tenue en fusion mais on remue fréquemment; le troisième jour, après léger refroidissement, on jette le tout sur canevas : la matière grasse passe, se séparant ainsi des parties végétales.

Les produits odorants sont ramassés et passés à la presse ; on répète une dizaine de fois cette opération, toujours en traitant la matière grasse par des produits odorants vierges. Quand la pommade paraît suffisamment *forte* on la met en pots.

Pommade par enfleurage. — Les détails donnés précédemment sur cette opération de l'enfleurage nous paraissent suffisants pour n'y point revenir ici.

j) **Poudres absorbantes, poudres pour visage, etc.** — La matière première est la fleur d'amidon ; généralement amidon de blé.

Quand elle est rendue impalpable, on la parfume, soit directement avec des fleurs, « poudres aux fleurs » ; soit à l'aide de substances odorantes, « poudres aux substances odorantes ».

La figure 59 représente un appareil à tamiser les poudres.

Poudres aux fleurs. — On prépare d'abord des « corps de poudres concentrés », qu'on ajoute ensuite aux « poudres à parfumer ».

Pour obtenir ces corps de poudre, on se sert de caisses fermant hermétiquement ; on y fait alterner des couches d'environ 2 centimètres de poudre et de fleurs ; puis on mêle le tout au moyen d'une sorte de grand peigne en bois.

Après douze heures de contact on tamise, et les couches sont reformées ; mais on a soin de mettre de nouveaux produits odorants.

Cette opération est répétée pendant plusieurs jours, selon la force que l'on veut donner aux corps de poudre.

Poudres aux substances odorantes. — On part d'un corps de poudre et on le travaille avec une ou plusieurs substances odorantes de la même façon qu'on s'y est pris pour la préparation du corps de poudre lui-même. On rend impalpable par plusieurs passages au tamis.

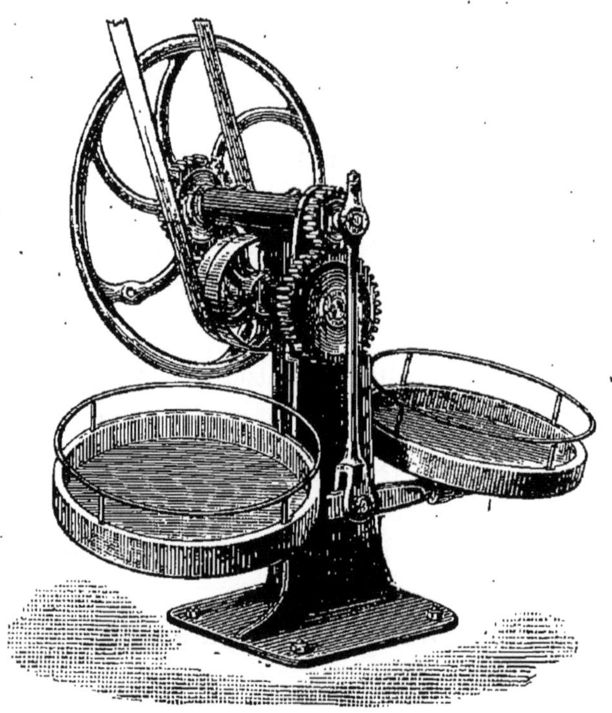

Fig. 59. — Appareil à tamiser.

EXEMPLES DE POUDRES ABSORBANTES SIMPLES

POUDRE POUR LE VISAGE

Amidon........................... 500 grammes
Sous-nitrate de bismuth........... 115   —

FARD BLANC

Glycérine......................	100	grammes
Eau de rose.....................	500	—
Sous-chlorure de bismuth........	80	—

POUDRE DE PERLE

Oxyde de zinc....................	25	grammes
Craie de Briançon...............	500	—
Oxyde de bismuth...............	25	—

POUDRE A POUDRER ORDINAIRE

Amidon de blé............... finement tamisé

On imite cette poudre au moyen du talc calciné qu'on pulvérise finement.

Néanmoins le talc est moins onctueux.

k) **Poudres simples pour sachets.** — Pour la confection de ces poudres, on ne peut utiliser que des substances qui possèdent encore une odeur quand elles sont sèches.

Ce sont généralement des herbes : menthe, thym, etc. ; des feuilles, comme celles d'oranger, de citronnier ; des fleurs : rose, lavande, cassie, oranger.

Ensachage des poudres. — Les poudres ainsi obtenues doivent être ensachées. La figure 60 représente une machine permettant d'obtenir jusqu'à cent sacs de 100 grammes à l'heure.

Elle permet de réduire le personnel et l'emplacement ; extrait parfaitement l'air des poudres et évite le dégagement des poussières.

La machine se compose d'un bâti en bois dur, surmonté d'une trémie évasée, toujours en charge, dans laquelle tourne un arbre armé de palettes et portant les poulies fixe et folle.

Une vis d'Archimède, tournant au fond de la trémie, entraîne le produit. Elle se prolonge, au dehors, sous forme d'embouchure ; sur elle roule un chariot muni d'un couvercle.

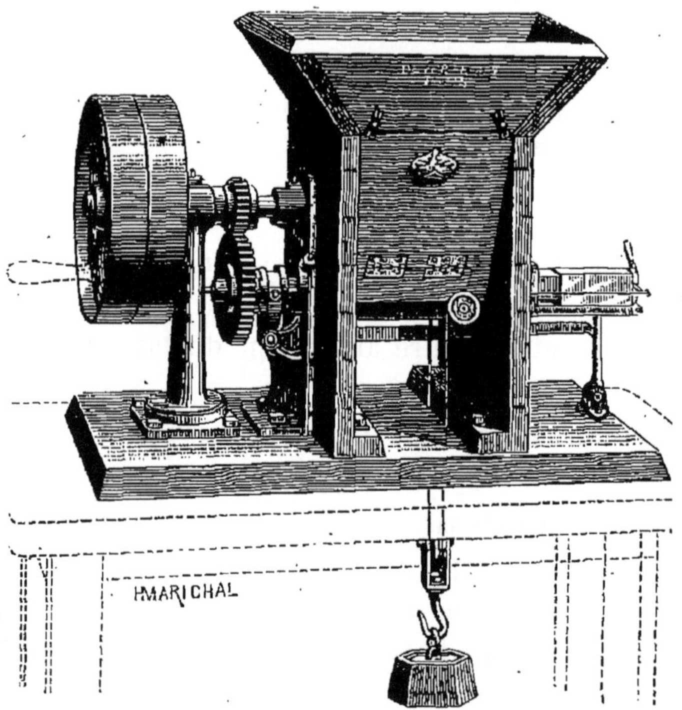

Fig. 60. — Machine à ensacher les poudres.

Le sac, dans son étui en bois, est supporté par le chariot et s'appuie contre le couvercle qui reçoit la résistance d'un contrepoids.

Le chariot avance sous la poussée de la matière et, au moment voulu, la butée qu'il porte fait fonctionner le déclic qui arrête la vis chargeur. On enlève alors le sac plein et on en remet un vide.

Quant à la figure 61, elle indique le dispositif d'une machine à empaqueter les poudres dentifrices, poudres de savon, de riz, etc.

La table de cette machine est montée sur bâti en fonte, elle est constamment agitée par l'action de deux roues à rochets, calées sur l'arbre portant les poulies folle et fixe.

FIG. 61. — Machine à empaqueter les poudres dentifrices.

l) **Savons simples.** — Ils sont peu nombreux. Nous avons réservé l'étude de la fabrication des savons aux « produits composés » (page 142).

Voici quelques formules pour savons à parfum simple ou de composition facile.

SAVON A LA FLEUR D'ORANGER

Savon blanc de suif.............. 3 kilogr.
Essence de néroli................ 100 grammes

SAVON AU CAMPHRE

Savon blanc de suif.............. 15 kilogr.
Camphre .... 650 grammes
Essence de romarin............. 650   —

SAVON AU BOIS DE SANTAL

Savon blanc de suif............. 3 kilogr.
Essence de santal............... 200 grammes
   —   de bergamote........... 55   —

SAVON AU MIEL

Savon mou de figues............. 7 kilogr.
   —   jaune, 1re qualité......... 50 grammes
Essence de citronnelle.......... 800   —

m) **Vinaigres de toilette.** — On les mêle à l'eau des bains et de la toilette.

VINAIGRE DE COLOGNE

Acide acétique......................	15 litres
Eau de Cologne..................	0,50 —

VINAIGRE A LA ROSE

Acide acétique..................	25 grammes
Essence de roses..............	0,85

Il faut agiter fortement.

B. — PRODUITS COMPOSÉS

On les obtient en parfumant certaines *matières neutres* au moyen de *mélanges de parfums* ou en faisant réagir des mélanges les uns sur les autres.

Voici les principaux produits composés :

a) Alcools aromatiques composés ou eaux et extraits composés du commerce, ou bouquets ;

b) Essences composées ;

c) Extraits composés : infusions, teintures et alcoolats composés ;

d) Huiles parfumées composées ;

e) Pommades composées ;

f) Poudres absorbantes composées ;

g) Poudres composées pour sachets ;

h) Emulsines, laits ou émulsions, gelées, pâtes, crèmes ;

i) Parfums à brûler ;

j) Vinaigres composés ;

k) Savons ;

l) Eaux et lotions pour cheveux ;

m) Dentifrices.

a) **Alcools aromatiques composés ou eaux et extraits composés du commerce.** — Cette catégorie comprend les esprits parfumés et alcoolats composés ; les eaux d'odeurs et aromatiques, eaux composées ; les odeurs pour le mouchoir, bouquets, etc.

La plupart de ces produits sont des mélanges : esprits simples entre eux ; esprits simples avec de l'eau distillée ; infusions, teintures, essences ; etc.

En voici quelques exemples :

EXTRAIT DE PATCHOULI

Alcool rectifié..................	$4^{lit},55$
Essence de patchouli............	35 grammes
— roses	7 —

EXTRAIT DE VERVEINE

Alcool rectifié..................	$0^{lit},55$
Essence de verveine de l'Inde (schœnanthe).....................	5 grammes
Essence d'écorce de citron........	15 —
— d'orange.........	55 —

BOUQUET DES DÉLICES

Extrait de roses (de pommade)....	$0^{lit},55$
— de tubéreuse (de pommade).	0 ,55
— de violette — ..	0 ,55
— d'ambre gris — ..	0 ,25
— d'iris...................	0 ,30
Essence de zeste de citron........	15 grammes
— de bergamote..........	7 —

EAU DE COLOGNE

Alcool de raisin	25 litres
Essence de zeste d'orange........	140 grammes
— — de citron.........	140 —
— de romarin.............	55 —
— de bergamote	55 —

b) **Essences composées.** — Dans un vase en porcelaine ou en verre, fermant hermétiquement, on introduit les produits à mélanger.

Si la saison le permet, on se contente d'exposer au soleil ; dans le cas contraire, on chauffe doucement au bain-marie. Quoi qu'il en soit, il faut agiter fréquemment.

Plus le contact a de durée, plus l'essence composée a de force.

Quand on suppose l'opération terminée, on filtre ; le liquide est recueilli dans des flacons bouchés à l'émeri.

Exemple :

PARFUM DE L'ALHAMBRA

Extrait de géranium.............	0^{lit},25
— fleurs d'oranger........	0 ,15
— tubéreuse.............	0 ,55
— cassie.................	0 ,15
— civette................	0 ,15

c) **Extraits.** — **Infusions.** — **Teintures et alcoolats composés.** — La fabrication des extraits composés est en tous points analogue à celle des essences composées que nous venons de voir, avec cette différence que l'on n'emploie que des infusions, teintures, etc.

Ces extraits, de même que les essences composées, jouent un grand rôle en parfumerie ; il serait difficile de donner la collection des formules plus ou moins complexes appliquées dans les laboratoires des parfumeurs.

d) **Huiles parfumées composées.** — Nous ne reviendrons pas sur ce que nous avons dit relativement aux huiles parfumées simples.

Huiles de composition. — En les composant, on cherche à imiter le parfum des fleurs, sans pour cela, passer par l'enfleurage.

Voici les principales :

Huiles parfumées aux essences. — On peut les obtenir par simple addition d'essences aux huiles vierges ou par infusion; dans ce dernier cas, l'opération dure une vingtaine de jours et, par 500 grammes d'huile, on met environ 200 grammes des plantes à parfums.

Ces huiles sont dites à « bon marché ».

Huiles parfumées aux esprits et teintures. — C'est ordinairement l'huile d'olive qui sert de base, on y fait dissoudre les essences en agitant fortement, puis on expose à une douce chaleur pendant une dizaine de jours, en ayant soin d'agiter de temps à autre.

Il ne reste plus qu'à filtrer.

Huiles aux odeurs ambrosiaques. — Comme le nom l'indique, leur parfum est à base d'ambre. On prend ordinairement, pour huile de base, l'huile d'amande douce; par exemple 500 grammes. On en prélève une très petite quantité que l'on verse dans un mortier et on y broie l'ambre à incorporer; on mélange ensuite au reste de l'huile; puis, on laisse infuser de dix à douze jours. Il reste à décanter ou à clarifier sur papier gris. On peut alors ajouter le ou les principes odorants.

Extraits d'huile antique. — On appelle huile antique une huile parfumée par infusion, enfleurage, etc., qui a été mise en réserve et dont on se sert ensuite comme d'huile de base pour produire une huile qu'on pourrait appeler surparfumée. Le ou les nouveaux parfums ajoutés doivent former avec l'odeur initiale un « bouquet franc ».

HUILE ANTIQUE A L'HÉLIOTROPE

Huile à la rose	500	grammes
— à la fleur d'oranger.........	55	—
— à la tubéreuse...............	55	—
— à la vanille.................	250	—
— au jasmin...................	115	—
Essence de girofle...............	3	gouttes
— d'amandes..............	6	—

Huiles philocomes. — Philocome est composé de deux mots grecs signifiant « ami de la chevelure ».

La composition de ces huiles est généralement très complexe.

On commence par faire dissoudre au bain-marie un baume dans de l'alcool ; d'autre part, on parfume un corps de pommade selon les indications que nous avons déjà données. Le tout est mélangé et agité. On laisse refroidir lentement.

Les proportions d'huile et d'alcool doivent être telles que le produit reste constamment liquide.

HUILE PHILOCOME

Huile vierge....................	250	grammes
— à la rose....................	300	—
— à la cassie..................	150	—
— à la fleur d'oranger..........	300	—
— au jasmin	150	—
— à la tubéreuse	300	—

e) **Pommades composées.** — Les corps de pommade restent les mêmes que pour les produits simples.

Pommades de composition. — Ce sont des mélanges de pommades. Les recettes définitives ne sont obtenues qu'après de nombreux tâtonnements, car, en préparant ces pommades, le but est de remplacer les produits d'enfleurage, de travail dispendieux et délicat. De l'addition de plusieurs parfums doit donc résulter une odeur franche et agréable.

Pommades romaines. — Nous avons dit ce qu'il faut entendre par huile antique ; nous venons de parler des pommades. La pommade romaine n'est autre qu'une composition des deux. Pour l'obtenir, on prend un corps de pommade que l'on parfume ; puis, on coupe au quart ou au tiers avec une huile parfumée.

Le but des pommades romaines est de remplacer en été les huiles antiques qui rancissent.

Pommades philocomes. — Elles sont spécialement destinées aux soins de la chevelure.

On distingue les pommades philocomes légères et les pommades lourdes. Les pommades légères sont rendues écumeuses en les battant à froid ; c'est à ce moment qu'on parfume. Les pommades lourdes sont préparées comme les pommades ordinaires : mais, comme corps de pommade, on choisit la moelle de bœuf, la graisse d'ours, etc.

POMMADE PHILOCOME

Cire blanche........................	150	grammes
Huile d'amandes.....................	1.000	—
Essence de citron...................	15	—
— de bergamote..............	25	—
— de girofle...................	2	—
— de lavande.................	0^{gr},500	

Pommades par les essences. — Comme le titre l'indique, on parfume au moyen d'essences, de teintures, etc.

On commence par faire fondre le corps de pommade ;

ensuite on y fait infuser des poudres parfumées ou on ajoute simplement des huiles, teintures, etc.

En cas d'infusion, on passe le mélange chaud dans un linge blanc et on bat dans un mortier jusqu'à refroidissement.

f) **Poudres composées** [1]. — On met en présence plus ou moins de corps odorants que l'on concasse au mortier; on tamise au fur et à mesure, tout en ajoutant de l'amidon.

Le jeu de ces préparations repose sur une série de pulvérisations et de tamisages.

POUDRE ROSE POUR LE VISAGE

Amidon de riz....................	4	kilogr.
Laque carminée (Rose pink).......	1	gramme
Essence de santal...............	5	—
— de rose....................	4	—

POUDRE A LA VIOLETTE

Amidon de blé.................	6	kilogr.
Fleurs de cassie pulvérisées......	125	grammes
Clous de girofle pulvérisés.......	10	—
Racine d'iris pulvérisée..........	800	—

g) **Poudres composées pour sachets.** —Il en existe un grand nombre. On les livre dans des sachets de soie formant d'élégantes enveloppes.

Le mode de fabrication est le même que celui des poudres simples, mais, comme pour la préparation de tous les produits composés, il faut être du « métier », pour réussir dans les dosages et proportions.

1. Voir également : *Poudres simples*, p. 126; *Sachets*, p. 128.

SACHET DE CHYPRE

Bois de santal pulvérisé..........	450	grammes
— cèdre pulvérisé............	450	—
— de rose pulvérisé..........	450	—
Musc........................	2	—
Essence de bois de rose........	5	—

SACHET DE LAVANDE

Fleurs de lavande pulvérisées...	500	grammes
Essence de lavande............	5	—
Benjoin en poudre.............	130	—

h) **Émulsines. — Lait ou émulsions. — Gelées. — Pâtes. — Crèmes.** — Ce sont généralement des mélanges complexes, d'huiles, de sirops, de savon, de gomme arabique, de miel, etc., que l'on parfume aux essences.

Voici quelques recettes :

ÉMULSINE D'AMANDINE (gelée transparente)

Huile d'amandes douces.............	$3^{kg},500$	
Sirop ordinaire....................	115	grammes
Crème de savon (crème d'amandes)..	25	—
Essence de bergamote..............	25	—
— d'amandes amères..........	25	—
— de girofle.................	15	—

On mêle le sirop avec le savon mou jusqu'à ce que l'homogénéité soit parfaite ; on ajoute ensuite l'huile qui a été parfumée au préalable.

PATE D'AMANDES AU MIEL

Amandes amères (blanchies et pilées)..	225	grammes
Jaunes d'œufs.......................	10	—
Miel................................	450	—
Huile d'amandes douces..............	450	—
Essence de girofle..................	5	—
— de bergamote................	5	—

On commence par broyer ensemble les jaunes d'œufs
et le miel, puis on ajoute peu à peu l'huile, les amandes
pelées, enfin les essences.

GELÉE A LA GLYCÉRINE

Savon blanc mou (crème de savon)..	115	grammes
Huile d'amandes douces.............	1.500	—
Glycérine pure....................	180	—
Essence de thym..................	5	—

Le savon et la glycérine sont mêlés dans un mortier;
on ajoute l'huile, petit à petit; ensuite vient l'essence.

LAIT VIRGINAL

Eau de roses.....................	$1^{lit},15$
Teinture de benjoin.............	15 grammes

On doit aller très lentement pour ajouter l'eau à la
teinture. La nuance opaline subsiste pendant plusieurs
années.

LOTION A LA GLYCÉRINE

Glycérine......................	225 grammes
Eau de fleurs d'oranger.........	$4^{lit},50$
Borax.........................	25 grammes

i) **Parfums à brûler.** — *Eaux à brûler :*

EAU A BRULER ORDINAIRE

Eau de Cologne.................	$0^{lit},50$
Teinture de vanille.............	25 grammes
— de benjoin.............	55 —
Essence de menthe.............	$0^{gr},85$
— de thym.............	0 ,85
— de muscade...........	0 ,85

Papiers spéciaux. — Rubans. — Pastilles.
Clous fumants, etc.

PASTILLES INDIENNES

Bois de santal (poudre)............	500	grammes
Tolu...............................	125	—
Benjoin............................	725	—
Essence de cassie..................	5	—
— de santal..................	5	—
— de girofle.................	5	—
Azotate de potasse.................	40	—
Gomme adragante (mucilage)........	Quantité suffisante	

On commence par pulvériser séparément le benjoin, le
baume de tolu et le bois de santal ; on les mêle en
les tamisant. On ajoute alors le parfum. D'autre part
on a dissous le nitre dans le mucilage. Le tout est
mélangé entièrement en pilant dans un mortier ; il reste
à passer la pâte aux moules pour obtenir des pastilles.

CLOUS FUMANTS

Charbon de peuplier...............	200	grammes
Nitre..............................	10	—
Gomme adragante (mucilage)...	suffisamment	
Santal citrin......................	15	grammes
Benjoin...........................	65	—
Baume de Tolu....................	10	—
Laudanum........................	5	—

La pâte étant obtenue, on en façonne des cônes de
25 millimètres de hauteur sur 10 millimètres de diamètre à la base ; on fait sécher lentement et on dispose
dans des boîtes.

Poudres :

POUDRE D'ENCENS

Ecorce de cascarille en poudre..	250	grammes
Bois de santal — ..	500	—
Benjoin.....................	250	—
Vétiver.....................	55	—
Salpêtre.....................	55	—
Musc en grains...............	0gr,50	

Le tout est finement pulvérisé et tamisé.

j) **Vinaigres composés.** — Le corps de base est le vinaigre blanc ou mieux l'acide acétique.

On peut parfumer les vinaigres par *solution, infusion* et *distillation.*

Par solution. — Cette méthode est à la portée de tous : on commence par faire dissoudre un certain poids de l'essence choisie dans suffisamment d'alcool, puis on verse dans environ un demi-litre de vinaigre. Si l'on veut, on peut filtrer. Le vinaigre obtenu est dit aromatique.

Par infusion. — On fait infuser dans de l'alcool, pendant une dizaine de jours, des principes odorants ; après filtration, on ajoute le vinaigre ainsi que d'autres produits liquides, s'il y a lieu. On obtient encore un vinaigre aromatique.

Par distillation. — Dans une cornue en verre, on distille du vinaigre contenant les plantes à parfum : rose, nérolie, etc., on arrête l'opération quand les trois quarts du vinaigre ont distillé.

La cornue est généralement placée dans un bain de sable, de façon à opérer doucement et régulièrement ; car, s'il se produit un à-coup, on est certain d'avoir un goût d'empyreume.

On obtient en opérant de cette façon un vinaigre de fleurs.

VINAIGRE A LA VIOLETTE

Vinaigre de vin blanc...........	1 litre
Extrait d'iris...................	0^{lit},15
— de cassie...............	0 ,25
Esprit de roses triple..........	0 ,10

VINAIGRE A LA ROSE

Vinaigre de vin blanc..........	1 litre
Feuilles de roses sèches........	150 grammes
Esprit de roses triple......	0^{lit},25

k) **Savons.** — Au point de vue *usages*, on distingue les *savons de ménage* et les *savons de toilette*.

C'est Chevreul qui a démontré que, sous l'influence des alcalis, les corps gras se transforment en donnant naissance au savon proprement dit.

Les corps gras étant formés d'acides gras et de glycérine, on peut représenter la réaction comme suit :

$$\text{Corps gras} \begin{cases} \text{Acide gras} \\ \text{Glycérine} \end{cases} + \text{Alcali} = \underset{\text{Savon}}{\begin{cases} \text{Acide gras} \\ \text{Alcali} \end{cases}} + \text{Glycérine}$$

C'est la réaction de saponification. Si nous la détaillons nous verrons :

1° Que les corps gras peuvent être : axonge ou graisse de porc ; suifs de bœuf ou de mouton ; blanc de baleine ; beurre de cacao ; pommades odorantes ; huiles de palme, de coco, d'olive, etc. ;

2° Que les alcalis sont des lessives de soude ou des lessives de potasse marquant un haut degré alcalimétrique et exemptes de sulfures.

En partant des lessives de soude on obtient des *savons durs ;*

En partant des lessives de potasse on obtient des savons *mous* ou crèmes de savons.

3° En outre de ces deux facteurs essentiels de saponification : corps gras et alcalis, nous verrons qu'il y a des produits additionnels tels que :

a) Aromates, essences, teintures, infusions, huiles parfumées, etc.

b) Matières colorantes ;

c) Dans certains cas : gommes, paraffine, cire, miel, etc., pour donner du *corps*.

Nous n'avons pas à entrer ici dans les détails de la fabrication des savons ; nous nous contenterons d'en indiquer les principales phases.

Quelles que soient les matières premières employées, il y a deux modes de fabrication :

Les savons à chaud ;

Les savons à froid.

SAVONS A CHAUD. — *Saponification*. — *Cuisson*. — *Chaudières à saponification*. — Elles sont à feu nu ou à la vapeur. La figure 62 indique une chaudière très employée actuellement. Elle est de forme tronconique.

Un système d'émulseur facilite singulièrement la saponification. On voit d'abord la masse s'*empâter*, puis la pâte à savon s'*allonge*, tandis que la glycérine s'isole ; la masse s'*ouvre*, laisse passer le liquide ; c'est le moment attendu pour *serrer* le savon ; on pousse l'ébullition ; la lessive se concentre, devient plus *mordante* et la saponification s'achève. En terme de métier, on dit que le *relargage* est à son point. On extrait alors les liquides, dont la glycérine, par *soutirage*. Sur la masse en cuivre on fait un nouveau *service* de lessive et c'est alors que commence le *grenage* qui se continuera jusqu'en fin de l'opération.

Réglage. — Le savon ainsi obtenu est grenu, dur et

sans cohésion; on lui enlève son excès d'alcali et on le
rend liant par l'opération du réglage.

Pour les savons de toilette, le réglage consiste à délayer
le *grain* dans un mélange d'eau douce et de recuit;
le savon doit surnager; après soutirage, on ajoute des

Fig. 62. — Chaudière à savon.

eaux alcalines à 3° ou 4°; on chauffe doucement de
façon à obtenir une *gelée transparente* n'adhérant pas au
fond de la chaudière, mais sur le point d'y adhérer. On
arrête brusquement le feu, la chaudière est couverte et
enveloppée d'un tapis pour éviter l'action de l'air; on
abandonne pendant une vingtaine d'heures.

Pendant ce temps les masses sulfureuses et autres impuretés se séparent ; certaines se précipitent; d'autres

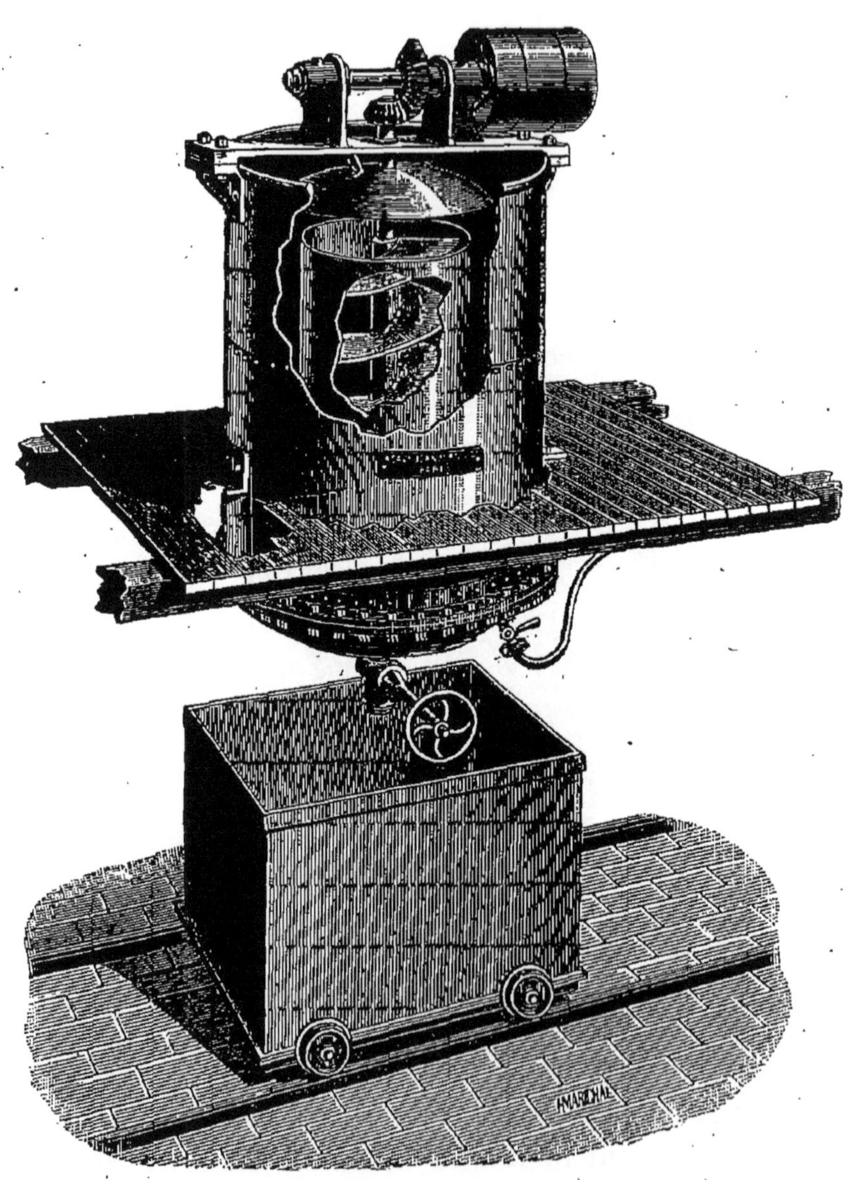

Fig. 63. — Chaudière pour savon à froid.

surnagent et le savon se trouve entre les deux.

Le *bon savon* est enlevé à l'aide d'un *pot* et envoyé dans les mises.

On arrête de prélever la pâte à savon dès qu'on arrive à la zone impure, *nègre* du fond ; c'est ce qu'on appelle *lever sur nègres*.

On peut encore *purger* le savon en ajoutant aux petites lessives de recuit qui marquent 6°, des chlorures de sodium, de façon à atteindre 8°.

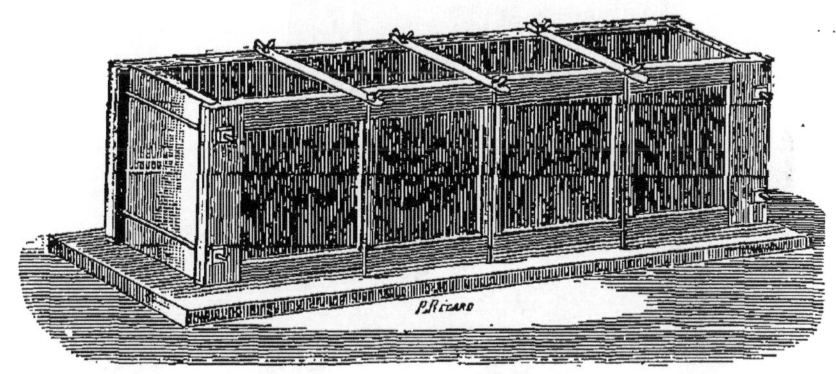

Fig. 63. — Mises à savons.

SAVONS A FROID. — On se sert de l'appareil (*fig.* 62) dans lequel on fait arriver les corps gras : résidus d'*enfleurage*, des lessives de soude à 36°, du saindoux, du suif, etc. La température est portée à 60-70°.

On colore et parfume de suite, avant de faire couler dans la *mise*.

La chaudière produit un empâtage rapide par l'effet de la spire centrale, qui brasse constamment la matière par son mouvement ascensionnel.

La vidange s'opère au moyen d'un mécanisme spécial faisant tourner la spire en sens contraire et forçant la pâte dans l'orifice de sortie.

Mises à savon. — A leur sortie des chaudières, les pâtes à savon — peu importe le mode de fabrication, — sont reçues dans des mises à savons (*fig*. 64) qui sont, tantôt en bois et garnies de tôle intérieurement, tantôt entièrement métalliques. C'est dans ces mises que le savon se solidifie et se prend en blocs de dimensions variables.

Fig. 63. — Coupeuse à savon ordinaire.

Au point où nous en sommes, il y aurait lieu de distinguer les savons de ménage des savons de toilette, car les manipulations ne sont nullement les mêmes.

Nous résumerons la manutention des savons de toilette, renvoyant nos lecteurs que ces questions intéresseraient autrement, aux ouvrages spéciaux.

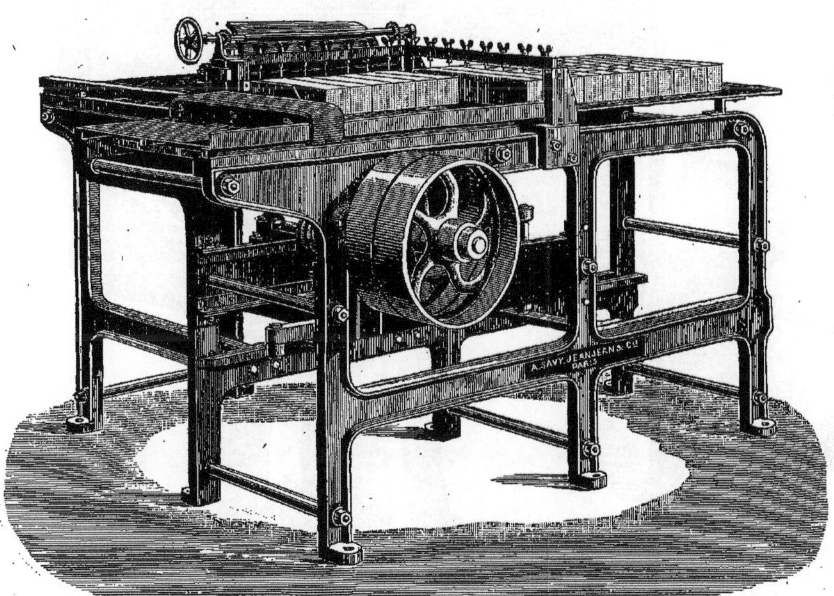

Fig. 66. — Grande coupeuse à retour d'équerre.

Découpage. — Les blocs de savons sortant des mises, sont soumis à l'action des découpeuses.

La figure 65 montre une coupeuse ordinaire, et la

Fig. 67. — Mélangeuse-Hachoir.

figure 66 une grande coupeuse à retour d'équerre. Pour couper, on se sert de fils d'argent.

Le savon divisé en briques est recoupé en tablettes; on lui fait faire deux ou trois passes.

Les briques ont ordinairement de 4 à 5 centimètres d'épaisseur.

Une fois obtenues, on les porte au rabot comme nous allons l'expliquer, afin d'obtenir des copeaux de savon.

Fig. 68. — Rabot.

Copeaux de savon. — Pour réduire le savon en copeaux, on peut partir de rabots ou de hachoirs.

Rabot. — La figure 68 montre l'un de ces appareils. C'est un rabot rotatif double à vapeur.

Il se compose essentiellement de deux disques rotatifs, l'un à droite, l'autre à gauche, et chacun de ces disques est muni de lames; un solide bâti en forme de potence reçoit l'arbre des disques. Les barres de savon sont introduites par les trémies et les copeaux sont reçus dans une caisse située sous l'appareil.

Dans les savonneries importantes on remplace aujourd'hui les rabots simples ou doubles par des hachoirs qui permettent un broyage beaucoup plus rapide; en effet, il faut un temps relativement considérable pour obtenir un broyage parfait des copeaux de savon sortant du rabot, et c'est la première passe entre les cylindres qui est la plus longue.

Hachoir. — Il supprime la première passe dont il vient d'être question, étant donné qu'il découpe les copeaux de savon en morceaux très fins, lesquels passent rapidement entre les cylindres de la broyeuse.

Dans certains cas, on utilise même le hachoir pour mélanger le colorant au savon.

La figure 67 donne le détail de l'un de ces appareils fonctionnant à grande vitesse.

Non seulement le hachoir permet l'obtention de copeaux très fins, mais encore il est à grand rendement, ce qui est très appréciable dans les installations importantes.

Séchage. — Il arrive fréquemment que le savon en copeaux subit une sorte de séchage, par un passage à l'étuve, avant de recevoir les colorants et les parfums.

On s'arrange de façon qu'il ne renferme plus que de 10 à 12 0/0 d'eau, et l'opération du mélange des parfums et couleurs peut se faire dans des caisses spéciales, ou dans une sorte de hache-graisse.

Broyage. — Quel que soit le mode du mélange de la pâte à savon, des couleurs et des parfums, le savon ainsi *chargé* passe aux broyeuses.

Il existe un grand nombre de modèles de ces appareils. Nous nous bornerons à en indiquer deux.

La figure 69 représente une broyeuse pouvant servir pour une production de 100 à 150 kilogrammes par jour.

Quant à la figure 71, elle indique une machine pouvant broyer de 800 à 1.000 kilogrammes par jour.

FIG. 69. — Broyeuse à trois cylindres en granit.

La pâte de savon, additionnée des parfums et matières colorantes, est introduite dans la trémie à double compartiment.

Là, elle est étirée et entraînée par les cylindres qui, par leur mouvement de rotation à vitesse différentielle, lui font subir un véritable broyage successif en l'amenant de bas en haut pour la faire retomber dans la partie supérieure de la trémie et, par la simple manœuvre de

FIG. 70. — Peloteuse.

la trappe de séparation, lui font reprendre le chemin parcouru jusqu'au broyage complet et jusqu'à ce que le savon soit parfaitement amalgamé avec les parfums et la couleur.

A la dernière opération, on suspend l'action de la

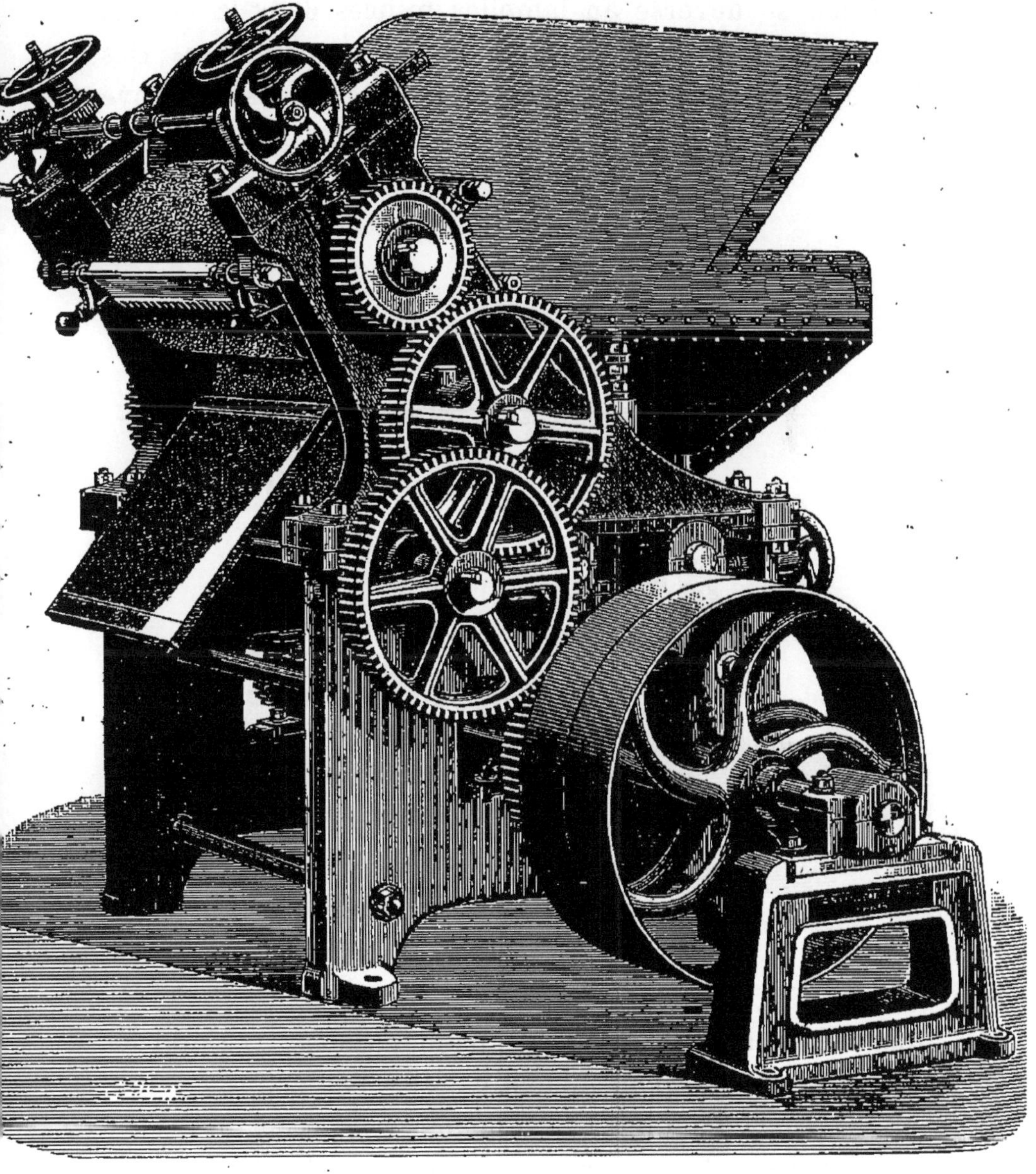

FIG. 71. — Grande broyeuse à quatre cylindres en granit.

raclette intérieure et, par l'effet de la seconde raclette

placée extérieurement, la pâte de savon ainsi détachée du quatrième cylindre et conduite par la planche inclinée se déverse en lamelles minces dans la caisse, d'où elle sera passée à la boudineuse ou peloteuse. Des broyeuses le savon sort en feuilles ; il est aussitôt broyé

Fig. 72. — Coupeuse à guillotine.

afin d'être introduit dans les peloteuses (*fig.* 40) qui les transforment en longs boudins que l'on coupe de longueur convenable pour le moulage.

La maison Savy, Jeanjean et Cie construit même des broyeuses à quatre cylindres et boudineuses combinées.

Coupeuses. — La figure 72 explique le mécanisme d'une coupeuse dite à guillotine.

La manœuvre en est très rapide. Un buttoir réglable détermine la longueur de la coupe.

La figure 73 représente une coupeuse spéciale pour le savon glycérine.

Enfin, il reste des découpoirs à boudins de savon, attenant à l'embouchure de la boudineuse, comme le montre la figure 74.

L'appareil indiqué ici se compose d'un support vertical se fixant au bout de l'embouchure, à la place de la filière,

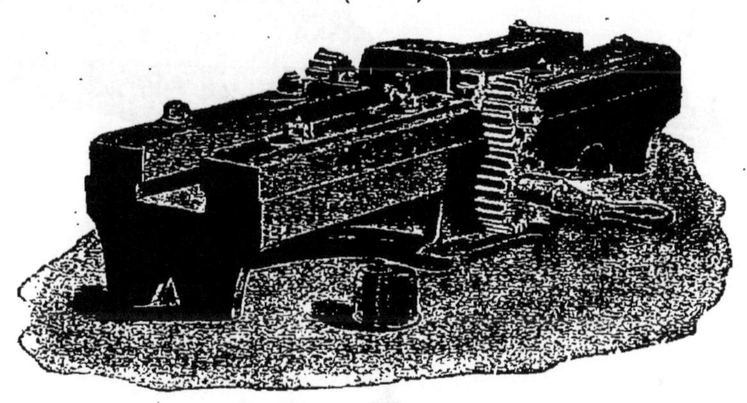

Fig. 73. — Coupeuse pour savon glycérine.

laquelle vient se fixer sur le support d'un guide horizontal portant le chariot mobile dont la partie extrême supporte le fil coupeur, qui a toujours tendance à se rapprocher de l'embouchure par l'effet du contrepoids.

Le boudin de savon, au sortir de la filière, s'engage sur le chariot où il glisse jusqu'à ce que son extrémité vienne rencontrer la butée d'avant.

A ce moment la poussée du boudin contre-balance l'effet du contrepoids et fait avancer le chariot.

L'ouvrier fait alors décrire au fil coupeur un quart de cercle et le boudin se trouve sectionné à longueur voulue.

La butée à charnière étant rabattue horizontalement au moyen de sa poignée, les pains se présentent à la main de l'ouvrier, puis elle reprend aussitôt sa position primitive par l'effet du contrepoids ; l'extrémité du boudin vient à nouveau rencontrer cette butée, le fil coupeur agit en sens inverse et l'opération se continue ainsi sans interruption.

Fig. 74. — Découpoir.

La conduite de cet appareil n'exige pas l'attention soutenue de l'ouvrier, qui peut couper deux ou trois pains successivement, ou bien, pain par pain, au fur et à mesure de l'avancement du boudin.

Son service est des plus simples, et son fonctionnement doux et régulier donne, non seulement le poids rigoureusement exact des bondons, mais aussi une coupe nette et sans cassure.

Il évite tout déchet de savon et procure une notable économie dans la manutention.

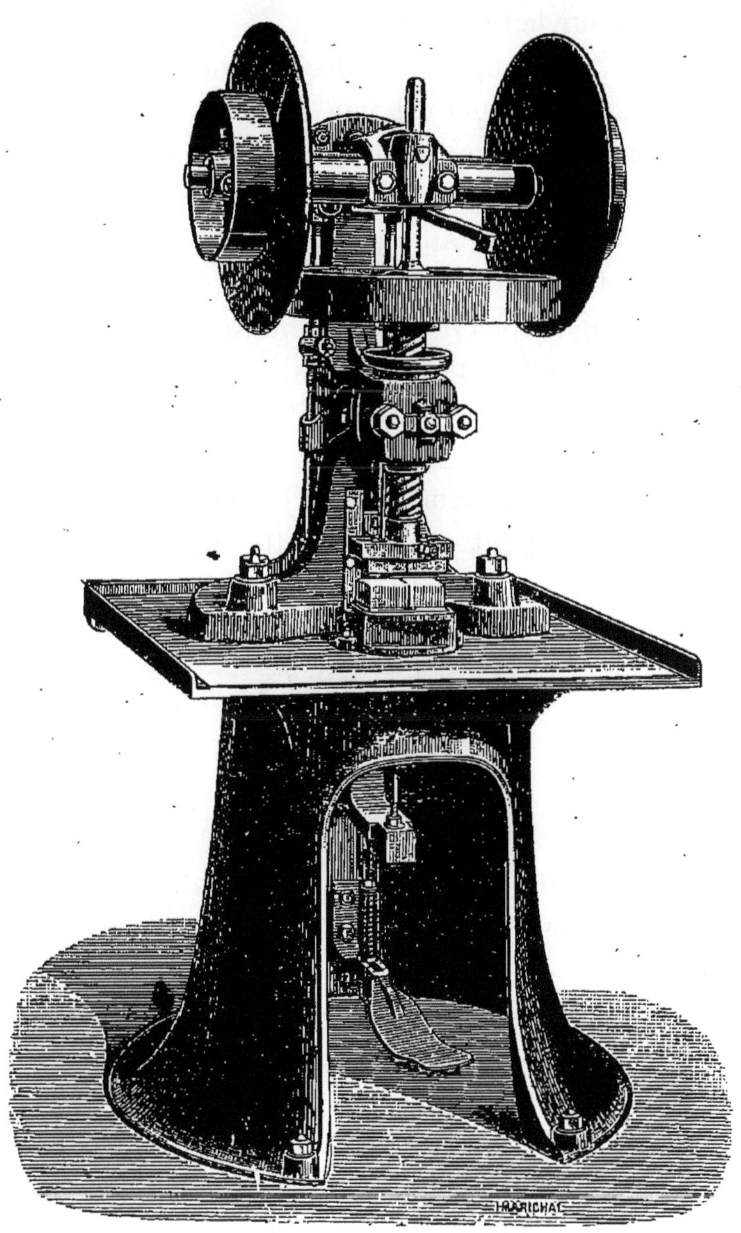

FIG. 75. — Presse pour savon.

Les boudins étant divisés en morceaux on les porte à la presse, pour le frappage.

Frappage. — La figure 75 décrit une presse à vapeur dont l'organe principal est une forte vis à filets rapides évoluant dans un écrou en bronze à longue portée et à l'extrémité de laquelle est fixé le piston qui reçoit la partie supérieure des moules.

La descente accélérée de cette vis, provoquée par l'action d'un coup de pédale, détermine le coup de presse.

Dès que le poids quitte la pédale, un débrayage automatique fait remonter la vis et chasse du moule le pain frappé.

Tout l'effort étant demandé au moteur, il va sans dire qu'une ouvrière peut conduire cette machine et elle en

FIG. 76. — Moule à savon.

obtient forcément un rendement bien plus considérable qu'avec les presses à bras, ayant l'entière liberté de ses mouvements.

Cette presse, outre la simplicité de ses organes et la rapidité de son fonctionnement, offre deux grands avantages :

1° Elle présente une sécurité absolue (se maintenant d'elle-même à l'état de repos);

2° Elle ne détériore pas les moules.

Quant aux moules à savon (*fig.* 76), la collection des matrices en est innombrable.

SAVONS SPÉCIAUX. — *Savon à la glycérine.* — On prend

du savon finement divisé sur lequel on fait agir un mélange d'eau et d'alcool en parties égales. On chauffe au bain-marie ; le savon coule comme de l'huile ; une partie de l'alcool s'évapore, et on y ajoute une quantité correspondante de glycérine. Le savon est alors coulé dans des vessies, puis on le taille en morceaux. Enfin on le laisse à l'étuve pendant vingt à vingt-cinq jours.

Il faut, avant tout, éviter qu'il y ait saponification de la glycérine.

Savons légers. — On introduit dans leur pâte une certaine quantité d'air qui augmente leur porosité et leur volume.

On réduit en copeaux minces du savon de suif ; on le fond avec moitié de son poids d'eau ; quand le savon est en fusion, on introduit un battoir dans la chaudière ; aussitôt on lui imprime un mouvement de rotation ; la température descend à 70° C. ; le savon devient mousseux ; on le retire du bain-marie ; après une demi-heure de repos on le coule dans des *mises*, sur une épaisseur de 15 à 20 centimètres.

Au bout de huit jours on le retire des mises et il est divisé en tablettes.

Savon en poudre. — Pour l'obtenir, on se contente assez souvent de piler des râclures provenant du grattage des pains de savon.

Pour la préparation en grand, on fait passer au rabot ou aux hachoirs des briques de savon blanc épuré ; les copeaux minces obtenus sont étalés sur des feuilles de papier blanc et étuvés ; il reste à piler et à tamiser.

Essences de savon. — Ce sont des dissolutions de savon dans l'alcool.

On dissout du savon provenant d'huiles végétales dans

de l'alcool à 80° C. additionné d'un peu de potasse. On opère au bain-marie et on agite constamment.

Savons transparents. — Ce sont des savons bien desséchés qui ont été dissous dans l'alcool concentré. Le savon réduit en rubans minces, est étendu sur des feuilles de papier et étuvé ; il est ensuite poli et tamisé. La poudre est dissoute au bain-marie dans son poids d'alcool concentré et bouillant ; il reste à verser dans des moules et à laisser refroidir.

Savons mous ou Crèmes. — Nous savons qu'ils sont à base de potasse.

Avant de commencer la fabrication proprement dite, on réduit de moitié la solution de potasse, par une ébullition prolongée. On verse alors le lait de potasse dans l'huile et on agite constamment.

On laisse reposer quelques jours, puis le liquide inutile est éliminé.

SAVON MOU TRANSPARENT

Huile d'olive....................	500 grammes
Solution de potasse.............	3.000 —
Parfum (au choix).	

Savons mousseux. — Leur poids est très faible ; ils contiennent des bulles d'air. Pour les obtenir on fond dans une chaudière du savon granulé ; on ajoute de l'eau pour former une masse qui se solidifie par refroidissement ; dès que la masse devient filante, on la bat jusqu'à se qu'elle se transforme en une mousse épaisse ; il reste à verser dans les moules.

FORMULES POUR SAVONS A PARFUMS COMPOSÉS

SAVON BLANC DE WINDSOR

Savon blanc de suif.............	50	kilogr.
— à l'huile..................	7	—
— marin....................	10	—
Essence de thym...............	700	grammes
— de carvi...............	700	—
— de romarin	700	—
— de girofle..............	125	—
— de cassie..............	125	—

SAVON A L'AMANDE

Savon blanc de suif de mouton ..	50	kilogr.
— marin 1re qualité..........	7	—
— à l'huile.................	7	—
Essence d'amandes..............	800	grammes
— de roses................	12	—
— de girofle..............	100	—

SAVON TERRE A FOULON

Savon blanc de suif.............	5kg,500	
— marin...................	1 ,500	
Terre à foulon passée au four......	6 ,500	
Essence d'origan................	25	grammes
— de lavande..............	55	—

SAVON DE SABLE

Savon blanc de suif.............	3	kilogr.
— marin	3	—
Sable d'argent tamisé............	13	—
Essence de lavande..............	55	grammes
— de cassie	55	—
— de carvi................	55	—
— de thym................	55	—

l) **Eaux et lotions pour les cheveux.** — Nous n'avons pas à étudier ici les « teintures » proprement dites qui ne sont guère que des mélanges de produits chimiques et dont quelques-unes sont très dangereuses.

Lotion de romarin. — On commence par préparer l'*eau de romarin.*

On distille un mélange de 55 litres d'eau et de 5 kilogrammes de fleurs de romarin sans tige. Si l'opération est bien conduite, on doit obtenir de 40 à 45 litres « d'eau de romarin ».

Voici comment on confectionne maintenant la « lotion ».

Eau de romarin...................	$4^{lit},50$
Alcool..........................	0 ,30
Potasse perlasse................	25 grammes

Lotion de glycérine et de cantharides pour arrêter la chute des cheveux :

Eau de romarin...................	$4^{lit},50$	
Ammoniaque....................	25 grammes	
Glycérine......................	115	—
Teinture de cantharides..........	55	—

On applique deux fois par jour avec une éponge.

m) **Dentifrices.** — *Poudres.* — Les poudres dentifrices doivent toujours être très finement broyées et passées au tamis :

POUDRE A LA QUININE

Craie précipitée.................	500 grammes	
Poudre d'iris.....................	250	—
Amidon pulvérisé................	250	—
Sulfate de quinine...............	$1^{gr},80$	

POUDRE DE TANNIN

Sucre de lait pulvérisé...........	1 kilogr.	
Tannin pur......................	15 grammes	
Laque carminée	10	—
Essence d'anis...................	20 gouttes	
— de fleurs d'oranger.......	15	—
— de menthe..............	20	—

CRAIE CAMPHRÉE

Craie précipitée..................	500	grammes
Camphre pulvérisé............. .	130	—
Racine d'iris pulvérisée.........	250	—

Eaux :

EAU DE BOTOT

Anis vert.....................	30	grammes
Cannelle.....................	8	—
Girofle	8	—
Essence de menthe.............	1	—
Eau-de-rose...................	875	—

On fait macérer pendant huit jours ; on filtre, puis on ajoute 4 grammes de teinture d'ambre et on colore avec de la cochenille.

Filtration. — La filtration est une opération très délicate et des plus importantes dans la fabrication des parfums et produits s'y rattachant.

La figure 77 représente un appareil très employé. C'est le *Filtre français*. Cet appareil est réellement un filtre-presse composé de châssis très minces, séparés par des garnitures de papier à filtrer et fortement serrés dans un corps de presse entre un socle et un chapeau. Ces châssis sont en étain fin, matière dont l'emploi offre toute sécurité pour la fitration des produits alimentaires, mais ils peuvent, dans quelques cas exceptionnels, être fabriqués en ébonite. Ils se composent essentiellement d'une couronne de faible épaisseur percée de deux orifices, et entourant une double grille formée de barreaux triangulaires entretoisés, servant, par leur arête, de support aux garnitures de papier. La superposition de ces éléments constitue, par les deux orifices diamétraux de la couronne, deux conduits verticaux : un conduit d'adduction du

Fig. 77. — Filtre français (réduction au dixième).
Cliché A. Capillery.

liquide trouble, communiquant avec l'extérieur par un

canal venu de fonte dans le socle, et un conduit d'évacuation du liquide clarifié, débouchant dans un ajustage
venu de fonte dans le chapeau. On voit donc qu'à part ces
deux orifices, dont l'un est relié au récipient du liquide
trouble, et l'autre à celui du liquide clarifié, l'appareil bien
serré est absolument hermétique et filtre à l'abri de l'air.

Pour nous rendre compte du fonctionnement de cet
appareil, supposons les grillages des plaques d'ordre
impair mis en communication avec le conduit d'adduction par des canaux percés dans l'épaisseur du métal.
Ces grillages vont se remplir du liquide trouble, qui ne
trouvera d'issue pour passer dans les grilles des plaques
d'ordre pair qu'à travers les garnitures de papier qui
séparent chaque élément. Il s'ensuit que les plaques
d'ordre pair reçoivent le liquide filtré. Si donc nous les
supposons en communication avec le conduit d'évacuation
par des canaux percés dans l'intérieur du métal, ils déver-
seront constamment, dans ce conduit, du liquide filtré.
Il en résulte que si nous envoyons d'une façon continue
du liquide trouble dans le conduit d'adduction nous
recueillerons, d'une façon continue, le même liquide filtré
par le conduit d'évacuation.

On voit, par cette disposition que toutes les plaques
d'ordre impair sont adductrices de liquide trouble, et que
toutes celles d'ordre pair sont collectrices de liquide filtré.
On en conclut que la réunion de deux plaques consécutives
forme un filtre complet, et que la surface filtrante totale
de l'appareil, c'est-à-dire son débit, est proportionnelle,
toutes choses égales, au nombre de plaques qui le constituent. En faisant varier ce nombre d'un appareil à
l'autre, ou dans le même appareil, on fait varier dans le
même sens, et suivant les besoins, le débit du filtre, sans
modifier la perfection de la filtration. Cette propriété

permet, en faisant varier, en même temps que le diamètre le nombre des plaques, de 24 à 100, d'établir des appareils donnant tous les débits désirés, certains types pouvant notamment filtrer, suivant la nature des liquides, jusqu'à 160 hectolitres à l'heure, alors que les types les plus réduits ne débitent dans le même temps que quelques litres.

Le montage et le démontage de l'appareil se font sans tâtonnements; ils sont pour ainsi dire instantanés et le lavage de chaque disque est d'une facilité et d'une perfection complètes.

Telles sont les différentes qualités de cet appareil qui en font le modèle du genre.

Force motrice. — Elle doit être judicieusement produite. Nous signalerons bien volontiers le moteur *l'Autonome*.

Dans le moteur *l'Autonome* des Établissements Simon frères, le système de réfrigération, le réservoir de combustible, le réservoir d'huile et tous les accessoires font partie intégrante du moteur, et c'est en dehors même des caractères originaux de chacun de ces accessoires, ce qui différencie ce système de moteur de tout ce qui a été fait jusqu'ici, puisqu'il forme un ensemble complet rassemblé sur un bâti-carter unique, compact, de volume considérablement réduit, se suffisant à lui-même dans toutes ses fonctions : carburation, allumage, combustible, réfrigération, graissage, etc.

Outre ce caractère essentiel, *l'Autonome* réalise dans le fonctionnement de ses divers organes les perfectionnements les plus modernes, voire même les dispositions originales absolument inédites et dont nous donnerons une idée en passant une revue rapide de ses principales fonctions :

Allumage. — L'allumage est assuré par une magnéto à une haute tension et une bougie : sont supprimés ainsi l'entretien coûteux et les ennuis bien connus des brûleurs des piles et des accumulateurs. Un dispositif curieux donne à l'axe de la magnéto une vitesse plus grande au moment de la production de l'étincelle.

Trois avantages en résultant : départ plus facile, étincelle plus chaude en fonctionnement normal, emploi de la magnéto de faible dimension.

Refroidissement. — Le refroidissement est obtenu par un thermo-siphon sans pompe, au moyen d'un radiateur et d'un petit ventilateur.

Régulateur. — Contrairement à la plupart des moteurs, *l'Autonome* possède un régulateur qui fonctionne avec une efficacité telle qu'on peut passer brutalement de la pleine charge à la marche vide ; il suffit de quelques secondes pour que le réglage s'effectue.

Ce régulateur est à rattrapage de jeu automatique sans aucun ressort agissant en même temps sur la distribution des gaz et sur la carburation.

Graissage. — Le graissage est automatique ; le réservoir à huile est d'une contenance suffisante pour ne renouveler l'huile que dans les arrêts, soit une fois ou deux par jour. Une disposition ingénieuse de deux petites pompes à engrenages situées à l'intérieur du carter du moteur assure le graissage à niveau constant.

Soupapes commandées et marche silencieuse. — Dans *l'Automone,* les soupapes d'échappement et d'admission sont commandées, ce qui contribue pour une part à la marche silencieuse que les divers dispositifs adoptés dans ce moteur ont permis d'obtenir.

Le mode de fermeture des boîtes à soupapes, qui sont placées l'une à côté de l'autre, s'obtient par un procédé nouveau, qui permet, tout en réalisant pour le joint une pression énergique, de visiter les soupapes avec plus de facilité et de rapidité que par les moyens employés habituellement.

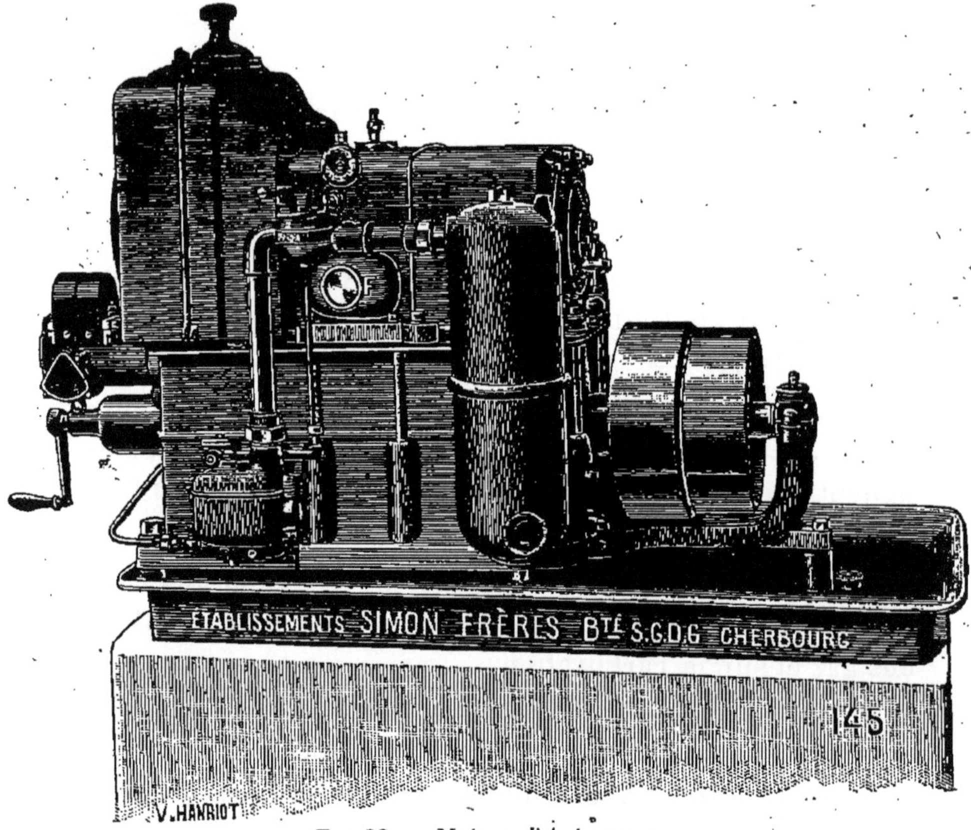

FIG. 78. — Moteur *l'Autonome*.

Carburateur. — Le carburateur à niveau constant possède un diffuseur de forme spécial qui permet à l'essence et à l'air de venir se heurter et de se mélanger de la façon la plus intime.

Cylindres. — Le cylindre est, ici, au milieu d'une vaste chemise ouverte sur une de ses faces, ce qui est un avantage sensible sur l'enveloppe habituellement employée et qui ne laisse qu'une lame d'eau insignifiante.

Silencieux. — Une simplicité de construction remarquable a permis d'obtenir dans le silencieux un laminage multiple des gaz en deux phases successives.

Interchangeabilité de toutes les pièces. — La construction de ce moteur est irréprochable et toutes les pièces sont fabriquées d'après les procédés les plus modernes, au moyen d'un outillage de grande précision ; elles son rigoureusement interchangeables.

Tous les organes sont protégés. — Le moteur *l'Autonome* est le seul dont tous les organes soient complètement à l'abri des poussières, soigneusement enveloppés par des carters le protégeant de tout accident. Cette protection, si nécessaire, ne nuit à rien pour la visite des organes ; le mode de montage est tel que quelques minutes suffisent pour mettre tous les organes à découvert.

Ces moteurs se font en deux types (de 1.300 tours et 260 tours), qui leur permettent de s'adapter à toutes applications industrielles et agricoles.

Associés à des appareils appropriés, ils constituent, sous des formes réduites et élégantes, ces groupes électrogènes, moto-pompes et autres dispositions qu'on a pu admirer, au **Stand Simon** frères, au dernier Concours général agricole de Paris.

CHAPITRE V

APPLICATIONS DU FROID INDUSTRIEL
DANS LA FABRICATION DES PARFUMS

Pour la rédaction des notes qui suivent, nous nous sommes documentés près de spécialistes qui ont bien voulu, non seulement répondre favorablement à notre demande, mais encore nous adresser leurs clichés. Qu'ils veuillent bien accepter nos sincères remerciements; mais, à notre grand regret, nous ne pouvons utiliser tous leurs renseignements, le cadre de cet ouvrage ne nous le permettant pas ; toutefois, nous nous proposons de revenir fréquemment, en nos écrits, sur les applications du « froid artificiel » aux colonies.

Nous avons parlé, déjà, de la nature même des parfums, ainsi que de leurs propriétes physiques et chimiques.

Rappelons l'une de ces propriétés : « Plus une essence est volatile, plus le parfum est intense. »

Or, l'évaporation est beaucoup plus active, toutes autres conditions égales, d'ailleurs, aux températures élevées, et l'intensité de cette évaporation croît plus rapidement que la température.

Il en résulte que, pour réduire au minimum, les risques de « pertes en parfums » des plantes et des essences, il suffit d'adopter « le régime des basses températures compatibles aux parfums ».

Nous avons dit également qu'il existe des plantes dont l'arome est grandement modifié par la chaleur et qu'en pareilles circonstances il faut recourir industriellement à « l'enfleurage ». Ici encore, l'intervention du « froid artificiel » semble indiquée et des expériences extrêmement intéressantes sont actuellement faites dans ce sens.

Conservation temporaire des « plantes à parfums » fraîches. — Les phénomènes physiologiques et chimiques qui donnent naissance aux parfums se manifestent encore après la cueillette des parties odorantes ; mais ces phénomènes cessent dès que se modifie la matière organique. A ce moment surviennent donc de profondes transformations, des fermentations, dont les conséquences sont, tout au moins, la naissance de produits empyreumatiques ou autres.

Or, le « froid » permet de prolonger la vie individuelle des cellules constitutives des végétaux ; c'est ce qui explique la conservation parfaite des fruits, légumes, graines, rhizomes,..., enfin des fleurs. Ici nous passons la plume au directeur de la « Société du Froid industriel » qui, ayant installé au centre de Paris un laboratoire frigorifique, s'est livré à des expériences concluantes.

. . . .

« Parmi toutes ces expériences, il en est une que je suis heureux de porter à la connaissance du public et de mes confrères, car elle m'a parue plus particulièrement intéressante.

« Qu'on ne croie pas que j'imagine avoir fondé ou inauguré quelque chose de nouveau.

« J'ai simplement mis en pratique d'une facon rationnelle ce qui avait déjà été tenté, essayé et réussi.

« J'ai pris, au hasard, un matin, dans la hotte d'un

colporteur qui passait dans la rue, diverses fleurs dont je résolus de prolonger l'existence.

« Ces fleurs étaient coupées et avaient été coupées où ? je l'ignore. Elles avaient subi un transport jusqu'à Paris,

Fig. 79. — Fleurs conservées en chambre à + 2° C. pendant quarante-cinq jours.

avaient été manipulées par diverses mains, puisque, comme je viens de l'exprimer, c'est dans la hotte d'un colporteur qu'elles ont été *achetées* et *choisies*.

« Ces fleurs furent mises dans une chambre frigorifique dont la température a été rigoureusement maintenue à +2° C.; leurs tiges plongeaient dans de petites alvéoles

FIG. 80. — Fleurs conservées en chambre frigorifique à + 2° C. pendant vingt-cinq jours.

contenant de l'eau, je m'étais arrangé de façon à ce que, dans la chambre fût maintenue une humidité constante.

« Tous les diagrammes ont été relevés ; il s'ensuit que je peux conclure d'ores et déjà que des fleurs peuvent être normalement conservées coupées pendant une période de vingt-cinq à quarante-cinq jours, dans un état de parfaite fraîcheur, leur permettant d'être vendues comme si elles venaient d'être cueillies.

« Au moment où j'ai commencé cette expérience, je me trouvais n'avoir que des fleurs de trois espèces: je le regrette d'autant plus vivement que l'expérience ayant absolument réussi, j'eusse été heureux de l'avoir essayée sur un plus grand nombre d'espèces.

« Il y avait des dahlias, des reines-marguerites et des roses (Maréchale Niel et la France).

« Les fleurs montrées dans la figure 80 ont été soumises à une conservation de vingt-cinq jours, tandis que celles montrées dans la figure 79 ont été conservées pendant quarante-cinq jours.

« Pendant toute la durée de la mise en chambres frigorifiques, diverses personnes sont venues voir les fleurs et ont constaté la sincérité de l'expérience.

« Nous parlerons d'abord des fleurs qui ont été soumises à une conservation de vingt-cinq jours.

« Celles-ci avaient conservé leur éclat le plus brillant: les couleurs en étaient aussi parfaites que si elles venaient d'être cueillies et aucune trace, même la plus légère, n'aurait pu déceler à l'œil de l'horticulteur le plus averti et le plus avisé, que ces fleurs ne venaient pas d'être coupées, à moins cependant qu'il ne le voit par l'inspection de la section de leurs tiges.

« Le vingt-cinquième jour de leur conservation, au moment où elles furent sorties de la chambre frigorifique, les roses avaient conservé une odeur pénétrante ; les reines-marguerites et les dahlias émettaient également leur odeur propre.

« J'insiste maintenant sur la dernière partie de l'expérience qui a porté sur le point de savoir si, à la sortie du

Fig. 81. — Groupe complet pour production du froid.

frigorifique, ces fleurs étaient en état de supporter un séjour en appartement aussi bien que des fleurs venant d'être coupées ou achetées chez un fleuriste.

« A cet effet, toutes ces fleurs ont été placées dans un appartement où une température moyenne d'environ 20° était presque constante.

« Outre ces fleurs, d'autres achetées le jour même où

les fleurs conservées sortaient de la chambre frigorifique, avaient été placées dans le même appartement.

« La durée des unes et autres a été sensiblement égale.

« La vivacité des couleurs était restée la même pour celles sortant du frigorifique que pour les autres, et l'odeur était identique ou à peu près.

« J'inclinerai cependant à penser que les fleurs conservées pendant vingt-cinq jours en frigorifique avaient un peu moins de force dans leur parfum que n'en avaient les autres.

« J'ajouterai aussi que celle des fleurs qui a subsisté la dernière était une des fleurs frigorifiées.

« Nous considérerons maintenant ce qu'il est advenu des fleurs soumises à une conservation frigorifique de quarante-cinq jours.

« Celles-ci étaient des reines-marguerites et des roses (Maréchale Niel).

« Les roses avaient été mises à l'état de *boutons à peine épanouis* et les reines-marguerites avaient été choisies aussi peu épanouies que possible, tout en étant cependant à l'état de fleurs et non à l'état de boutons.

« Les unes et les autres se sont parfaitement conservées et ont, au point de vue de la couleur, donné identiquement les mêmes résultats que celles qui n'avaient été soumises qu'à une conservation bien moins longue.

« Mais je dois dire que les roses avaient perdu presque la totalité de leur parfum, ainsi d'ailleurs que les reines-marguerites.

« Examinons maintenant quelle a été leur tenue après la sortie de la chambre frigorifique.

« J'ai personnellement pris une rose qui, d'abord, avait été transportée, rue de Rome, en automobile découverte et, par suite, soumise à l'action du vent, aux fins d'y être photographiée par les procédés de la photographie en couleurs.

« Je n'ai pu obtenir des épreuves instantanément, et j'ai remporté cette rose que j'ai conservée toute la journée à ma boutonnière. Le soir, je l'ai mise dans de l'eau, et le lendemain matin je l'ai trouvée dans l'état suivant : elle n'était pas en état d'être offerte ou vendue, mais j'aurais parfaitement pu la remettre à ma propre boutonnière.

« Quant aux reines-marguerites, elles ont été mises dans un appartement à la température de 20° et se sont conservées pendant sept jours, mais s'effritèrent le huitième.

« J'ai livré au public ces quelques constatations qui m'ont paru intéressantes.

« Je souhaiterais, pour l'industrie frigorifique, qu'elles fussent portées à la connaissance de tous les horticulteurs et de tous les fleuristes qui peuvent attendre du frigorifique autant de bienfaits pour leur négoce que certaines autres branches de l'industrie et du commerce.

« Ils serait à souhaiter également que nos élégantes veuillent comprendre qu'elles pourraient, grâce aux procédés frigorifiques, obtenir en des temps où la nature ne les donne point, les fleurs qu'elles préfèrent et mettre ainsi à la mode, en France, une industrie qui, dans certains pays étrangers, rend d'incalculables services tant au point de vue économique qu'au point de vue hygiénique.

« En tout état de cause, je prie qu'on considère qu'il est indéniable que le froid produit *le sommeil de la vie organique* et que s'il est possible de conserver des fleurs, il est *a fortiori* possible de conserver des aliments auxquels le frigorifique conserve toutes leurs qualités nutritives et toute leur saveur.

« La petite expérience que je viens de décrire sert

également à démontrer une fois de plus que le préjugé, qui consiste à dire qu'une denrée frigorifique tombe en putréfaction dès sa sortie du frigorifique, est un préjugé aussi faux que tous les préjugés et contre lequel tous les industriels du froid doivent s'élever avec vigueur.

« La conclusion pratique qui peut être tirée de ces expériences, c'est la nécessité, pour les fleuristes, d'avoir comme principale dépendance de leurs établissements : 1° une chambre froide pour retarder la floraison des plantes à leur volonté ; 2° des meubles à réfrigération mécanique pour avoir à tous instants des fleurs coupées pour bouquets.

« Ces expériences doivent être poursuivies et recommencées en présence des intéressés, MM. les fleuristes, qui jusqu'à présent avaient un déchet considérable, car les fleurs se fanent avec une rapidité bien connue, ce qui nous a valu ces vers :

> Et rose, elle vécut ce que vivent les roses,
> L'espace d'un matin.

« Grâce au froid industriel, les roses pourront vivre plus longtemps et faire mentir le poète Malherbe... »

Néanmoins, en admettant même l'intervention du « froid artificiel », il faudra toujours cueillir les fleurs par un temps *sec* et *frais*, et autant que possible avant le lever du soleil ; en effet, celui-ci agissant non seulement par ses rayons physiques, mais encore par ses rayons chimiques, active d'autant la décomposition des cellules.

Nous avons dit aussi qu'on arrive à conserver les fleurs cueillies, durant un ou deux jours en les salant et en les tassant dans des tonneaux ; mais il est incontestable que

Fig. 82. — Groupe frigorifique pour la conservation des fleurs et la fabrication de la glace.

le rendement et la qualité des parfums se ressentent de cette manipulation.

Or, le « froid artificiel » déjà appliqué à la conservation en grand des denrées alimentaires a sa place toute marquée, ici, comme anesthésique temporaire de la vie cellulaire des plantes à parfums.

L'utilisation d'un magasin frais et sec comme peut l'être une chambre frigorifique (*fig.* 82) permettra une conservation longue et régulière, soustraite aux variations et incertitudes atmosphériques. On aura là une réserve des produits à traiter qui permettra un travail journalier et méthodique.

Nous ajouterons même qu'un refroidissement intense n'étant pas nécessaire, on pourra se contenter d'une simple fusion de glace, et il sera possible d'utiliser des wagons isolés et aménagés en conséquence, qui permettront, dans bien des cas, d'assurer le transport des fleurs, à l'état de fraîcheur absolue, des zones de production aux usines.

En opérant ainsi, le travail deviendra des plus réguliers : détermination de la réfrigération ; rendement maximum en parfum ; dosage du dissolvant ou de la matière fixatrice, etc.

Extraction des parfums. — Récupération des dissolvants volatils. — Nous sommes en présence de liquides volatils qui, une fois évaporés, ne peuvent être condensés seuls et purs, qu'autant que l'on ne demande pas une condensation supérieure à celle résultant d'un état final de l'air chargé de vapeurs et correspondant à la tension maximum de la vapeur du liquide, à la température de condensation.

Or, les quantités de vapeurs saturées contenues dans

Fig. 83. — Machine frigorifique.

un même volume d'air, croissent beaucoup plus rapidement que la température.

Si donc on employait un condenseur à basse-température on récupérerait, en plus, — pour ce qui est des parfums et des dissolvants, — des quantités de liquides correspondants à la différence des poids de vapeurs saturées, contenues dans l'air à ces deux températures.

Les tensions de vapeurs des différents parfums n'ayant jamais été parfaitement déterminées, il est très difficile de préciser l'économie résultant de l'application des basses températures ; mais il est certain, néanmoins, que cette économie pécuniaire serait importante, puisqu'elle se rapporte à des marchandises d'un prix généralement très élevé.

Quant aux dissolvants, nous avons dit qu'on utilise plus spécialement le sulfure de carbone, l'éther de pétrole et quelques autres, parce qu'ils reviennent à moins cher que les autres. Mais on conçoit facilement que si l'on pouvait récupérer la presque totalité du dissolvant, il serait alors intéressant d'utiliser des dissolvants plus volatils bien que d'un prix supérieur.

Épuration et clarification des extraits. — Les parfums obtenus par l'action d'absorbants contiennent fréquemment de faibles quantités de corps gras, dont la présence se manifeste, à basse température, par un dépôt ou précipité, qui a le double inconvénient de nuire à la limpidité du produit et de lui communiquer une odeur rance.

Des appareils frigorifiques ont été imaginés pour séparer les corps gras des parfums.

Le principe de l'opération est extrêmement simple : la température des parfums est abaissée plus ou moins, selon la qualité du corps à séparer ; ordinairement cet abaissement de température varie entre 15 et 25° au-dessous de 0°. Les corps gras deviennent alors pâteux et, par filtration ordinaire, on obtient une séparation parfaite. En pratique, voici comment on opère : les produits à traiter sont introduits dans des récipients ou *mouleaux* plongeant dans une saumure refroidie à température convenable.

L'appareil frigorifique peut être une simple machine à glace avec mouleaux cylindriques en cuivre étamé.

Parfois l'appareil est muni d'un agitateur dont le mouvement a pour but d'activer l'échange de température et de précipiter l'opération.

Les mouleaux sont ensuite extraits et l'on procède à la filtration.

Conservation et manipulation. — En ce qui concerne la conservation et les manipulations diverses, on a toujours intérêt à opérer sur des liquides froids et dans des locaux très frais.

Une fois de plus la réfrigération s'impose.

DEUXIÈME PARTIE

Dans la première partie de cet ouvrage, je me suis efforcé de condenser les notions générales indispensables à ceux qui veulent se livrer à l'exploitation des « plantes à parfum ».

J'estime, en effet, que le « planteur » ne doit pas se contenter « d'ensemencer » et « d'attendre » ; s'il *connaît* la « graine » et la « plante », il doit *savoir* aussi « l'essence » et « l'emploi ».

Il ne doit pas rester seulement « l'homme des champs » ; ses connaissances doivent également comprendre les sciences, l'industrie et le commerce.

Dans ces conditions, il ne reste pas le simple « élément de routine », mais devient « l'unité intelligente et féconde » utile à la communauté. C'est ainsi que j'ai été amené à dire quelques mots des caractéristiques des essences, à ébaucher certains chapitres de la chimie des parfums; puis à décrire les méthodes d'extraction des essences et les principaux appareils utilisés à cet effet ; il ne me restait plus qu'à parler des produits simples et composés les plus répandus en parfumerie.

A la suite de cette documentation doit venir l'étude proprement dite des plantes à parfums ; j'y consacre toute cette deuxième partie.

Ici encore, pour plus de clarté, j'ai été amené à établir

des classifications, et je me suis limité aux monographies des plantes appartenant plus spécialement à la « flore des pays chauds » (*fig.* 84). Les autres feront l'objet d'une étude séparée.

Chaque monographie comprend les divisions suivantes :

A. *Agronomie.* — Botanique, habitat, exploitation, rendement ;

B. *Technique.* — Caractéristiques physiques et chimiques ;

C. *Industrie.* — I. Pays producteurs. — II. Pays importateurs ;

D. *Commerce ;*

E. *Imitations et falsifications.*

L'habitat ne permet pas toujours une démarcation absolue des plantes : le géranium, la citronnelle, la lavande, etc., sont également cultivées en Europe et en zone tropicale ; je me suis efforcé de décrire celles donnant lieu à un important trafic dans les colonies.

Quant à la classification générale, elle est basée sur les « parties utiles » des plantes.

CLASSIFICATION GÉNÉRALE DES PLANTES A PARFUMS ÉTUDIÉES DANS CET OUVRAGE

RACINES

Vétiver.

ÉCORCES

Cannelier; | Cascarille.

BOIS

Bois d'aloès; | Bois de rose ou bois de Rhodes;
— de cèdre; | — de santal.

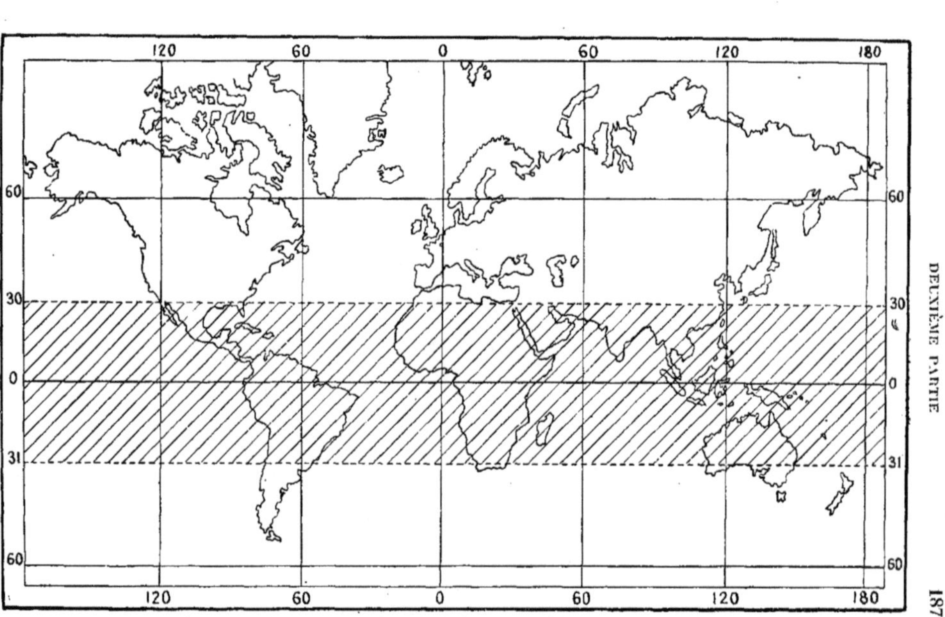

Fig. 84. — Zone des plantes particuliérement étudiées dans cet ouvrage.

FEUILLES

Citronnelle ;
Eucalyptus ;
Géranium ;

Lemon Grass ou Verveine des
   Indes ;
Palmarosa ;
Patchouli.

BOUTONS ET FLEURS

Badiane (anis étoilé) ;
Cassie ;
Frangipane ;

Giroflier ;
Jasmin ;
Oranger.

FRUITS ET GRAINES

Ambrette ;
Cédratier ;
Muscadier ;

Tonka (Fève) ;
Vanille.

BAUMES, GOMMES, RÉSINES

Benjoin ;
Camphrier ;
Gaïac ;
Myrrhe ;
Oliban ;

Opoponax ;
Pérou (baume du) ;
Styrax. ;
Tolu (baume de).

Par séries, l'ordre alphabétique a été respecté, afin de
faciliter des recherches.

CHAPITRE I

RACINES

Généralités. — La racine est l'axe descendant de la plante ; sa forme et sa nature sont variables.

On distingue les *racines fibreuses*, formées d'une quantité de fibrilles, et les *racines pivotantes*, qui sont réellement le prolongement de la tige et sur lesquelles poussent les *radicelles*.

Comme racines fibreuses on peut citer le maïs, le vétiver, etc. ; au type « racines pivotantes » appartiennent le cacaoyer, le caféier, etc.

Les racines ont deux fonctions principales : par elles, les plantes s'ancrent au sol ; par elles aussi les plantes vont puiser dans le sol la nourriture indispensable à leur existence et à leur développement.

Toute racine est terminée à son extrémité par des radicelles très fines formant le *chevelu*, ce qui n'empêche pas l'extrémité elle-même d'être protégée par une sorte de gaine.

C'est dans les cloisons du chevelu que se trouve un suc acide pouvant dissoudre les éléments actifs du sol, les absorber et les assimiler à la plante par l'intermédiaire de la sève.

Dès qu'une zone du sol est épuisée, le chevelu correspondant meurt, mais d'autres radicelles se forment et

« opèrent » en « terre vierge » ; c'est ainsi que la plante est alimentée sans cesse, et la terre appauvrie.

Dans les transplantations, il y a donc lieu de respecter les racines et de choisir judicieusement le sol ; c'est ce qui explique aussi qu'il faut tenir, toujours bien garni, le garde-manger des plantes.

VÉTIVER

Généralités. — Le vétiver est une plante intéressante. Son exploitation industrielle ne laisse pas de déchets. Ses *feuilles* séchées constituent la *paille de vétiver*, employée pour couvrir les cases des indigènes dans bien des pays (*fig*. 85 et 86).

A la Réunion, aux Comores, etc., on l'utilise aussi pour confectionner de solides chapeaux.

Les *racines* convenablement préparées sont directement employées en parfumerie ou soumises à la distillation pour l'obtention de l'essence.

Rien n'est donc perdu de cette graminée qui pousse comme chiendent, d'où l'une de ses dénominations : *Chiendent des Indes* ou *Cus-Cus*.

A Calcutta et dans toute la région, le vétiver sert à faire des tentes, des parasols, des stores *tutty*, des nattes, des corbeilles, etc.

A. — AGRONOMIE

Botanique. — C'est l'*Andropagon muricatus* de Retz. Famille des Graminées. Le vétiver est une plante herbacée vivace. La fleur est du type *trois :* 3 sépales, 3 pétales, etc. Les nervures des feuilles sont parallèles.

Fɪɢ. 85. — Case indigène en construction.

Fɪɢ. 86. — Case indigène avec toiture en « paille » de vétiver.

Il existe plusieurs sortes de vétiver, mais une seule est appréciée. Les feuilles sont inodores ; les racines ont une odeur qui rappelle un peu la myrrhe.

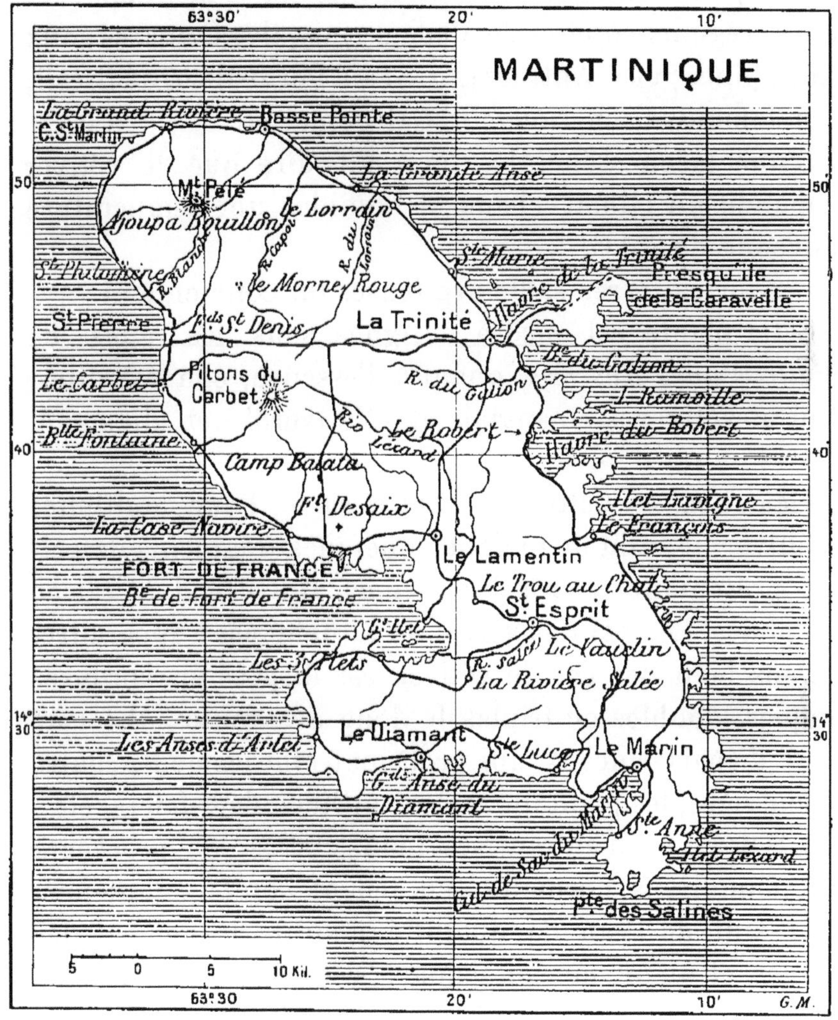

Fig. 87. — Carte de la Martinique.

Habitat. — Géographie. — Dispersion des variétés. — Synonymie. — Son pays d'origine semble être les Indes Orientales ; d'où son nom vulgaire de *Chiendent des Indes*. On

le rencontre aussi dans les îles de la Malaisie, à Java
notamment. Sur la côte de Malabar et sur celle du
Coromandel à Myssore, au Bengale, à Burma, à l'île de
Ceylan ; dans les îles de l'Océan Indien : la Réunion certaines régions côtières de Madagascar ; îles Comores ; aux
Philippines ; aux Antilles (*fig.* 87); à Porto-Rico, au Brésil,
à la Jamaïque, en Nouvelle-Calédonie, etc.

D'une façon générale, on peut dire que le vétiver
demande un climat chaud et humide ; une température
moyenne de 25° C.

Les fortes terres sablo-argileuses lui conviennent.

Cette plante est encore désignée sous les noms de
Wetti-Wayr, *Kus-Kus*; quant à l'essence, elle est dite :
« oil of vetiver » en anglais et « Vetiveröl » en allemand.

Plantation. — Culture. — Entretien. — Pour multiplier
le vétiver, il suffit de repiquer quelques fragments de collets présentant encore des racines. On attend la saison
des pluies. Les pointes vertes ne tardent pas à apparaître.

Dans bien des cas, le vétiver est disposé en bordures
simples, doubles ou triples le long des routes. Il forme
ainsi d'épais rideaux qui protègent efficacement, contre
la poussière, les plantations de vanilliers, de caféiers, etc.,
etc. S'il s'agit d'entreprises industrielles, on procède à
des plantations normales, en tenant compte, toutefois,
qu'il faut de l'eau en quantité pour le traitement des
racines et qu'on ne doit jamais s'écarter des bâtiments
où se feront les manipulations.

Aux Comores, les plantations sont faites de novembre
à février pour les plateaux et régions montagneuses;
en toutes saisons pour les régions humides.

Après débroussaillement, on sillonne. Les inter-
lignes sont d'environ 1^m,50, ce qui donne à l'hectare

65 lignes d'un développement total de 6.500 mètres.

Le repiquage se fait en simple ou en croisé (*fig.* 88 et 89). Pour le croisé, on place à 15 centimètres. C'est la méthode que nous avons préconisée à Madagascar et aux Comores.

Une plantation faite en novembre, au commencement de la saison des pluies, donne des feuilles utilisables

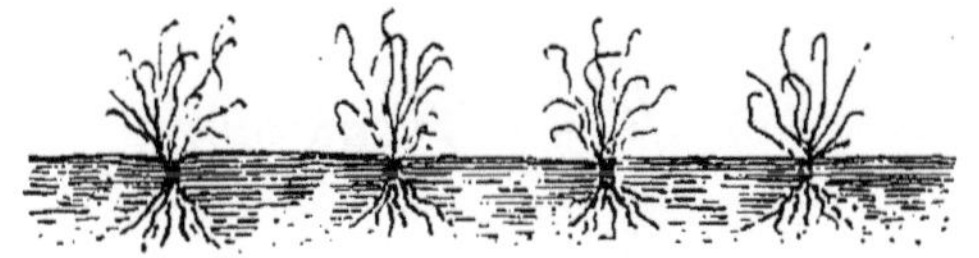

Fig. 88. — Plant droit simple.

pour toitures, en juillet de l'année suivante : une première coupe peut donc être faite à cette époque ; mais il faut attendre deux ans pour les racines.

Un ou deux nettoyages suffisent chaque année.

Pour le vétiver, la main-d'œuvre n'est donc pas urgente à quelques jours près, comme cela se produit

Fig. 89. — Plant croisé.

pour la vanille : fécondation et cueillette ; la canne à sucre : nettoyage et coupe ; les plantes à fleurs : Ilang-Ilang, etc. L'importance de cette remarque n'échappera pas aux colons.

Rendement. — Supposons un vétiver en sol argileux et région humide. Nous avons pour développement à l'hectare 6.500 mètres. Les plants croisés, disposés à 0^m,15 les uns des autres, donnent 43.000 pieds.

Dès la deuxième année, on en tirera de 30 à 35.000 kilogrammes de racines grossièrement secouées, qui laisseront, après lavage, de 2 tonnes et demie à 2 tonnes de racines nettoyées.

Soit 2^t,5 de racines marchandes à l'hectare.

B. — Technique

Stenhouse a reconnu l'identité de l'essence de vétiver avec celle de l'*Iwarancusa*. C'est l'essence la plus visqueuse et la moins fluide ; sa couleur va du jaune ambré au brun foncé.

Les produits du commerce sont fréquemment adultérés. En parfumerie, l'essence de vétiver, vu sa faible volatilité, est surtout employée à marier et à fixer des parfums plus volatils.

Une essence authentique doit présenter les *constantes physiques* suivantes :

Densité à 15° : plus que l'eau, environ 1,020 à 1,027 ; à une température plus élevée, l'essence devient plus légère que l'eau ; à 44°, le poids spécifique est de 0,994.

Pouvoir rotatoire : pour $l = 100$ millimètres, $+25°$; il est difficile à déterminer, vu la couleur foncée de l'essence.

Solubilité dans l'alcool à 80° : 1 volume pour 1,5 à 2 volumes d'alcool. La solution est limpide avec 1 1/2 à 2 parties d'alcool à 80°, mais la liqueur se trouble par addition subséquente d'alcool.

Point d'ébullition : entre 144° et 200° à 23 millimètres de pression. Indice de saponification, entre 60 et 80.

Quant à la composition chimique de l'essence de vétiver, MM. Genvresse et Langlois sont parvenus à déterminer la nature de plusieurs constituants.

D'après le *Bulletin scientifique et industriel de la Maison Roure-Bertrand fils*, de Grasse, ces messieurs auraient constaté que l'essence de Bourbon et celle distillée à Grasse renferment les mêmes principes, mais en proportions différentes : un sesquiterpène et un alcool sesquiterpénique.

Le premier bout à 262-263° (740 millimètres); $d_{20} = 0,932$; $\alpha^D = 18°19'$. Il n'a pu être identifié avec aucun des sesquiterpènes connus. L'alcool sesquiterpénique se trouve dans l'essence à l'état d'éther possédant l'odeur caractéristique du vétiver. Cet alcool bout à 170-175°; $d_{20} = 1,011$; $\alpha^D = + 153° 47'$.

Dans le liquide aqueux provenant de la distillation de l'essence de vétiver, on a caractérisé l'alcool méthylique et le furfurol ; il s'y trouve en outre un diacétyle en certaine quantité.

C. — Industrie

I. — Pays producteurs

a) **Racines.** — *Extraction.* — La paille (feuilles) étant coupée, on forme des équipes de trois ou quatre hommes; les outils sont des barres d'acier et des pioches.

Les mottes, suffisamment dégagées à la pioche, sont soulevées à la barre, culbutées et désagrégées.

En bonne saison, une équipe doit fournir, par journée, de 50 à 60 kilogrammes de *racine marchande*.

Une équipe revient journellement à 4 francs.

Coupe des collets. — Les racines débarrassées sur place des terres et cailloux sont portées à la rivière où on les lave rapidement. Les mottes sont alors nettement coupées au collet. Il ne doit rester que les belles racines.

FIG. 90. — Presse pour fibres et racines sèches.
(Cliché Mayfarth.)

Lavage et séchage. — Dans certains pays, on lave à nouveau et l'on fait sécher. Deux hommes suffisent.

La coupe des collets, le lavage et le séchage reviennent, pour 60 kilogrammes de racines, à environ 10 francs.

Mise en balles. — On se sert de presses à bras ou au moteur.

Celle indiquée par la figure 90 et dont nous avons déjà parlé dans nos précédents ouvrages : *Cocotier, Bananier, Ananas* convient parfaitement.

Rappelons qu'elle se compose d'une caisse quadrangulaire en bois, dans laquelle le fond, qui est mobile, est fixé à une forte tringle de fer.

La pression nécessaire est produite au moyen de longs leviers qui sont reliés par des chaînes aux deux extrémités de la tringle de fer qui se prolonge en dehors de la caisse.

Les dimensions des ballots, une fois terminés et liés par des fils de fer recuits de 2 millimètres d'épaisseur, sont : 114 centimètres de longueur, 70 centimètres de largeur et 64 centimètres de hauteur.

Les fils de fer qui lient les ballots sont introduits par des rainures ménagées dans le couvercle et dans le fond de la caisse.

Le poids d'une balle de vétiver varie de 60 à 100 kilogrammes.

Le travail journalier (2 hommes à la presse, assistés de 3 personnes) peut être d'environ 30 ballots.

Par balle on peut compter que les manipulations reviennent à 5 francs.

En résumé. — La balle de 60 kilogramme s de racines marchandes revient, au « magasin-expéditeur », à 19 francs.

Le travail à l'hectare aura coûté environ 800 francs.

Expédition. — *Fret*. — *Assurance, etc.* — Pour les Comores, par exemple, le fret sur Marseille, par « Messageries maritimes » étant de 60 francs la tonne ou le mètre cube et les racines de vétiver donnant à l'emballage un poids moyen de 150 kilogrammes au mètre cube, les deux tonnes et demie de rendement à l'hectare représentent un peu plus de 16 mètres cubes, dont le fret sera de 960 francs. Portons à 1.000 francs si nous tenons compte des frais de courtage, assurance, etc.

Prix de revient Europe. — Production marchande d'un hectare, savoir : Deux tonnes et demie, rendues Marseille, par exemple :

$$800 + 1.000 = 1.800 \text{ francs, soit } 720 \text{ francs la tonne.}$$

Prix de vente Europe. — Il est assez variable. Une évaluation moyenne serait de 820 francs la tonne.

Bénéfice. — A la tonne :

$$820 - 720 = 100 \text{ francs.}$$

A l'hectare :

$$100 \times 2,5 = 250 \text{ francs.}$$

Nota. — Les racines doivent être très blanches et longues.

On recommande souvent de ne pas les laver durant la préparation, l'eau leur faisant perdre du parfum.

On a proposé de les blanchir en utilisant les vapeurs de soufre ou acide sulfureux SO^2, mais cela peut nuire au parfum et déprécier le produit.

Les racines provenant des Indes se reconnaissent assez facilement à une teinte rougeâtre.

b) **Essence.** — La distillation est difficile, à cause de la faible volatilité et de la viscosité de l'essence.

On peut se contenter d'alambic à feu nu (*fig.* 40), mais il sera toujours préférable de chauffer au bain-marie (*fig.* 47).

On commence par faire macérer les racines pendant une nuit. Parfois on ajoute un peu de sel à l'eau.

Une opération dure de douze à seize heures.

Si l'on distille 100 kilogrammes de racines par opération, on peut admettre les chiffres suivants :

Matières premières. — 100 kilogrammes à l'usine à environ 10 francs.

Combustible. — 3 stères de bois, 2 francs.

Main-d'œuvre. — 1 surveillant-chauffeur et 1 aide, 3 francs.

En résumé. — Dépenses pour la distillation de 100 kilogrammes de racines, 15 francs.

Rendement. — Nous supposerons un rendement en essence de $0^{kg},800$ à 1 kilogramme, par 100 kilogrammes de racines.

Expédition, fret, assurance, etc. — Les frais de logement en bouteilles de gros verre; l'emballage, le fret, etc., sont insignifiants. Nous admettrons, par kilogramme d'essence, 5 francs.

Prix de revient. Europe. — Frais de fabrication et d'expédition :

$$15 + 5 = 20 \text{ francs.}$$

Prix de vente. — Le cours moyen d'une bonne essence de vétiver est de 30 francs le kilogramme.

Bénéfice. — Au kilogramme :

$$30 - 20 = 10 \text{ francs,}$$

soit à l'hectare :

$$\frac{10 \times 2.500}{100} = 250 \text{ francs.}$$

Pour faciliter la distillation, on ajoute parfois une autre plante; c'est ainsi qu'aux Indes on utilise le bois de santal.

Nous indiquons plus loin comment on reconnaît cette fraude.

II. — Pays importateurs

Bottes de racines. — La belle racine, parfaitement nettoyée, sert à la confection des petites bottes que l'on trouve dans le commerce. Sous cette forme, le vétiver, tout en parfumant le linge, le préserve des mites.

Poudres et sachets. — Nous avons dit, précédemment, comment on prépare les produits dont il est question ici. Voici une recette :

Racine de vétiver..............	1.000	grammes
Civette.......................	2	—
Musc..........................	1	—

Pastilles odorantes :

Vétiver en poudre.............	100	grammes
Santal........................	450	—
Benjoin	200	—
Cascarille....................	250	—
Musc..........................	10	—
Salpêtre en poudre............	70	—
Gomme adragante..............	quantité suffisante	

Extrait de vétiver (dit des boutiques). — Partons d'un poids de 10 kilogrammes de matière première.

La racine coupée est humectée d'un peu d'eau. On brasse plusieurs fois, puis la racine humide est placée dans un récipient fermant hermétiquement; on l'y laisse vingt-quatre heures. Le parfum est alors suffisamment développé.

La racine est prise, par poignées et soigneusement

pilée; elle est ensuite jetée dans un récipient contenant de l'alcool à 35°, où elle macère pendant une dizaine de jours. Après avoir fait égoutter, on soumet à la presse; puis le liquide est filtré.

On laisse au repos durant une quinzaine de jours dans des flacons bien bouchés. On filtre à nouveau.

Le produit ainsi obtenu est l'extrait ou teinture de vétiver.

Autre extrait de vétiver. — On obtient encore un extrait de vétiver en faisant dissoudre 55 grammes d'essence de vétiver dans 4 litres d'alcool rectifié.

Cette teinture est plus forte que l'extrait des boutiques.

Essence de vétiver. — *Macération.* — Les racines coupées en morceaux sont mises à macérer, une semaine, dans une eau acidulée : 60 grammes d'acide sulfurique pour 500 grammes d'eau.

En fin de macération, on neutralise à la craie CO^3Ca :

$$SO^4H^2 + CO^3Ca = SO^4Ca + CO^2 + H^2O.$$

On arrête l'addition de craie quand il ne se manifeste plus d'effervescence.

On ajoute alors de l'alcool à 35° ; on laisse macérer à nouveau une vingtaine de jours.

Distillation. — On se sert d'un alambic chauffé au bain-marie.

L'essence obtenue est de qualité « extra ».

Dans le commerce, on corse généralement les essences pures.

On y parvient par d'habiles mélanges pour lesquels la pratique est le meilleur guide.

Essence de vétiver commerciale :

```
Essence de vétiver, simple ou double    10 litres
Huile de rose...................   125 grammes
Essence de mélisse.............   125     —
```

Extrait de vétiver. — Partant des essences de vétiver, on confectionne un parfum assez compliqué connu sous le nom d'extrait de vétiver.

```
Essence de vétiver...............   125 grammes
Extrait de roses.................    1    litre
   —     d'orange..................   1/2    —
   —     de cassie................   1/2    —
   —     de jasmin ...............    1     —
   —     de tubéreuse.............   1/2    —
Esprit 3e charge... ......... ... ...  3     —
```

D. — Commerce

Les racines qui parviennent en Europe sont, pour la plupart, originaires des Indes. Elles sont expédiées de Tuticorin, dans le Coromandel. C'est sur les collines de Travancore que se rencontrent les plantations de vétiver les plus importantes.

Les essences sont plus spéciales à la Réunion. En 1903, cette colonie en a exporté 880 bouteilles, soit environ 900 kilogrammes. En 1904, l'exportation atteignait 1.470 bouteilles. Elle s'accusa encore en 1905 et 1906 pour diminuer un peu en 1907.

Racines et essence sont de vente courante et généralement soutenue.

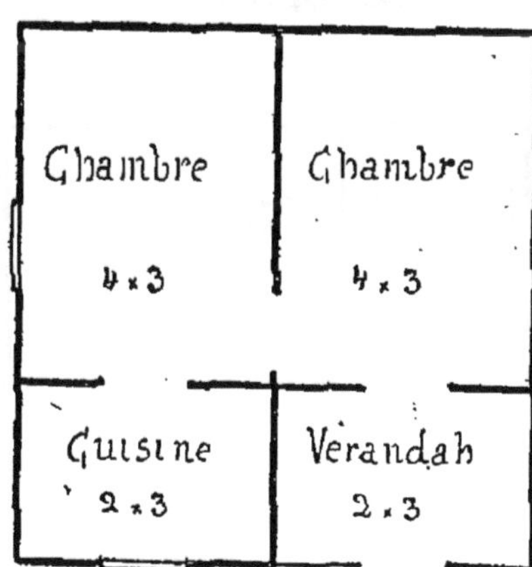

FIG. 91. — Pavillon démontable pour employés.

(Cliché Compagnie des constructions démontables et hygiéniques.)

Distribution suivant plan.— Hauteur sous plafond, 2ᵐ70, dans les deux chambres, 2 mètres dans la cuisine. Mêmes éléments que les types précédents.

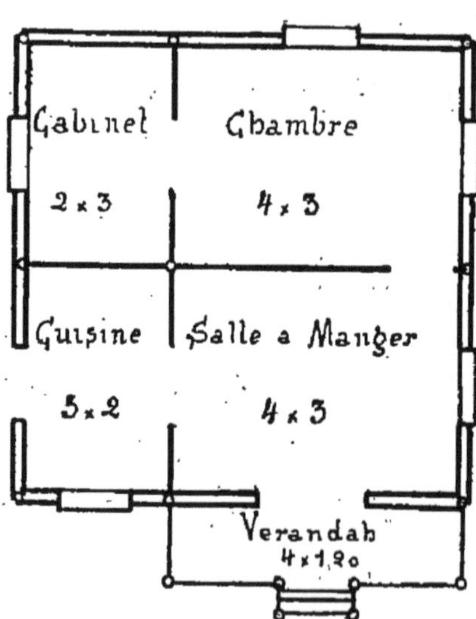

FIG. 92. — Pavillon démontable pour directeur.

E. — Imitations et falsifications

L'essai est assez difficile à faire ; on se contente de déterminer le poids spécifique, de vérifier l'action des dissolvants et, quand cela est possible, on mesure le pouvoir rotatoire. Le seul point précis est le suivant : Une partie d'essence pure de vétiver doit se dissoudre dans deux parties d'alcool à 80° ; c'est par cette manipulation qu'on arrive à déceler la falsification la plus commune, l'addition de *corps gras*.

Quant à la présence de l'essence de santal, on peut la préciser par le poids spécifique qui est abaissé et par la variation du pouvoir rotatoire, car l'essence de bois de santal étant lévogyre contrarie la déviation de l'essence de vétiver.

Nota. — En commençant cette monographie, j'ai reproduit des photographies de cases indigènes que j'avais fait construire provisoirement à Madagascar.

Je donne pour terminer les clichés des pavillons démontables qui ont remplacé avantagement — est-il besoin de le dire ? les cases en question.

Dans celui représenté par la figure 91, je logeais deux employés ; l'autre était réservé au directeur. Il avait installé son bureau dans la salle à manger, contre la chambre.

CHAPITRE II

ÉCORCES

L'écorce est la partie superficielle de la tige, des branches, des rameaux ; selon les variétés d'arbres, l'écorce se montre lisse ou rugueuse ; elle est persistante ou se renouvelle partiellement ; enfin, elle peut prendre toutes les teintes.

CANNELIER

Généralités. — Dès les époques les plus reculées on a tenu la *cannelle* en grande estime.

L'écorce de *Cassia de Chine* était déjà mentionnée dans les traités chinois des végétaux et médicaments, environ deux mille cinq cents ans avant Jésus-Christ ; elle aurait été employée par les Égyptiens dix-sept siècles avant notre ère.

On en trouve également trace dans la littérature sanscrite et dans l'Ancien Testament.

Du temps des Hébreux le marché de la cannelle se trouvait entre les mains des Phéniciens ; mais, durant des siècles, les marchands et intéressés laissèrent ignorer les lieux d'origine. On citait, à ce sujet, tantôt des pays mythiques ou des régions, telles que l'Arabie et l'Éthiopie, se trouvant sur des voies commerciales.

Les Grecs et les Romains utilisaient la cannelle. Vers le viii° siècle, les Arabes l'introduisirent dans les pays occidentaux.

Déjà aux xii° et xiii° siècles les cannelles de Chine et de Ceylan étaient l'objet de marchés suivis par les pays du Levant et les ports orientaux de la Méditerranée. Au xv° siècle, les pharmaciens la livraient couramment.

Ces deux sortes de cannelle furent confondues pendant longtemps, et c'est Garcia ab Orto qui, en 1536, semble les avoir nettement différenciées.

C'est alors que les Portugais, à la tête desquels était Vasco de Gama, arrivèrent à Ceylan; de suite ils y signalèrent la présence de la cannelle, mais ne lui attribuèrent pas plus de valeur qu'à celle de Chine. Cela ne les empêcha pas, pourtant, d'en monopoliser le commerce. Tout le trafic était fait par les agents du pouvoir, et le règlement était si sévère que l'on considérait comme crime la vente ou le don d'une branche de cannelier; ce délit encourait la peine de mort.

Lors de la prise de Ceylan par les Hollandais, en 1556, la culture des canneliers fut perfectionnée et les produits y gagnèrent considérablement en qualité; toutefois ce ne fut qu'en 1770 que de Koke conçut l'idée d'essayer en grand la culture du cannelier.

C'est en 1796, dès l'occupation de Ceylan par les Anglais, que cessèrent les mesures barbares préconisées par les prédécesseurs portugais et hollandais pour s'assurer le monopole du commerce; néanmoins la Compagnie des Indes orientales garda ce monopole jusqu'en 1833. Depuis cette époque, le trafic est libre.

... Mais il arriva que les droits d'exportation dont profitait la Compagnie des Indes poussèrent les Hollandais à cultiver le cannelier à Java et à Sumatra, d'où extension considérable des plantations.

D'autre part, si nous passons aux produits extraits de la cannelle, nous rappellerons l'usage général des *eaux distillées* que préconisa la médecine au XVᵉ siècle; c'est ainsi que l'on fut amené à préparer l'*eau de cannelle*, ce qui permit au chanoine Saint-Amando de Doormyck, vivant à la fin de ce siècle, de reconnaître et de préparer l'*essence de cannelle*.

Valerius Cordus fabriqua, en certaine quantité, cette essence vers 1540 ; aussi est-il fait mention du nouveau produit dans les premières éditions du *Dispensatorium Noricum* ; puis, Lonicer en prépara suffisamment pour que les tarifs de Berlin, en 1574, et ceux de Francfort-sur-Mein, en 1582, prévoient l'introduction de l'essence de cannelle. Mais ce ne fut qu'en 1570 que Winter d'Andernach décrivit scientifiquement l'essence de cannelle ; ses travaux furent repris par Porta, en 1589. D'autres chimistes, tels que Ludovici (1670), Slare, Boerhaave, Gaubius, du Menil, Stockmann, etc., étudièrent succinctement cette essence. Enfin Dumas et Peligot constatèrent, en 1831, qu'elle est formée par de l'acide cinnamique ; puis, en 1852, C. Bertagnini prépara l'aldéhyde cinnamique pure.

On pense que l'appellation cannelle vient des mots *China amomum*, parce que l'écorce de cet arbre est une épice très recherchée en Orient.

A. — AGRONOMIE

Botanique. — La cannelle du commerce est produite par plusieurs espèces de *Cinnamomum*, famille des Laurinées.

C'est le cannelier de Ceylan ou *Cinnamomum zeyla-nicum* qui donne la meilleure cannelle. D'après certains auteurs, ce cinnamomum ne serait autre que le *Laurus cinnamomum* de Linné ou *Laurus cassia* de Burmann?

Quant à la cannelle de Chine, moins recherchée que celle de Ceylan, elle provient du *Cinnamomum cassia* de Blum ou *Cinnamomum aromaticum* de Nees von Esenbeck.

On connaît aussi le *Cannella alba*, Murray, qui fournit « l'écorce de cannelle blanche ». Cet arbuste appartient à la famille des Cannellacées. Clusius de Leyde en décrivit l'écorce en 1605; Dale en révéla sa confusion avec l'écorce de Winter, en 1690, Pomet, en 1694, confondit la cannelle blanche avec le *Cinnamodendron corticosum* de Miers, originaire de Saint-Thomas. Disons de suite que l'essence de cette écorce, qui ne paraît pas avoir reçu d'applications, fut préparée pour la première fois par Sloane en 1707, puis par Henry en 1820.

Le *Cinnamomum zeylanicum* est un arbre de taille moyenne, toujours vert, couvert de feuilles luisantes, ordinairement glauques en dessous et portant des panicules de fleurs verdâtres; odeur désagréable. Les feuilles sont opposées, pétiolées, entières et ovales. Thwaites pense que certaines espèces de canneliers, les *Cinnamomum obtusifolium* de Nees et le *Cinnamomum de Reinw* doivent être considérés comme de simples formes du *Cinnamomum zeylanicum*.

D'autre part, Beddome a fait remarquer que dans les forêts humides du Sud-Ouest de l'Inde, il existe sept ou huit variétés de cinnamomum qu'on pourrait regarder comme autant d'espèces distinctes, mais qui sont reliées entre elles par des formes intermédiaires. Abandonné à lui-même, le cannelier peut atteindre une dizaine de mètres de hauteur. Sa tige reste très droite.

Fig. 93. — Rameau de cannelier Ceylan.
(Cliché *Revue de Madagascar.*)

L'écorce du cannelier est ordinairement d'un blond tirant sur le brun.

Si l'on examine, à l'aide d'un microscope, une coupe transversale des tissus du cannelier, on y distingue nettement trois couches (*fig.* 94, p. 229).

1° Une couche externe composée d'une à trois rangées de grandes cellules à parois épaisses et cohérentes. Cette couche n'est interrompue que par des faisceaux de fibres ibériennes formant des lignes onduleuses ;

2° La couche moyenne est formée d'une dizaine de rangées de cellules parenchymateuses à parois minces, au milieu desquelles s'intercalent des cellules plus grandes contenant des dépôts de mucilage, tandis que d'autres cellules sont remplies d'*essence ;*

3° La couche interne présente les mêmes cellules à parois minces, mais de moindres dimensions ; ces cellules sont, en outre, entrecoupées de rayons médullaires étroits, entremêlés de cellules à mucilage et à essence.

Enfin il est à remarquer qu'indépendamment des faisceaux de fibres libériennes, il existe des fibres fréquemment isolées et disséminées dans les deux couches internes, dont le parenchyme contient de nombreux petits grains d'amidon accompagnés de matière tannique.

De façon générale on a trouvé que l'écorce des variétés *multiflorum* et *ovalifolium*, est de qualité très inférieure ; à Ceylan, on ne la recueille que pour falsifier l'autre.

Habitat. — Géographie. — Dispersion des variétés. — Synonymie. — On rencontre le cannelier aux Indes Orientales ; en Chine, dans les districts de Kwang-Tung, Kwang-Si, etc., dans les archipels de l'Océan Indien et du canal du Mozambique, etc.

Le *Cinnamomum zeylanicum* est, comme nous venons de

le dire, originaire de Ceylan, mais il a été transporté dans l'Inde et sur la côte du Malabar; il est appelé *Karruwaputtay* en tamoul; *darasita* en sanscrit et *huroondu* en cingalais; *manis djangan* en javanais; *kaja manis* en malais; *kiamis* en soudanais. Il préfère les zones côtières, mais on le trouve jusqu'à 1.200 mètres d'altitude. Le terrain qui lui convient le mieux est celui composé de sable blanc chargé d'un peu d'humus, il faut éviter les quartz et les roches. D'après Thwaites, le cannelier est répandu dans les forêts de Ceylan jusqu'à une altitude de 900 mètres, environ; le même auteur dit même qu'on en trouve une variété à 2.500 mètres. A Ceylan, la hauteur moyenne de cet arbuste est de 2 mètres. D'autre part, il ajoute que la meilleure cannelle est produite par une variété à grandes feuilles un peu irrégulières. Néanmoins toutes les écorces de cannelier possèdent l'odeur de cannelle, et il n'est pas toujours facile d'annoncer la valeur de l'écorce d'après le feuillage. C'est ce qui explique que les décortiqueurs, avant de commencer leur travail, ont pour habitude de goûter l'écorce.

A Ceylan la meilleure variété est localisée dans une partie de l'île, ayant de 12 à 15 milles de large, située sur la côte sud-ouest, entre Negumbo, Colombo et Matura.

L'altitude moyenne y est de 150 mètres; quant au sol, il est presque exclusivement composé d'argile et de sable blanc; le sous-sol est bon; l'exposition au soleil et à la pluie est parfaite.

Dans le sud de l'Inde, il est des districts qui fournissent la cannelle dite de Malabar ou *Tinnevelly* et la *cannelle de Tellicherry* du commerce.

A Java, on cultive le cannelier depuis 1825. D'après Miquel, on y préconise une variété du *Cinnamomum zeylanicum*, qui se distingue par des feuilles très grandes, atteignant 20 centimètres de long sur 12 centimètres de large.

En Guyane française et au Brésil, on exploite également le cannelier.

Au Japon, dit M. Keimatsu, l'espèce productive est le *Cinnamomum Loureirii* dont les feuilles donnent, par distillation, une essence assez riche en *citral*. Cette même espèce est répandue en Annam.

Le cannelier est un arbre très robuste; presque tous les sols lui conviennent, mais la qualité de l'essence laisse à désirer, dès que le sol et le milieu ne sont pas favorables.

Un *loam* sablonneux mêlé d'humus est le sol idéal.

A Ceylan, on utilise souvent des terres épuisées par des plantations de caféiers; dans ce pays les canneliers poussent encore vigoureusement à une altitude de 800 mètres, pourvu qu'il y ait un abri suffisant.

Plantation. — Culture. — Entretien. — On multiplie le cannelier par semis, boutures, marcottes et drageons.

Les graines doivent être fraîches et mûres. Elles sont piquées à 2 mètres et 3 mètres dans toutes les directions; on a eu soin, au préalable, de bien retourner la terre auprès des jalons et d'y ajouter des cendres de bois.

Si la plantation n'a pas lieu en pleine saison des pluies, il faut arroser fréquemment. Les bons sujets donnent leurs premières pousses au bout d'une quinzaine de jours; Ces jeunes pousses sont protégées contre le soleil au moyen de branches d'arbres feuillues.

Si l'on opère par semis, il est bon de choisir un terrain riche en humus et exempt de pierres, avec ombrage fourni par quelques gros arbres; après labourage à $0^m,20$, on forme des plates-bandes de $1^m,50$ de largeur; les graines sont placées à $0^m,25$ les unes des autres et enfoncées également à $0^m,25$; on les recouvre d'une terre molle et on arrose fréquemment.

On doit pouvoir transplanter au bout de trois mois, quand les pieds ont une vingtaine de centimètres de hauteur.

L'entretien consiste à biner, sarcler et butter.

Pour empêcher le cannelier de devenir un arbre, on le coupe, au ras de terre, vers la sixième année, et on lui fait former une souche de laquelle partent quatre ou cinq rameaux qu'on ne coupe que lorsqu'ils ont de un an et demi à deux ans ; de cette façon la plante devient en réalité un taillis. L'épiderme commence alors à devenir grisâtre, par

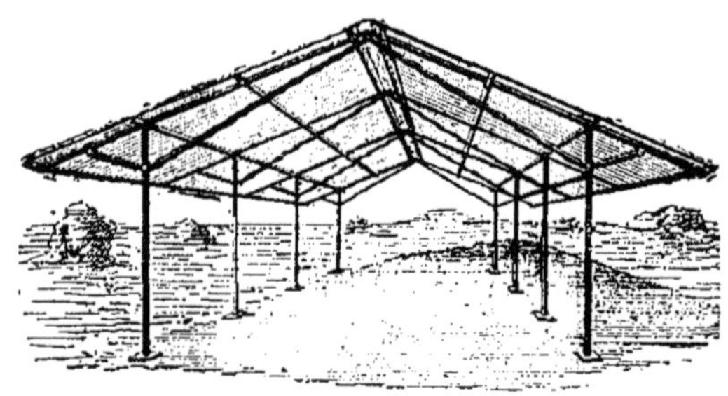

Fig. 94. — Hangar de séchage pour bois et écorces.

suite de la formation d'une couche subéreuse. On ne coupe les rameaux que lorsqu'ils arrivent à la maturité désirée. Ils ont, généralement, alors, de 2 à 3 mètres de haut, et de 3 à 5 centimètres de diamètre. Les souches de canneliers peuvent exister durant de nombreuses années ; c'est ainsi que dans les « jardins à cannelle » de Colombo, on montre des souches volumineuses qu'on suppose dater de l'époque des Hollandais.

Pour la récolte, c'est-à-dire l'enlèvement des écorces, on profite de ce qu'aux saisons des pluies la circulation de la sève est beaucoup plus active et que l'écorce, à ces époques, se sépare plus facilement du bois.

Les rameaux sont coupés à l'aide d'une serpe en forme de faucille, nommée *catty*.

On a souvent essayé de propager, en pays étrangers, le *Cinnamonum zeylanicum*, mais on a toujours remarqué que cet arbre a une tendance à fournir de nouvelles variétés ; son écorce diffère sensiblement de celle de Ceylan.

Rendement. — On ne peut espérer une première récolte satisfaisante avant quatre, cinq et même six ans.

On affirme aussi que la récolte gagne en rendement et en valeur avec la vieillesse du plant.

D'après M. Nicholls, 1 hectare de canneliers peut donner en moyenne 170 kilogrammes d'écorce.

M. Tschirel a trouvé un rendement à peu près semblable.

B. — TECHNIQUE

Les essences de cannelle de Chine *cassia* et de Ceylan, ont pour constituant principal *l'aldéhyde cinnamique* C^9H^8O.

Il est à remarquer que l'essence de cannelle de Chine, plus riche en aldéhyde cinnamique que l'essence de cannelle de Ceylan, offre, néanmoins, un parfum moins agréable que cette dernière. Cela tient aux différences chimiques de ces deux produits et à la présence, dans l'essence de cannelle de Chine, d'un élément nuisible à son arome.

MM. Peine, Ossikowsky, Naar, Diehl, Einhorn, Baeyer, Drewsen, Kinkelin, Gœhring, Fischer, Pinner, Bornemann, etc., ont tout particulièrement étudié l'aldéhyde cinnamique.

Essence de cannelle de Chine. — Fraîchement préparée, elle est jaunâtre ; elle devient sirupeuse en vieillissant et sa couleur se fonce. Mulder avait trouvé là une altération chimique dès 1841.

Son poids spécifique varie entre 1,050 et 1,070 ; cette essence est légèrement lévogyre. Pouvoir réfringent, très élevé.

Le constituant principal est l'aldéhyde cinnamique, 80 à 90 0/0, et, si la teneur en aldéhyde n'excède pas 7,5 0/0, le produit doit être considéré comme suspect.

Cette essence contient également de l'acétate de cinnamyle qui nuit à la finesse du parfum, de l'acétate de propylphénol, de sesquiterpènes, de polyterpènes, etc.

Sous l'action de l'oxygène de l'air, l'aldéhyde cinnamique se transforme en acide correspondant, aussi les vieilles essences en contiennent-elles, ainsi que des résines.

Essence de cannelle de Ceylan. — *a*) **Essence d'écorce.** — Elle est incolore, mais devient jaune en vieillissant ; sa densité à 15° varie entre 1,025 et 1,038. Très soluble dans l'alcool, soluble dans l'eau et peu lévogyre. Son parfum rappelle celui de l'essence de cannelle de Chine.

L'essence fine renferme 60 à 85 0/0 d'aldéhyde cinnamique et 4 à 8 0/0 d'eugénol.

Point d'ébullition 175° ; point de fusion 102°.

En déterminant le point d'ébullition et le point de pression, les chimistes du laboratoire Schimmel ont caractérisé le phellandrène de l'essence d'écorce de cannelle de Ceylan et son nitrite.

b) **Essence de feuilles** (*Oleum cinnamoni foliorum*). — Son odeur rappelle celle de l'essence de girofle. C'est une huile brune, visqueuse.

Stenhouse l'examina en 1854. Poids spécifique 1,053.

C'est un produit inférieur à l'essence d'écorce. Cette essence ne contient que des traces d'aldéhyde cinnamique, mais une grande proportion d'eugénol, du safrol et une certaine quantité de terpène.

M. Schaer a trouvé qu'elle contient 90 0/0 d'eugénol et un terpène à odeur de cymène.

Poids spécifique 1,060 ; elle est légèrement dextrogyre.

c) **Essence d'écorce de racines** (*Oleum cinnamoni radicis*). — Odeur très forte de camphre ; le camphre y est en une telle proportion qu'il s'en sépare à la température ordinaire.

Cette essence est faiblement colorée ; elle est plus légère que l'eau.

Elle fut étudiée par Kampfer en 1712 et par Séba en 1731.

Récemment MM. Walbaum, O. Hüthig et autres chimistes ont étudié à nouveau l'essence de cannelle de Ceylan.

D'après leurs travaux, cette essence contiendrait définitivement :

De l'*aldéhyde cinnamique;*

De l'*eugénol* et le *phellandrène ;*

La *méthylamylcétone normale*, $CH^3-CO-CH^2-CH^2-CH^2-CH^2-CH^3$, semicarbazone fondant à 122-123°, existant aussi dans l'essence de girofle ;

L'*aldéhyde benzoïque ;*

Le *furfurol*, $C^4H^3.OCH^3$, caractérisé par sa réaction avec la solution de chlorhydrate d'aniline dans l'aniline ;

Le *pinène* gauche, $C^{10}H^{16}$, caractérisé par le point de fusion 102-103° de son nitrosochlorure et celui, 122-123°, de la pinène-nitrolbenzylamine ;

Le *cymène*, $C^{10}H^{14}$;

L'*aldéhyde nonylique*, $C^9H^{18}O$, qui existe aussi dans les essences de rose et de citron ; identifié en le transformant en acide pélargonique ;

L'*aldéhyde hydrocinnamique* (?). La semicarbazone du produit à identifier fondait à 116-118° au lieu de 126°, point de fusion de la semicarbazone de l'aldéhyde hydrocinnamique de synthèse ;

L'*aldéhyde cuminique* ;

Le *linalol* gauche, probablement combiné en partie avec l'acide isobutyrique ;

Le *caryophyllène*, $C^{15}H^{24}$.

Cannelle. — Elle contient du sucre, de la mannite, du mucilage et de l'acide tannique.

Schatzlea a donné, en 1862, 5 0/0 de cendres à la cannelle ; ces cendres consistent surtout en carbonates de calcium et de potassium.

C. — Industrie

I. — **Pays producteurs**

a) Écorce ;

b) Essence.

a) **Écorce.** — *Séparation.* — Après avoir coupé les rameaux en longueur moyenne de 1 mètre, on en fait des bottes.

On enlève les feuilles et brindilles au moyen d'un couteau. Les petits tronçons qui en résultent sont mis de côté et vendus, à Ceylan, par exemple, sous le nom de *cinnamon chips* (raclures de cannelle).

C'est alors que commence le vrai travail.

Les décortiqueurs ou *chalyas*, à Ceylan, coupent transversalement l'écorce à des distances de 30 centimètres environ ; ils se servent de couteaux à lame de cuivre, de façon à éviter de noircir l'écorce, car le tannin attaquerait le fer. Puis ils fendent l'écorce dans le sens de la longueur, de façon à passer sur toutes les coupures transversales. Ensuite ils enlèvent l'écorce avec soin, en la séparant complètement du bois à l'aide d'un couteau spécial, *mama*; cette opération est facilitée par un mouvement tournant de la main et une pression.

Les morceaux d'écorce, sont emboîtés les uns dans les autres; les tubes formés sont liés et abandonnés pendant vingt-quatre heures ou davantage à une sorte de fermentation qui rendra plus facile l'enlèvement des parties périphériques.

Pour cette autre manipulation, les tubes sont placés sur une baguette de bois, de grosseur appropriée, et on racle à l'aide d'un couteau analogue à celui employé pour le grattage du cacao.

On se débarrasse ainsi de la couche subéreuse et de la plus grande partie de la couche corticale moyenne.

Au bout de quelques heures, le décortiqueur emboîte à nouveau les tubes, les uns dans les autres, de façon à former des baguettes solides d'une longueur moyenne de 1 mètre.

La cannelle est abandonnée à l'ombre durant un jour; puis elle est placée sur des claies d'osier où elle sèche.

Quand la dessiccation paraît suffisante, les baguettes sont réunies en faisceaux ou *fardelo*, d'un poids moyen de 30 livres (13^{kg},590).

L'écorce, en se contractant, prend l'apparence d'une plume.

Trois bottes forment une balle d'un poids de 40 à 45 kilogrammes.

Quand l'écorce est trop grosse pour que les tiges soient *plumées*, on l'enlève en morceaux ; puis elle est vendue comme *chips*.

b) **Essence.** — L'essence de cannelle fut préparée par Cordius avant 1544.

Vers la fin du siècle dernier, les Hollandais en faisaient un commerce important.

Il y a lieu de distinguer l'essence de cannelle de Chine, l'essence de cannelle de Ceylan et l'essence de cannelle blanche.

Casse ou *essence de cannelle de Chine*. — Encore connue sous le nom d'*essence de Cassia*.

C'est grâce à l'initiative de MM. Siemssen et Cie de Hong-Kong qu'on est arrivé à connaître les procédés de fabrication de l'essence de cannelle.

Ces messieurs organisèrent une première mission en 1886, sous la conduite de M. Schrœter ; cette mission parcourut la province de Kwang-Si, le long du fleuve Si-Kiang, et visita les montagnes de Tai-Wo.

Une autre mission fut confiée, en 1895, à M. Otto Struckmeyer, qui visita la ville de Loting-Chou et ses environs où l'on exploite tous les produits du cannelier.

Pour obtenir l'essence de cannelle de Chine, on distille les feuilles, les tiges et les rameaux du *Cinnamomum cassia* Blume (Laurinées).

Les indigènes se servent d'un appareil rudimentaire du type de celui représenté par la figure 94.

On conçoit facilement que de semblables appareils ne puissent fournir que des produits altérés.

Au reste de ces distilleries sortent quatre ou cinq

qualités d'essences, dont trois ne seraient pas fraudées, paraît-il.

Avec ces appareils, on distille, à chaque opération, 1 picule (60^{kg},500) de feuilles et de rameaux, avec 250 catties (0^g,605 × 250 = 150 litres environ) d'eau provenant d'une opération précédente.

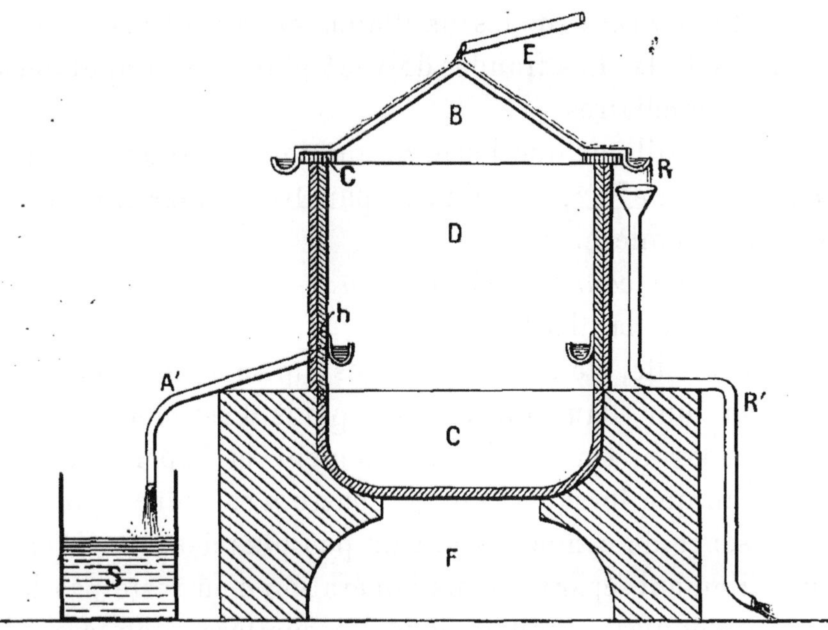

FIG. 95. — Appareil chinois pour la distillation de la cannelle.

LÉGENDE. — F, fourneau en maçonnerie. — C, cuve en fer. — D, cylindre en bois à revêtement en fer blanc H. — B, couvercle en fer blanc. — G, garniture de drap entre B et D. — E, arrivée d'eau pour refroidissement de B. — RR', rigole de décharge de l'eau de E. — A, rigole intérieure recueillant l'eau et l'huile dans D. — A, décharge de A. — S, essencier.

L'opération dure de deux à trois heures, et l'on recueille 1,5-2 taels, soit environ 40 grammes d'essence.

Si l'on ne distille que des feuilles, le rendement peut atteindre presque 100 grammes d'essence.

Dans ces conditions, la production par appareil et par an ne dépasse guère de 200 à 300 kilogrammes d'essence.

Le choix des feuilles soumises à la distillation est important. Si les feuilles sont petites, c'est-à-dire proviennent d'arbres trop jeunes ou vieux, l'essence est de qualité inférieure ; il en est de même si l'on se sert de feuilles et de rameaux récoltés au printemps ou à la fin de l'hiver. Les récoltes doivent être faites en été ou en automne.

Il est assez rare que les distillateurs falsifient eux-mêmes leurs produits. Les fraudes doivent plutôt être imputables aux intermédiaires.

En ne distillant que l'écorce, on peut compter sur un rendement de 1^{kg},500 d'huile par 100 kilogrammes de matière première.

Essence de cannelle de Ceylan. — Voici comment on procède pour la distiller.

La cannelle, étant concassée, est mise à macérer pendant un jour, dans dix fois son poids d'eau additionnée de sel marin. On distille rapidement et l'opération ne prend fin que lorsque l'eau qui passe n'est plus *laiteuse*.

L'essence de cannelle étant un peu plus dense que l'eau est facilement séparée ; mais l'opération n'en reste pas là, et, pour épuiser complètement la matière première, il faut rejeter trois ou quatre fois sur elle les eaux-mères.

Si l'essence tirée de la cannelle de Chine est plus abondante que celle obtenue de la cannelle de Ceylan, il est certain qu'elle a moins de valeur ; elle est plus employée en parfumerie commune.

Il est à remarquer que par distillation on peut également obtenir de l'essence en partant des feuilles et des fleurs de cannelle. Le produit des fleurs ressemble beaucoup à celui de l'écorce ; mais l'essence des feuilles rappelle étonnamment celle des clous de girofle.

L'essence de cannelle est quelque peu sirupeuse ; sa

couleur varie du jaune d'or au brun rougeâtre ; par oxydation à l'air, cette essence devient brune et cristallise.

Quant aux premiers résultats de la distillation, disons que l'on obtient :

1° Une huile légère, incolore, fluide et ayant l'odeur du sassafras ; rendement 185 grammes d'essence pour 26^{kg},500 d'écorce ;

2° Une huile lourde, au goût âcre, mais d'odeur plus faible ; moins volatile que l'huile légère et qui devient consistante à — 10°. Elle ne cristallise pas. Rendement : 70 grammes d'essence pour 26^{kg},500 d'écorce ;

3° Un stéaroptène blanc, pulvérulent, inodore ; plus lourd que l'eau.

Après rectification, l'essence de cannelle est d'une odeur agréable ; son goût est identique à celui de la cannelle.

II. — Pays importateurs

L'écorce pulvérisée entre dans la composition de certaines pastilles ; dans celle de poudres et eaux dentifrices ; de sachets, etc.

PASTILLES A LA CANNELLE (pour parfumer l'haleine)

Cachou en poudre..................	150 grammes
Sucre........................	750 —
Cannelle en poudre..............	10 —
Gomme adragante..............	15 —
Eau	Q. S.

EAU DENTIFRICE A LA CANNELLE

Cannelle de Ceylan..............	20 grammes
Girofle.......................	1 —
Anis vert.....................	60 —
Cochenille....................	4 —

Le tout étant réduit en poudre, on fait macérer dans 2 kilogrammes d'alcool à 80°. Au bout de quinze jours, on filtre et on ajoute 5 grammes d'essence de menthe.

SACHET-CANNELLE

Cannelle......................	350 grammes
Bois de santal..................	100 —
Clous de girofle...............	5 —
Racine de violette.............	650 —
Essence de roses...............	10 —
— de lavande.............	3 —

Le tout doit être finement pulvérisé.

EXTRAIT DE CANNELLE

Cannelle en poudre..............	130 grammes
Alcool rectifié.................	1 litre

VINAIGRE A LA CANNELLE

Cannelle de Chine...............	500 grammes
Alcool à 90°....................	2 kilogr.
Bon vinaigre de bois............	8 —

L'odeur de la cannelle tenant plus des aromates ou épices que de celles dés fleurs, les essences de cannelle ne sont guère employées pour les bouquets et autres compositions destinées au mouchoir.

EAU HYGIÉNIQUE DENTIFRICE

Essence de cannelle..............	35 grammes
— de girofle..............	50 —
— de bergamote............	100 —
— de badiane..............	200 —
— de menthe anglaise.......	400 —
Alcool à 90° C..................	40 litres
Infusion dentifrice.............	10 —

VINAIGRE A LA CANNELLE DE CEYLAN

Essence de Ceylan	4 grammes
Alcool	125 —
Vinaigre	250 —

SAVON A LA CANNELLE

On parfume avec :

Essence de cannelle.............	800 grammes
— de girofle.......	100 —
— sassafras................	150 —
— bergamote	100 —
— citron....................	500 —

D. — COMMERCE

a) Écorce. — Les marques de cannelle varient selon les pays d'origine, les variétés, le mode de préparation, etc. Pour un même pays, pour Ceylan, par exemple, on connaît : *cannelle camphrée*, *cannelle royale*, *cannelle miellée*, etc.

Suivant les cas, une même variété de cannelle porte diverses étiquettes commerciales. La *cannelle giroflée* est dite *bois de girofle* ou *bois de crabe*, bien qu'elle ne provienne nullement de l'arbre qui donne la noix de girofle.

Il faut donc être spécialiste pour donner, à première vue, la dénomination couvenable. Voici quelques-unes des observations générales sur lesquelles on se base. La *cannelle de Chine*, ou *cannelle mâle*, se présente sous forme d'écorces épaisses, larges, un peu rugueuses ; elle est de qualité inférieure (*fig.* 96).

La *cannelle première* ou de *Ceylan*, qui est la plus

belle, est d'écorces minces, de 2 millimètres environ d'épaisseur; sa teinte est foncée ; la surface est marquée de lignes brillantes ondulées ; elle offre de petites cicatrices correspondant à l'insertion des feuilles ou des bourgeons. Elle est d'odeur suave mais un peu piquante ; sa cassure est esquilleuse. Elle est importée en baguettes de 1 mètre de longueur sur 2 centimètres d'épaisseur et formée de morceaux tubuleux d'écorces, longs de 30 centimètres, emboîtés les uns dans les autres.

Les fragments ne sont pas roulés en tubes, mais en gouttières dont les deux bords sont roulés en dedans, ce qui donne à la baguette la forme d'un cylindre un peu aplati.

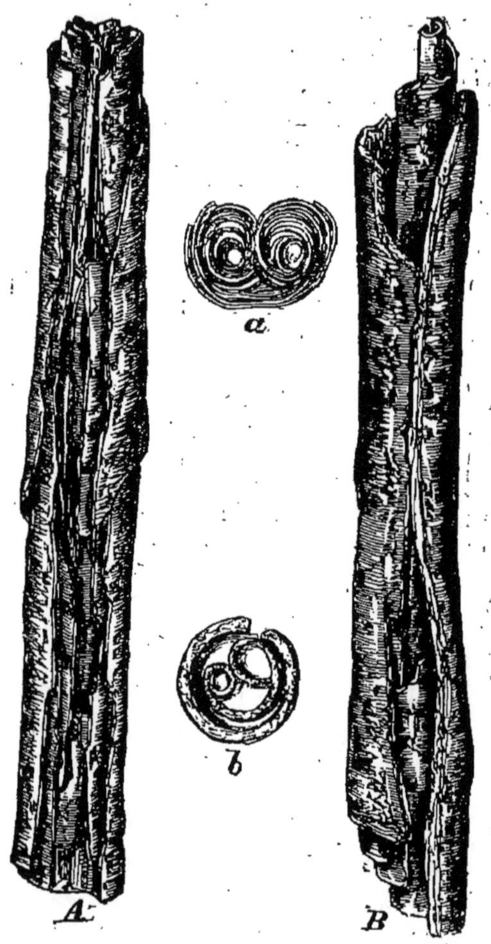

FIG. 96. — Écorces enroulées de cannelle de Ceylan (A) et de cannelle de Chine (B); et leurs sections transversales (a et b).

Non seulement la cannelle agit sur le microbe de la fièvre typhoïde, mais son essence est efficace contre le microbe de la morve qu'elle détruit en quinze minutes, alors qu'il faut exactement le même temps au sublimé corrosif à 1/1000.

En médecine, la cannelle est encore employée comme cordial et stimulant.

La *cannelle-girofle* a un peu l'odeur du girofle. On la trouve dans le commerce en rouleaux de 0^m,50 à 0^m,60 de longueur. Ces tubes sont composés de nombreuses parois roulées concentriquement ; l'épiderme est lisse et de couleur jaunâtre ; si on le soulève, l'écorce se montre d'un brun foncé ; la cassure est fibreuse.

Sous la dénomination *Cinnamon bark*, sont également compris deux articles : une écorce provenant de « vieilles tiges » et les « rognures » de cannelle. Ces dernières proviennent du nettoyage des rameaux ; elles sont très fortes en parfum ; pourtant on ne les estime guère.

Quant aux écorces de vieilles tiges, elles se présentent en morceaux aplatis ou légèrement creusés en gouttières, dont l'épaisseur atteint jusqu'à 8 millimètres. A première vue, ces écorces rappellent celles du quinquina de la Nouvelle Grenade ; elles sont très pauvres en parfum. Les balles de cannelle qui arrivent à Londres sont toujours réemballées dans les docks ; il en résulte des débris que l'on met de côté pour être vendus sous le nom de *petite cannelle*.

b) **Essence.** — Il est très rare que les essences du commerce aient été préparées exclusivement en partant d'écorces ; on les étend ordinairement d'essences extraites des feuilles ou bien encore on distille des mélanges d'écorces et de feuilles.

Pour savoir à quoi s'en tenir et pouvoir coter scientifiquement et commercialement l'essence de cannelle, nous conseillerons d'appliquer la méthode de M. Thoms : On traite, en refroidissant, la partie non aldéhydique de l'essence par du chlorure de benzoyle et une solution de soude ; puis, on pèse le benzoyleugénol formé.

Les résultats sont exacts à 1 0/0 près.

M. Umney dit que l'essence de cannelle de Ceylan doit renfermer au moins 55 0/0 d'aldéhyde.

Vers la fin du siècle dernier, les Hollandais transportaient l'essence de cannelier en Europe ; c'est ainsi que, de 1775 à 1779, la quantité moyenne mise annuellement en vente par la Compagnie hollandaise des Indes orientales fut de 176 onces.

E. — IMITATIONS ET FALSIFICATIONS

Écorce. — Les Annamites ont une façon des plus primitives de falsifier la cannelle ; pourtant certains acheteurs s'y laissent prendre encore.

Ils se contentent de choisir des écorces se rapprochant physiquement plus ou moins de l'écorce du cannelier et les mettent macérer dans un bouillon concentré de véritable cannelle.

Or il s'est présenté ce cas bizarre : des écorces purgatives ainsi aromatisées ont servi à la préparation de vin chaud, etc... Il paraît que les conséquences en furent désastreuses !

Il arrive fréquemment que des droguistes eux-mêmes altèrent les cannelles en mélangeant, par exemple, à celle de Ceylan de la cannelle de Cayenne, de Chine, voire même de la cannelle blanche.

Ou bien encore ils procèdent à une distillation partielle qui, du coup, leur donne deux produits marchands : une essence et l'écorce. Naturellement avec un peu d'attention, il est facile de reconnaître la fraude par le parfum affaibli de l'écorce.

L'écorce de *Cassia lignea*, étant moins coûteuse que la cannelle, lui est fréquemment substituée.

On reconnaît facilement la fraude quand l'écorce reste entière, mais il faut recourir au réactif si l'écorce est réduite en poudre.

Voici comment on opère. On prend une décoction de cannelle pulvérisée de qualité parfaitement déterminée et une décoction semblable de poudre douteuse.

Lorsque les décoctions sont froides, on les filtre, on en prélève 30 grammes de chacune d'elles, et à ces prises on ajoute une ou deux gouttes de teinture d'iode.

On remarque alors que la décoction de Cassia prend immédiatement une teinte d'un bleu noir, tandis que la décoction de cannelle ne change presque pas.

En outre, il est facile de caractériser les cassia de qualité inférieure car ils sont très riches en mucilage que l'on extrait, à l'aide de l'eau froide, sous forme de liquide épais, glaireux, donnant à l'acétate de plomb ou au sublimé corrosif un précipité dense et visqueux.

Essence. — L'essence de cannelle pure de Ceylan renferme environ 70 0/0 d'aldéhyde cinnamique et moins de 10 0/0 d'eugénol ; mais il est assez rare que les échantillons prélevés dans le commerce aient cette composition, car l'essence de cannelle est souvent falsifiée par addition d'essence de feuille, qui est de qualité inférieure.

Une autre fraude consiste aussi à arroser avec de l'essence de feuilles les « chips » destinés à la distillation.

Rappelons que l'essence de feuilles se reconnaît à sa teneur élevée en eugénol et à sa pauvreté en aldéhyde cinnamique.

Son prix, à Londres, était, de 1776 à 1782, de 2 schillings l'once. De 1785 à 1789, il s'éleva à 63 schillings et atteint même 68 schillings, par suite de la guerre commencée en 1782 entre l'Angleterre et la Hollande.

En 1871, Ceylan a exporté 14.796 onces d'essence et, en 1872, 39.100 onces.

C'est l'Angleterre qui importe la plus grande partie de cette essence.

L'essence de cannelle de Chine est encore appelée *essence de cassia* ; elle provient du *Cinnamomum cassia* ; l'essence de cannelle de Ceylan est tirée du *Cinnamomum zeylanicum*. Quant à l'essence de cannelle blanche, elle provient de l'écorce de *Cannella alba*.

L'essence de Ceylan, au cours de gros, à Paris, oscille entre 40 et 50 francs les 30 grammes, tandis que l'essence de Chine n'atteint guère que 10 francs.

En outre de son emploi comme épice et de ses applications en parfumerie, nous devons mentionner les propriétés antiseptiques de l'essence de cannelle.

Pour cette autre utilisation, l'essence impure du commerce est distillée à nouveau, puis conservée à l'abri de l'air et de la lumière. Ou mieux, on profite de cette propriété qu'ont les essences de se dissoudre dans le rétinol (colophane) ; on évite ainsi toute irritation des plaies.

A citer également la grande puissance microbicide de la cannelle de Ceylan, qui tue le microbe de la fièvre typhoïde en douze minutes d'action. Les Égyptiens n'ignoraient pas les propriétés antiseptiques de l'essence de cannelle et utilisaient ce produit pour les embaumements.

CASCARILLE

Généralités. — En espagnol, cascarille signifie *petite écorce*.

A. — Agronomie

Botanique. — La *Cascarilla gratissima* est une plante très odorante. Burnett prétend que ses feuilles sont recherchées par les Koras du cap de Bonne-Espérance, qui les font sécher et en font un parfum. Néanmoins, dans la parfumerie courante, on n'utilise guère que l'écorce de cascarille.

D'après sir W. Hooker, la cascarille du commerce est tirée des *Croton fragrans*, *cascarilla*, etc., de la famille des Euphorbiacées; Bennet parle du *Croton eluteria*.

Habitat, géographie. — Les plantes du genre *cascarilla* sont généralement considérées comme étant originaires de l'Amérique du Sud.

Aux îles Bahama ou Lucayes, archipel anglais, au nord des Grandes Antilles, se rencontre en quantité le *Croton Eluteria*, dont l'écorce renferme de 1,5 à 3 0/0 d'essence.

B. — Technique

Poudre brune dont l'odeur particulière est très agréable; son goût est amer, sa saveur âcre et aromatique.

Elle contient une essence jaune verdâtre dont le poids spécifique est de 0,890 à 0,925.

Cette essence est facilement soluble dans l'alcool à 90°.

Völckel, qui a étudié l'essence de cascarille, a obtenu,

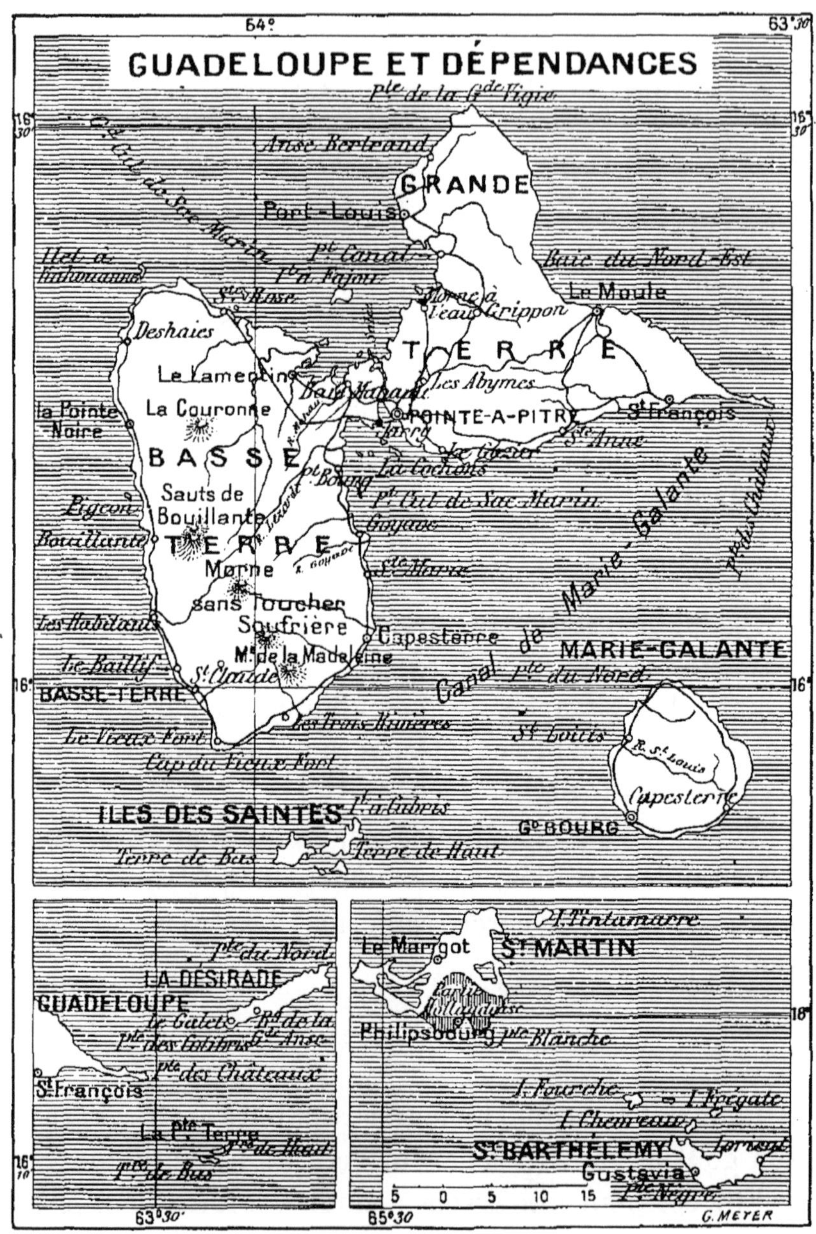

Fig. 97. — Carte de la Guadeloupe et dépendances.

par fractionnement à la vapeur, deux portions : l'une très fluide et bouillant à 173°, l'autre très épaisse et oxygénée.

Gladstone pense que l'essence de cascarille est formée de deux hydrocarbures, dont l'un a une odeur de citron et bout à 172°, ce doit être du dipentène. L'autre est sans doute un sesquiterpène, il rappelle l'essence de calamus.

D'après M. Thoms, les acides libres sont constitués par un mélange d'acides palmitique, stéarique et *cascarillique*, la formule de ce dernier étant $CH^3\text{-}C^9H^{16}\text{-}CO^2H = C^{11}H^{20}O^2$. M. Thoms ajoute que l'acide cascarillique bout à 268-270°.

D'autre part M. Fendler attribue à l'essence de cascarille la composition suivante :

Acide cascarillique......................	2	0/0
— palmitique	0,08	—
— stéarique	0,02	—
Eugénol...............................	0,3	—
Crésol	traces	
Terpène : $e = 155$ à 157°..............	10	0/0
Limonène gauche.....................	8,8	—
Cymène.............................	13,2	—
Sesquiterpène $C^{15}H^{24}$: $e = 255\text{-}257°$....	10,5	—
Sesquiterpène $e = 260\text{-}265°$....	33	...
Alcool $C^{15}H^{24}O$........	11	—
Matières oxygénées de point d'ébullition élevé...............................	10	—
Résine..............................	1,1	—

Cette essence paraît ne contenir ni aldéhyde ni cétone.

C. — INDUSTRIE

I et II. — Pays producteurs et pays importateurs

a) **Écorce.** — Elle entre dans la composition de pastilles, dans celle de l'eau à brûler, etc.

PASTILLE-CASCARILLE

Cascarille...............................	300 grammes	
Santal en poudre..................	400	—
Vétiver............................	50	—
Benjoin...........................	250	—
Musc	5	—
Salpêtre en poudre..............	60	—

Si l'on met un fragment d'écorce de cascarille dans du tabac en ignition, on embaume rapidement tout un appartement.

b) **Essence.** — C'est la Maison Hewing et Cie qui songea la première à utiliser directement en parfumerie l'essence de cascarille.

D. — Commerce

Le commerce de la poudre et de l'essence de cascarille n'est pas très important ; pour le moment, il serait imprudent de se lancer dans de grandes exploitations.

E. — Imitations et falsifications

D'après M. Holmes on falsifie la poudre de cascarille par l'addition de poudres d'écorces diverses, notamment en ajoutant de la poudre de fausse cascarille que l'on croit être le *Croton Lucidus*. On reconnaît la présence de ce produit aux caractères suivants : pas de saveur, astringence prononcée, ni arome, ni amertume ; noircissement sous l'influence du perchlorure de fer, etc.

CHAPITRE III

BOIS

Au point de vue botanique, c'est de la *tige* et des *branches* que nous voulons parler dans ce chapitre.

Précédemment nous avons rappelé ce qu'on entend par *écorce*, disons maintenant ce que c'est que le *bois*.

On dit souvent que la tige est l'axe ascendant de la plante, bien que parfois elle ne s'élève guère ; qu'elle court même le long du sol, ou encore qu'elle n'en sorte pas. Quoi qu'il en soit la tige comprend trois parties principales : la *moelle*, le *bois*, l'*écorce*. Rappelons que la moelle ne grossit pas avec l'âge, tandis que le bois ne cesse d'augmenter de diamètre ; le bois est formé de cercles emboîtés les uns dans les autres et chaque cercle marque une année. Le grossissement a lieu par le dehors, entre « l'ancien bois » et l'écorce ; les cercles qui sont de moins en moins espacés, du centre à la périphérie, indiquent que l'arbre grossit de moins en moins au fur et à mesure qu'il prend de l'âge.

La zone molle, qui commence directement sous l'écorce s'étendant vers le centre, est appelée *aubier* ; puis vient la zone centrale très dure, le *cœur*. La dureté du cœur provient de ce que, avec le temps, des matières solides se sont déposées.

ALOÈS (BOIS D'). — LINALOE

(Voir : Bois de Rose)

Généralités. — Le nom de bois d'aloès ou bois d'aigle semble avoir été donné, dans l'antiquité, à des bois odorants de diverses provenances ; pourtant ils devaient plutôt s'appliquer aux bois résineux de l'*Aquilaria Agallocha* Roxburg. Famille des Thymelacées. Ces bois, avec le bois de santal, entraient dans la série de drogues employées dans l'ancien temps.

Les Hindous appelaient le bois d'aloès *Ahalia* ou *Ahaloth*.

Sa valeur fut telle, jadis, qu'il faisait partie des présents les plus recherchés. Si l'on s'en rapporte à des documents égyptiens datant du xviie siècle, les bois d'aloès, de cassia et de santal étaient extrêmement précieux.

Au moyen âge on ne parle plus guère du bois d'aloès qu'au temps des croisades. Du bois d'aloès en provenance de la Cochinchine et du Siam est désigné sous le nom malais de *kalambach* ; il appartient au genre *Aloexylon Agallochum*, de la famille des légumineuses ; il fut employé en parfumerie et en médecine sous le nom de *Lignum Agalli veri* ou *Lignum aloès*.

Or, d'après Möller, LE VRAI BOIS D'ALOÈS est inodore et ne contient pas d'essence.

Qu'appelle-t-on donc, en parfumerie, BOIS D'ALOÈS ?

La réponse est facile.

Depuis le xviiie siècle, on a introduit, dans le commerce sous le nom impropre de bois d'aloès, des bois odorants venant de la Guyane française et du Mexique. Par distillation de ces bois on obtint des essences que l'on appelle d'une façon générale *essence de linaloë*. Il en résulte que l'essence de linaloë ne provient, en aucune façon, du bois d'aloès, mais bien de « faux bois d'aloès » que nous allons caractériser.

A. — AGRONOMIE

Botanique. — Le bois de linaloë du Mexique est désigné sous le nom de *Lignaloë*, *Linalué* et *Bois de citron* du Mexique.

Il est fourni par le *Bursera Delpechiana* Poisson, famille des Burséracées et par le *Bursera alaexylon* Engler.

Quant au bois de linaloë de la Guyane française ou bois de linaloë de Cayenne, il est appelé *Likari* par les indigènes, et *Bois de rose* par les Français; mais il est encore connu sous les noms suivants : *Bois de rose femelle*, *Bois jaune*, *Bois de citron de Cayenne*, *Cèdre jaune*, etc.

D'après Moeller, l'espèce qui fournit ce bois serait l'*Ocotea caudata* de la famille des Lauracées.

(Voir, p. 249, *Bois de rose*.)

Habitat. — **Exploitation.** — Le bois de Linaloë du Mexique se trouve, dans le commerce, en tronçons de la grosseur de la cuisse; ces tronçons ont été écorcés en forêt; ils présentent une surface plus ou moins rugueuse; leur couleur est d'un gris cendré assez terne. Il est de densité relativement faible ; sa texture est spongieuse et sa section à anneaux concentriques resserrés et bruns, apparaît comme moirée.

Au contraire, le bois de linaloë de la Guyane est dur

et pesant; il se fend facilement, sa cassure est jaune,

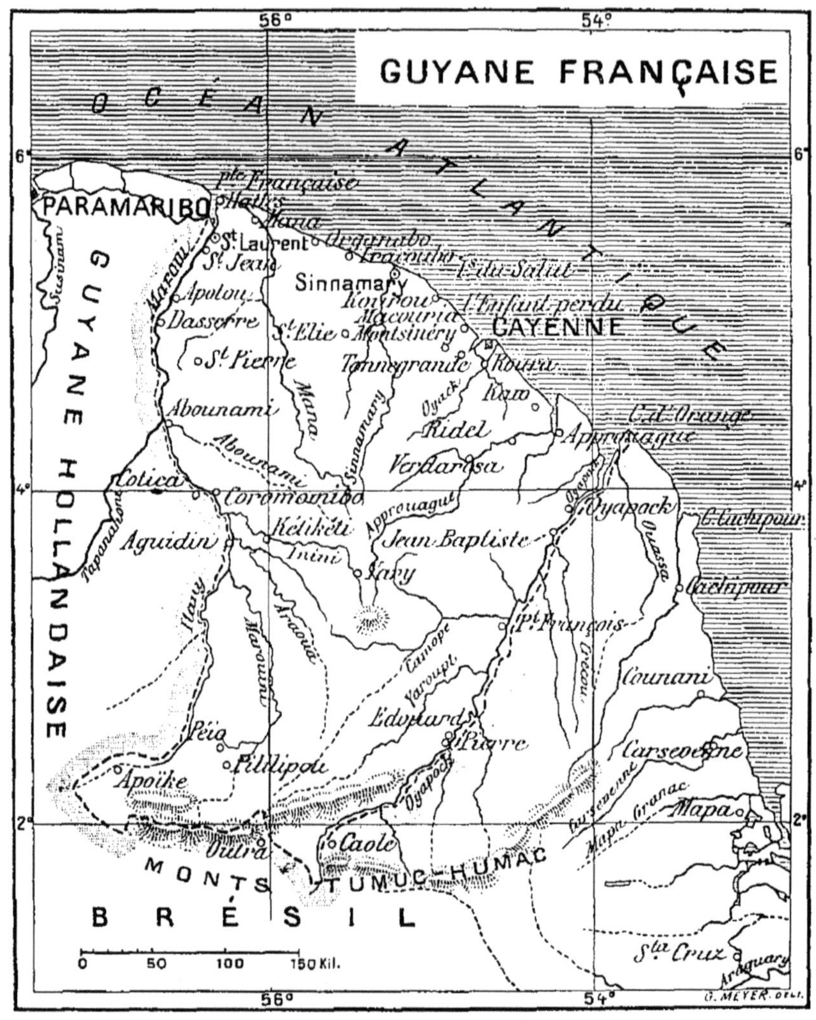

Fig. 98. — Carte de la Guyane.

mais devient rougeâtre, avec le temps. On l'exporte en
bûches décortiquées.

B. — Technique

Les essences provenant des deux bois dont il vient d'être question sont assez semblables ; pourtant elles diffèrent quant au poids spécifique et au pouvoir rotatoire.

Essence de linaloë du Mexique. — Poids spécifique, 0,857 à 0,895 ;

$a_D = -5° $ à $ -12°$;

Indice de réfraction : 1-10.

Elle donne une solution limpide avec deux parties d'alcool à 70°.

Essence de linaloë de Cayenne. — Poids spécifique, 0,870 à 0,880 ;

$a_D = -15° $ à $ -20°$.

Ces essences sont formées, en grande partie, d'un alcool $C^{10}H^{18}O$ appelé licaréol par Morin, et linalool par Semmler. L'identité de ces deux alcools fut reconnue par Barbier. Depuis on découvrit dans ces essences deux autres principes constituants, mais en faible quantité ; le géraniol et la méthylhepténone.

Ajoutons que, d'après Bouveault et Barbier, l'essence de linaloë renferme 3 0/0 de sesquiterpène ; 0,10 0/0 de terpène diatomique et 0,10 0/0 de terpène tétratomique.

C. — Industrie

I et II. — Pays producteurs et pays importateurs

Au Mexique, la distillation est pratiquée grossièrement dans la province de Guerrero, au sud de Mexico.

Le rendement en essence serait de 10 à 12 0/0, alors qu'il n'est plus guère que de 7 à 10 0/0 en Europe.

A Cayenne, cette distillation ne remonte qu'à 1893.

Le bois de Cayenne est moins riche en essence que le bois du Mexique.

ESSENCE COMPOSÉE DE BOIS D'ALOÈS

Essence de bois d'aloès..........	1.000 grammes
Alcool........................	5 litres
Esprit de jasmin et tubéreuse...	1 —
Teinture de vanille............	0lit,500

Imitation de fleurs de citron. — Il suffit de diluer de l'essence de bois d'aloès dans de l'alcool et d'ajouter un peu d'essence de rose. L'imitation est parfaite.

D. — COMMERCE

L'essence de linaloë du Mexique parvint pour la première fois sur le marché français en 1866.

Sa cote ordinaire est de 20 à 25 francs le kilogramme.

L'essence de linaloë est désignée sous le nom de *Linaloeöl* par les Allemands, et sous celui de *oil of linaloe* par les Anglais.

E. — IMITATIONS ET FALSIFICATIONS

La fraude la plus commune est l'addition d'huile grasse. On s'assure facilement de cette falsification en traitant par l'alcool à 70°, en constatant l'augmentation du poids spécifique et aussi par l'indice élevé de saponification.

Pour le traitement à l'alcool, on se rappelle que l'huile grasse y est insoluble.

CÈDRE (BOIS DE)

CÈDRE DU LIBAN. — CÈDRE DE VIRGINIE

Généralités. — D'après les relations de Dioscoride, médecin du 1ᵉʳ siècle de notre ère, il n'est pas possible de dire si réellement l'essence de *bois de cèdre du Libani* était connue dans l'antiquité.

Mais ce dont on est certain, c'est que le *Cedrus Liban* figurait jadis parmi les arbres les plus précieux ; aussi est-il souvent mentionné dans les livres de l'Ancien Testament. De son côté, Pline avance que les Égyptiens faisaient entrer la résine du cèdre dans certaines formules d'aromates, pour l'embaumement des momies.

Salomon, roi des Israélites (1082-975 av. J.-C.), employa le bois de cèdre à la construction du temple de Jérusalem.

Aujourd'hui on utilise fréquemment des essences de cèdre dites « du Liban », bien qu'en réalité ces essences proviennent de cèdres d'Amérique ou cèdre de Virginie, le cèdre du Liban *Cedrus Libani* ou *Harix cedrus*, ne donnant qu'une essence insignifiante. Il y a relativement peu de temps que l'essence de bois de cèdre est répandue sur le marché.

A. — AGRONOMIE

Botanique. — Le cèdre de Virginie, *Juniperus virginiana* Linné, est répandu dans l'Amérique du Nord. Il appartient à la famille des *Conifères* et atteint assez souvent une hauteur de 15 mètres.

Le cèdre de l'Atlas est le *Cedrus atlantica* Manetti.

C'est la variété algérienne du cèdre du Liban, *Cedrus Libani*, famille des Conifères.

Habitat. — Exploitation. — Les cèdres exploités industriellement proviennent principalement de la Virginie, l'un des États de l'Amérique du Nord, dont la population atteint près de 2.000.000 d'habitants et qui a pour capitale Richmond.

Le cèdre y est connu sous le nom de *red cedar* ou cèdre rouge; on l'appelle aussi *cèdre à crayons*.

B. — Technique

L'essence de bois de cèdre est à peu près incolore ; au-dessous de 27°, c'est une masse molle et blanchâtre ; au-dessus de cette température, elle est visqueuse ; elle présente fréquemment des aiguilles de camphre de cèdre.

Son odeur aromatique est douce, spéciale et persistante ; après inhalation des vapeurs, l'urine prend une odeur de violette.

Poids spécifique, 0,945 à 0,960 ;

$a_D = -30$ jusqu'à $-40°$;

Indice de réfraction : $n_D = 1,505$ à 17°.

Peu soluble dans l'alcool ; il en faut de 10 à 20 parties pour 1 d'essence.

Cette essence renferme du camphre, qui fut étudié par Walter ; purifié, ce camphre fuse à 74° et bout vers 282°. Walter en isola le cédrène, corps auquel Gerhardt attribua la formule exacte $C^{15}H^{26}O$.

Chapman, Burgess et Rousset complétèrent les études de l'essence de cèdre.

M. Trabut a préparé de l'essence en partant du *Cedrus*

atlantica ; les propriétés de cette essence diffèrent un peu de celles que nous venons d'énumérer ; en voici quelques-unes : densité 0,9508 ; indice d'acide 1,16 ; coefficient de saponification, 6,92 ; coefficient de saponification après acétylation, 33,84.

Fig. 99. — Coupes en forêt tropicale.

C. — Industrie

I. — Pays producteurs

Bois.—Depuis longtemps le bois de cèdre sert à la confection des boîtes à cigares, des crayons, de petits objets décoratifs, etc. Il se prête parfaitement à ces travaux, étant donné sa structure uniforme, son odeur douce rappelant celle du santal et cette précieuse propriété qu'il a de ne pas être attaqué par les insectes.

Les déchets de la fabrication des crayons sont dits *chutes*; on les utilise pour la distillation et après cette opération, ils sont encore repris pour être employés dans la préparation des peaux dans les pelleteries.

Les sciures et déchets, réduits en poudre fine, sont séchés et expédiés en Europe pour être mis en sachets ; dans certains cas, aussi, le bois est débité en baguettes fines et se trouve transformé en allumettes de luxe, qui répandent une odeur agréable en brûlant.

Enfin, si l'on dispose de planches de certaines dimensions, on en profite pour fabriquer des caisses destinées à la conservation des vêtements et lainages.

Essence. — Il y a lieu de distinguer : l'essence de bois et celle de feuilles.

Distillation du bois. — Ordinairement on distille les chutes provenant de la fabrication des crayons, allumettes, etc. Le rendement est de 2,5 à 4,5 0/0.

Par distillation directe, on obtient l'*essence normale* de bois.

Il en est une autre que l'on peut considérer comme résidu de la fabrication des crayons et qui n'est guère employée que pour falsifier certaines essences. On l'obtient simplement en récupérant les vapeurs qui se dégagent des séchoirs à bois. En effet les baguettes destinées à la fabrication des crayons, allumettes, etc., doivent être séchées ; il s'ensuit un dégagement de vapeurs contenant de l'essence de cèdre, que l'on isole par réfrigération. Cette essence très fluide, d'odeur moins fine et moins persistante, est impropre aux usages de la bonne parfumerie.

Distillation des feuilles. — L'essence type de feuilles est celle obtenue par la distillation des feuilles du *Juni-*

perus virginiana Linné. Mais on ne la trouve que très rarement dans le commerce. Cela est dû à ce que les Américains désignent par *cèdre*, non seulement le *Juniperus virginiana* mais encore le *Thuja occidentalis* ou *white cedar*, tout à fait différent du premier. Or les distillateurs non seulement font des mélanges de feuilles, mais encore ajoutant des feuilles d'autres conifères qu'ils ont à proximité de leurs usines. Il s'ensuit que l'essence normale de feuilles est presque introuvable.

II. — Pays importateurs

Teinture. — On obtient une bonne teinture de cèdre en faisant macérer le bois dans de l'esprit-de-vin rectifié. Cette teinture, qui a une odeur très agréable, est excellente pour les gencives; elle est la base de certaines eaux dentifrices.

EAU DENTIFRICE

Extrait de cèdre.................	4 litres
— de ratanhia	1 —
— de myrrhe.................	1 —
Essence de menthe..............	30 grammes
— de lavande.............	15 —
— de roses................	10 —

BOIS DE CÈDRE POUR LE MOUCHOIR

Essence de cèdre................	25 grammes
Esprit de rose triple............	10 —
Alcool rectifié.................	60 centilitres

D. — Commerce

Les demandes de ce produit sont assez suivies, mais cela tient surtout à ce que l'essence de cèdre est utilisée pour la sophistication d'autres essences.

On décèle la présence de l'essence de cèdre par le poids spécifique et le point d'ébullition élevés, le fort pouvoir lévogyre et l'insolubilité relative de cette essence dans l'alcool.

L'essence de bois de cèdre est dite *Cedernblätteröl* par les Allemands et *oil of cedar leaves* par les Anglais.

E. — Imitations et falsifications

On ne falsifie pas ordinairement l'essence de bois de cèdre.

ROSE (BOIS DE) OU BOIS DE RHODES

(Voir : Bois d'aloès. — Linaloë)

Généralités. — Nous tenons à répéter que certains auteurs ne font pas de distinction entre ce bois et le linaloë de la Guyane.

A ce titre nous en avons déjà parlé, page 237 ; néanmoins nous préférons compléter séparément son étude, afin de bien le distinguer du linaloë du Mexique.

L'odeur de l'essence de bois de rose est agréable ; elle rappelle un peu celle de la rose. Il y a quelques années, on s'en servait pour falsifier l'essence de rose véritable ; comme aujourd'hui on atteint mieux le but avec l'essence de géranium, il s'ensuit que l'essence de bois de rose est moins demandée.

En France on donna pendant longtemps le nom de *Jacaranda* au bois de rose, parce que l'on crut d'abord que c'était de la plante ainsi dénommée au Brésil que provenait l'essence de bois de rose.

FIG. 100. — Installation d'Européen en forêt (Guyane).

Guibout distingue nettement le bois de rose du *Jacaranda odorant* du Brésil. Néanmoins il ne faut pas oublier que plusieurs autres bois des légumineuses ou des laurinées sont improprement appelés « Bois de rose ».

Enfin rappelons aussi qu'il existe aux Canaries des arbustes aux racines ligneuses : le *Convolvulus scoparius* Linné et le *Convolvulus floridus* Linné, de la famille des convolvulacées. Or, de ces racines on extrait une essence que le commerce fournit également sous le nom d'essence de bois de rose.

Cette essence fut étudiée par Gladstone et caractérisée par lui sous le nom d'essence de bois de rose de Ténériffe.

A. — AGRONOMIE

Botanique. — Nous en avons longuement parlé et afin d'éviter toute confusion, nous ne reviendrons pas sur cette question.

Habitat. — **Exploitation.** — Le bois de rose se rencontre disséminé dans les forêts de la Guyane.

Les indigènes pénètrent dans les forêts en utilisant les cours d'eaux ou en se frayant des sentiers à la hache.

Les bois abattus et débités sont descendus par charges de 30 kilogrammes environ.

B. — TECHNIQUE

L'essence de bois de rose de Cayenne est liquide, onctueuse, jaunâtre, d'une saveur amère. Elle est plus légère que l'eau.

Nous avons précédemment indiqué ses autres caractéristiques.

C. — Industrie

I. — PAYS PRODUCTEURS

Bois. — Il sert à confectionner des coffrets, des étuis, etc. A Cayenne, le bois de rose revient, en moyenne, à 120 francs la tonne.

Essence. — C'est à Cayenne que l'on distille principalement le bois de rose.

C'est là que les charges sont achetées par les distillateurs aux hommes de brousse ; malheureusement la main-d'œuvre manque souvent, les indigènes préférant travailler aux mines d'or. Comme rendement, on estime que 100 kilogrammes de bois donnent environ 200 grammes d'essence.

Pour l'installation d'une distillerie de bois de rose il faut tabler sur 50.000 francs environ.

II. — PAYS IMPORTATEURS

Sachets. — Le bois séché et pulvérisé est employé dans la confection de sachets, etc.

SACHET DE CHYPRE

Bois de rose	500	grammes
— de santal	500	—
— de cèdre	500	—
Essence de bois de rose	5	—
Musc	2	—

Il faut pulvériser finement et tamiser.

D. — Commerce

L'essence que le commerce livre actuellement sous le nom d'essence de bois de rose n'est souvent qu'un mélange formé d'essence de roses et d'essence de santal ou de cèdre.

Néanmoins nous devons signaler les produits sortant de la distillerie que la maison Roure-Bertrand fils a installée à Cayenne, spécialement pour la fabrication de l'essence de bois de rose femelle.

De la distillerie Roure-Bertrand fils sortent mensuellement de 300 à 400 kilogrammes d'essence de qualité irréprochable.

D'après M. Bassières (*Bulletin du Comité de la Guyane française*), voici le tableau des exportations d'essence de 1883-1901 :

1883	325	kilogrammes
1894	1.217	—
1897	2.372	—
1900	2.096	—
1901	2.970	—
1902	3.200	—

(Usine Roure-Bertrand fils.)

Mais ces chiffres doivent être inférieurs aux sorties réelles.

Pour la préparation des 3.200 kilogrammes d'essence, la maison Roure a travaillé 310 tonnes de bois de rose.

E. — Imitations et falsifications

Nous venons de dire ce qu'on entend parfois par essence de bois de rose dans le commerce. Certains distillateurs ont été amenés à cette imitation, vu les difficultés d'approvisionnement en pays producteurs.

SANTAL (BOIS DE)

Généralités. — Le bois de santal dont il était question dans les temps anciens provenait du *Santalum album* Linné ; on l'utilisait surtout dans les Indes et en Chine, parce que, en outre de son odeur agréable il n'était pas attaqué par les fourmis blanches. Les bouddhistes s'en servaient pour confectionner des images du culte et des objets de décoration des temples. De nos jours les Indiens et les Chinois l'emploient en fumigations dans les cérémonies religieuses et dans le culte des morts.

Les livres anciens chinois et sanscrits parlent du bois de santal, bien que le trafic de la Chine et de l'Inde avec les peuples du Levant ne fût pas très développé, le prix de ce bois étant trop élevé.

Les Égyptiens exploitaient le santal dix-sept cents ans avant notre ère ; ils le tiraient du pays Punt situé entre le golfe d'Aden et le golfe Persique.

Depuis l'ère chrétienne, il fut fait, pour la première fois mention du santal dans le Périple de la mer Rouge, paru au 1er siècle. Au ve siècle, il en est encore question dans les écrits de Kosmas Indikopleustès ; depuis, de nombreuses relations ont paru sur le santal, notamment celle d'Avicenne au ixe siècle ; celles de Serapion et Masudi au xe siècle, de Constantinus Africanus à Salerne au xie siècle, de Marco Polo au xiiie siècle, etc.

Saladin d'Ascoli décrivit trois espèces de santal au xve siècle : un blanc, un jaune et un rouge. Barbosa précisa en 1511 que les bois de santal blanc et jaune venaient des côtes du Malabar et avaient une valeur dix fois supérieure à celle du santal rouge. La première figure de l'arbre fut publiée par Rumpf, en 1741.

Le moyen âge est à peu près muet sur le bois de santal. Ce n'est que dans ces derniers temps que la distillation de ce bois fut entreprise par Conrad Gesner, Frédéric Hoffmann, Delme, Caspar Neumann et Saladin.

L'étude de l'essence fut plus particulièrement faite par P. Chapoteaut.

Pourtant, d'après certaine version, l'essence de santal était employée à Ceylan, dès le ixe siècle, pour l'embaumement des grands chefs. Terminons en rappelant cette pensée du poète :

> Le santal odorant, par la hache abattu,
> En mourant lègue au fer son odeur, sa vertu.

A. — AGRONOMIE

Botanique. — Au point de vue botanique, il y a lieu de bien préciser les divers bois de santal.

Le *Santalum album* Linné, famille des *Santalacées* (Légumineuses), est un arbre d'une dizaine de mètres de hauteur, d'un bel aspect et très touffu. Son bois est blanc; c'est lui qui donne l'essence la plus fine. On le trouve aux Indes et en Asie.

Le *Santalum Preissianum* Miquel est appelé *Quandong* en Australie ; il porte des fruits comestibles *Native peaches ;* son bois est d'un brun foncé, sa texture extrêmement serrée; il est très dur et remarquablement lourd. Odeur balsamique rappelant un peu celle de la rose. Il renferme 5 0/0 d'essence visqueuse d'un rouge cerise. On le rencontre dans l'Australie méridionale.

Le *Santalum cygnorum* Miquel ou *Fusanus spicatus* Robert Brow existe en Australie occidentale.

Le *Santalum Yasi* croît aux îles Fidschi ou Viti, archipel anglais de la Mélanésie, entre les Nouvelles-Hébrides

Fig. 101. — Arbre de santal, près Bangalore.
(Photographie Roure-Bertrand fils.)

et les îles Tonga. Rappelons que les deux îles principales sont Vanua-Lévu et Viti-Lévu ; environ 150.000 habitants, Chef-lieu, Levuka.

Le *Pterocarpus tinctorius* est le santal rouge d'Afrique.

A citer aussi l'*Hasoranto* de Madagascar, qui possède des propriétés analogues à celles du *Santalum album*.

Le santal est une plante *parasitaire* ; c'est par des *haustoria* ou suçoirs qu'il se nourrit. Les haustoria se fixen sur les racines des arbres voisins, parmi lesquels elles font choix.

Si la plante, grâce à d'heureux voisinages, trouve en abondance les sucs nourriciers, le *bois de cœur* contient davantage d'essence. M. C.-A. Barber a fait des études qui ne laissent guère de doute à ce sujet.

Habitat. — Exploitation. — Pour l'étude du *Santalum album* ou Santal des Indes, nous mettons à profit l'autorisation que nous a donnée la Maison Roure-Bertrand fils, de reproduire des rapports qui lui furent adressés par l'un de ses envoyés et aussi un travail de M. Lushington, conservateur des forêts de Coimbatore.

Lieux de production. — Les provinces des Indes orientales productrices de bois de santal sont les suivantes : *Mysore*, qui fournit annuellement 1852 tonnes de bois ; *Coorg*, 102 tonnes ; *Coimbatore* (nord), 27 tonnes ; *Nilgiris*, 21 tonnes ; *Salem*, 18 tonnes et demie ; le nord d'*Arcot*, 6 tonnes un quart.

En réalité, il n'y a guère, dans le sud des Indes orientales, de collines ou de plateaux d'une altitude de 1.500 à 4,000 pieds, modérément pluvieux, qui n'aient produit jadis du bois de santal et qui ne soient susceptibles d'en produire à nouveau.

Le santal croît dans un terrain argileux rouge, ou dans une terre fine mêlée de gravier, bien drainée et située 2.000 ou 3.000 pieds d'altitude. Des pluies modérées sont nécessaires pour le développement du santal, il est également nécessaire que le sol soit couvert de buissons entretenant un léger ombrage. L'arbre pousse vigoureusement dans un terrain riche, mais il produit alors une proportion de bois odorant relativement moindre que lorsqu'il se développe lentement; toutefois l'arbre qui croît lentement contient, à égalité d'âge, une quantité absolue de bois odorant plus faible que l'arbre qui pousse dans un terrain fertile à cause du développement considérable de ce dernier arbre.

La richesse du bois, en essence, paraît dépendre de l'altitude. A une altitude de 700 pieds on rencontre des arbres de santal assez vigoureux, mais leur bois n'est pas odorant; ce n'est qu'entre 2.000 et 3.500 pieds que le bois atteint sa plus grande valeur au point de vue de la production de l'essence.

Étude sur le santal. — Le santal est généralement considéré comme un arbre parasite; M. Ricketts dit n'avoir jamais observé qu'il fût attaché aux racines d'autres arbres, mais il convient de remarquer qu'il ne se développe que dans le voisinage d'autres arbres ou d'arbustes. C'est dans les haies ou les forêts peu épaisses et voisines des terres cultivées qu'il se développe le plus facilement. M. Bidie regarde le santal comme un arbre parasite, pour la raison que nous venons d'indiquer; M. Lushington, qui a étudié la question, ne paraît pas considérer ce fait comme certain, tout en signalant que, chez les arbres jeunes, on trouve des nodosités et des racines extrêmement fines qui paraissent s'attacher aux racines d'autres arbres. Le rôle des nodosités en question n'est pas établi et son étude constituerait certainement un intéressant sujet de recherches.

M. Hutschins a remarqué, chez le santal, tantôt des feuilles d'un vert foncé, dures et à surfaces luisantes, tantôt des feuilles claires. M. Lushington a aussi observé ce fait et se demande s'il n'existerait pas deux variétés de santal : les deux arbres en question fleurissent, en effet, à des époques différentes. Les indigènes sont cependant unanimes à croire qu'il n'existe qu'une seule variété de santal

A Coimbatore, on rencontre souvent un santal à petites feuilles pointues, qui n'atteint jamais une forte taille.

De nombreuses expériences ont été faites en vue de savoir quels sont les végétaux dont le voisinage est le plus favorable au développement du santal, mais les résultats obtenus jusqu'ici ne sont pas encore concluants.

D'après l'*Indian Forester* de Coorg, les arbres fleuriraient du mois de février au mois d'avril, et les fruits apparaîtraient de mars à mai pour mûrir en mai et juin.

M. Lushington signale des périodes de floraison et de fructification bien différentes : d'après lui, la floraison commence en mai pour atteindre son maximum fin juin, et les fruits commencent à mûrir en octobre ; mais la plupart n'atteignent leur complète maturité qu'en novembre et décembre.

En outre, il existe une autre période de floraison observée chez les arbres à feuilles foncées : elle commence le 15 février pour arriver dans son plein en mars. M. Lushington ne pense pas que les fruits qui se forment à cette époque aient une grande valeur.

Notre envoyé, qui se trouvait à Bangalore au mois d'octobre 1900, a pu constater l'exactitude des observations de M. Lushington ; les arbres étaient, en effet, couverts de boutons, et portaient, en même temps que des fruits verts, quelques fruits mûrs.

Le santal est susceptible d'exploitation lorsqu'il atteint environ cinquante ans d'âge. Pour que le bois odorant soit formé, il faut que la circonférence de l'arbre varie environ entre 0^m,60 et 1 mètre. On admet généralement que la circonférence du tronc augmente de 20 centimètres en dix ans. Les coupes se font tous les dix ans, et les sujets enlevés doivent avoir de quarante à cinquante ans d'âge.

Influence destructive des bestiaux et des incendies. — Les chèvres et les bœufs sont assez friands de feuilles de jeune santal qui, très brillantes, sont facilement aperçues dans les buissons. Les arbres naissants seraient par conséquent complètement détruits, surtout aux époques de sécheresse où l'herbe est très rare, s'ils n'étaient en général suffisamment protégés par des broussailles.

M. Lushington et M. Ricketts pensent que les daims et les lièvres sont plus désastreux que les bestiaux, étant donné qu'ils peuvent circuler sous les broussailles.

Si les bestiaux sont, dans une certaine mesure, susceptibles de jouer un rôle nuisible, il convient de remarquer que, en revanche, en détruisant l'herbe, ils réduisent les dangers d'incendie. Or les incendies sont très fréquents dans les forêts de santal et exercent une action destructive autrement redoutable que celles que nous venons de signaler.

Les vols de bois sont assez fréquents et pratiqués avec discernement, si bien que bon nombre d'arbres sont meurtris et entaillés pour être examinés préalablement au point de vue de la valeur odorante du bois.

Reproduction naturelle. — La reproduction naturelle s'effectue au moyen des fruits. Les oiseaux, et particulièrement les corneilles, sont assez friands de fruits de santal, mais ceux-ci sont si nombreux que la reproduction s'effectue néanmoins, surtout à l'ombre des arbustes ou des haies, et si l'on a soin de supprimer les herbes grimpantes qui étouffent souvent le jeune plant.

D'après M. Ricketts, on ignore si le santal produit des

rejetons, parce que les racines ne sont pas laissées en terre, mais exploitées pour l'extraction de l'essence. M. Cherry croit à l'existence des rejetons, mais il annonce que ceux-ci prospèrent très rarement. C'est aussi l'avis de M. Lushington. La reproduction par rejeton n'a pas lieu dans les endroits secs, mais elle pourrait s'effectuer dans les terrains humides.

Notre envoyé a, de son côté, pu constater que plusieurs troncs étaient susceptibles de s'élever sur la même racine, d'accord sur ce point avec M. Lushington et M. Cherry.

Reproduction artificielle. — Des essais de plantation de santal ont été faits à Mysore, mais ils n'ont pas donné de résultats satisfaisants. Ont particulièrement échoué les tentatives faites en vue d'élever des arbres de santal sans leur donner des végétaux protecteurs.

Il est infiniment plus avantageux de semer et surtout de piquer les fruits. On a obtenu des résultats décourageants en labourant la terre et effectuant les semailles sur le sol découvert; au contraire, des expériences consistant à semer les fruits dans des terrains ombragés ont parfaitement réussi.

M. Campbell Walker est partisan du système consistant à piquer plusieurs fruits à $2^{cm},5$ sous le sol, dans des carrés de terrain défriché à 30 centimètres de profondeur et sur une largeur de 15-30 centimètres. Il est toujours nécessaire de protéger les plantations par des broussailles. Aussitôt que celles-ci atteignent 60-90 centimètres de hauteur, le santal se reproduit naturellement à l'aide de graines apportées par les oiseaux.

Il est généralement assez facile d'élever de jeunes arbres, mais autre chose est de les conserver parfaitement sains lorsqu'ils arrivent à l'âge de huit ou dix ans. Pareille difficulté ne se présente cependant point lorsqu'il s'agit d'une reproduction naturelle.

Fig. 102. — Boutre indien pour transport des Indes à Zanzibar, les Comores, Madagascar, etc.

A Coorg, la multiplication des lantanas paraît gêner

considérablement le développement du santal en l'étouffant et en favorisant la propagation des incendies.

En 1887, M. Ricketts recommandait le sarclage aux environs des jeunes plants qu'il voulait en outre voir élaguer. Mais, en 1891, il préconisa un tout autre système et empêcha au contraire la destruction des broussailles, sauf dans les cas où elles devenaient trop épaisses, de façon à conserver aux jeunes arbres de santal l'ombre et l'humidité sur la nécessité desquelles nous avons déjà longuement insisté. Ce qui paraît certain, c'est qu'il est avantageux d'éliminer les plantes grimpantes. Malheureusement; d'après M. Pigot, la destruction des lantanas à Coorg serait trèsonéreuse.

M. Lushington est partisan de tailler à 45 centimètres de hauteur les buissons voisins qui, trop élevés, contribueraient à pourrir le jeune pied, tout en étant nécessaires à son développement.

L'élagage est recommandé par M. Ricketts. M. Campbell Walker va jusqu'à prescrire d'éliminer les doubles troncs et les rejetons fournis par les racines. M. Lushington ne croit pas à l'opportunité de cette manière d'opérer.

Exploitation du bois de santal. — Ainsi que nous l'avons déjà indiqué, les coupes se font de dix ans en dix ans, et les arbres enlevés doivent avoir de quarante à cinquante ans.

Notre envoyé a eu l'occasion de visiter le dépôt de bois de santal (Kothi) de Bengalore. Ce dépôt est assez peu important; il n'en est pas de même de celui de Shimoga.

Il a été question, d'un monopole accordé par le Gouvernement indien à une Société pour l'exploitation du bois de santal. Mais, d'après les renseignements qui ont été donnés sur place, au mois d'octobre 1900, à notre envoyé, il ne s'agissait que d'un contrat de dix ans et relatif à la distillation du bois dans le pays même. De sorte que le gouvernement de Mysore continuera, comme par le passé, à vendre du bois de santal aux enchères. Mysore possède, en effet, un gouvernement indigène, placé sous la

Fig. 103. — Marchands de fruits et de parfums aux Indes.

surveillance d'un résident anglais, et ce serait simplement ce gouvernement indigène qui aurait accordé à une Société le monopole de la distillation du bois de santal dans l'État de Mysore.

En ce qui concerne la continuation de la vente du bois de santal aux enchères, les renseignements qui nous ont été rapportés viennent d'être corroborés par la publication de notes datées du mois de juin dernier émanant du département des forêts et fixant les conditions de cette vente aux enchères.

Ce que nous écrivions, au mois de septembre dernier, au sujet de la continuation de la vente du santal aux enchères, se trouve entièrement justifié, ainsi que le montre une note émanant de M. Pigot, conservateur des forêts à Mysore, et dont voici le contenu :

DÉPARTEMENT DES FORÊTS

« *Vente aux enchères du bois de santal* (*Note du 4 septembre* 1901). — Les ventes annuelles aux enchères de bois de santal auront lieu aux places et dates ci-dessous désignées par le ministère d'un député, commissaire assisté du conservateur des forêts du district.

DISTRICT	KOTI	DATE DE LA VENTE AUX ENCHÈRES	QUANTITÉS APPROXIMATIVES
Shimoga.	Tirthahalli.	18 novembre 1901.	150 tonnes environ.
—	Sagar.	22 — —	220 — ---
—	Shimoga.	27 — —	400 — —
Kadur.	Chikmagalur.	2 décembre 1901.	160 — —
Hassan.	Hassan.	6 — —	250 — —
Bangalore.	Bangalore.	10 — —	120 — —
Mysore.	Seringapatam.	13 — —	325 — —
—	Hunsur.	15 — —	375 — —

« Des détails complémentaires sur les lots et les quantités mis en vente dans chaque koti suivront dans la troisième semaine d'octobre.

« J.-L. Pigot,

« Conservateur des forêts de Mysore. »

Voici, d'autre part, des documents précis concernant les quantités de bois mises aux enchères et les prix pratiqués en 1901. Nous devons ces documents à l'obligeance de MM. Bordes fils et Cie, les grands importateurs de Bordeaux, à qui nous faisons un plaisir d'adresser nos remerciements les plus vifs.

LISTE

MONTRANT LES QUANTITÉS DE CHAQUE CLASSE DE « BOIS DE SANTAL »

Offertes à Fraserpet (Coorg) *aux enchères du* 19 *décembre* 1901

CLASSES	DESCRIPTION	QUANTITÉS			OBSER-VATIONS	MOYENNE DES PRIX PAYÉS 0/0 kg. c. a. f. base *Havre* Marseille
		Tons	Cwt	Lbs		
						Francs
I	Vilaya Budh.....	—	10	—	Vendus	118,55
II	China Budh.....	15	—	—	—	115,25
III	Panjam.........	24	—	—	—	115
IV	Ghotla.........	—	15	—	—	113,75
V	Ghat Badala.....	18	15	—	—	110,25
VI	Bagaradah......	11	—	—	—	115,50
VII	Racines 1re cl...	7	10	—	—	113,75
VIII	— 2^e — ..	10	15	—	—	116,50
IX	— 3^e — ..	9	10	—	—	121,75
X	Iadpokal 1re cl...	28	—	—	—	112,50
XI	— 2^e — ..	13	15	—	—	111,50
XII	Ain Bagar.......	6	5	—	—	108,75
XIII	Cheria Chilta....	1	5	—	—	95
XIV	Ain Chilta......	9	10	—	—	76,75
XV	Hatri Chilta.....	—	12	—	—	69,75
XVI	Milva Chilta.....	34	10	—	—	48
XVII	Basola Bukni....	14	15	—	—	42,75
XVIII	Saw-Dust	1	3	69	—	62,50
		204	10	69		

MOYENNE

DES « PRIX PAYÉS » AUX DIVERSES ENCHÈRES DE « BOIS DE SANTAL » EN 1901

CLASSES	DESCRIPTION	PRIX PAR 100 KILOS C. A. F. BASE HAVRE/MARSEILLE							
		THIRTEA-KALLI 18 nov. 1901	SAGAR 22 nov. 1901	SHIMOGA 27 nov. 1901	CHICKMA-GALU 2 déc. 1901	KASSAN 6 déc. 1901	BANGALORE 10 déc. 1901	SERINGAPAT 13 déc. 1901	KUNSUR 16 déc. 1901
		fr.	fr.	fr.	fr.	fr.	fr.	fr.	fr.
I	Vilaya Bush........	120 »	119 »	121 »	120,75	121,75	117,50	115 »	117 »
II	China Budh........	122,50	119 »	121 »	119,70	121,25	116,50	114,50	116 »
III	Panjam...........	120,50	118 »	117,50	114,75	121,75	120,50	115 »	116,50
IV	Ghotla...........	117,50	116,50	114,50	114 »	118 »	114,75	114 *	117 »
V	Ghat Badala........	111 »	111 »	111 »	110,75	114,50	112,50	112 »	115,50
VI	Bagaradad	114 »	113,50	109,50	110 »	113,50	115,50	114 »	114,50
VII	Racines 1re classe..	121 »	—	116 »	113,50	115,50	113,50	—	114,75
VIII	— 2e classe..	120 »	—	110 »	110 »	115 »	113 »	—	114 »
IX	— 3e classe..	121 »	—	108 »	113,50	112,50	112 »	—	111,50
X	Jajpokal 1re classe..	109 »	106 »	107 »	107,50	111 »	110 »	109,50	113,50
XI	— 2e classe..	108,50	104 »	105,50	105,50	109 »	107,50	108,75	112 »
XII	Ain Bagar..........	102,50	103,50	103,50	102,75	106 »	104 »	103,75	107 »
XIII	Cheria Chilta.......	103,50	96 »	98 »	97,50	100 »	94 »	100 »	100,25
XIV	Ain Chilta..........	67 »	67,50	67,50	69,90	92 »	72,75	70 »	68,25
XV	Hatri Chilta........	69,50	69,50	67 »	69,90	73,50	51,75	68 »	63,50
XVI	Milva Chilta........	57,50	60 »	53 »	55,50	55 »	56,75	53,25	53,65
XVII	Basola Bukni.......	51,50	45 »	48 »	47,50	50,50	47,75	44,25	44 »
XVIII	Saw Dust..........	96 »	—	77 »	70,50	78,50	73,50	67 »	68,75

BOIS DE SANTAL 1901

Quantités retirées de la vente par le Gouvernement

		T	cwt	T	cwt
Classe VII. — Racines de 1re classe.		58	15 24		
— VIII. — — 2e —		54	16 56		
— IX. — — 3e —		30	16 91	145	13 73
— XVIII. — Sawdust..........		1	5 14		

RÉSUMÉ

		T	cwt	T	cwt
Quantités offertes { Mysore........		2 062	15 102		
aux enchères { Coorg..........		204	10 69	2 267	6 59
Quantités retirées des enchères...................				145	13 73
Quantités vendues............................				2 121	12 98

Après cette étude complète du *Santalum album*, nous
n'avons plus qu'à dire quelques mots des autres variétés
de santal.

Le *Santalum cygnorum* est chargé dans le port de Free-
mantle, en Australie occidentale ; il parvient sur le marché de Singapour sous le nom de *Swan River, Sandal
Wood*, et il est employé aux Indes comme succédané du
Santalum album.

Au Tonkin, on commence à exploiter le santal dans la
province de Quang-Yen.

L'*Hasoranto* est d'un brun foncé ; il est très dur et très
tenace ; il fut expédié pour la première fois de Tamatave
sur Zanzibar, puis en Europe. On a dénommé scientifiquement *Santalina madagascariensis*, famille des Rubiacées.
C'est le santal de Madagascar ; son essence est de bonne
qualité.

B. — Technique

L'essence du *Santalum album* est un liquide assez épais, d'un jaune souvent pâle, d'odeur persistante, bien que faible, de saveur désagréable et irritante.

Poids spécifique............ entre 0,975 et 0,980 ;
Pouvoir rotatoire... .... entre — 17° et — 19° ;
Solution limpide............. avec 5 parties d'alcool à 70° ;
Mélanges troubles avec alcool dans le cas d'essences vieilles ;
Santalol $C^{15}H^{26}O$............ 93 à 98 0/0 ;

Par distillation dans le vide sous 14 millimètres de pression, 95 0/0 de l'essence passe entre 155° et 170° ;

Bout sous pression ordinaire.   entre 275° et 295° ;
Indice de saponification.....   varie de 5 à 15.

D'après Chapoteaut, l'essence de bois de santal est formée de deux principes dont les formules seraient $C^{15}H^{24}O$ et $C^{15}H^{26}O$.

Depuis Chapman, Burgess, Parry, H. von Soden, Fr. Müller et Guerbet ont étudié cette essence.

L'essence du *Santalum Preissianum* a été plus particulièrement étudiée par Berkenheim.

Formule...................... $C^{15}H^{24}O^2$
Point de fusion.................. 101 à 103°

L'essence du *Santalum cygnorum* fut examinée par Parry.

Poids spécifique.................. 0,953 à 0,965
Pouvoir rotatoire.................. $\alpha_D = + 5° 20'$
Indice de saponification.......... 1,1 à 1,6
Santalol....................... 75 0/0

L'essence de santal d'Indo-Chine laisse déposer des aiguilles fusibles vers 80°; ses propriétés physiques sont les suivantes :

```
Densité à 15°..............................  0,9944
Pouvoir rotatoire ( l = 100 millimètres)..........— 8°,58
Indice de réfraction n_D.....................  1,5910
Coefficient de saponification (avant acétylation)..  6,2
       —              —       (après    —    ).  52,9
```

De son côté, M. P. Siedler a étudié l'action physiologique des essences de santal de diverses origines, en opérant sur des souris et des grenouilles. Il a constaté que l'essence africaine est la moins toxique et que les parties les plus volatiles n'ont pas une toxicité plus grande que les autres et en particulier que le santalol. Il ajoute que le santalol, principe actif de l'essence, devrait être prescrit à la place de celle-ci. Il a analysé de nombreuses essences de santal et fixé les limites suivantes pour les constantes de ces produits :

```
Densité à 15°.......................... 0,975 à 0,985
Pouvoir rotatoire (l = 100 millimètres).... — 17 à — 19°
Solubilité dans 5 volumes d'alcool à....... 70°
Coefficient d'acidité, maximum........... 2,75
Coefficient de saponification, maximum... 7,5
Coefficient de saponification après acétyla-
   tion, minimum........................ 197
Ébullition (sous pression de 760 millimètres). 297-305°
```

D'une façon générale on peut dire que l'essence de santal doit être de couleur « paille foncée » et, remarque spécieuse, son odeur s'associe parfaitement à celle de la rose.

C. — INDUSTRIE.

I. — Pays producteurs

Bois. — Une partie importante du bois de santal sert au culte religieux aux Indes.

En Nouvelle-Calédonie, le bois de santal se débite au kilogramme pour l'exportation, le prix a atteint 1.000 franc

FIG. 104.—Boutique...ouverte de parfums et de fruits à Darzeeling (Bengale).

la tonne. Dans ce pays, la redevance pour l'exploitation est de 15 francs les 100 kilogrammes.

Au Mayumbé, Afrique occidentale, les indigènes font sécher le santal, le pilent et le transforment en un aggloméré au savon *takoul* d'un rouge grenat ; ils s'en enduisent le corps.

Dans l'Inde et en Chine on en confectionne encore des coffrets, des écrins, des étuis, etc., avec le bois de santal, parce que ce bois n'est pas attaqué par les fourmis blanches et aussi à cause de son odeur.

Essence. — Bidie a décrit un appareil indigène.

Il comprend une chaudière ou vase sphérique en argile, de 6 pieds environ de circonférence. Une ouverture circulaire à la partie supérieure peut être fermée par un couvercle en argile; dans ce couvercle on adapte un tuyau coudé en cuivre d'une longueur moyenne de 5 pieds et demi. L'extrémité inférieure du tuyau aboutit dans un récipient en cuivre placé dans un vase rempli d'eau froide.

On ne distille pas l'aubier, mais des bûchettes extraites du cœur; on procède par charges de 50 livres, puis la chaudière est remplie d'eau. L'opération dure dix jours et dix nuits, parfois plus. Pendant ce temps on remplace l'eau évaporée.

On retire 2,5 0/0 d'essence d'un poids spécifique de 0,980 et plus.

La plus grande partie de cette essence qui est loin d'être parfaite est absorbée par la Chine et l'Arabie.

II. — Pays importateurs

Bois. — Le bois de santal séché et pulvérisé entre dans la préparation des poudres, des sachets, etc.

POUDRE D'ENCENS

Santal	500 grammes
Benjoin	250 —
Cascarille	250 —
Vétiver	50 —
Musc en grains	0gr,50
Salpêtre	55 grammes

Il faut broyer finement le tout et passer plusieurs fois au tamis.

SACHET AU SANTAL ET A LA ROSE

Santal...................................... 250 grammes
Pétales de roses.................... 500 —
Bois de Rhodes.................... 450 —
Essence de roses.................. 5 —

SAVON ARTIFICIEL DE FRANGIPANE

Savon de suif coloré en rose........ 3 kilogr.
Essence de santal.................. 45 grammes
— de néroli.............. 15 —
— de roses.............. 5 —
— de vétiver.............. 10 —
Civette........................... 5 —

SACHET " PETIT PAUL "

Il suffit de pulvériser du bois de santal et d'en remplir des sachets.

BOUQUET ANGLAIS

Extrait de santal...................... $0^{lit},55$
— de roses.................... 0 ,25
— de vétiver.................. 0 ,15
— d'iris...................... 0 ,25

TEINTURE DE SANTAL

Essence de santal.................. 30 grammes
Alcool à 80°...................... $0^{lit},50$

PARFUM PAULETTE

Extrait de santal...................... $0^{lit},25$
— de cèdre.................... 0 ,25
— de patchouli................ 0 ,25
— de vétiver.................. 0 ,25
— de verveine................ 0 ,15
— de roses triple............ 0 ,25

EAU MARGOT

Essence de santal...................... 3gr,55
Extrait de roses (pommade).............. 0lit,25
  --   de cassie   —   .... 0 ,25
  —   de tubéreuse —   .... 0 ,25
  —   de jasmin   —   .... 0 ,25
Bouquet de la maréchale................. 0 ,55

SAVON AU BOIS DE SANTAL

Savon blanc de suif.............. 3.500 grammes
Essence de santal................   200   —
  —   de bergamote...........   55   —

EXTRAIT DE BOIS DE SANTAL

Essence de santal................. 85 grammes
Extrait de roses.................. 0gr,50
Alcool........................... 4 litres

D. — COMMERCE

En dehors de ses applications en ébénisterie et en parfumerie, le bois de santal, par son essence, est utilisé en médecine; cette essence, en effet, est très recommandée pour combattre certaines maladies des voies urinaires.

Voici un tableau d'exportation de 1903 à 1907 :

ANNÉES	TELLICHERY	CALCUTTA	MANGALORE	TOTAL	TOTAL
	Cwts	Cwts	Cwts	Cwts.	Tonnes
1906-1907...	7.837	4.583	11.429	23.842	1.210
1905-1906...	15.559	6.150	11.590	33.299	1.690
1904-1905...	14.998	7.872	8.874	31.744	1.610
1903-1904...	15.097	6.321	9.030	30.448	1.540

E. — IMITATIONS ET FALSIFICATIONS.

Les principales adultérations portent sur : additions d'essence de copahu, d'essence de bois de cèdre, d'huile de ricin, etc. C'est ainsi que certains échantillons du commerce contiennent jusqu'à 25 0/0 d'huile de ricin.

On reconnaît les fraudes par l'examen des constantes physiques, peu variables, et par le dosage du *santalol*.

On doit se rappeler aussi que le coefficient de saponification de l'essence de santal est compris entre 6 et 12,6, tandis que ce même coefficient atteint 188 pour les huiles grasses ; enfin on sait que 1 volume d'essence de santal est soluble à la température de 20°, dans 5 volumes d'alcool à 70 0/0.

Comme garanties dans le commerce, on peut exiger d'une essence de santal :

1° *Poids spécifique*. — A 15°, pas inférieur à 0,975 ;

2° *Pouvoir rotatoire*. — Pour 100 millimètres, entre — 17° et — 19° ;

3° *Solubilité dans l'alcool*. — A 20°, 1 volume d'essence pour 5 volumes d'alcool à 70 0/0 ;

4° *Coefficient de saponification*. — Pas supérieur à 13 ;

5° *Teneur en santalol*. — Pas inférieure à 90 0/0.

CHAPITRE IV

FEUILLES

Ce sont des prolongements aplatis de la tige ; d'importantes fonctions de la plante s'y accomplissent. Le squelette des feuilles est composé de *nervures* qui sont réunies par une mince couche de tissu végétal ou *parenchyme* ; les deux surfaces de ce tissu ligneux comprennent une pellicule très fine dite *épiderme* ; les pores qui s'y rencontrent sont appelés *stomates* ; c'est par ces petites ouvertures que sont absorbés et expirés l'oxygène, l'acide carbonique et la vapeur d'eau.

Non seulement les feuilles sont, en quelque sorte les *poumons* des plantes, mais elles jouent encore le rôle d'*estomac* ; en effet, elles digèrent les aliments venant des racines et se les approprient pour la nutrition des plantes.

Rappelons ici quelques notions fondamentales de physiologie végétale que nous trouvons parfaitement présentée dans le *Bulletin scientifique et industriel* de la Maison Roure-Bertrand fils.

Les plantes vertes empruntent à l'acide carbonique de l'air la majeure partie du carbone nécessaire pour la formation de leurs tissus. C'est sous l'influence de petites masses protoplasmiques imprégnées de pigments jaunes et verts appelées *chloroleucites* ou encore *grains de chlo-*

rophylle que l'acide carbonique est décomposé en ses éléments, le carbone étant fixé par les tissus et l'oxygène mis en liberté. L'énergie nécessaire à l'accomplissement de ce phénomène est due à l'absorption, par la chlorophylle, d'un certain nombre de radiations lumineuses.

Dans la plante verte, les radiations absorbées par la chlorophylle ont, en outre, pour effet propre, de vaporiser une grande quantité d'eau. Cette fonction chlorophyllienne, qui est distincte de la transpiration, peut se nommer *chlorovaporisation*.

L'intensité de la fonction chlorophyllienne, ou *énergie assimilatrice*, se mesure par la quantité d'acide carbonique décomposé ou d'oxygène dégagé dans l'unité de temps et par unité de surface. Mais l'étude des échanges gazeux entre la plante et l'atmosphère se complique par suite de la *respiration* de la plante, dont les effets sont contraires à ceux de la fonction chlorophyllienne; le protoplasme incolore absorbe, en effet, de l'oxygène et dégage de l'acide carbonique. La respiration se produit aussi bien à la lumière qu'à l'obscurité, mais à la lumière ce phénomène est masqué par l'assimilation.

Lorsqu'on compare les énergies assimilatrices de deux feuilles, de deux plantes ou fractions de plantes, on n'envisage généralement que la résultante de la fonction chlorophyllienne et de la respiration.

Ces notions étant rappelées, nous allons pouvoir étudier, comme nous l'avons annoncé plus haut, l'influence qu'exercent sur l'éthérification naturelle des alcools terpéniques les diverses causes susceptibles de modifier l'énergie assimilatrice d'une plante. Si cette influence modifie dans le même sens les deux ordres de phénomènes, nous aurons là une contribution à la vérification de l'hypothèse consistant à envisager l'éthérification des

alcools terpéniques dans la plante, comme une conséquence des phénomènes chlorophylliens.

Voyons maintenant l'influence de la coloration des
feuilles.

Certaines plantes possèdent un feuillage normalement
coloré en rouge, violet, brun ou jaune orangé. La matière
colorante porte alors le nom d'*anthocyanine* ou *éry-
throphylle*. M. Griffon, au cours de ses intéressantes
recherches sur l'assimilation chlorophyllienne et la coloration des plantes, a montré que la présence d'anthocyanine ne peut nuire d'une manière appréciable à la formation de la chlorophylle; il a cependant pu établir,
expérimentalement, qu'une solution de cette substance
rouge nuit dans une certaine mesure à l'assimilation des
tissus verts placés derrière elle. Cette action nuisible
peut être faible, mais il arrive généralement que les
feuilles renfermant de l'anthocyanie contiennent des
chloroleucites faiblement colorés.

Autrement dit, les cellules sont pauvres en chlorophylle, et, assez souvent, l'énergie assimilatrice des feuilles
rouges se trouve comprise entre la moitié et les trois
quarts de celle des feuilles vertes; ce rapport s'abaisse
même jusqu'à 1/4 en été et quelquefois jusqu'à 1/6
ou 1/7.

Passons à l'influence de la nature des organes.

Les fleurs peuvent jouer un rôle au point de vue de
l'assimilation chlorophyllienne; en effet, les sépales, les
carpelles, les stigmates même contiennent souvent de la
chlorophylle; mais ce rôle est faible et la respiration
l'emporte sur l'assimilation.

Il faut tenir également compte des influences simul-
tanées ou séparées de la lumière, de l'altitude et de
l'état hygrométrique de la température.

C'est ainsi qu'étant donnée leur structure spéciale, les plantes de montagne sont adaptées à une fonction assimilatrice plus intense, et on peut affirmer que l'altitude influe dans le même sens, d'une part sur la fonction chlorophyllienne, d'autre part sur la formation des éthers.

Fig. 105. — Travailleurs indigènes répondant à l'appel avant de se rendre aux plantations.

Mais l'influence de l'altitude n'est pas une influence simple, elle dépend de plusieurs facteurs qui caractérisent le climat de montagne : 1° l'éclairement plus intense; 2° l'air plus sec; 3° la température plus basse. Les deux premiers, pris isolément, agissent dans le même sens, tandis que l'influence du froid dans les montagnes paraît contrarier leur action.

Nous profiterons aussi de cette parenthèse ouverte pour

ajouter que l'air sec favorise la formation des éthers, en même temps qu'il rend les végétaux plus aptes aux fonctions chlorophylliennes.

Bref, les conclusions qui résultent des études de la Maison Roure-Bertrand fils sont les suivantes :

Les influences capables de modifier les plantes de façon à les rendre plus aptes aux fonctions chlorophylliennes favorisent en même temps la formation des éthers d'alcools terpéniques.

Puisque les transformations chimiques que subissent les composés odorants dans la plante procèdent des principaux phénomènes physiologiques qui président à la vie végétale, puisque, d'autre part, il a été possible d'établir les liens qui rattachent ces deux ordres de phénomènes, on est maintenant en mesure d'aborder directement et avec une méthode précise, le problème de la culture rationnelle des plantes à parfums. Nous savons, en effet, quelles sont les conditions physiologiques qu'il sera nécessaire d'imposer à la plante pour diriger le travail de la cellule dans le sens favorable à l'élaboration de tel ou tel principe odorant.

D'autre part, relativement au mécanisme de la formation des éthers chez la plante, rappelons la réaction de M. Berthelot :

$$\text{alcool} + \text{acide} = \text{éther} + \text{eau.}$$

Or cette réaction doit être limitée par la réaction inverse et l'état d'équilibre doit dépendre de la proportion d'eau contenue dans le milieu ; c'est en favorisant l'élimination mécanique de l'eau que la fonction chlorophyllienne active l'éthérification.

Des expériences auxquelles s'est livrée la Maison Roure-Bertrand fils, il résulte que l'addition des sels minéraux

au sol augmente l'acidité volatile des *feuilles fraîches ;*
que les chlorures et les sulfates augmentent un peu l'acidité volatile des *feuilles sèches*, mais que les nitrates
paraissent la réduire ; quant au phosphate disodique, il
l'augmente sensiblement.

On a également remarqué qu'au début de la végétation,
les cendres sont plus alcalines, provenant des organes
aériens que provenant des racines. La plante se dévelop-
pant, l'alcalinité des cendres décroît dans les parties
aériennes et croît dans les racines pour y devenir finale-
ment plus forte que dans les organes aériens.

Les sels minéraux ont eu pour effet, d'une manière
générale, d'augmenter dans les organes aériens la proportion des acides combinés. Dans les racines, les différences
ne sont pas très sensibles.

Bref, relativement au mécanisme des phénomènes bio-
chimiques, les conclusions semblent être les suivantes :
Si la fonction chlorophyllienne se montre favorable à
l'éthérification des alcools, c'est en assurant l'évaporation
par les feuilles, phénomène qui contribue à réduire les
proportions d'eau chez la plante. Mais il n'est pas nécessaire que la fonction chlorophyllienne soit plus intense
pour que l'éthérification soit plus active, les influences
susceptibles de réduire l'absorption sont aussi de nature
à accroître la valeur du rapport entre la quantité d'alcool
combiné et la quantité d'alcool total.

Grâce à ces résultats, la fonction chlorophyllienne
acquiert une signification nouvelle.

Non seulement elle permet l'assimilation du carbone
qui devra former la matière organique ; non seulement
elle assure par la transpiration la circulation des liquides
végétaux qui véhiculent et distribuent les aliments minéraux de la plante, mais encore, en se rendant favorable à

l'élimination mécanique de l'eau, elle se prête à l'union des molécules par déshydratation. De la sorte, on verra sans doute, lorsqu'il sera permis de généraliser, que les édifices moléculaires simples érigés tout d'abord engendrent — par une série d'unions de cette nature — ces édifices plus imposants dont l'étude alimente depuis si longtemps la curiosité des chimistes.

Ces phénomènes donnant naissance à des molécules de plus en plus complexes, viennent en quelque sorte compléter l'œuvre de l'assimilation. Et, ensuite, par la respiration, l'oxygène est fixé sur les tissus, les alcools s'oxydent en donnant tout d'abord les aldéhydes ou les cétones correspondantes. On conçoit très bien, les phénomènes d'assimilation et de respiration étant en quelque sorte inverses l'un de l'autre, que l'éthérification et l'oxydation des alcools qui en dépendent respectivement aient des tendances à varier en sens opposé. (*Bulletin Roure-Bertrand fils*, avril 1903.)

<h2 style="text-align:center">CITRONNELLE</h2>

Généralités. — L'année 1899 a marqué une dépréciation sensible de l'essence de citronnelle ; cette défaillance fut due à l'encombrement du marché.

Depuis cette époque, les cours se sont mieux maintenus.

<h3 style="text-align:center">A. — AGRONOMIE</h3>

Botanique. — Famille des graminées. L'étude botanique des espèces ou variétés d'*andropogons* est encore très incomplète.

Les andropogons fournissant l'essence de citronnelle
sont extrêmement nombreux, mais cette essence est surtout extraite de l'*Andropogon nardus* Linné, dont il
existerait deux formes principales à Ceylan, d'après
M. Ch.-J. Sawer. L'une sauvage,
dite *Maana*; l'autre cultivée, appelée *Pangéri maana*. De son côté,
M. Willis, directeur des jardins
botaniques de Ceylan, distingue
deux variétés de citronnelles; il
ajoute que la citronnelle sauvage
serait une troisième variété.

Enfin, d'après M. E. de Willdeman, il y aurait quatre variétés
groupées en deux classes : *Maha-*
pangeri et *Lenabatu*, chacun de
ces groupes ayant des avantages et
des désavantages.

Les premières variétés donnent
un plus fort rendement en essence
et sont plus riches en principes
aromatiques ; mais elles exigent un
sol fumé et résistent peu à la
sécheresse.

Les *lenabatu* résistent mieux et
ne demandent pas de soins.

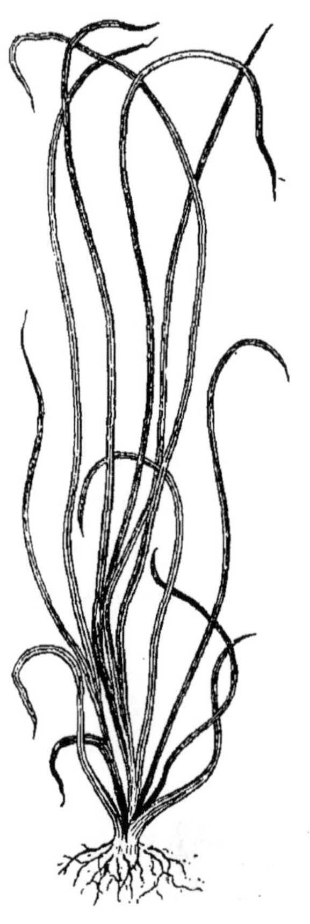

Fig. 106. — Citronnelle.

Les essences de citronnelle n'ont pas toujours la même
composition chimique. La différence s'accuse entre les
andropogons d'Amérique et ceux d'Asie.

Habitat. — Exploitation. — La citronnelle est très
répandue dans l'Inde ; on la cultive à Hong-Kong, à la
Jamaïque, à Java, à Ceylan, en Afrique orientale, à Sin-

gapour, au Kameroun, à Madagascar, aux Comores, dans les îles de l'Océan Indien, au Brésil, aux Antilles, à la Guadeloupe et dépendances sur la côte ouest du Mexique, etc.

D'après MM. Ch. Jackson, Thomas et Jowitt, planteurs à Ceylan, la citronnelle se développe encore normalement, en ce pays, à 2.000 pieds d'altitude, près de Peradeniya, et à 7.000 pieds dans les plaines de Horton.

Dans les provinces du sud de Ceylan, il y a plus de 40.000 acres couverts de citronnelle ; c'est ainsi que dans le voisinage de Galle (*fig.* 106) et de Colombo, on en voit des plantations considérables.

D'après M. Ch.-J. Sawer, il y avait en 1886, à Ceylan, seulement, 220 appareils de distillation ; ce chiffre s'éleva à 476, en 1896 ; puis à 600, en 1898.

En 1899, la superficie des cultures de citronnelle, à Ceylan, était évaluée à 50.000 acres anglaises (40res,467), soit une superficie de 202 hectares.

La citronnelle se reproduit par fragments de collets. (Voir ce que nous avons dit pour le vétiver.)

La plantation peut se faire en n'importe quelle saison ; mais le véritable moment est un peu avant la saison des pluies.

Les touffes doivent être espacées d'environ 1 mètre. On les coupe un an après la plantation, lorsqu'elles ont atteint leur entier développement.

A Ceylan, on a « tassé » jusqu'à 40.000 plantes par acre, mais il serait préférable de n'en placer que 15.000.

Il importe de sélectionner les fragments de rhizome qui servent à la plantation. Ils doivent être prélevés sur des buissons de deux à trois ans, n'ayant pas encore été coupés pour la distillation.

Il est bon de drainer et de ne pas laisser les pluies enlever les couches superficielles meubles.

Les mauvaises herbes sont enlevées deux fois l'an.

M. Fayasuriya préconise, comme engrais, un mélange de cendres d'herbes et de fumier de fermes.

A Ceylan, c'est avant la mousson du Nord-Est qu'on répand l'amendement ; c'est à ce moment que la plante commence à fleurir.

Fig. 107. — La Citronnelle à Galle (Ceylan).
(Photographie Roure-Bertrand fils.)

Rendement en feuilles. — M. W. Fawcett, dans *Annual report on the public garden and plantations Jamaica* (période avril 1903-mars 1904), dit qu'un cinquième d'acre planté avec l'*Andropogon Nardus*, en mai 1903, a fourni au commencement de décembre, environ 1.200 kilogrammes de masse verte.

Les frais de culture et de distillation se montaient à 32 francs.

On admet qu'une plantation normale peut fournir

annuellemeut 50 livres d'essence par acre et qu'une plantation de 300 acres peut procurer pour 15.000 Rs à 16.875 Rs en essence, par an.

Le rendement va en augmentant jusqu'à la troisième année, puis elle décroît.

D'après M. Fayasuriya, un acre peut fournir, en période maximum de rendement, 71 livres par an ; il cite le cas d'une plantation de dix-huit ans qui ne donnait plus, annuellement, que 26 livres par acre.

B. — Technique

L'essence de citronnelle est douée d'une odeur aromatique rappelant celle de la mélisse et du géraniol. Sa teinte varie du jaune au vert ; elle est même parfois un peu rougeâtre.

Poids spécifique varie entre 0,895 et 0,910.

M. Gladstone a appelé *citronellol* un corps qu'il en a extrait, qui bout à 200° et qui répond à la formule $C^{10}H^{18}O$.

D'après M. Kremers, l'essence de citronnelle renferme un terpène, de l'aldéhyde heptylique, de l'acide valérianique, un peu d'acide acétique et l'élément $C^{10}H^{18}O$.

M. Dodge a donné à cet élément le nom *d'aldéhyde citronnellique* ; c'est le *citronellal*.

L'essence de citronnelle est devenue une source industrielle de *géraniol*.

Sa densité est de 0,8741, à 20° C. ; elle bout à 200°.

Cette essence contient jusqu'à 8 0/0 de *citral*. Pour séparer le citral de l'essence, on a recours à la distillation fractionnée ; on ne recueille que vers 230° C.

En 1900, il fut reconnu que l'essence de citronnelle de

Java était aussi riche que celle de Ceylan en géraniol, environ 32 0/0, mais deux fois plus riche qu'elle en citronnelle.

En 1899, Ceylan produisait environ 200.000 kilogrammes d'essence de citronnelle ; malheureusement

Fig. 108. — En avant, citronnelle ; en arrière, cannelle.
(Photographie Roure-Bertrand fils.)

des industriels peu scrupuleux ayant falsifié les produits de distillation, le discrédit fut vite jeté sur l'essence de cette origine.

C. — Industrie

I. — Pays producteurs

La distillation des feuilles de citronnelle se fait à la vapeur. Une opération dure environ six heures.

On peut compter sur un rendement moyen de 1 0/0.

A Ceylan, on estime que 1 hectare produit 60 bouteilles de 620 grammes, soit 37^{kg},200, et que le bénéfice en résultant est de 68 francs.

A la Réunion, on admet que, pour obtenir 1 kilogramme d'essence, il faut distiller 800 kilogrammes de feuilles.

C'est l'essence de Java qui est la plus renommée, celle de la Jamaïque vient ensuite; puis, celle de Ceylan et autres.

A Peradeniya (Ceylan), on raffine l'essence brute, qu'on expédie ensuite à Londres. Cette essence est logée dans des fûts en fer de 7-10 cwt. (350-500 kilogrammes) ; on avait essayé, à Galle, de se servir de bidons en fer blanc carrés, mais on dut y renoncer.

A Ceylan, on utilise les herbes dont on a extrait l'essence, pour la fabrication de *pâte à papier*[1]. On obtient ainsi d'excellents résultats.

On emploie également à cet effet l'herbe sauvage *maana* très commune dans plusieurs parties de l'île.

II. — **Pays importateurs**

L'essence de citronnelle est très employée pour parfumer les savons.

Le savon au miel est un beau savon jaune légèrement parfumé à la citronnelle.

SAVON AU MIEL

Savon jaune 1re qualité............	50 kilogr.
— mou de figues..............	7 —
Essence de citronnelle...........	800 grammes

1. Voir nos études spéciales sur cette matière première industrielle.

PARFUM A LA CITRONNELLE

Essence de citronnelle............ 20 grammes
—   de bergamote. .... 10 —
—   de verveine... .... 15 —
Alcool à 90°.................... 250 —

De nombreuses pommades sont également parfumées à la citronnelle.

Préparation du géraniol. — M. J. Bertrand part de l'essence de citronnelle pour la préparation du géraniol, qui est le principe odorant du géranium.

Il traite 100 parties d'essence par 30 parties d'une solution concentrée de bisulfite de soude ; après refroidissement, l'essence est séparée du produit solide; puis, dans un appareil à reflux, on la saponifie en lui ajoutant 5 parties de potasse diluées dans 25 parties d'alcool.

Par distillation, on chasse facilement l'alcool et en faisant passer un courant de vapeur d'eau, on entraîne l'essence. Il reste à distiller dans le vide de façon à recueillir le géraniol au moment voulu.

Essence de violette artificielle. — Le citral ou principe actif des essences de citronnelle, sert à la fabrication de l'essence de *violette artificielle*.

Le citral remplace aussi couramment l'*huile de citron*.

D. — COMMERCE

En 1898, Ceylan exporta 1.365.917 livres, d'une valeur de 1.750.000 francs, environ.

Voici le détail de cette exportation.

	lbs
Angleterre	696.869
Amérique	648.999
Allemagne	22.883
Indes	10.106
Australie	10.633
France	3.440
Chine	2.249
Singapour	540
Afrique	250
	1.365.927

TABLEAU D'EXPORTATION D'ESSENCE DE CITRONNELLE DE CEYLAN
1887 A 1904

Années	lbs
1887	551.706
1888	659.967
1889	641.465
1890	909.942
1891	603.974
1892	844.502
1893	668.520
1894	908.471
1895	1.182.255
1896	1.132.141
1897	1.182.867
1898	1.365.917
1900	1.409.058
1904	1.156.642

En 1905, le prix de l'essence de citronnelle est tombé à 6 francs le kilogramme, alors que le cours moyen sur les marchés de Londres et de New-York est de 1^s4^d à 1^s6^d par livre.

Depuis, le cours normal se maintient entre 5 fr. 25 et 6 francs.

Pour les Strait's Settlements, près Singapour, la production annuelle d'essence n'est évaluée qu'à 30.000 livres anglaises.

En 1907, les prix ont varié de 4 fr. 45 à 5 fr. 30.

Voici le chiffre des exportations de Ceylan pour le 1er septembre 1907 :

	lbs
Pour l'Angleterre......................	339.662
France........................	8.892
Allemagne....................	63.195
Indes........................	3.195
Australie....................	32.378
Amérique....................	238.768
Afrique....................	56
Chine.......................	900
Japon.......................	94
	687.140

	lbs
Le 1er semestre 1905 avait donné......	580.832
— 1906 —	682.443
— 1903 —	700.070

E. — IMITATIONS ET FALSIFICATIONS

L'essence de l'*Andropogon nardus* est fréquemment falsifiée avec de l'huile de paraffine, des huiles grasses, du pétrole, de l'essence de garjum, etc.

Au point de vue commercial, on est en droit d'exiger :

1° Poids spécifique entre 0,895 et 0,910 ;

2° A la température de 20°, l'essence, mélangée à 3 fois son volume d'alcool à 80 0/0, doit donner une solution limpide qui ne doit pas se troubler par addition de 7 autres volumes d'alcool à 80 0/0.

Il est bon d'attendre vingt-quatre heures ; au bout de ce temps, il ne doit pas se séparer de gouttelettes huileuses.

Au repos, le pétrole surnage et les huiles grasses se déposent.

Si l'essence est adultérée par addition d'essence de gurjum ou d'une substance analogue, on le reconnaît en agitant le produit à essayer avec 10 fois son volume d'alcool à 80 0/0 ; les éléments ajoutés restent insolubles et se déposent.

Mais, sans même recourir aux falsifications d'ordre chimique, on fait bien souvent passer pour essence de citronnelle des essences diverses ayant plus ou moins le parfum de l'èssence réelle.

Citons, par exemple :

L'essence de l'aurone mâle, *Artemisia abrotamun*, de la famille des synanthérées ;

La mélisse, *Melissa officinalis*, de la famille des *labiées*;

La verveine odorante, *Verbena tryphylla*, Cheritier, *Lipia citriodora*, Kumth ; *Aloysia citriodora*, Hooker ;

Quoi qu'il en soit, on doit à M. Kelway Bamber le mode opératoire suivant pour la recherche et le dosage des produits d'adultération de cette essence.

On mélange 2 centimètres cubes d'huile de coco, privée d'acides, à 2 centimètres cubes d'essence de citronnelle ; on agite pendant une minute à 29-30°, avec 20 centilitres d'alcool 83 0/0 *en poids*, dans un récipient cylindrique convenablement gradué. On imprime à l'instrument un mouvement de rotation. Dans ces conditions, l'essence de citronnelle demeure en solution, tandis que l'huile de coco se sépare, entraînant avec elle les impuretés insolubles dont on mesure la proportion par l'augmentation de volume de l'huile de coco.

EUCALYPTUS

Généralités. — C'est l'essence de l'*Eucalyptus piperita* qui est la plus anciennement connue ; elle fut mentionnée dès l'année 1790. Ce fut en 1792 que Labillardière découvrit l'*Eucalyptus globulus* en Tasmanie.

En 1853 F. Müller préconisa la distillation des feuilles d'eucalyptus près du gouverneur de Victoria.

L'année suivante, Bosisto fonda, en Australie, la première distillerie de ce genre.

L'essence d'eucalyptus parut pour la première fois dans le commerce allemand en 1866.

Seulement, en 1856, l'*Eucalyptus globulus* fut introduit en Europe par Ramel.

On commença à distiller cette espèce dans le midi de la France, puis en Algérie, en Californie, etc.

Aujourd'hui l'essence d'eucalyptus est devenue l'objet d'un commerce très soutenu.

C'est ainsi qu'on fabrique industriellement cette essence dans toute l'Australie méridionale, en Tasmanie, dans le Queensland, etc. En Australie les principaux centres de production sont, pour la province de Victoria : Melbourne et ses environs, les bords du Lake Hindmarsh et Bendigo.

Pour le Queensland, il faut citer : Brisbane, Gladstone Rockhampton, Wallaroo et Inghamstown.

Enfin, en Tasmanie, le centre de production est Hobart.

A. — AGRONOMIE

Botanique. — Les Eucalyptus appartiennent à la famille des Myrtacées. Il en existe un grand nombre d'espèces et de variétés.

Voici les principales:

Eucalyptus globulus La Billardière; *E. amygdalina* La Billardière; *E. Bayleyana* F. v. Müller; *E. bicolor*, synonyme de *E. largiflorens* F. v. Müller; *E. creba E. corymbosa*, Smith; *E. dumosa*; *E. fissilis E. hemphloia* F. v. Müller; *E. longifolia*; *E. microcorys* F. v. Müller; *E. obliqua* L'Héritier; *E. odorata*; *E. oleosa* F. v. Müller;

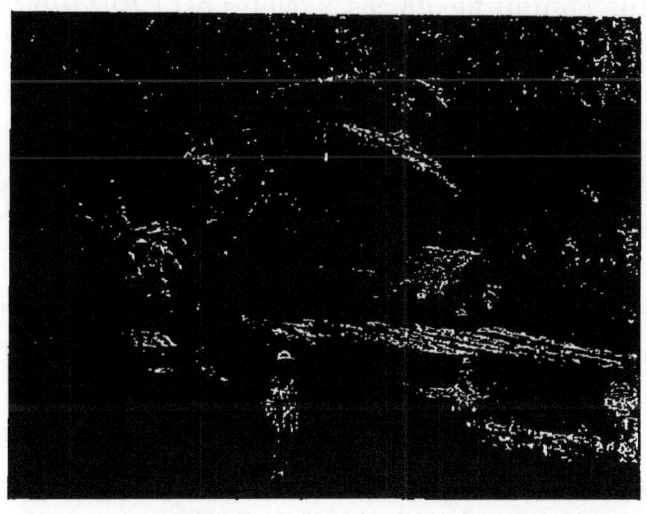

FIG. 108.— Pépinières de plantes à parfums à Tontoni, Fombani
(Anjouan, îles Comores).
(Cliché *La France coloniale*.)

E. populifolia Hooker; *E. punctata* de Candolle; *E. resinifera* Smith; *E. risdonia*; *E. rostrata* Schlechtendal; *E. sideroxylon*; *E. Stuartiana* F. v. Müller; *E. terticornis* variété *dealbata* Smith; *E. Tessellaris*, F. v. Müller; *E. toxophleba*; *E. viminalis*.

Espèces et variétés se rencontrant plus particulièrement en Australie:

Eucalyptus macarthuri; *E. quadrangulata*; *E. acaciæformis*; *E. acaciæformis*, variété *linearis*; *E. rubida*; *E.*

siderophloia, variété *glauca* ; *E. goniocalix*, F. v. Müller,
variété *nitens* ; *E. Gunnii* Hook, variété *glauca* ; *E. saligna*
variété *parviflora* ; *E. conica* ; *E. agregata* ; *E. Nova-
anglica* ; *E. Red Gum of Tenterfield* ; *E. oreades*, il relève
du groupe des *E. moutainash* et se place, au point de vue
botanique, entre *E. Sieberiana* F. v. Müller et *E. coriacea* ;
E. maculosa, « spittedgum » ; *hæmustoma* ; *E. Smithii* ;
E. *patentinervis* « Bastard mahogany » ; etc., etc.

La plus commune de ces variétés est l'*Eucalyptus globulus*.

L'*Eucalyptus Smithii* tient à la fois de l'*E. Bauerleni* et
de l'*E. Viminalis* ; c'est un arbre de 150 pieds de hauteur
et dont le diamètre atteint parfois 4 pieds.

Habitat. — Géographie. — Synonymie. — L'*Eucalyptus globulus* est à croissance rapide ; il s'ensuit une énorme vaporisation d'eau qui fait que cet arbre est très recherché
pour assainir les contrées marécageuses.

Le *Blue Gumtree of Victoria and Tasmania*, originaire
d'Australie, demande le même climat que l'oranger. On
le voit en Algérie, dans le Midi de la France, en Espagne,
en Portugal, en Italie, au Mexique, en Floride, dans la
Californie, à Prétoria, à la Jamaïque, aux Indes, etc.

L'*Eucalyptus odorata* est aussi très répandu en Australie
méridionale, dans les provinces de la Nouvelle-Galles du
Sud et de Victoria.

L'*Eucalyptus oneorifolia* croît en Australie méridionale,
Kangaroo Island.

L'*Eucalyptus dumosa* est commun au sud de l'Australie,
dans la Victoria septentrionale et dans la Nouvelle-Galles
du Sud.

L'*Eucalyptus amygdalina*, encore désigné sous les noms
de *White* et *Brown Peppermint-tree*, est très commun dans

le sud-ouest de l'Australie ; il atteint une très grande hauteur.

L'*Eucalyptus rostrata* s'étend de l'Australie méridionale au Queensland ; on le cultive aussi en Algérie et dans le Midi de la France.

L'*Eucalyptus populifera* se voit dans la Nouvelle-Galles du Sud, l'Australie septentrionale et le Queensland.

L'*Eucalyptus corymbosa* se trouve dans les régions côtières de la Nouvelle-Galles du Sud et dans le nord du Queensland.

L'*Eucalyptus resinifera* appartient plus particulièrement au Queensland et à la Nouvelle-Galles du Sud.

L'*Eucalyptus Baileyana* est assez spécial aux environs de Brisbane, dans le Queensland.

L'*Eucalyptus microcorys* est commun dans les zones maritimes de la Nouvelle-Galles du Sud jusqu'à Cleveland-Bay et dans le Queensland.

L'*Eucalyptus Leucoxylus* croît en Australie méridionale, province de Victoria, dans la Nouvelle-Galles du Sud et dans la partie méridionale de Queensland.

L'*Eucalyptus hemipholia* est très commun en Australie méridionale, dans la Nouvelle-Galles du Sud, la Victoria le Queensland méridional, etc.

L'*Eucalyptus crebra* ou *Iron Bark* s'isole dans les districts côtiers de la Nouvelle-Galles du Sud et du Queensland.

L'*Eucalyptus macrorrhyncha* ou *Red Stringybark* appartient à la Nouvelle-Galles du Sud.

L'*Eucalyptus capitellata* ou *Brown Stringybark* n'a pas d'habitat parfaitement défini en Australie.

L'*Eucalyptus eugenioides*, est encore connu en Australie sous la désignation *White Stringybark*.

L'*Eucalyptus obliqua* est répandu sur les côtes méridionales de la Nouvelle-Galles du Sud, en Tasmanie, Victoria et en Australie méridionale.

L'*Eucalyptus punctata* ou *Grey Gum* est un bois très dur qui habite les régions maritimes de la Nouvelle-Galles du Sud et du Queensland.

L'*Eucalyptus Loxophleba* ou *York Gum* est très répandu dans le voisinage de New-York.

Fig. 110. — Route de Galles à Colombo (île de Ceylan).

L'*Eucalyptus maculata* ou *Spotted Gumtree* croît dans la Nouvelle-Galles du Sud au Queensland, dans l'île de Ceylan et en Algérie.

L'*Eucalyptus citriodora* est indigène au Queensland ; on l'a propagé avec succès aux Indes, à Zanzibar, etc.

L'*Eucalyptus dealbata* est fréquent en Tasmanie, dans la Victoria, l'Australie méridionale, la Nouvelle-Galles du Sud.

L'*Eucalyptus Planchoniana* se rencontre dans le Queensland méridional et dans la Nouvelle-Galles du Sud.

L'*Eucalyptus Staigeriana* est spécial au Queensland septentrional.

L'*Eucalyptus Backhousia citriodora* est indigène au Queensland méridional.

L'*Eucalyptus hæmastoma* va depuis Illawarra en Nouvelle-Galles du Sud jusqu'à Wide-Bay, Queensland.

L'*Eucalyptus piperita* fut appelé *Peppermint-tree* par White à cause de la ressemblance de ses feuilles avec celles de la menthe poivrée, *Mentha piperita*, qui croît en Angleterre.

Eucalyptus diversicolor, Australie méridionale, Algérie, Ceylan.

Eucalyptus goniocalyx, indigène dans les provinces de Victoria et de la Nouvelle-Galles du Sud.

Eucalyptus gracilis, Queensland, Victoria et Australie méridionale.

Eucalyptus Lehmanni, sud-ouest de l'Australie.

Eucalyptus longifolia, provinces de la Nouvelle-Galles du Sud et de Victoria.

Eucalyptus occidentalis, sud de l'Australie.

Eucalyptus pauciflora, Tasmanie, Nouvelle-Galles du Sud, Victoria.

Eucalyptus Stuartiana, répandu de la Tasmanie au Queensland.

Eucalyptus tereticornis ou *Red Gum*, arbre de Queensland et de Victoria.

Eucalyptus tesselaris, Australie méridionale et Nouvelle-Galles du Sud.

Exploitation. — Rendement. — C'est l'Australie qui expédie la plus grande partie d'essence riche d'Eucalyptus. L'Algérie reste encore à l'arrière-plan.

Les principaux centres de production de l'essence d'*Eucalyptus globulus* sont l'Australie, l'Algérie, le Midi de la France, la Californie, le nord du Portugal, etc.

B. — TECHNIQUE

En partant des principes constituants et de leur odeur, on peut classer les essences d'eucalyptus en cinq groupes.

FIG. 111. — Un paysage de Malaisie.

1° Essences contenant du cinéol. — *Essences d'eucalyptus globulus*. — Liquide jaune verdâtre ; densité, 0,910 à 0,930.

Cette essence dévie de + 1° à + 20° le plan de polarisation de la lumière. Odeur camphrée peu agréable. Point de solidification — 50° ; point de fusion — 10°.

M. Williams lui a trouvé 0,888 à 0,910 de densité

à 15°; M. Cloëz a remarqué que la plus grande partie distille vers 175°; il a recueilli, à cette température, un liquide incolore, de densité 0,905, auquel il a donné la formule $C^{12}H^{20}O$; il l'a appelé *eucalyptol*.

En outre, l'essence d'eucalyptus contient du *cinéol* dans la proportion de 20-70 0/0 et un alcool sesquiterpénique $C^{12}H^{26}O$, différent de tous ceux que l'on connaît.

Essence d'Eucalyptus Smithii. — Rendement 1,353 0/0 d'essence renfermant plus de 70 0/0 de cinéol.

Essence d'Eucalyptus odorata. — Densité, 0,907 à 15°. — Grande quantité de cinéol.

Essence d'Eucalyptus onéorifolia. — Odeur rappelle l'aneth et le cumin. Poids spécifique, 0,889 à 0,923.

Essence d'Eucalyptus oleosa. — Jaune pâle, odeur camphrée; densité à 15°, 0,915 à 0,925.

Essence d'Eucalyptus dumosa. — Grande quantité de cinéol; poids spécifique 0,884 à 0,915.

Essence d'Eucalyptus amigdalina. — Liquide jaune; odeur forte, peu citronnée. Densité, 0,874-0,897; pouvoir rotatoire varie de — 24° à — 38°.

Essence d'Eucalyptus bayleyana. — Densité, 0,940; distille entre 160 et 185°; environ 30 0/0 de cinéol et 70 0/0 d'un terpène qui paraît être le *pinène*.

Essence d'Eucalyptus camphora, ou *sallow ou swamp gum*. — Rendement, 0,398 0/0 d'essence; densité, 0,916.

Essence d'Eucalyptus rostrata. — Jaune clair; distille à basse température; contient de l'aldéhyde valérique et du cinéol.

Essence d'Eucalyptus populifera. — Rouge clair, odeur de cajeput.

Essence d'Eucalyptus corymbosa. — Incolore, faible odeur de citron.

Essence d'Eucalyptus resinifera. — Odeur de thérébenthine ; très riche en cinéol.

Essence d'Eucalyptus microcorys. — Bout entre 160 et 200° ; densité à 15°,0,935.

Essence d'Eucalyptus risdonia. — Densité, 0,915 ; forte proportion de cinéol.

Essence d'Eucalyptus leucoxylon. — Poids spécifique, 0,915 à 0,927.

Essence d'Eucalyptus hémiphloia. — Couleur rouge brun ; grande quantité d'aldéhyde cuminique et de cinéol.

Essence d'Eucalyptus crebra. — Teinte jaune claire. Grande analogie avec l'essence d'*Eucalyptus globulus.*

Essence d'Eucalyptus macrorrhyncha. — Couleur rouge brun ; poids spécifique, 0,924 à 0,927 ; commence à bouillir à 172° ; rendement, 0,287 0/0 ; cinéol, 53,2 0/0 entre 177 et 182°.

Essence d'Eucalyptus capitellata. — Couleur rouge brun ; poids spécifique, 0,9153 à 18° ; rendement, 0,103 0/0 ; cinéol, 38,4 0/0 de 174 à 198°.

Essence d'Eucalyptus eugenioïdes. — Poids spécifique, 0,907 ; ne contient pas de phellandrène ; rendement, 0,689 à 0,795 0/0 ; odeur agréable ; cinéol, 28,4 à 31,4 0/0.

Essence d'Eucalyptus obliqua. — Odeur douce ; densité, 0,899 ; bout vers 180°.

Essence d'Eucalyptus punctata. — Densité, 0,912 à 0,920 à 17°2.

Essence d'Eucalyptus loxophleba. — Odeur très désagréable ; excite fortement la toux ; poids spécifique à 15°,5, 0,8828.

Essence d'Eucalyptus dextropinea. — Couleur rouge foncé ; fortement dextrogyre ; poids spécifique à 1°, de 0,8743 à 0,87 63 ; rendement, 0,825 à 0,850 0/0.

Essence d'Eucalyptus lævopinea. — Couleur rouge ; poids spécifique, 0,8732 ; rendement, 0,66 0/0.

2° **Essences contenant du citronellal.** — *Essence d'Eucalyptus maculata.* — Odeur de citron ; poids spécifique, 0,900.

Essence d'Eucalyptus citriodora. — Odeur de citron ; poids spécifique, 0,870 à 0,905 ; très employée pour la fabrication des savons de toilette.

Essence d'Eucalyptus dealbata. — Odeur très fine rappelant celle de la mélisse ; poids spécifique, 0,871 à 0,885.

Essence d'Eucalyptus planchoniana. — Odeur de citronnelle ; poids spécifique, 0,915.

3° **Essences contenant du citral.** — *Essence d'Eucalyptus staigeriana.* — Odeur de citron et de verveine ; poids spécifique, 0,880 à 0,901.

Essence d'Eucalyptus Backhousia citriodora. — Semble formée exclusivement de citral ; poids spécifique, 0,900.

4° **Essences à odeur de menthe.** — *Essence d'Eucalyptus hæmastoma.* — Poids spécifique, 0,909 à 17°.

5° **Essences à odeur indéterminée.** — *Essence d'Eucalyptus Dawsons* ou *Slaty Gum.* — Densité, 0,9414 ; rendement, 0,172 0/0 d'essence.

Essence d'Eucalyptus diversicolor. — Poids spécifique, 0,924 ; rendement, 0,825 0/0.

Essence d'Eucalyptus macarthuri. — Renferme 60 0/0 d'acétate de géranyle et 10,64 0/0 de géraniol libre.

Essence d'Eucalyptus fissilis. — Odeur douce ; densité, 0,903.

Essence d'Eucalyptus aggregata. — Rendement 0,04 0/0 d'essence ; densité, 0,956 ; coefficient de saponification, 112.

Essence d'Eucalyptus goniocalyx. — Jaune clair ; poids spécifique, 0,918 à 0,920.

Essence d'Eucalyptus delegatensis. — Rendement, 1,76 0/0 ; densité à 15°, 0,8602.

Essence d'Eucalyptus gracilis. — Poids spécifique, 0,909.

Essence d'Eucalyptus intertexta. — Rendement, 0,64 0/0 ; densité, 0,9078.

Essence d'Eucalyptus Lehmanni. — Poids spécifique, 0,923.

Essence d'Eucalyptus Morrisii. — Rendement, 1,69 0/0 ; densité, 1,9097.

Essence d'Eucalyptus longifolia. — Densité, 0,910 ; odeur camphrée.

Essence d'Eucalyptus viridis. — Rendement, 1,06 0/0 ; densité, 0,9006.

Essence d'Eucalyptus occidentalis. — Poids spécifique, 0,9236 ; rendement des vieilles feuilles, 0,243 0/0 ; des jeunes, 0,198 0/0.

Essence d'Eucalyptus vitrea. — Rendement, 1,48 0/0 ; densité, 0,886.

Essence d'Eucalyptus pauciflora. — Poids spécifique, 0,894 à 0,920.

Essence d'Eucalyptus angophoroïdes. — Rendement, 0,185 ; densité, 09049.

Essence d'Eucalyptus Stuartiana. — Jaune d'or ; odeur de cymène.

Essence d'Eucalyptus intermedia. — Rendement, 0,125 0/0 ; densité, 0,8829.

Essence d'Eucalyptus tereticornis. — Rouge.

Essence d'Eucalyptus lactea. — Rendement, 0,541 0/0 ; densité, 0,8826.

Essence d'Eucalyptus tessellaris. — Odeur rappelle celle du benjoin.

Essence d'Eucalyptus ovalifolia. — Rendement, 0,27 0/0 ; densité, 0,9058.

Essence d'Eucalyptus ideroxylon. — Densité, 0,918 ; qualité extra.

Essence d'Eucalyptus umbra. — Rendement, 0,160 0/0 ; densité, 0,8901.

Essence d'Eucalyptus toxophleba. — Odeur désagréable provoquant la toux. Densité à 15°,5,0.883.

Essence d'Eucalyptus Fletcheri. — Rendement, 0,294 0/0 ; densité, 0,8805.

Essence d'Eucalyptus viminalis. — Odeur désagréable ; densité, 0,918-921°.

Essence d'Eucalyptus polybractea. — Rendement, 1,35 0/0 ; densité, 0,9143.

Essence d'Eucalyptus bicolor. — Densité, 0,8876 ; insoluble dans l'alcool à 70°, renferme beaucoup de phellandrène et peu de cinéol.

Essence d'Eucalyptus Red Gum of Tenterfield. — Densité 0,914 ; odeur rappelle celle de l'aldéhyde cuminique ; renferme du cinéol.

Essence d'Eucalyptus oreades. — Groupe des (*Moutain ash*). — Jaune clair ; densité, 0,887 à 15° ; rendement, 1,16 0/0 d'essence ; pouvoir rotatoire — 25°,6.

Essence d'Eucalyptus maculosa. — Densité, 0,907 à 15° ; 92 0/0, distillant au-dessous de 185°.

Essence d'Eucalyptus patentinervis. — Analogue au précédent ; encore dit : *Bastard Mahogany.*

Essence d'Eucalyptus Woollsiana. — Rendement, 0,495 0/0 ; densité, 0,889.

Essence d'Eucalyptus Wilkinsonia. — Rendement, 0,9 0/0 ; densité, 0,894.

Essence d'Eucalyptus calophylla. — Essence rougeâtre ; rendement, 0,25 0/0 ; densité, 0,8756.

Essence d'Eucalyptus salmonoploia. — Rendement, 1,45 0/0; densité, 0,9076; 50 0/0 de cinéol.

Essence d'Eucalyptus redunca Schauer. — Rendement, 1,205 0/0; densité, 0,9097; 40 0/0 de cinéol.

Essence d'Eucalyptus gomphocephala. — Rendement, 0,031 0/0; densité, 0,8759.

Essence d'Eucalyptus salubris. — Rendement, 1,391 0/0; densité, 0,902.

FIG. 112. — Paysage à Madagascar.

Dosage de l'eucalyptol. — Voici comment on dose approximativement l'eucalyptol. On pèse 10 grammes d'essence dans une capsule; on refroidit, puis on ajoute de l'acide phosphorique, goutte à goutte, en remuant. L'acide phosphorique est concentré; densité, 1,75; on l'ajoute jusqu'à ce qu'il prenne une coloration jaune ou rouge persistante.

La masse cristalline formée, placée entre des doubles de papier buvard, est fortement comprimée à la presse ; le papier est renouvelé jusqu'à ce qu'il ne révèle plus de traces d'huile.

La masse solide est pesée dans un vase taré, et son poids, multiplié par 6,11 donne, au centième, la proportion d'eucalyptol.

Rappelons que l'essence d'*Eucalyptus globulus* contient au moins 50 0/0 d'*Eucalyptol*.

C. — INDUSTRIE

I. — Pays producteurs

Afin d'obtenir des essences bien définies, il serait indispensable de trier les feuilles avec soin ; mais ce n'est pas ce qu'on fait ordinairement, notamment en Australie ; il y a même des essences telles que *bulk oil* qui ne sont autres que des mélanges d'essences ou encore des essences obtenues en distillant des feuilles d'eucalyptus prises en masse, parmi les variétés suivantes : *E. leucoxylon*, *E. polyanthema*, *E. melliodora*, *E. sideroxylon*, etc.

Quand, en Australie, on veut obtenir un produit très fin, on part des feuilles de *E. sideroxylon*.

Dans certaines régions on commence par abattre les arbres que l'on dépouille ensuite de leurs feuilles ; celles-ci sont mises dans des sacs et amenées par des charretiers à l'usine.

La distillation se fait dans de grands appareils ordinairement à feu direct.

Purification. — Pour obtenir l'*essence du commerce*, il faut purifier l'*essence brute* ; on y parvient en mélangeant à cette essence de la lessive de soude, puis on rectifie. On enlève ainsi les aldéhydes irritantes et les corps saponifiables.

On compte que, par ce traitement, la perte en essence est d'environ 10 0/0 ; l'essence ainsi perdue se trouve dans les résidus sous forme de savon de consistance sirupeuse et de couleur forcée. On désigne ce résidu sous le nom de *Résine oil* ou d'*Eucalyptus tar*, il est utilisé pour la désinfection à bon marché ou pour parfumer les savons communs.

II. — Pays importateurs

Les essences d'eucalyptus entrent dans la préparation de *savons* dits hygiéniques et qu'on aromatise au moyen de parfums spéciaux ; en outre, elles constituent de bonnes bases d'odeurs ; néanmoins il ne faut pas oublier que ces essences perdent facilement leur arome, dès qu'on les additionne d'essences analogues.

D. — Commerce

La valeur des essences d'eucalyptus dépend de leur teneur en eucalyptol.

En Angleterre et en Australie, ces essences entrent surtout dans la fabrication des savons comme agent hygiénique.

E. — Imitations et falsifications

Un proche parent de l'eucalyptus, le *melenca* fournit par la distillation de ses feuilles le *curiam ponti* ou *essence de cajeput*.

GÉRANIUM

Généralités. — On distingue : essence de géranium rosat ou de pélargonium ; essence de géranium des Indes ou de palmarosa.

Successivement nous étudierons ces deux produits. L'essence de géranium rosat est dite *Geranium oder Pelargoniumöl* par les Allemands et *oil of rose geranium* en Angleterre.

Les géraniums ou pélargoniums, indigènes en Afrique australe, ont été importés du cap de Bonne-Espérance, en Europe, en 1690.

Recluz, à Lyon, en obtint, en 1819, de l'essence en distillant des feuilles et, en 1847, Demarson cultiva des pélargoniums dans la région de Paris, pour la distillation ; des cultures industrielles furent alors pratiquées à Montfort-l'Amaury.

Depuis, Chiris et Monk importèrent le géranium en Algérie où la culture de cette géraniacée ne tarda pas à devenir intensive et la production d'essence de géranium dépasse actuellement, dans notre colonie, celle de tous les autres pays.

C'est Robillard qui introduisit le géranium en Espagne ; les premiers essais furent faits dans les environs de Valence, et de grandes cultures ne tardèrent pas à s'amorcer dans la province d'Alméria.

A la Réunion, on doit les premières tentatives de distillation du géranium au botaniste Frappier de Montbenoit ; en 1882, la propriété Arnoux, à la plaine d'Affouches, produisit de l'essence qui fut acceptée sur le marché ; immédiatement après, MM. Pévérelly frères installèrent la première distillerie importante ; depuis, de grandes cultures existent sur les hauts de Saint-Pierre et à la plaine des Cafres, et des appareils à distillation furent montés à Saint-Louis, à Saint-Paul, à la plaine des Palmistes, à la plaine d'Affouches, etc. Aujourd'hui, l'île de la Réunion vient directement après l'Algérie comme production d'essence.

Fig. 113. — Géranium.

En Corse, les plantations sont peu importantes. Quand à la Tunisie, la culture intensive du géranium y existe dans certaines régions et donne de beaux résultats.

A. — AGRONOMIE

Botanique. — Famille des *Géraniacées*.

L'essence est extraite des espèces suivantes : *Pelargo-*

nium capitatum Aiton ; *Pelargonium odoratissimum* Willdeman ; *Pelargonuim roseum* Willdeman ; *Pelargonium
radula*, L'Hérit ; *Pelargonium species.*

Le *Pelargonium odoratissimum* est encore dit géranium
à odeur de rose. Ses feuilles donnent à la distillation une
essence ayant une agréable odeur de rose ; c'est ce qui
explique qu'on l'emploie industriellement pour falsifier
l'essence de rose.

Le *Pelargonium capitatum* donne une essence qui fut
connue pendant longtemps sous le nom d'essence de feuille
de rose géranium.

Le *Pelargonium roseum* est parfois considéré comme
une variété du *Pelargonium radula.*

Toutes les parties vertes renferment de l'essence et les
pétales sont inodores.

On a fait des expériences pour se rendre compte de la
distribution des composés odorants dans le géranium ; on
est arrivé aux conclusions suivantes :

1° L'acidité volatile diminue lorsqu'on va de la feuille
vers la tige ;

2° Les composés terpéniques se trouvent entièrement
localisés dans la feuille.

Habitat. — Exploitation. — La culture de cette plante est
pratiquée, en grand, dans de nombreux pays. Nous citerons le Midi de la France ; notamment dans la région de
Grasse, vallée du Loup et de la Siagne, l'Algérie, l'Espagne, la Tunisie, Zanzibar, l'archipel des Comores, la
Réunion, les Indes orientales, la Turquie, etc.

En France (Alpes-Maritimes), on doit, à cause de gelées,
renouveler, chaque année, des plantations dont on ne tire
qu'une coupe ; déjà, en Algérie, les plantations durent de
six à huit ans et donnent trois coupes par an : la pre-

mière au mois de mai, les autres à un ou deux mois d'intervalle.

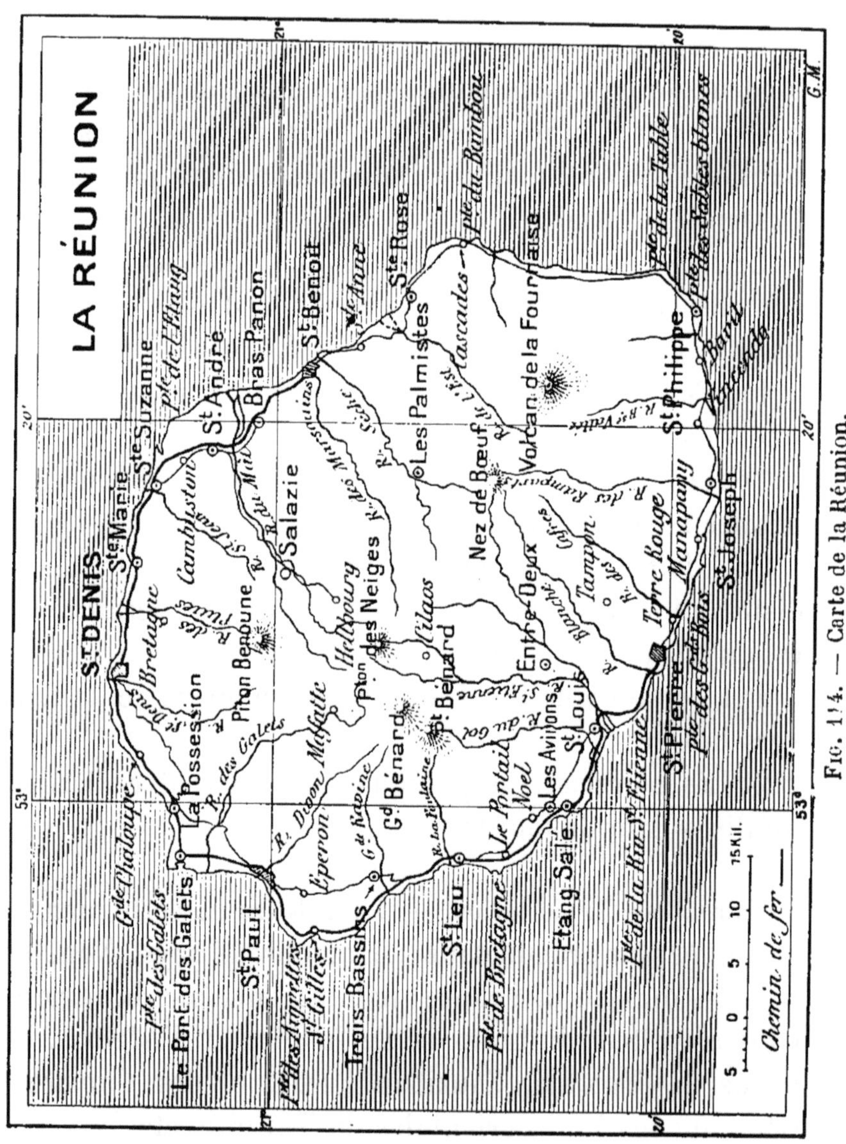

FIG. 114. — Carte de la Réunion.

D'après M. Laplaîche, plus de 500 hectares sont couverts de géranium rosat en Algérie.

A la Réunion (*fig*. 114), les propriétaires abandonnent des terres incultes aux colons ; en retour, ceux-ci remettent aux propriétaires un tiers de la production, gardent le reste en rémunération de leur travail. Il existe dans ce pays, des domaines sur lesquels plus de vingt colons vivent de la sorte.

De cette façon les détenteurs du sol ont pu faire mettre en valeur des terrains inexploités jusqu'alors ; il en résulte, pour eux, un bénéfice net. D'autre part, les colons n'ont aucun débours à faire, puisqu'ils n'ont pas de loyers à payer et que, travaillant sur place, ils trouvent l'eau et le bois nécessaires à la distillation.

Dans la plaine des Palmistes, ce sont les petits propriétaires qui se livrent eux-mêmes à la culture du géranium ; pour qu'ils y trouvent un léger bénéfice, il ne faut pas que le prix de l'essence descende au-dessous de 23 francs ; ajoutons qu'au cours actuel de l'essence de géranium, les propriétaires n'auraient aucun avantage à espérer en faisant cultiver le géranium pour leur propre compte, car la grande exploitation ne peut produire sans perte au-dessus des cours de 27-28 francs.

Culture. — Pour la reproduction, c'est la bouture qui sert. On peut récolter dès la première année. En plantation normale, il y a trois coupes annuelles. Toutefois il est bon de remarquer qu'aussitôt après la saison des pluies, les parties soumises à la distillation sont très aqueuses et moins riches en essence.

Dans les plantations intensives, on s'est évertué à appliquer l'engrais convenant le mieux au géranium ; il semble que ce soit le superphosphate de chaux.

A ce sujet le Dr Griffith fit l'analyse, de la plante, suivante :

Acide phosphorique...................... 13,12
  — sulfurique 14,29

A ce sujet, il nous paraît indispensable de rappeler les intéressantes expériences de la maison Roure-Bertrand fils, relativement à l'influence qu'exercent certains sels minéraux chez les végétaux odoriférants. La plante étudiée fut la menthe poivrée.

Les conclusions sont les suivantes :

L'addition de chlorure de sodium au sol a pour effet d'accentuer l'augmentation de la proportion centésimale de matière organique dans la plante, ainsi que la perte relative d'eau. En même temps que le chlorure de sodium exerce sur le végétal cette double influence, il favorise l'éthérification et entrave, au contraire, la transformation du menthol en menthone.

Sous l'influence du nitrate de sodium, l'augmentation centésimale de la matière organique dans la plante se trouve accentuée, la perte relative d'eau s'accroît, l'éthérification est favorisée, l'élaboration du menthol et la transformation de cet alcool en menthone sont au contraire entravées.

La plantation du géranium se fait généralement au commencement de la saison des pluies ; les boutures sont mises à $0^m,75$ environ les unes des autres.

A chaque coupe il faut laisser une jeune pousse; celle-ci sera sectionnée quelques semaines plus tard, quand les nouvelles pousses seront assez fortes.

Les terrains secs fournissent une essence plus fine et les terrains humides donnent une essence plus abondante : il y a en quelque sorte compensation.

La récolte a lieu un peu avant la floraison, lorsque les feuilles perdent de leur éclat et commencent à jaunir, à ce moment, aussi, le parfum, au lieu de rappeler la rose, rappelle plutôt le citron.

A la Réunion, le géranium se plaît à toutes les altitudes, on le rencontre aussi bien sur les alluvions des plateaux du bord de la mer, qu'à 1.600 mètres d'altitude ; néanmoins l'altitude préférée pour le rendement industriel est de 400 à 600 mètres.

Rendement. — Il est variable suivant la qualité de l'espèce, le degré de maturité de la feuille, l'altitude, les soins culturaux, la saison, etc.

Voici comment on compte à la Réunion.

Rendement de la première année : très inférieur, étant donné que la pousse d'hiver est lente.

A partir de la deuxième année, on fait trois coupes en quatorze ou quinze mois ; chaque pied donne alors de 300 à 400 grammes de feuilles ; en comptant 100 pieds à la gaulette, on a 40.000 pieds environ à l'hectare, soit une production de 14.700 kilogrammes de feuilles, desquels on retirera de 12 à 17 litres d'essence selon perfection du travail.

En réalité, la feuille contient de 1 à 1,20 0/0 de son poids en essence, mais on est obligé de la cueillir avec la tige, d'où grande proportion de ligneux qui réduit le rendement entre 0,60 et 0,75 0/0 du poids.

En calculant sur un prix de vente moyen de 20 francs le kilogramme, le revenu brut est donc de 200 à 300 francs par hectare et par coupe, soit, pour l'année, une moyenne de 250 × 3 = 750.

M. Fournier, distillateur à Saint-Louis, a, en outre, fait les remarques suivantes : le rendement du géranium est supérieur de mars à octobre et inférieur du 15 octobre à mi-janvier.

Fig. 115. — Pégomas, berceau de la culture du géranium en France.
(Photographie Roure-Bertrand fils.)

Mille gaulettes doivent produire 15 kilogrammes d'essence.

La teneur en essence varie de 0,65 à 0,95 0/0. En première coupe, on obtient 0,74 à 0,75; en deuxième, 0,95.

On ne doit commencer à cueillir qu'aux premières feuilles.

N'oublions pas que pour la culture du géranium il faut beaucoup de bras et que, actuellement, cette culture n'est possible que dans les pays où la main-d'œuvre est facile et à bon marché.

En Algérie, on admet qu'une plantation nouvelle de géranium ne peut produire que 10 kilogrammes d'essence à l'hectare, tandis que la moyenne est de 25 kilogrammes pour une plantation en plein rapport.

B. — TECHNIQUE

M. Gintl est le premier qui ait annoncé la présence du *géraniol* $C^{10}H^{18}O$ dans l'essence de géranium. MM. Bertram et Gildemeister ont démontré que cet alcool existe dans les essences de géranium, non seulement à l'état libre, mais encore à l'état d'éthers composés, parmi lesquels l'éther tiglique. Ces auteurs pensent aussi que l'essence de géranium renferme, à côté du tiglate de géranyle, de faibles quantités des éthers butyrique et valérianique du géraniol.

Voici, comparativement, les analyses de deux essences de géranium [1] :

1. *Les Huiles essentielles et leurs principaux constituants*, par E. Charabot, J. Dupont, L. Pillet, Paris.

ORIGINE	TENEUR EN TIGLATE DE GÉRANYLE	ALCOOL LIBRE CALCULÉ EN $C^{10}H^{18}O$	ALCOOL TOTAL	POIDS SPÉCIFIQUE A 15°	POUVOIR ROTATOIRE	POUVOIR ROTATOIRE APRÈS SAPONIFICATION	ABAISSEMENT DU POUVOIR ROTATOIRE
Algérie..	24,86	55,41	71,62	0,894	— 9° 10'	— 5° 08'	4° 02'
Réunion.	32,16	46,12	67,11	0,8915	— 9° 20'	— 7° 40'	1° 40'

Essence d'Afrique (Algérie). — A une densité variant à 15° entre 0,890 et 0,900. Pouvoir rotatoire, — 9° à — 10° (Alger), — 11° à — 12° (Constantine).

La teneur en éthers, exprimée en acétate, varie de 17 à 23 0/0; celle en alcool total, calculée en $C^{10}H^{18}O$, varie de 60 à 80 0/0.

Essence de la Réunion. — Poids spécifique à 15°, 0,886 à 0,895. Teneur en éthers, voisine de 27 0/0 et voisine de 32 0/0, si l'on calcule en tiglate de géranyle en acétate. Teneur en alcool total $C^{10}H^{18}O$, voisine de 80 0/0.

Essence d'Espagne. — Analyse avec les produits d'Afrique : poids spécifique, 0,897 ; tiglate de géranyle, 35 à 42 0/0 ; sa solution dans 2 à 3 parties d'alcool à 70° paraît trouble.

Essence française. — Assez semblable à celle de la Réunion : poids spécifique, 0,897 à 0,905; tiglate de géranyle, 25 à 28 0/0 ; solution limpide dans 2 à 3 parties d'alcool à 70°.

Essence allemande. — Ce produit n'est pas commercial. Poids spécifique, 0,906; tiglate de géranyle, 27,9 0/0.

En résumé, l'essence de géranium contient deux alcools terpéniques à l'état libre et à l'état d'éthers et une cétone ne correspondant, d'une façon immédiate, à aucun de ces alcools.

Les composés alcooliques sont le *géraniol* $C^{10}H^{18}O$ et, d'après MM. Barbier et Bouveault, le *rhodinol* $C^{10}2H^{20}O$; ce deuxième alcool ne différant du premier que par 2 atomes d'hydrogène à la place d'une double liaison.

Fig. 116. — Travailleurs rentrant des plantations (Madagascar).

Quant au constituant cétonique, il est, d'après M. Monnet, identique avec la *menthone* contenue dans l'essence de menthe indigène.

On a remarqué que :

1° L'acidité diminue pendant la maturation de la plante ;

2° Comme dans tous les cas passés en revue dans ce qui précède, l'essence de géranium s'enrichit en éthers pendant la végétation ;

3° La proportion d'alcool total augmente légèrement et la quantité d'alcool libre diminue, mais moins sensiblement que ne le comporte l'augmentation des éthers ;

4° Le constituant cétonique prend naissance principalement à l'époque où la plante possède la plus grande activité respiratoire ;

5° La proportion de rhodinol par rapport à celle du géraniol augmente pendant la végétation ;

6° D'après M. Charabot, la menthone prend naissance surtout à l'approche de la floraison.

C. — INDUSTRIE

I et II. — Pays producteurs et pays importateurs

Essence. — Nous savons que c'est le géraniol qui est le principe odorant du géranium.

La distillation porte sur les feuilles et les branches ; une opération dure environ trois heures.

A la Réunion, on estime qu'il faut 800 kilogrammes de géranium pour obtenir 1 kilogramme d'essence.

On y compte 400 alambics : 250 à Saint-Pierre et environs ; 12, à Saint-Louis ; 12, à Saint-Joseph ; 60, dans la plaine des Palmites ; une trentaine disséminés.

Le mode opératoire est très simple. On entasse les feuilles dans la cucurbite d'un alambic ordinaire ; on ajoute un tiers de leur poids d'eau ; on chauffe le tout, en évitant les coups de feu. Il *passe* bientôt une essence « vert émeraude » qui, au bout de quelques jours, prend une teinte plus claire.

Fig. 117.
Outil pour
prélever
du plant.

Parfois aussi on épuise les feuilles par un courant de vapeur d'eau ; dans ce cas, les feuilles sont disposées dans des colonnes formées de caissons cylindriques superposés et séparés les uns des autres par des diaphragmes percés de trous. Ces caissons ont une hauteur moyenne de 3 à 4 mètres et peuvent contenir jusqu'à 500 kilogrammes de feuilles.

On peut travailler 1.500 kilogrammes de feuilles par jour. Le chauffage se fait au bois.

Dans le cas d'épuisement à la vapeur, on adjoint à l'installation un petit générateur de 3 à 5 chevaux et on pousse la vaporisation à 3 ou 4 atmosphères.

Pendant la distillation les réfrigérants sont fortement attaqués et les mains des ouvriers chargeant les alambics se couvrent de gerçures ; d'après MM. Jeancard et Satie, ces phénomènes sont dus à la présence d'acides libres dans l'essence de géranium.

PHILOCOME AU GÉRANIUM

Graisse blanche épurée..	500	grammes
Huile d'œillette...................	500	—
Essence de géranium............	15	—

VINAIGRE AU GÉRANIUM

Alcool à 85°....................	1	litre
Essence de géranium............	10	grammes
— de teinture de benjoin....	1	—
— de roses................	2	—
— de vinaigre de bois à 8°...	50	—
Cochenille......................	2	—

Après avoir mêlé, on filtre au bout de 48 heures.

AUTRE VINAIGRE AU GÉRANIUM

Alcool à 85°....................	2	litres
Essence de géranium............	30	grammes
Vinaigre de bois................	100	—
Teinture de benjoin............	5	—

Rappelons que, pour obtenir la teinture de benjoin, il faut laisser en contact, pendant huit jours, 2 litres d'alcool à 90° C. et 500 grammes de benjoin en poudre. On remue plusieurs fois par jour, puis on filtre et on conserve dans des flacons bien bouchés.

SAVON AU GÉRANIUM

Savon blanc de graisse de bœuf...	10 kilogr.
Essence de géranium............	50 grammes
— de girofle..............	25 —
— de carvi...............	25 —
— de sassafras...........	25 --

EXTRAIT DE ROSES-THÉ

Extrait de géranium rosat........	$0^{lit},55$
— de roses triples...........	0 ,55
— de néroli...............	0 ,15
— d'iris....................	0 ,15
— de bois de santal.........	0 ,30

VINAIGRE AU GÉRANIUM

Essence de géranium.............	45 grammes
Teinture de benjoin.............	7 —
Vinaigre de bois...............	150 —
Alcool à 85°....................	3 litres

EXTRAIT A L'ESSENCE DE GÉRANIUM

Essence de géranium.............	200 grammes
Alcool à 95°....................	2 litres

BOUQUET-GÉRANIUM

Essence de géranium.............	7 grammes
Alcool d'iris à 20 gr.............	$0^{lit},50$
Extrait de tubéreuse (de pommade).	0 ,55
— de jasmin —	0 ,55
— de violette —	0 ,55
— de rose	0 ,55

POMMADE POUR LES LÈVRES

Huiles d'amandes................	125 grammes
Cire...........................	25 —
Spermaceti.....................	25 —
Essence de géranium............	3 —
— de bergamote............	1 —

PARFUM AMER A LA ROSE

Essence de géranium............	5 parties
— de girofle...............	1 —
— de bergamote............	5 —
— d'amandes amères........	2 —

D. — COMMERCE

Selon les lieux de production, les essences de géranium sont diversement appréciées. Les essences d'Espagne et de France sont les plus estimées, puis viennent celles d'Algérie, de la Tunisie, de la Réunion, etc.

Le département des Alpes-Maritimes produit annuellement de 2.000 à 3.000 kilogrammes d'une essence tout à fait supérieure.

L'exportation moyenne de l'Algérie est de 40.000 kilogrammes. Celle de la Réunion varie chaque année, comme le montre le tableau suivant :

Année 1900.....................	9.074 kilogr.
— 1901.....................	16.420 —
— 1902.....................	17.515 —
— 1903.....................	25.804 —
— 1904.....................	28.105 —
— 1905, environ............	45.000 —

Quant aux prix, ils sont très différents.

On a vu payer 90 francs le kilogramme d'essence française, tandis que les cours fléchissaient fortement pour d'autres provenances.

En Algérie, on admet que le kilogramme d'essence

Fig. 118. — Village indigène avec arbres fruitiers.

revient à 25 francs aux planteurs, alors que les cours de vente ne sont guère supérieurs.

Pour la Réunion, les frais d'expédition sont d'environ 3 fr. 50 par kilogramme franco Marseille.

Voici un tableau des cours pour ce pays :

1895-1896...............	De 45	à 46 fr. 50 le kilogr.	
1896-1897...............	— 34	à 47 —	—
1897-1898...............	— 27	à 33 —	—
1898-1899...............	— 25	à 27 —	—
1899-1900...............	— 26	à 34,50	—
1900-1901...............	— 36	à 45,50	—
1902-1903...............	— 26,50	à 38 —	—
1903-1904...............	-- 26	à 30,50	—
1904-1905...............	— 24,50	à 28,50	—
1905-1906...............	-- 23,50	à 24 —	—
1906-1907...............	-- 22	à 24 —	—
1907-1908...............	— 20 fr.		

Parfumerie. — En outre de ses emplois directs en parfumerie, l'essence de géranium remplace fréquemment l'essence de rose dans la préparation des « parfums composés ». Il y a en effet grande analogie entre ces deux produits. Or, l'essence de rose revient à environ 1.800 francs le kilogramme ; 1.000 kilogrammes de pétales ne produisent guère que 100 grammes d'essence. Tandis que le kilogramme d'essence de géranium n'est que de 250 francs.

Médecine. — Comme les essences de cannelle et de verveine, l'essence de géranium jouit de propriétés antiseptiques ; on l'emploie de même façon et aux mêmes doses que l'essence de verveine. L'essence de géranium est, en outre, un microbicide qui tue le microbe de la fièvre typhoïde en cinquante minutes.

E. — Imitations et falsifications

L'essence de géranium *pure*, qui est utilisée pour falsifier les essences de roses, est elle-même fréquemment additionnée d'essence de palmarosa, dont nous parlons plus loin, d'essence d'Afrique et de la Réunion, d'essence de térébenthine, de citronnelle, de copahu ; d'huiles grasses ; de ginger grass, essence originaire des Indes ; d'essence de bois de cèdre etc.

Quand on ajoute de l'essence de térébenthine et de l'essence de palmarosa, la teneur en alcool total se trouve

Fig. 119. — Magasin tenu par un colon-planteur.

élevée, tandis que la teneur en éthers, le poids spécifique et le pouvoir rotatoire sont réduits avec l'essence de térébenthine, la solubilité de l'essence de géranium diminue dans l'alcol.

L'essence de citronnelle rend le produit moins soluble dans l'alcool étendu d'eau.

Les huiles grasses sont insolubles dans l'alcool étendu, elles élèvent aussi le coefficient de saponification.

Le ginger grass est moins soluble dans l'alcool que l'essence de géranium pure ; en outre, sa présence est trahie par une mauvaise odeur.

Dosage du géraniol. — On isole facilement l'huile volatile saponifiée et séchée par du chlorure de calcium en poudre fine ; on lave à l'éther et il reste à additionner d'eau pour obtenir le géraniol.

PALMAROSA

Généralités. — L'essence de palmarosa fut connue pendant longtemps sous le nom d'essence de géranium de Turquie, parce qu'autrefois l'essence parvenant sur les marchés européens prenait la voie de Constantinople.

Actuellement, ce produit porte encore plusieurs désignations : essence d'herbe indienne, de géranium indien ou turc, de Rusa, essence de géranium des Indes, etc...

C'est en 1825 que Maxwell signala pour la première fois l'existence de l'essence de palmarosa.

Expédiée de Bombay, cette essence arrivait par navires dans les ports de la mer Rouge, d'où est l'aspect elle prenait le chemin de Constantinople en traversant toute l'Arabie.

A. — AGRONOMIE

Botanique. — L'un des obstacles à la détermination botanique des andropogons est que les sujets ne fleurissent que rarement, et ce n'est que par des comparaisons d'ordre chimique que l'on peut parfois résoudre le problème.

L'essence de palmarosa est tirée de l'*Andropogon*

Schoenanthus Linné, famille des *Graminées*. Cette plante est dite par les Anglais *Palmarosa oil*. A Kandesh, présidence de Bombay, la dénomination change selon l'avancement de la floraison ; pour la jeune inflorescence de couleur pâle, on dit *motiya* ; quand cette inflorescence passe au rouge, la plante prend le nom de *sonfiya*.

Dans les Indes anglaises, le palmarosa est dit *Reisa, Tuyan-dha-rosa* ; les Anglais le dénomment encore *Reisa grass* et *Ginger grass* ; voir ce que nous disons plus loin à ce sujet.

Habitat. — Exploitation. — L'*Andropogon Schoenanthus* est très répandu dans les Indes orientales et dans les régions tropicales de l'Afrique occidentale ; dans certaines îles de l'Océan Indien, etc.

Cette graminée préfère les terrains ondulés et craint les bas-fonds marécageux.

On reproduit par graines ou par fragments de racines. Le Palmarosa se rencontre fréquemment en Nouvelle-Calédonie.

B. — Technique

Les premières études sur une essence pure de palmarosa furent faites par Jacobien ; il montra que le principal constituant de l'essence est le géraniol $C^{10}H^{18}O$, bouillant à 232°. Un peu plus tard, Semmler rattacha le géraniol aux composés aliphatiques et le géraniol devint le premier représentant de la classe des alcools terpéniques aliphatiques extrêmement importante pour les essences.

La proportion de géraniol dans l'essence de palmarosa

est de 76 à 93 0/0, dont 5,5 à 11 à l'état d'éther cette essence ne contient que peu de terpènes.

L'essence de palmarosa est incolore ou jaune pâle ; son odeur agréable rappelle celle de la rose ; poids spécifique, 0,888 à 0,896 ; soluble dans 3 parties ou plus d'alcool à 70° ; indice de saponification entre 20 et 40 ; le même entre 230 et 270 après acétylation ; pouvoir rotatif variable ; pour une partie de l'essence il est légèrement dextrogyre ; pour une autre, il est faiblement lévogyre ou inactif ; on a observé des déviations de $\times$ 1°40' à — 1°55'.

Une essence de palmarosa, de la Nouvelle-Calédonie, à donné les résultats suivants à l'analyse :

Citral	43,2 0/0
Aldéhyde possédant les caractères du citronellal	7,0
Ether (en acétate de géranyle).........	5,5
Alcool libre (en géraniol).............	10,2
Autres constituants.................	34,1

C. — INDUSTRIE

I. — Pays producteurs

Essence. — *Travail indigène.* — L'appareil à distiller se compose d'un chaudron en fer ou en cuivre d'une contenance moyenne de 50 litres ; il est posé sur un foyer quelconque, ordinairement formé de quelques grosses pierres réunies à la diable. Les distillateurs indigènes qui, pour l'Asie, sont généralement des mahométans, opèrent comme suit : « Après introduction d'un peu d'eau dans la marmite, ils remplissent d'herbe hachée, puis placent un couvercle fermant hermétiquement. Le col de cygne est simplement un bambou recourbé, partant de la cucurbite.

et abóutissant à un récipient placé dans l'eau courante;

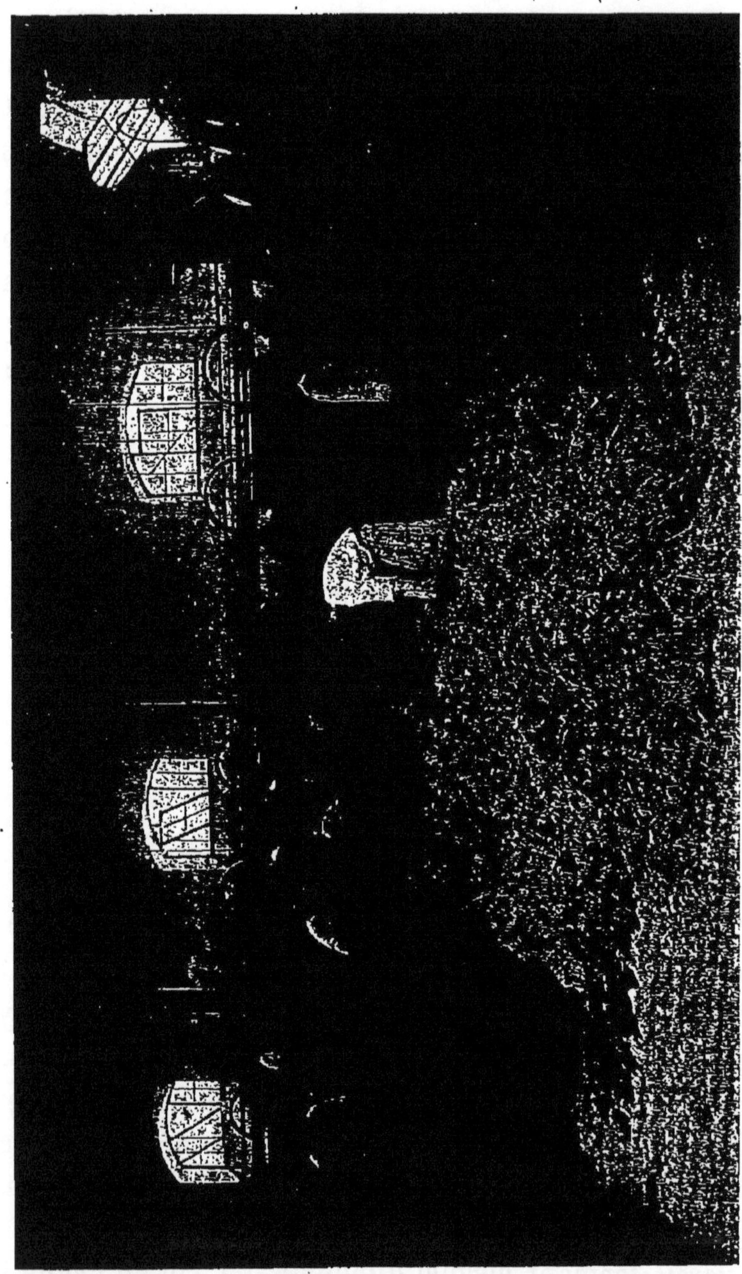

FIG. 120 — La distillation du géranium à l'usine Roure-Bertrand fils.

les vapeurs s'y condensent. De temps en temps on décante afin de recueillir l'essence qui surnage, puis l'eau de distillation est réservée à une opération ultérieure. Dans ces conditions, le rendement est de 0,3 à 0,4 0/0 d'essence : 100 kilogrammes de feuilles donnent en moyenne 288 grammes d'essence.

Méthode des Européens. — Les appareils utilisés sont choisis parmi ceux que nous avons décrits dans la première partie de cet ouvrage.

On opère sur des plantes jeunes afin d'augmenter le rendement.

II. — Pays importateurs

L'essence de palmarosa est surtout employée à falsifier l'essence de géranium et l'essence de roses ; elle est assez rarement utilisée directement en parfumerie.

Cette essence trouve également des applications en médecine.

D. — Commerce

Le principal centre d'exportation est Bombay ; quant à la distillation, elle se pratique surtout à Akrani, Pimpalner, Naudurbar, Taloda, Shàhàda, etc.

L'essence est transportée dans des outres en peaux, à travers le passage de Kundaibàri, à Surat et parvient à Bombay par Dhulia et Maumad.

A Bombay, on la transvase dans de grands récipients en cuivre étamé, d'une capacité de 100 à 200 livres anglaises.

La production moyenne annuelle est évaluée à 20.000 kilogrammes et le cours normal aux Indes est d'une dizaine de francs le kilogramme.

E. — Imitations et falsifications

On charge l'essence de palmarosa au moyen d'essence de cèdre, de baume de gurjum, de pétrole, de paraffine, de térébenthine, d'huile de coco, etc.

On reconnaît assez facilement l'addition de l'un de ces corps en précipitant par l'alcool à 70° et en proportion de 70 0/0.

Quant à l'huile de coco, on décèle sa présence par un abaissement de température qui provoque une prise en masse.

Pour plus de certitude, on a recours à l'acétylation.

La proportion normale de géraniol est de 75 0/0.

Nous avons parlé, au commencement de cette monographie, du *ginger grass*, en disant que les Anglais appellent parfois ainsi l'essence de palmarosa. Il ne faut pourtant pas confondre les deux.

Le ginger grass est une variété inférieure d'essence de palmarosa ou un mélange de cette essence avec 80 et 90 0/0 de térébenthine ou d'essences minérales.

On a parlé de l'*Andropogon laniger* comme producteur du *ginger grass?*

LEMON GRASS OU VERVEINE DES INDES OU HERBE DE CITRON

Généralités. — L'essence de lemon grass ne joue un rôle important, dans l'industrie des parfums, que depuis la découverte de l'ionone (violette artificielle).

Il suffit de serrer entre les doigts les feuilles de verveine pour qu'une délicieuse odeur se manifeste aussitôt; cela résulte de l'écrasement de petits vaisseaux contenant de l'essence, car la plante, par elle-même, n'a pas d'odeur dans les conditions ordinaires.

A Tinnevelly, le lemon grass est tellement abondant que le Gouvernement voit avec satisfaction arriver l'époque de la coupe, les herbes sèches étant fréquemment cause de propagation des incendies.

A. — AGRONOMIE

Botanique. — La verveine citronnée est l'*Andropogon citratus*.

On doit à M. Ch.-J. Sawer de remarquables études sur cette plante qui donne un parfum de premier ordre.

A Penang, la hauteur moyenne du lemon grass est de $0^m,50$. Il y existe deux variétés de cette plante.

Habitat et exploitation. — La culture du lemon grass est très poussée à Java, où des distilleries sont installées à Kédiri, Tjitjourouk Tjiaouri.

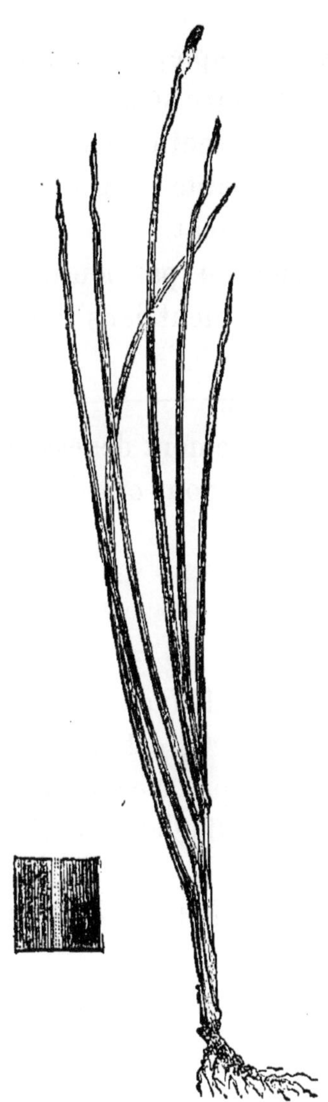

Fig. 121. — Lemon Grass.

Le centre principal des exploitations est Cochin (côte de Malabar); c'est ainsi que de 1893 à 1903, cette grande ville de l'Hindoustan a exporté, annuellement, de 28.000 à 40.000 bouteilles d'essence de lemon grass, d'un poids moyen de 620^{gr},00 ce qui représentait, à l'année, de 17.000 à 24.000 kilogrammes d'essence.

Dans les pays à riz, à Java, par exemple, le lemon grass est planté sur des banquettes de terre séparant les rizières ; il y pousse parfaitement ; l'essentiel est qu'il y ait suffisamment d'humidité pour la plante et pas trop pour les racines, qui pourriraient facilement.

La verveine se multiplie par semence ou par bouture.

On commence à l'exploiter industriellement dans toute l'Indo-Chine (*fig.* 112).

A Penang, on fait quatre coupes par an.

Aux Comores nous avons fait personnellement des essais sur le lemon grass et les résultats obtenus nous ont donné entière satisfaction.

B. — Technique

L'essence de lemon grass, qui est une aldéhyde, groupe du citral $C^{10}H^{16}O$ et du citronellal $C^{10}H^{18}O$, est surtout employée pour la préparation du citral qui, à son tour, sert à la fabrication de l'*ionone*, parfum artificiel de la violette.

La verveine de l'Inde ou lemon grass contient de 75 à 85 0/0 de citral.

Le poids spécifique de l'essence de lemon grass est de 0,900.

Dans la composition de cette essence, existe, en outre du citral, un terpène bouillant à 175° et une méthylheptétone $C^8H^{14}O$.

MM. Bertram et Gildemeister ont extrait du citral un alcool bouillant à 198-200°, que l'on croît être le *linalol*, et ils y ont caractérisé le *géraniol*.

Il est facile de doser le citral.

Dans une fiole de 100 centimètres cubes, surmontée d'un col de 8 millimètres de diamètre, divisé, sur un espace correspondant à 10 centimètres cubes, en centimètres cubes et dixièmes de centimètre cube, on verse 10 centimètres cubes d'essence de lemon grass. On y ajoute, en plusieurs fois, un volume de solution à 30 0/0 de bisulfite de sodium, occupant les 3/4 du volume de la fiole. On chauffe au bain-marie jusqu'à ébullition, et l'on agite jusqu'à dissolution complète du bisulfite. Après refroidissement, on lit la graduation du niveau de la couche huileuse ; par différence on a le volume du citral.

C. — Industrie

I. — **Pays producteurs**

Essence. — Les feuilles s'emploient, autant que possible, à l'état vert.

Il convient de les cueillir à l'époque de la floraison si l'on veut profiter d'un maximum de rendement.

On opère par temps sec et seulement quand le soleil a dissipé la rosée.

Si l'on est forcé de mettre des feuilles sèches en réserve, il convient d'exposer les feuilles vertes au soleil, comme nous l'expliquons pour les gousses de vanille, ou de les étuver.

On leur redonne de la souplesse en les abandonnant à l'air pendant deux ou trois jours avant de les emboîter.

Il faut environ 300 kilogrammes de feuilles de lemon grass pour obtenir 1 kilogramme d'essence.

Infusion théiforme, etc. — On fait d'excellentes infusions avec le lemon grass ; ces infusions sont très rafraîchissantes et digestives.

L'essence de lemon grass est admise dans la *Pharmacopœia of India*; mais les Indiens la recherchent surtout comme antidote du choléra.

Comme l'essence de cannelle, l'essence de verveine est utilisée à la dose de 25 centigrammes pour 100 grammes d'un mélange de cire et de rétinol.

Il faut quarante-cinq minutes à l'essence de verveine pour détruire le microbe de la fièvre typhoïde; ce n'est donc pas un microbicide puissant.

EXTRAIT ARTIFICIEL DE VERVEINE

Essence de verveine des Indes.....	5 grammes
— d'écorce de citron........	55 —
— d'écorce d'orange........	30 —
Esprit de roses..................	$0^{lit},25$
Extrait de tubéreuse.............	200 grammes
— de fleurs d'oranger	200 —
Alcool rectifié..................	$0^{lit},55$

Cet extrait, d'un blanc pur, ne tache pas le mouchoir, mais il ne peut être conservé indéfiniment.

SACHET A LA VERVEINE

Essence de verveine.................	2 grammes
— d'écorce de citron..............	14 —
— de bergamote.................	25 —
Lemon thym......................	125 —
Écorce de citron séchée et pulvérisée.....	500 —

EXTRAIT DE VERVEINE

Essence de verveine des Indes......	5 grammes
— d'écorce de citron........	14 —
— d'écorce d'orange........	55 —
Alcool rectifié..................	$0^{lit},55$

On laisse ces produits ensemble pendant quelques heures ; il reste à filtrer et à mettre en flacon.

D. — COMMERCE

Les Indes orientales, région de Travancore, au sud de Cochin, produisent des quantités notables d'essence de lemon grass.

Le port d'exportation est Cochin.

Voici un tableau de chargements partis de Malabar :

Années	Caisses
1891-92	1.450
1892-93	1.863
1893-94	2.332
1894-95	2.370
1895-96	3.070
1896-97	3.000

Du 1ᵉʳ juillet 1896 au 30 juin 1897 : 2.612 caisses de 264 onces.

—	1897	—	1898 : 3.149	—
—	1898	—	1899 : 3.288	—
—	1899	—	1900 : 2.791	—
—	1900	—	1901 : 1.933	—
—	1901	—	1902 : 2.322	—
—	1902	—	1903 : 2.807	—
—	1903	—	1904 : 2.222	—
—	1904	—	1905 : 1.831	—
—	1905	—	1906 : 2.259	—

Chaque caisse contenant 12 bouteilles ordinaires d'un poids total de 7ᵏᵍ,5 d'essence.

Et pour l'exercice 1906-1907, nous indiquerons :

Cochin (Malabar)	141.636 onces
Tellichery	160.000 —
Calcutta	130.516 —

Soit un total de 432-152 onces correspondant à 12.251 kilogrammes.

A Ceylan, la production moyenne et annuelle de cette essence est de 800 à 1.000 kilogrammes.

Les Strait's Settlements produisent annuellement de 2.000 à 3.000 livres d'essence de lemon grass.

Actuellement, on commence à coter sur les marchés la *Verveine du Tonkin*. L'essence provenant de cette colonnie est très riche en citral ; sa teneur en aldéhyde n'est guère inférieure à 80 0/0.

La verveine du Tonkin est payée 10 fr. 50 le kilogramme, tandis que celle des Indes (Lemon oil) ne dépasse guère 8 fr. 50.

E. — IMITATIONS ET FALSIFICATIONS

On reconnaît qu'une essence de lemon grass est de bonne qualité quand elle se dissout dans 3 volumes d'alcool à 70 0/0. En poids, la proportion de citral ne doit pas être inférieure à 70 0/0.

On imite l'essence de verveine en mêlant, dans l'alcool rectifié, de l'essence de citronnelle (*Andropogon nardus*).

M. Parry a signalé aussi la falsification de l'essence de lemon grass au moyen de l'acétone.

On reconnaît cette fraude en soumettant l'essence à la distillation fractionnée.

PATCHOULI

Généralités. — Il fut importé du Bengale en Angleterre vers 1825, puis en France quelques années plus tard. D'un prix très élevé, il ne servait alors qu'à la préparation des sachets; ensuite, il entra dans la confection d'un alcoolat. Aujourd'hui on en retire une essence très appréciée que l'on peut se procurer à un prix raisonnable.

Le patchouli semble être originaire de la presqu'île de Malacca et de l'Inde.

On a essayé en vain sa culture en Algérie.

Rappelons qu'il y a quelques années les vrais châles de l'Inde étaient en grande vogue et se vendaient très cher : les acheteurs les reconnaissent à l'odeur, car au point de vue tissu, nos fabricants étaient arrivés à une imitation parfaite. Enfin, le secret du parfum spécial fut découvert ; les châles indiens étaient imprégnés de patchouli; c'est ainsi que le parfum fit son entrée dans le monde.

A. — AGRONOMIE

Botanique. — Cette herbe, très commune en Chine et dans l'Inde, appartient à la famille des *Labiées ;* plante dicotylédone gamopétale aromatique à tige carrée. Le patchouly ressemble un peu à la sauge de nos jardins.

C'est le *Plectranthus crassifolius*, Burnett, ou *Pogostemon patchouli*, Lindley, ou *Pogostemon Heyneanum*.

Il en existe plusieurs variétés. A Malacca on en connaît deux : l'une sauvage, presque sans odeur, dite *tilam outan* ou *toun tilam ;* l'autre cultivée, *tilam wangi*.

Le patchouli atteint fréquemment 1 mètre de hauteur.

Habitat. — **Exploitation.** — Le patchouli subit l'influence du climat et de la culture. L'essence est contenue dans les feuilles et dans la tige.

C'est une plante qui préfère les sols siliceux ; elle ne

pousse que très difficilement en terrain trop argileux et surtout marécageux.

Dans certains pays des essais de cultures ont été tentés, non sans réussite, jusqu'à plus de 1.500 mètres d'altitude.

Le patchouli se rencontre à la Réunion et aux îles Comores. Il est très cultivé dans les Etablissements des Détroits, à Java, dans la presqu'île de Malacca, etc.

Des essais de culture ont été faits au Paraguay, à la Dominique, à la Guadeloupe, à la Martinique, etc.

On multiplie par drageons. La terre ayant été débroussaillée avec soin, est butée ; les billons sont dressés à $1^m,50$ les uns des autres ; les drageons se plantent à une distance de 70 centimètres sur la ligne médiane des buttes.

Il est indispensable de bien abriter du soleil jusqu'à ce que les racines soient parfaitement développées.

Au bout de six mois environ, les plants atteignent 1 mètre, et l'on procède à une première récolte ; six mois après, se fait la deuxième cueillette ; puis, la troisième, six mois plus tard. Dans les Straits et à Java, on commence à effeuiller dès que la plante atteint la taille de $0^m,15$.

La plante est alors considérée comme épuisée ; les racines sont arrachées, le terrain labouré, fumé et mis en état pour une nouvelle plantation.

Récolte. — C'est par un beau soleil qu'est faite la cueillette.

A la main, on casse les sommités florifères ou non, puis les pousses les plus jeunes, facilement reconnaissables à leur couleur vert tendre. On en sépare les feuilles jaunes ou flétries, et la récolte est mise à sécher.

à l'ombre, sur des claies en bambous ; de temps en temps on retourne la masse, avec précautions.

C'est alors que se forme l'essence, qui se trouve complètement développée si l'on a eu la précaution de ne pas trop dessécher, car les dernières traces d'humidité provoquent une petite fermentation favorable à la manifestation de l'arome.

Ce premier séchage étant terminé, on réunit les produits en tas ; puis, après un jour ou deux, on expose à nouveau à une légère dessiccation ; mais toujours en prenant garde de ne pas aller trop loin.

Le patchouli est alors prêt à être distillé, et c'est sous cet état que les planteurs le présentent aux distillateurs.

B. — Technique

Essence d'un vert plus ou moins foncé ; odeur très pénétrante ; pouvoir rotatoire voisin de — 12° pour 100 millimètres ; en pays d'origine, la densité de l'essence (feuilles fraîches) est inférieure à celle de l'huile obtenue en pays importateur (feuilles sèches).

M. Gladstone a caractérisé un sesquiterpène bouillant à 274-275° et donnant un chlorhydrate fusible à 117-118°. M. O. Wallach, a identifié ce sesquiterpène avec le *cadinène*.

M. Gal y a découvert l'alcool sesquiterpénique. Enfin, dans les parties bouillant à haute température, on remarque une substance bleue désignée sous le nom de *céruléine*.

L'essence obtenue dans les Etablissements des Détroits est très épaisse ; elle forme des cristaux qu'on appelle *camphre de patchouli*.

Les essences du commerce n'ont pas toute la même densité ; on a remarqué :

Essence de l'Inde, densité 0,9554
—   de Penang 0,9592
—   de France 1,0119

MM. von Soden et Rojahn ont également étudié l'essence de patchouli, ils ont remarqué dans les parties les plus volatiles un sesquiterpène voisin du cédrène.

C. — Industrie

I. — Pays producteurs

On distille principalement à Penang, Java, Singapore, etc. Les acheteurs de feuilles sèches distinguent deux qualités.

La première ne comprend que de belles feuilles ; la deuxième réunit toutes les autres et les rameaux.

De la première qualité on retire un peu plus de 3 kilogrammes d'essence aux 100 kilogrammes de produits secs. De la deuxième, il ne faut pas espérer obtenir plus de $1^{kg},500$ dans les mêmes conditions.

La distillation se fait d'après la méthode de Soubeyran. On amène sur la plante de la vapeur provenant d'un générateur sous pression de 1/3 d'atmosphère. On peut espérer un rendement de 1,5 0/0. En augmentant la tension de vapeur, le rendement serait plus élevé, mais la qualité de l'essence s'en ressentirait.

Dans les établissements des Détroits, les appareils de distillation employés sont généralement défectueux. Il serait grandement préférable d'utiliser des chaudières à paroi double, de manière à éviter la condensation au début de la distillation.

Quand on expédie les feuilles sèches en Europe, on a soin de les bien sécher.

L'essence pure de patchouli n'est pas agréable ; elle a vaguement une odeur de moisi ou d'humidité qui rap-

FIG. 122. — Fombani (île d'Anjouan, Comores).
Avenue au milieu des plantations.

pelle celle du lycopodium. On dit couramment que cette essence sent les « vieux habits ».

L'essence expédiée de Calcutta et de Bombay n'est généralement pas de bonne qualité, car, dans les Indes, on distille les tiges qui contiennent un produit inférieur.

Les indigènes de Singapore exploitent une variété qu'ils désignent sous le nom de *Dhelum Wangi*. Comme nous l'avons déjà dit, les feuilles sont séchées à l'ombre de grands auvents, sur des claies en bambou, de façon à permettre l'accès de l'air par le bas ; il faut retourner l'herbe fréquemment afin d'avoir une dessiccation rapide ;

Fig. 123. — Carte de l'Indo-Chine.

pourtant on profite de ce que l'herbe contient encore des

traces d'humidité pour la mettre en tas ; il se produit une légère fermentation ; on dit que l'herbe se *réchauffe ;* et, sans attendre autrement, on étale à nouveau. les feuilles sur les claies pour achever la dessiccation.

Quant à l'exportation des feuilles sèches, les producteurs sont d'accord pour estimer qu'ils n'ont aucun bénéfice à expédier à un cours inférieur de 70 francs les 100 kilogrammes.

II. — Pays importateurs

On importe, en Europe, la feuille sèche, en grandes quantités, pour la distillation, et grâce aux appareils perfectionnés employés, le rendement atteint 40 0/0.

SACHET ORDINAIRE

On pulvérise les feuilles sèches. La poudre ainsi obtenue est placée dans des enveloppes.

SACHET A ODEUR FORTE

Patchouli pulvérisé	500 grammes
Essence de patchouli............	0^{gr},15

BOTTES DE PATCHOULI

Le patchouli, comme le vétiver, se vend parfois en bottes pour la conservation du linge, des effets, etc.

EXTRAIT DE PATCHOULI

Essence de patchouli............	30 grammes
— de roses...............	5 —
Alcool rectifié..................	5 litres

Savon blanc de suif...............	2 kilogr.
Essence de patchouli.............	30 grammes
— de vétiver	5 —
— de santal	5 —

D. — Commerce

Dans les pays malais, les indigènes garnissent leurs matelas et leurs vêtements de feuilles de patchouli pour en éloigner les insectes.

Le patchouli et le camphre entrent dans la préparation de l'encre de Chine.

Le prix moyen de l'essence de patchouli est de 20 à 25 francs le kilogramme nu.

E. — Imitations et falsifications

Les Chinois de Singapore, presque tous fraudeurs et falsificateurs, ne manquent pas d'adultérer l'essence de patchouli que leur livre le commerce régional.

On ajoute fréquemment des essences de cèdre et de cubèbe ; ou bien encore les indigènes font intervenir une plante sauvage dite *Tilam outam* ; ils en introduisent jusque 25 0/0.

On se base sur les points différents d'ébullition des essences de patchouli, de cubèbe et de cèdre, pour s'assurer de la pureté du produit ; aussi sur leur façon d'agir sur la lumière polarisée. Voici ce qu'en dit M. Gladstone.

En opérant sur une colonne de 254 millimètres, on remarque les déviations suivantes :

Essence de patchouli Penang.... — 120 degrés
— · de cèdre............... + 3 —
Hydrocarbure de patchouli .... — 90 —
Essence de cubèbe.............. + 55 —

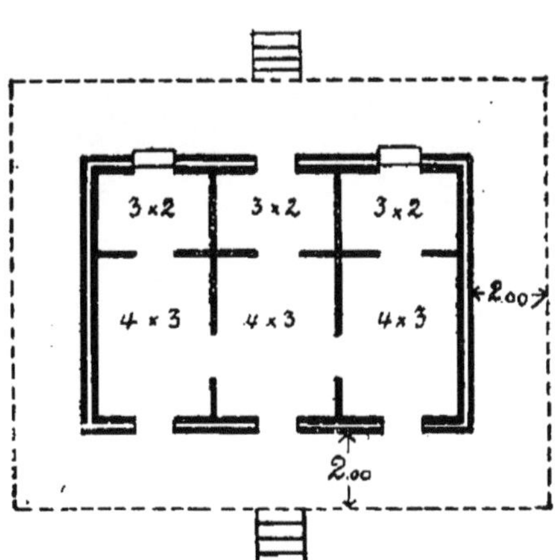

Fig. 124. — Grand pavillon d'habitation.

M. Simmons a démontré qu'il ne suffit pas d'étudier les constantes physiques de l'essence, mais qu'il faut encore déterminer le coefficient de saponification. Il ne faut pas oublier que la fraude porte surtout sur les feuilles sèches ; c'est ainsi que la plupart du temps on ajoute des feuilles de l'*Ocimum Basilicum* Linné, variété *pilosum*, famille des *Labiées*, appelé *Ruku* par les Malais ; on ajoute aussi des feuilles de l'*Urena lobata*, Linné, variété *sinuata*, famille des *Malvacées*, appelé *Perpulut* et *down po poolate* par les Malais et qui pousse en abondance dans les cocoteries.

Comme mauvaises herbes d'addition, on peut encore citer : *Plectranthus fructicosus ; Hyptis suaveveens* ou *selasih hutan ; Lavatero olbia* et *Pavonia Weldenii*. L'ensemble de ces végétaux forme parfois les 4/5 des balles de patchouli ; il y a lieu de considérer aussi une forte proportion de sable et un élément frauduleux d'humidité qui atteint jusqu'à 35 0/0. Conséquemment, il ne reste guère de vrai patchouli ! Aussi les maisons qui importent les feuilles doivent-elles disposer d'agents très experts.

CHAPITRE V

BOUTONS ET FLEURS

Nous avons déjà parlé de la formation et de la répartition des principes odorants dans les végétaux. Nous avons dit, en première partie, que, pour les fleurs, les globules odorants sont localisés sur les faces internes du calice et de la corolle. Voyons maintenant quelles relations existent entre les fleurs et les feuilles quant à la formation des composés terpéniques dans les organes chlorophylliens

Des expériences faites, à ce sujet, par la Maison Roure-Bertrand fils, il résulte que l'élimination systématique et complète des inflorescences produit un accroissement manifeste de la tige et en ce qui concerne l'essence, une augmentation aussi bien de sa proportion centésimale que de son poids absolu dans les parties vertes.

On voit que l'essence ne pouvant plus s'écouler dans les inflorescences demeure dans les parties vertes où elle a pris naissance. Il en résulte que les organes chlorophylliens fournissent des composés terpéniques aux inflorescences.

L'importance du rôle des organes verts dans la formation des matières odorantes de nature terpénique s'affirme encore lorsqu'on examine l'influence de la lumière sur ce phénomène. On constate, en effet, que l'obscurité réduit considérablement, à la fois, la proportion centésimale et le poids absolu d'essence contenue dans la plante.

Cet ensemble de faits démontre, non seulement que les organes verts constituent le siège important de la formation des composés terpéniques, mais encore que cette formation est en relation directe avec la fonction essentielle accomplie par ces organes, dont le principal au point de vue chlorophyllien est la feuille. En étudiant la distribution de quelques substances organiques dans le géranium, on a vu précédemment que l'essence se trouve exclusivement localisée dans la feuille. Voilà donc un cas où la feuille seule paraît intervenir dans la formation des composés odorants. Ce faisceau d'observations converge donc vers la conclusion qui tend à faire envisager la feuille comme le siège le plus important de la formation des composés terpéniques.

Il convient d'ajouter que ces observations s'étendent jusqu'ici exclusivement aux composés terpéniques et non pas aux composés odorants en général, qui, on le sait, ont des représentants dans les groupes de corps les plus divers.

A un autre point de vue, nous rappellerons que, s'il est vrai que le parfum pur est inattaquable par l'oxygène de l'air, on ne peut, en tout cas, éviter une profonde altération de parfum laissé en présence de l'organe de la fleur qui le recèle, si cette fleur se décompose.

Or, il est des fleurs qui s'altèrent rapidement dès qu'elles sont enlevées des plantes; il s'ensuit que les parfums de fleurs sont instantanément modifiés, d'où nécessité de *travailler* sans retard les *fleurs cueillies.*

Il est vrai qu'on peut retarder l'altération des parfums

en gardant les fleurs fraîches dans des récipients spéciaux, par exemple. Si l'on a, en outre, soin de réfrigérer, on évite toute fermentation et le parfum conserve toutes ses qualités (Voir page 171).

Quant à la cueillette des fleurs, elle doit être pratiquée à des époques et heures différentes, selon les variétés de plantes. Nous donnons, à ce sujet, des indications précises aux monographies.

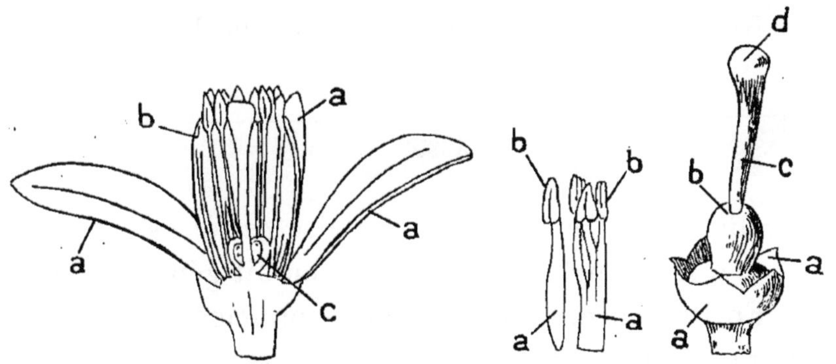

Fig. 125. — Éléments d'une fleur d'oranger.

A. — *a*, Pétales.
b, Etamines.
c, Pistil.

B. — Etamines.
a, Filets.
b, Anthères.

C. — Squelette de fleurs.
a, Sépales.
b, Ovaire.
c, Style.
d, Stigmate.

Il nous reste maintenant à nous remémorer la *fleur* au point de vue botanique.

La « fleur type » comprend quatre séries distinctes d'organes placés en cercle autour de l'axe de pédoncule. La fleur de l'oranger (*fig.* 125) en est un exemple.

Pour cette fleur, les cinq petits organes grisâtres dans la partie inférieure et extérieure de la fleur forment le *calice* et chacune des petites feuilles non développées est dite *sépale* ; à l'intérieur est la *corolle* formée de cinq *pétales* blanches et d'odeur exquise ; puis vient le groupe des *étamines* qui présentent à leur sommet des renflements creux de couleur jaune ou *anthères*, les anthères sont remplies d'une poussière dite *pollen;* enfin se présentent les *carpelles* dont l'ensemble forme le *pistil.* Chaque carpelle comprend une cavité ou *ovaire* contenant des *ovules ;* il arrive fréquemment que les carpelles sont séparées ; ce n'est pas le cas pour la fleur d'oranger ; ici leur prolongement en forme de massue donne le *style;* à l'extrémité de celui-ci est une surface composée de glandes visqueuses ou *stigmate* et du pollen venant des anthères y adhère fréquemment de façon à *fertiliser* la fleur.

CASSIE

Généralités. — L'expression anglaise *cassie* est parfois traduit *acacia;* pourtant, en France, on dit généralement cassie. En Provence, depuis un temps immémorial, le nom populaire est *cassier.* Les premières cultures de cet arbuste ont été faites à Cannes, puis à Vallauris, à Maugins, au Cannet, etc.

A. — AGRONOMIE

Botanique. — C'est l'*Acacia farnesiana.*

Il ne faut pas confondre la *cassie* avec la *casse* que l'on obtient par distillation de l'écorce extérieure du *laurus cassia* (Voir *Cannelle*).

Quand l'arbre a atteint tout son développement, il est haut de 12 pieds ; le tronc est de la grosseur du bras ; les branches ont une longueur moyenne de 6 pieds.

Les fleurs de cassie sont jaunes et très odorantes ; elles sont disposées en capitules globuleux.

Il est une autre variété de cassie, l'*Acacia cavenia*, bien moins estimée que la première.

Quand les fleurs de l'*Acacia farnesiana* sont payées 8 francs le kilogramme, par exemple, celles de l'*Acacia cavenia* ne valent guère que de 2 fr. 50 à 3 francs.

Habitat. — Exploitation. — L'*Acacia farnesiana* croît mieux à Cannes que dans toute autre contrée de l'Europe. Dans les environs de Grasse, on trouve des cassiers dans toutes les propriétés.

On rencontre également la *cassie* en Australie méridionale, en Nouvelle-Calédonie, en Algérie, etc.

Les plantations doivent être très exposées au soleil.

Dans le Midi de la France, pour peu que l'altitude s'accuse, on voit le cassier se transformer en espalier ; cet arbre est, en effet, très sensible au froid, et les branches extrêmement cassantes craignent le moindre vent. Peu de récoltes sont aussi capricieuses.

En Europe, le cassier est taillé tous les ans ; on lui laisse une hauteur de 1 mètre et on le bute pendant l'hiver à $0^m,30$. En outre, on préconise des binages, des engrais de ferme ; mais on recommande de ne pas arroser.

En France, la récolte commence dans les derniers jours de septembre et dure jusqu'à la fin du mois de novembre.

Les fleurs d'octobre sont les plus parfumées. La cueillette a lieu deux fois par semaine, comme on ne peut monter sur les cassiers à cause de la fragilité de leurs branches et aussi de leur défense naturelle, les épines, on utilise des échelles doubles.

On sème la graine de cassie par couches. Dès la troisième année, la hauteur moyenne des pieds sains est de 2 à 3 pieds. On a eu soin, dans l'intervalle de supprimer les pieds douteux. Au bout de trois ans a lieu la transplantation ; on y procède en réservant à chaque arbre une aire d'environ 4 mètres carrés. Le sol a été au préalable remué à une profondeur de 4 à 6 pieds et fumé.

Fig. 126. — Branche de cassie en fleurs.

Les fleurs apparaissent après la troisième année, mais l'arbre grandit encore jusqu'à ce qu'il ait atteint de 10 à 12 pieds.

Les floraisons se produisent successivement, circonstance qui permet d'éviter les à-coups dans la main-d'œuvre.

Rendement. — Quand il a tout son développement, l'*Acacia farnesiana* produit environ 1 kilogramme de fleurs d'une valeur de 3 à 8 francs le kilogramme. De ce fait le rendement d'un are peut être de 350 à 800 francs, parfois plus.

B. — Technique

L'essence de cassie, obtenue par épuisement à l'alcool de la pommade de cassie, renferme du salicylate de méthyle et une cétone qui se rapproche de la β-ionone ; cette cétone est à odeur de violette ; en outre, on y a reconnu la présence de l'alcool benzylique et des aldéhydes décylique et cuminique ; rien d'étonnant qu'il y ait aussi du linalol et du géraniol.

Quant à l'essence de l'*Acacia cavenia*, M. Walbaum y a reconnu la présence de l'acide salicylique, en grande partie, sous forme de salicylate de méthyle ; de l'eugénol, de l'aldéhyde benzoïque, de l'alcool benzylique, du géraniol, probablement du linalol, de l'aldéhyde décylique, de l'aldéhyde anisique, du méthyleugénol, un liquide inconnu et un corps à odeur de violette.

Les phénols, principalement l'eugénol, forment environ les 50 0/0 de cette essence, tandis que le salicylate de méthyle y figure à la dose de 8 0/0.

C. — Industrie

I et II. — Pays producteurs et pays importateurs

Le parfum de la cassie est toujours suave, mais les connaisseurs savent reconnaître si la fleur a été cueillie le matin, le soir ou au milieu de la journée.

Pendant longtemps les fleurs cueillies étaient expédiées, des pays producteurs, pour l'extraction. Depuis quelques années on commence à travailler en pays de production.

Essence et pommade. — Le parfum de la cassie est parfait pour les *bouquets* les plus fins destinés au mouchoir. Seul, il a une odeur très prononcée de violette et peut incommoder.

On l'extrait par *enfleurage*. Il faut environ 2 kilogrammes de fleurs de cassie pour saturer 1 kilogramme de graisse.

La graisse saturée, ou *pommade*, est maintenue à une douce chaleur, afin de rester liquide pendant quelques jours, ce qui permet aux détritus de tomber au fond.

Après refroidissement, cette pommade est livrée au commerce.

Huile de cassie ou huile grasse de cassie. — On l'obtient également par enfleurage ; il suffit de substituer l'huile d'olive à la graisse.

Extrait. — On prélève 3 kilogrammes de pommade de cassie, première qualité. On y ajoute 5 litres d'esprit-de-vin rectifié ; on laisse digérer pendant un mois à une douce température. Il reste à séparer l'*extrait* de la *pommade*.

On y parvient en faisant fondre la pommade, puis en la divisant en gouttelettes ; pour cela on fait couler lentement la pommade fondue dans de l'alcool froid. La pommade s'y trouve saisie et réduite, en quelque sorte, en poussière.

Le mélange déplace la matière odorante qui abandonne le corps gras pour se dissoudre dans l'alcool.

On obtient ainsi une bonne séparation ; il reste à la rendre complète en plaçant la pommade dans un grand entonnoir posé sur un récipient qui reçoit le reliquat. L'opération se continue d'elle-même.

Enfin, la pommade qui reste est dite *pommade lavée* ;

23

on la chauffe au bain-marie dans une bassine de fer-blanc ou de cuivre ; dès qu'elle est fondue, l'essence qui peut encore rester, surnage, et est retirée à l'écumoire ; ou encore, on laisse refroidir le corps gras, puis on le décante.

Quant à l'alcool, on peut le récupérer en totalité en mettant la pommade dans un alambic et en distillant.

La pommade lavée est employée à la préparation des cosmétiques, car elle est très pure et contient encore du parfum.

Sinon elle sert de matière première pour la fabrication de produits à bon marché, dits *extraits faibles*. Il suffit de la faire infuser une deuxième fois dans l'alcool.

On peut encore partir de cette *pommade lavée* pour fabriquer des *savons de couleur*.

Quoi qu'il en soit, l'extrait pur de cassie doit avoir une belle couleur vert olivâtre et répandre une forte odeur de fleur de cassie.

EXTRAIT ARTIFICIEL DE VIOLETTE

Extrait alcoolique de pommade de cassie......	0^{lit},55
—　　　　　　　— à la tubéreuse.	0 ,25
Esprit de pommade de rose...................	0 ,25
Essence d'amandes.........................	3 gouttes
Teinture d'iris............................	0^{lit},25

POMMADE ARTIFICIELLE A LA VIOLETTE

Panne épurée....................	500 grammes
Pommade à la cassie épurée.......	200　—
— à la rose épurée........	115　—

SACHET ARTIFICIEL A LA VIOLETTE

Fleurs de cassie................	1.000 grammes
Poudre de racine d'iris..........	1.000　—
Pétales de roses..........	500　—
Musc en grains..............	2　—
Benjoin en poudre.............	250　—
Essence d'amandes amères......	1　—

VINAIGRE ARTIFICIEL A LA VIOLETTE

Extrait de cassie	0^{lit},25
— d'iris	0 ,10
Esprit de roses	0 ,10
Vinaigre de vin	1 litre

D. — Commerce

Rien n'est plus variable que le prix des fleurs de cassie. — La valeur du kilogramme peut osciller entre 3 francs, 10 et 12 francs. Il suffit pour cela de quelques coups de vent violents, d'un peu de froid au moment de la floraison, etc. Les meilleurs produits sont ceux du midi de la France.

E. — Imitations et falsifications

En Australie méridionale, principalement, il existe un arbuste de la même famille que l'*Acacia farnesiana* ; on l'appelle *gum-watle*, et on en extrait un parfum analogue à celui de la cassie.

Comme dans ce pays la graisse de mouton est très bon marché, on y fabrique une pommade de valeur, bien que d'un prix de revient très bas.

FRANGIPANE

Généralités. — C'est le parfum éternel. Son inventeur était de la famille des Frangipanni, célèbre dans les troubles de Rome.

Ce parfum naturel est suave ; mais tous les parfums

désignés dans le commerce sous le nom de frangipane ne sont que des combinaisons de différentes odeurs.

C'est donc surtout pour attirer l'attention des colons et distillateurs, sur les arbres à frangipane, que nous esquissons cette monographie.

A. — AGRONOMIE

Botanique. — **Habitat.** — Le véritable arbre à frangipane est le *Plumeria alba*, famille des *Apocynées* ; toutefois de nombreux plumerias donnent un parfum suave. Leur suc est laiteux et très vénéneux.

On croit le genre plumeria originaire des Antilles. Il existe des peuplements de *Plumeria alba* à Antigoa, à Santo-Domingo, etc. A notre connaissance, il n'en est pas fait d'exploitation méthodique.

B. — INDUSTRIE

On distille les fleurs. L'odeur fugace de la frangipane est fixée dans les *pommades* et dans les *huiles cosmétiques*.

POMMADE A LA FRANGIPANE

Corps de pommade préparé........	2 kilogr.
1° Pommade à la cassie...........	500 grammes
2° — à la rose...........	500 —
— à la fleur d'oranger...	1 kilogr.
— au jasmin..........	2 —
3° Essence de bergamote.........	60 grammes
— de vanille	30 —
— de musc...............	20 —
Baume du Pérou...........	50 —

a) On fait d'abord fondre la pommade à la cassie ;

b) On ajoute le mélange à la pommade précédente quand elle est fondue ;

c) Le mélange de 1° et de 2° étant fondu et à peu près froid est versé dans une bouteille ; on lui ajoute 3° ; puis on agite fortement ;

d) On colore si on le juge à propos.

POUDRE-SACHET A LA FRANGIPANE

Racine d'iris	500	grammes
Bois de santal	130	—
Fève Tonka	130	—
Feuilles de roses	500	—
Musc	5	—

Le tout est broyé et tamisé.

GIROFLIER

Généralités. — Le giroflier est originaire des Moluques ou îles aux épices.

Il fut introduit en 1770 à l'île Maurice (île de France), par l'intendant Poivre. Pendant près d'un siècle les Portugais possèdent le commerce des clous de girofle ; en 1605, ce furent les Hollandais qui accaparèrent ce commerce et, afin d'éviter toute concurrence, ils s'étaient rigoureusement opposés à l'exportation du giroflier : jalousement ils gardaient leurs plants dans la petite île d'Amboine.

C'est alors que Poivre parvint à soustraire quelques arbustes qu'il fit passer par les ports d'Amboine et de Guéby. Ces girofliers ayant parfaitement repris à l'île de France, Poivre songea à les acclimater également à la

Réunion ; il en confia quelques pieds à l'un de ses amis ; un seul giroflier résista ; mais, plus tard, la réussite fut complète. Encouragé dans ses essais, Poivre envoya du plant à Cayenne. De là, la culture fut introduite à la Dominique par M. Buée, en 1789 ; enfin, de ce pays, vinrent des girofliers qui commencèrent les plantations de la Martinique et des autres Antilles.

D'autre part, vers 1730, un Arabe put soustraire du plant à la Réunion et introduisit le giroflier à Zanzibar.

Vers la même époque, des essais couronnés de succès furent faits à Sainte-Marie de Madagascar ; le giroflier fut ainsi définitivement répandu. Aujourd'hui on le rencontre en maints endroits.

A. — Agronomie

Botanique. — Famille des *Myrtacées*. C'est le *Caryophyllus aromaticus* de Linné ; le *Myrtus Caryophyllus* de Sprengel et l'*Engenia Caryophyllus* de Thunberg.

Le giroflier, qui s'élève sous forme de pyramide, peut atteindre jusqu'à 12 mètres de hauteur ; l'écorce est lisse et d'un gris blanc ; les branches sont opposées. Les feuilles lisses sont également opposées ; elles sont, en outre, persistantes, entières et lancéolées (*fig.* 127). Les fleurs se présentent à l'extrémité des branches, en cymes corymbiformes. Les inflorescences portent chacune de dix à vingt boutons ; quelquefois plus. La corolle forme une boule à l'extrémité du bouton, entre les quatre dents du calice. A la boule se rattache un long tube réceptaculaire contenant l'ovaire. Les boutons s'accusent d'abord d'un beau vert ; ils jaunissent bientôt pour passer graduellement au rouge. C'est alors qu'on les cueille (*fig.* 130).

Si on laisse les boutons sur l'arbre, des fleurs se ferti-

[Fig. 127. — Branche de Giroflier.

lisent ; les ovaires se développent en formant les fruits.

Les fruits sont en forme de baie allongée, ils sont rouges à maturité et contiennent des graines. On les appelle *mères de girofle*.

Après épanouissement et fécondation, l'arome diminue beaucoup ; c'est ce qui explique que l'on doit récolter les boutons et non les fleurs.

Les boutons, une fois séchés, constituent les *clous de girofle* du commerce ; ils sont la matière première qui servira en distillation.

Il est à noter, en effet, que les pédicelles floraux ou griffes de girofle, ainsi que les fruits, ne contiennent presque pas d'essence. Ces parties servent surtout à frauder les clous vendus comme épices.

Habitat. — Géographie. — Dispersion des variétés. — Synonymie. — Nous avons dit, aux *généralités*, qu'on trouve le giroflier dans les îles des mers de Chine ; aux Indes occidentales, dans les îles de l'Océan Indien : îles Mascareignes ; à Zanzibar, aux Antilles, sur les côtes de l'Afrique, etc.

Pour que le giroflier pousse normalement, il faut le mettre sur un sol argileux, en pente et éviter l'humidité stagnante. Ni l'argile pure, ni le sable seul, ni la marne ne lui conviennent. Il y a pourtant des exceptions, puisque le sol de Sainte-Marie de Madagascar est sablonneux.

L'île de Zanzibar et celle de Pemba lui conviennent merveilleusement, ainsi que l'archipel des Comores, en certaines parties.

Au Congo, le giroflier qui y a été introduit depuis une douzaine d'années se développe dans de bonnes conditions, même à moins de 300 mètres du rivage ; pourtant on dit couramment que le giroflier ne vient pas dans le voisinage immédiat de la mer, ni dans les endroits où l'atmosphère est imprégnée de particules salines provenant des brises de mer. On ne doit guère planter le giroflier à plus de 300 mètres d'altitude, et encore est-il indispensable de rechercher des pentes très abritées. Les sommets ne peuvent convenir. Il est bon de tenir également compte qu'une ombre s'interposant d'en haut est nuisible.

En tamoul, le giroflier est dit *craumboo*; les Cinghalais l'appellent *warrala*; aux Moluques, il est dit *bubu lawang*, et en Malaisie *tjengkeh*.

Plantation. — Culture. — Entretien. — Avant de songer aux plantations définitives, il faut créer des pépinières; pour cela, on choisit des graines fraîches provenant de beaux arbres.

Ces graines sont placées à $0^m,25$ les unes des autres sur des planches de 2 mètres de largeur, et on les enfonce de $0^m,02$.

La pépinière doit être convenablement abritée. Les travaux préparatoires sont faits au commencement de la saison des pluies; néanmoins, s'il y a lieu, on procède à de fréquents arrosages.

Rarement la multiplication se fait **par boutures ou par marcottes.**

Afin d'éviter l'étouffement du plant, on sarcle de temps à autre.

A la saison des pluies suivantes, alors que les plants atteignent de $0^m,60$ à $0^m,80$ de hauteur, on procède à l'arrachage et à la transplantation. On profite pour cela d'un temps couvert et humide. Le repiquage a donc lieu

près d'un an après la mise en pépinière. On se sert d'un
outil spécial (*fig.* 128).

Au reste, voici ce qu'écrivait Porter, en 1883, sur la
façon d'opérer de M. Buée, dans ses plantations de la
Dominique :

« Les graines ont été semées à environ 6 pouces (0^m,13)
l'une de l'autre, sur planches. Au-dessus de ces couches,
on a élevé des claies à environ 3 pieds (0^m,96) du sol, et
des feuilles de bananier furent disposées sur le sommet pour abriter les jeunes plants du soleil. On laissa ces

Fig. 128. — Outil pour transplantations.

feuilles de bananier se faner et disparaître graduellement, et au bout de neuf mois, les jeunes plants devenus
assez forts furent exposés directement à l'action bienfai-
sante du soleil ; mais s'ils n'avaient pas été protégés pendant qu'ils étaient jeunes, on les aurait vus se dessécher
et puis mourir. »

La trouaison du terrain doit être achevée pour l'époque
de la mise en place. Des trous de 1 mètre de profondeur
sur 1 mètre de largeur sont pratiqués en quinconce, à
environ 6 à 7 mètres les uns des autres.

Quant à l'entretien, il se résume en quelques sar-
clarges. Ce qu'il faut éviter, c'est la pousse des branches
gourmandes qui épuisent les sujets. Par une taille habile,
on arrête les arbustes quand ils atteignent de 3 à 4 mètres
de hauteur.

Pendant la transplantation, on prend les plus grandes
précautions afin d'éviter toute blessure aux racines.

On n'abrite pas toujours le giroflier; il ne faut pourtant pas oublier que cet arbre craint les vents violents et le grand soleil, principalement pendant les trois premières années.

Les girofliers commence à rapporter dès la sixième année; la récolte va en augmentant jusqu'à ce que l'arbre ait atteint tout son développement; sa hauteur est alors d'une dizaine de mètres. Nous avons dit, précédemment, que dans certains pays, les arbres sont étêtés quand ils atteignent 4 mètres, afin de faciliter la cueillette. Il est bon de tenir compte, néanmoins, qu'il est préférable de ne pas tailler le giroflier, si l'on tient à l'abondance de la récolte.

L'époque de la cueillette varie selon les pays. A Zanzibar, les boutons ne sont guère bons à cueillir qu'à partir de juillet et ce n'est qu'en août qu'a lieu le fort de la récolte. Il arrive, néanmoins, comme en 1907, par exemple, que la récolte peut être commencée en juin.

Les boutons doivent être enlevés peu de temps avant leur épanouissement; or, comme cette période ne dure qu'une vingtaine de jours; qu'en outre, il est préférable de ne les prendre, comme nous venons de le dire, qu'au moment de l'épanouissement; qu'enfin tous les boutons d'un même arbre ne sont pas à point en même temps, il en résulte qu'une main-d'œuvre importante est indispensable.

Nous donnons plus loin des détails pratiques sur la cueillette des boutons et sur leur préparation.

Rendement. — Ce n'est que vers la sixième année qu'il est permis d'espérer un premier rapport et comme pour le cocotier, le maximum de rendement s'accuse à la dixième année. On peut affirmer que la durée moyenne des girofliers est de quatre-vingts ans à un siècle. Pourtant, il serait imprudent de compter sur des rendements annuels réguliers ; c'est ainsi qu'à la Réunion on estime ne profiter que d'une bonne année sur cinq. Ceci remet le rendement *moyen* à 7 kilogrammes, parfois 10 kilogrammes, dans des cas exceptionnels, et notons que les écarts d'un pays à un autre peuvent être considérables. Burnette fait varier le rendement de $1^{kg},500$ par arbre, à 60 kilogrammes.

A Sainte-Marie de Madagascar et à Java, par exemple, des girofliers ont rapporté jusqu'à 30 kilogrammes, tandis qu'à Zanzibar où les plantations sont dites *shambas*, la

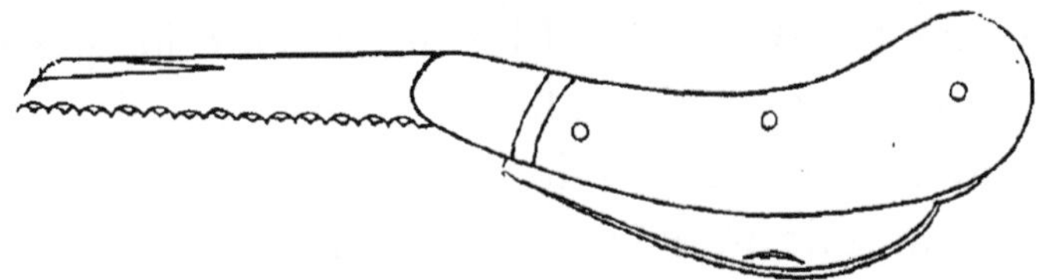

Fig. 129. — Type de couteau-scie spécialement établi
pour le travail en brousse.
(Cliché Tissot.)

moyenne est de 3 kilogrammes. Pourtant, dans ce pays, la récolte de 1904-1905 est restée légendaire, tellement elle fut abondante. Nous nous résumons en disant que la récolte peut varier de 3 à 20 kilogrammes de *clous secs* par arbre.

Nous avons vu plus haut (*Botanique*) que la cueillette a lieu dès qu'on voit les boutons se roser. Les boutons qui peuvent atteindre le nombre de 600.000, sont détachés à la main, et on s'aide en secouant légèrement les branches ou en les frappant à l'aide de bambous. On a eu soin d'étendre, au préalable, des toiles aux pieds des arbres, de façon à éviter toute perte.

Pour qu'une récolte se fasse dans des conditions normales, il faut, non seulement que la quantité de boutons soit suffisante, mais encore que la main-d'œuvre ne fasse pas défaut et aussi qu'il ne survienne pas de pluies intempestives au moment de la récolte : la pluie diminuant la quantité et la qualité du girofle.

B. — TECHNIQUE

L'essence de girofle est incolore ou légèrement jaunâtre quand elle vient d'être fabriquée dans de bonnes conditions, mais elle ne tarde pas à rougir au contact de l'air ou en vieillissant. Sa densité varie, d'après les auteurs, de 1,046 à 1.060. Elle ne se solidifie pas encore à — 20° ; son odeur rappelle celle de clous de girofle et sa saveur est brûlante ; elle est très soluble dans l'alcool ; peu volatile ; elle ne dévie pas la lumière polarisée. L'ammoniaque la rend pâteuse ; l'acide azotique la rend verte ; elle se combine en partie avec la potasse et perd son odeur.

L'essence de girofle est formée de :

1° Un hydrocarbure isomère de l'essence de térébenthine, très réfrigérant, de densité 0,915 et bouillant à 251° C. ;

2° D'*eugénol* $C^{20}H^{12}O^4$, isomère de l'*acide cuminique*. La saveur et l'odeur de l'eugénol sont celles des clous de girofle. Densité, 1,07. Incolore, oléagineux ; bout à 247°,5 ;

3° D'*eugénine*, isomère de l'eugénol pouvant cristalliser en lamelles insipides ;

4° De l'acide salicylique ;

5° De la caryophylline $C^{40}H^{32}O^4$; neutre, inodore, insipide, cristallisable en aiguilles prismatiques.

Dosage de l'eugénol. — Dans une fiole de 100 centimètres cubes environ, surmontée d'un col de 8 millimètres de diamètre, divisé, sur un espace correspondant à 10 centimètres, en centimètres cubes et dixièmes de centimètres cube, on verse 10 centimètres cubes d'essence, puis on ajoute jusqu'aux 3/4 de la fiole environ, une lessive de soude, à 3 0/0. On agite vigoureusement à plusieurs reprises en ayant soin de chauffer pendant dix minutes au bain marie, afin d'être sûr de saponifier la totalité de l'acétyleugénol contenu dans l'essence et dont l'importance, au point de vue de l'estimation est égale à celle de l'eugénol libre. L'eugénol se dissout. On amène l'essence non phénolique dans l'intervalle des graduations, par addition d'une nouvelle quantité de solution de soude à 3 0/0 et, quand la liqueur est limpide, on lit le volume de l'huile qui surnage. Par différence, on a le volume de l'eugénol.

C. — Industrie

I. — Pays producteurs

Clous. — Le girofle a la forme d'un clou ; les pétales couchés les uns sur les autres en forment la tête ; le calice contenant l'ovaire constitue le corps et la pointe.

Selon les pays, les modes de préparation varient.

En Afrique, on se contente d'exposer au soleil pendant une semaine environ les clous étendus sur des nattes ; les boutons desséchés sont ensuite brisés en deux morceaux, vannés, puis soigneusement emballés dans des caisses.

En d'autres endroits, on enfume les boutons avant de les dessécher, et on utilise pour cela des claies en bambous.

Après dessiccation les clous ont perdu 60 0/0 de leur poids ; et sous cet état on estime qu'il en faut dix mille au kilogramme.

Les conditions d'exploitation ne sont pas identiques partout. Voici ce que nous avons constaté, personnellement, à Zanzibar : Chaque jour les ouvriers indigènes sont payés, selon la quantité de clous de girofle frais qu'ils rapportent.

La mesure est le *pishi* ; il en faut vingt pour obtenir la quantité qui, une fois séchée, produira une *frasila* de clous de girofle du commerce.

La *frasila* correspond à 35 livres anglaises de 453^{gr},6.

On paie 1 *anna* ou 4 *pesas* par pishi. A ce prix, la cueillette d'une frasila de clous secs revient à 20 as, soit 2 fr. 13.

Ce prix de revient, que nous indiquons, est tout à fait bas ; il arrive fréquemment qu'il soit doublé et parfois triplé.

A Zanzibar, la Douane étant en même temps la Bourse, on y concentre toutes les productions et selon pénurie ou tassements, la spéculation opère.

Un bon prix moyen en douane de Zanzibar est, par exemple, de 5 *rials* à 6,5 rials la frasila de 35 *ibs*, soit de 21 fr. 90 à 23 fr. 75.

Les Arabes et les Indiens aiment assez vendre au *livrable* ; dans ces conditions, un bon prix pour eux est d'avoir à 12 *roupies* la frasila. Le change moyen de la roupie étant de 1 fr. 70.

Pour donner une idée de l'importance du commerce des clous de girofle à Zanzibar, nous donnons le tableau suivant qui résume les arrivages, par semaine, en douane, du 4 mai au 13 juillet 1907.

DATES	GIROFLES de ZANZIBAR	GIROFLES de PEMBA
	liv. angl.	liv. angl.
4 mai..........................	527	15.229
—	1.790	23.430
—	219	3.047
—	1.734	5.992
1er juin.....................	33	9.489
—	440	3.564
—	602	3.972
—	931	3.279
—	2.366	3.823
6 juillet.....................	9.672	9.386
13 juillet.....................	28.995	12.848

Aux Antilles, les clous de girofles sont fumés sur des claies recouvertes de paillassons : on se sert d'un feu de bois et on arrête l'opération dès que les clous prennent une belle teinte brun foncé ; on achève alors le séchage au soleil. Certains préparateurs préfèrent échauder les boutons à l'eau bouillante avant de les fumer ; d'autres se contentent de la dessiccation au soleil.

Quoiqu'il en soit, le séchage fait perdre 60 0/0 de son poids au produit vert.

Une fois apprêtés, les clous sont mis en sacs ou en barils pour être expédiés ; les récipients doivent être très secs pour éviter les moisissures. L'odeur du clou de girofle doit être aromatique ; la saveur âcre et épicée. Le clou de girofle contient une huile fixe aromatique appelée *eugénine* et une résine *cariophyline* (Lodibert).

Essence. — On procède d'abord à une macération ; il est préférable d'opérer sur de petites quantités.

Dans le bac à macération, nous introduirons le mélange suivant :

Clous de girofle parfaitement
  concassés .... 20 kilogrammes
Eau......................... 40 litres
Sel commun................. 2 kilogrammes

La macération dure douze heures, puis on distille.

Distillation. — La distillation doit être conduite lentement : la liqueur obtenue est laiteuse ; on arrête dès que
la liqueur devient limpide.

L'essence de girofle, plus lourde que l'eau, tombe au
fond du vase. Après séparation, l'essence est recueillie
en des flacons hermétiquement bouchés, tandis que l'eau
mère contenant encore un peu d'essence est soigneusement conservée pour servir à des distillations ultérieures.

Il ne faut distiller que des girofles très odorants.

L'essence obtenue est d'une couleur jaunâtre, d'une
odeur suave et d'une saveur de girofle.

A l'air, elle devient brune et sirupeuse, mais reste toujours liquide.

La densité est de 1,050. Au point de vue chimique,
cette huile est un mélange d'eugénol ou acide eugénique
et d'un hydrocarbure ayant pour formule $C^{29}H^{16}$.

On peut isoler cet hydrocarbure en distillant l'huile
brute avec de la lessive potassique ; on lave le produit
oléagineux ; puis, on le dessèche au moyen du chlorure
de calcium ; il ne reste qu'à rectifier. La densité est de
0,910 ; il bout à 142° C.

Les girofles d'Amboine, de la Réunion et de Madagascar
sont très riches en essence. Le rendement peut atteindre
18 0/0.

Autre méthode. — Dans certains cas, au lieu de recourir à la distillation, on opère par expression des boutons frais ; mais ce procédé est peu employé.

II. — Pays importateurs

ESPRIT DE GIROFLE.

Alcool à 85°.....................	25 litres
Clous de girofle..................	1^{kg},750

VINAIGRE DE GIROFLE

Girofle, concassé..............	350 grammes
Alcool à 90°....................	2 kilogr.
Vinaigre de bois..............	8 —

RONDELETIA

Alcool........................	4^{lit},54
Essence de girofle............	28^{gr},33
— de lavande..............	56 ,07
— de rose.................	5 ,31
— de bergamote............	28 ,33
Extrait de musc...............	0^{lit},14
— de vanille..............	0 ,14
— d'ambre gris...........	0 ,14

BOUQUET DES GARDES

Essence de girofle............	0^{gr},88
Esprit de roses...............	1^{lit},13
— de néroli..............	1 ,13
Extrait de vanille............	0 ,28
— d'iris.................	0 ,28
— de musc	0 ,14

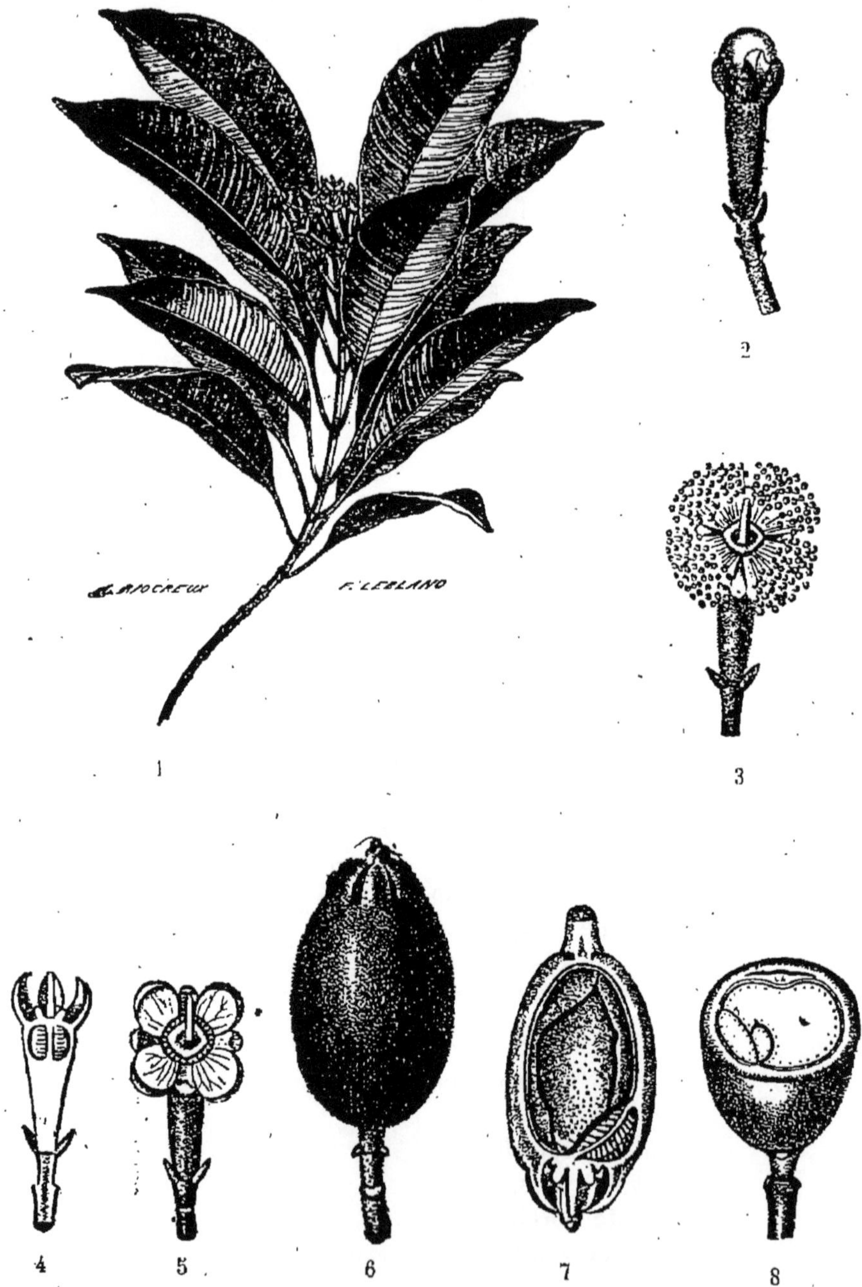

Fig. 130. — Giroflier. — 1, port; 2, bouton floral; 3, fleur ouverte; 4, fleur dépourvue de ses étamines; 5, coupe longitudinale du pistil; 6, fruit; 7, coupe longitudinale du fruit; 8, section transversale de ce même fruit.

D. — Commerce

Actuellement, il est peu de produits exotiques donnant lieu à d'aussi importantes spéculations que le clou de girofle.

Bombay, Londres, la Hollande ont leurs marchés spéciaux où trafiquent des agioteurs. Pourtant la consommation des girofles, comme épice, est assez restreinte; il est certain que l'intervention financière a surtout pour objectif l'industrie de la parfumerie.

Clous de girofle. — Les fleurs de girofle (*fig.* 130), non développées et préparées, comme nous l'avons indiqué, sont connues dans le commerce sous les noms de *girofle*, *clous de girofle*, *clous aromatiques*, *antofles*, *mères de girofle*, *clous matrice*; les pédoncules portent plus particulièrement le nom de *griffes de girofles*.

On connaît l'emploi des clous de girofles pour les besoins culinaires; c'est un excitant stomachique.

La *Pharmacopée allemande*, craignant la fraude dans l'essence ordinaire de girofle, remplace purement et simplement cette essence par son radical oxygéné : l'eugénol. C'est un liquide qui bout à 252° et dont la densité est de 1,073. L'essence de girofle est très employée comme odontalgique, c'est-à-dire contre le mal de dent : élixir odontalgique; on l'utilise également comme microbicide, et on a remarqué qu'elle tue en trente-cinq minutes le microbe de la fièvre typhoïde.

Le clou de girofle entre dans la préparation du *koheul* ou pommade antiophtalmique, à base de sulfure d'antimoine, très appréciée des Arabes. La liqueur antiseptique, appelée *amikosas optine* ou simplement *amykos*, est une fusion de girofle à laquelle on ajoute de l'acide borique et de la glycérine.

En outre de ses emplois en parfumerie et en médecine, l'essence de girofle constitue la matière première pour la fabrication de la vanilline ; en effet, l'essence de girofle renferme, comme nous le savons, 70-85 0/0 d'eugénol, et c'est de ce constituant que l'on part pour obtenir la vanilline. On part également de l'eugénol pour la fabrication de l'œillet artificiel (iso-eugénol).

En droguerie, le cours moyen des clous de girofle est de 4 francs le kilogramme ; la poudre atteint 6 francs ; la teinture alcoolique vaut 6 francs le litre, et l'essence de girofle se négocie facilement à 15 francs le kilogramme.

Le stock visible de clous de girofle, qui était de 125.000 couffes en 1900, était tombé à 105.000 couffes en 1901 ; à 76.000 en 1902 et à 49.000 en 1903.

Il s'en est suivi une forte hausse non seulement sur les *clous*, mais aussi sur les produits industriels tirés du girofle, tels que vanilline et autres. Cette hausse prit fin en 1904 ; le prix de 13 francs le kilogramme était retombé à 8 francs.

Le tableau suivant résume les stocks de ces dernières années, au 1er mai.

1900	115.000 balles
1901	108.000 —
1902	95.000 —
1903	74.000 —
1904	38.000 —
1905	49.000 —
1906	42.500 —

1907..	Londres.... 22.000 balles	32.000 —
	Hollande... 8.500 —	
	Hambourg.. 500 —	
	New-York.. 1.000 —	

E. — IMITATIONS ET FALSIFICATIONS

En étudiant la botanique du giroflier, nous avons vu qu'aux boutons très odorants on mêle souvent des parties moins riches en arome, telles que griffes et mères de girofle ; d'autre part, nous avons dit, en distillation, qu'il arrive fréquemment que des industriels peu scrupuleux aspergent des produits épuisés d'un peu d'essence, ce qui est suffisant pour rendre marchands des déchets de fabrication.

ILANG-ILANG

Généralités. — Ilang-Ilang signifie, mot à mot, « fleur des fleurs » ; ce qui résume les qualités que lui attribuent les habitants de Manille et de Malabon (*fig.* 132), son pays d'origine. L'essence d'ilang n'est connue en Europe que depuis une dizaine d'années.

Bien que des renseignements sur l'ilang aient été fournis dès 1650 par le botaniste anglais John Ray : il appelait l'arbre *Arbor Saguisen ;* presque en même temps, Rumpf présentait l'ilang sous le nom de *Borga Cananga*, et Lamark l'appelait *Uvaria* ou *Unona odorata.*

En 1797, Roxburg transplanta un ilang de Sumatra à Calcutta et, en 1829, Blume donna une gravure exacte de ses fleurs et de ses fruits.

La mode a déjà placé l'essence d'ilang au premier rang des parfums, aussi peut-on affirmer que les cours se tiendront fermes, encore, durant bien des années ; à moins que dame Chimie ! Ne signalait-on pas, en effet, récem-

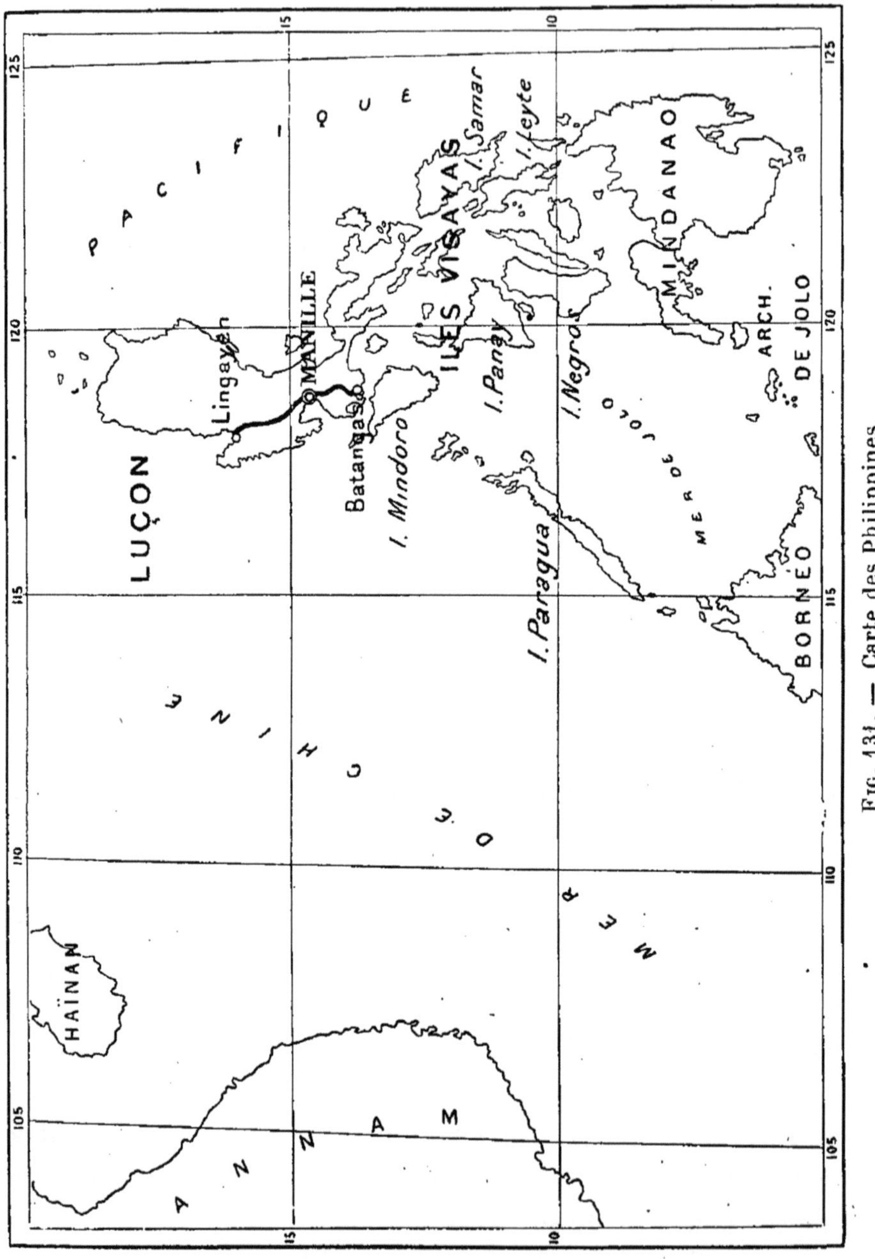

Fig. 131. — Carte des Philippines.

ment une *essence artificielle* d'ilang et de qualité supérieure ?

Remarquons, en passant, qu'on orthographie indifféremment : ilang, ylang ou ihlang.

Fig. 132. — Ilang-Ilang à Malabon, près Manille.

A. — Agronomie

Botanique. — Famille des *Anonacées*. C'est le *Cananga odorata* de Java ou *Anöna odoratissima* ou *Artabotrys odorata*.

C'est un bel arbre qui atteint fréquemment une hauteur de 15 à 20 mètres (*fig.* 132) ; ses branches, peu nombreuses, sont bien ramifiées ; les dimensions communes des feuilles sont 0ᵐ,07 de largeur sur 0ᵐ,18 de longueur (*fig.* 133).

Un arbre cultivé à Hope (Jamaïque) s'est élevé, dans sa sixième année, à une hauteur de 15 mètres, avec une circonférence de 0ᵐ,90, à 3 pieds au-dessus du sol.

Il arrive fréquemment que de courtes tiges donnent trois et quatre fleurs; les baies vertes se montrent au nombre d'une vingtaine sur un long pédoncule.

Le *Cananga* de Java et Batavia (*fig.* 134) et l'arbre que l'on voit dans les rues de Bangkok (*fig.* 135) sont donc identiques au point de vue botanique.

Malheureusement un arbre à essence, le *Champaca* (Michelia Champaca) Linné (*fig.* 136), et qui pousse également à Manille près de l'ilang-ilang, donne une essence rappelant un peu celle de la « fleur des fleurs » et aussi celle du jasmin, d'où falsifications, comme nous le verrons plus loin.

Dans les forêts vierges, l'ilang peut atteindre une grande hauteur, mais alors ses fleurs n'émettent presque pas de parfum.

Habitat. — Exploitation. — Le principal centre de production de l'essence d'ilang est Manille. A Malabon, village voisin de Manille, l'ilang est cultivé dans tous les jardins des indigènes (*fig.* 137). Il existe aussi des plantations à San-Juan del Monte et Albay.

On cultive également l'ilang avec succès dans les archipels de l'Océan Indien et dans la région nord-ouest de Madagascar.

A la Réunion, on est parvenu à produire une essence de qualité supérieure; le Tonkin commence à exporter des essences très appréciées.

On a remarqué que les différences de climat des pays

de production influent sur la qualité des essences d'ilang
et de cananga.

Fig. 133. — Branche d'Ilang-Ilang portant des feuilles et des fleurs.
(Photographie Roure-Bertrand fils.)

Mais cette qualité dépend surtout des soins apportés à

la distillation. C'est ainsi qu'à Java les appareils de distillation généralement employés étant des plus rudimentaires, il s'ensuit que les essences obtenues sont dépréciées sur le marché.

L'ilang se reproduit par graines. Les semis sont faits en très bonne terre, les graines sont placées à 8 ou 10 centimètres les unes des autres.

Un mois après, on aperçoit les premières plantations sortir de terre.

Lorsque les plants ont atteint de 25 à 30 centimètres de hauteur, ils sont bons à être déplacés.

Parfois les semis se font dans des caisses de bois dans lesquelles on met quelques centimètres de terre meuble riche en humus, on y dépose les graines que l'on recouvre d'une faible couche de sable de mer. On garde à l'ombre et l'on prend soin d'arroser le reste.

Quant au terrain de plantation, il a dû être labouré, hersé, fumé et parfaitement nettoyé.

Pour la trouaison, on espace les lignes de 5 à 7 mètres et les fosses circulaires ont de 35 à 40 centimètres de profondeur sur 40 à 50 centimètres de diamètre.

Sur lignes, on espace également de 5 à 7 mètres. Avant d'apporter le plant, on remplit aux trois quarts les trous de fumier.

En moyenne, on compte ainsi de 500 à 600 arbres à l'hectare.

Pendant les deux premières années, il faut apporter de grands soins aux plantations, car elles ne tarderaient pas à être envahies par la « petite brousse »; pour atténuer ces frais d'entretien, on peut procéder à certaines cultures intercalaires.

En troisième année on peut espérer profiter d'une première floraison d'un rapport pouvant varier de 150 à 200 francs à l'hectare.

Il est indispensable alors de maintenir les arbres à une hauteur moyenne de $2^m,50$ à 3 mètres ; les branches laté-

FIG. 134. — Le Cananga aux environs de Batavia.
(Photographie Roure-Bertrand fils.)

rales se développent mieux, traînent sur le sol et se couvrent de fleurs. La cueillette est donc faite beaucoup plus facilement. Dans ces conditions une plantation d'ylangs peut donner un rendement très rémunérateur durant une dizaine d'années.

Pourtant il est nécessaire de bien surveiller les arbres,

car à Manille et en d'autres endroits, l'ilang est sans cesse exposé à l'attaque de certains insectes. On doit tenir compte aussi de l'orientation, le vent étant très préjudiciable à la floraison.

Fig. 135. — Le Cananga devant une pagode à Bangkok.
(Photographie Roure-Bertrand fils.)

Rendement. — On calcule qu'un bon peuplement peut fournir annuellement de 3 à 4 kilogrammes d'essence par hectare et qu'il faut de 50 à 65 kilogrammes de fleurs fraîches pour obtenir 1 kilogramme d'essence, soit un rendement de 1,56 à 2 0/0.

Ces indications n'ont rien d'absolu, car le rendement varie avec les conditions climatériques, météorologiques et, comme nous l'avons déjà dit, selon les soins du planteur.

M. Fawcett dit qu'à la Jamaïque un arbre produit une

moyenne de 100 à 120 livres anglaises de fleurs fraîches, de mars à novembre.

Devis. — Nous reproduisons ici un compte de culture à l'hectare, d'un bon terrain planté d'ilangs, à raison de 500 arbres, que M. Martin de Flacourt, ingénieur agronome, a donné dans la *Revue des cultures tropicales*.

On suppose, naturellement, une exploitation en plein rapport.

Entretien : 32 journées d'hommes à 1 fr. 50............ 48 fr.

Cueillette : La récolte de 150 à 200 kilogrammes de fleurs que produit 1 hectare demande 128 journées de femmes à 0 fr. 75........................... 96 fr.

Distillation : Le traitement industriel de la récolte d'un hectare exige 12 journées d'hommes à 3 fr. 75....... 45 fr.

et moins de 1.600 kilogrammes de bois à 45 fr. le mille. 45 fr.

Frais généraux comprenant la surveillance, l'amortissement du matériel servant à la cueillette et à la distillation des fleurs, l'acquisition des vases devant contenir l'huile essentielle, le transport par colis postaux en France, l'assurance des colis, etc., etc....... 150 fr.

384 fr.

Or, nous avons vu, plus haut, qu'un hectare de bon terrain était susceptible de produire une moyenne de 3 à 4 kilogrammes d'essence.

Pour abréger les calculs, admettons que le prix de vente du kilogramme d'huile essentielle ne soit que de 500 francs.

Si l'hectare ne produit que 3 kilogrammes d'essence, nous obtenons un produit brut de 1.500 francs, desquels il y a lieu de déduire les frais s'élevant à la somme totale de 384 francs.

Nous avons donc un produit net de 1.116 francs.

Si, au contraire, l'hectare en produit 4 kilogrammes, nous avons comme produit brut 2.000 francs et comme net :

$$2.000 - 384 = 1.616 \text{ francs.}$$

FIG. 136. — Le Champaca aux environs de Batavia.
(Photographie Roure-Bertrand fils.)

B. — TECHNIQUE

M. Reychler a tout particulièrement étudié les essences d'ilang-ilang et de cananga ; voici quelques-unes de ses observations.

Essence d'ilang. — Densité à 15° C., 0,940 à 0,955 ; pouvoir rotatoire, — 45° à — 60° (l — 100 millimètres).

Cette essence contient 9 0/0 d'acide benzoïque et 7 0/0 d'acide acétique ; 30 à 32 0/0 de *linalol* et de *géraniol ;* 30 à 32 0/0 d'un sesquiterpène ; 20 0/0 de produits non étudiés. On a également constaté la présence de l'isoeugénol dans l'essence d'ilang.

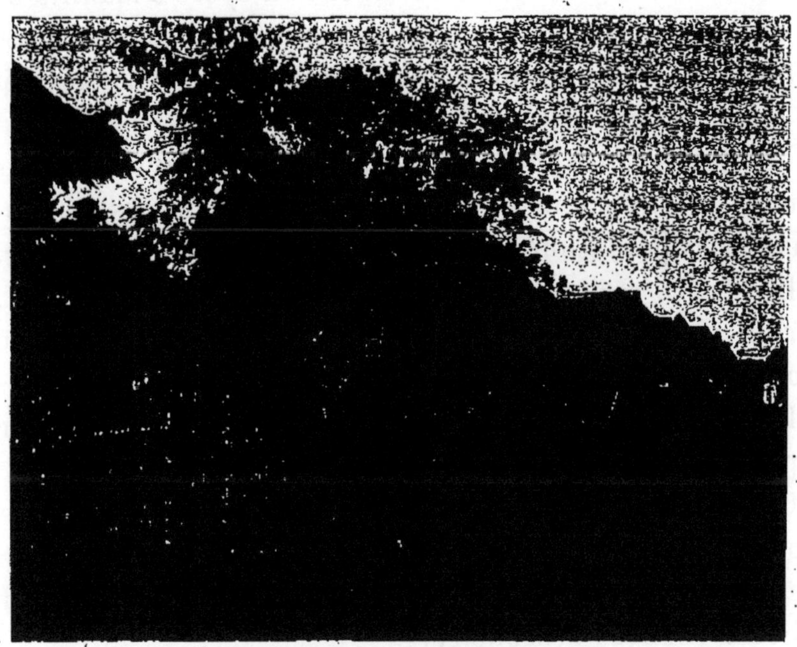

Fig. 137. — L'Ilang-Ilang dans la principale rue de Malabon.
(Photographie Roure-Bertrand fils.)

Essence de cananga. — Au point de vue qualificatif, elle ressemble beaucoup à celle d'ilang.

Densité à 21°C., 0,9058.

Parmi les chimistes qui ont étudié les produits de l'ilang, il convient de citer Gal, en 1873, puis Reychler, quelques années plus tard.

C. — Industrie

I. — Pays producteurs

Essence d'Ilang. — Voici comment on opère à Manille où la distillation s'effectue principalement en automne et au printemps, étant donné qu'elle subit un arrêt vers février et mars, époque des cyclones.

Les fleurs sont apportées le matin par les paysans ; elles sont immédiatement entassées dans les alambics et soumises à la distillation sous l'influence directe de la vapeur.

Il est très recommandé de rejeter les fleurs fanées qui, par un commencement de fermentation, donnent une mauvaise odeur.

Les alambics sont remplis d'eau jusqu'au tiers de leur capacité.

On chauffe lentement au début, et l'action du feu reste modérée, de façon que l'eau et l'essence coulent en mince filet que l'on reçoit dans un essencier. Au début, on peut cohober l'eau de l'essencier.

C'est la qualité extra qui distille en premier. Une opération dure de trois à cinq heures. Pour la première phase on recueille ordinairement toutes les heures, ou mieux, chaque demi-heure, de façon à bien se rendre compte de la qualité de l'essence et à fractionner s'il y a lieu.

Signalons ici l'appareil à distiller l'ilang que la Société Egrot construit tout spécialement et qui remporte partout un vif et légitime succès (*fig.* 138). Nous en avons donné le détail, page 104, aussi n'y reviendrons-nous pas, autrement.

A Manille le rendement n'est que d'environ 0^{kg},600 à 1 kilogramme par 100 kilogrammes de fleurs traitées.

On compte une dizaine de distilleries d'ilang à Manille

FIG. 138. — Appareil pour distillation perfectionnée.

et les produits sont classés en deux qualités.

D'après M. Bornemann, le rendement en qualité sur-fine ne serait que de 0,6 0/0, tandis que le rendement total en essence serait double.

A la Jamaïque, d'après M. W. Fawcett, le prix de distillation d'une once (28^{gr}, 349) d'essence est de 3 sh. 9 d. (4 fr. 65), et il faut 9 livres de fleurs pour obtenir une once d'huile.

Au Tonkin, à la Réunion et aux Comores, on s'occupe beaucoup, en ce moment de développer les plantations, et des échantillons d'essence parfaite sont déjà sur le marché.

II. — Pays importateurs

Étant donné que l'odeur d'Ilang a peu de force, il en faut une certaine quantité pour obtenir une bonne essence de mouchoir.

Voici une préparation obtenue en partant de l'ilang-ilang :

EXTRAIT D'ILANG

Essence d'ilang......................	200 grammes
Alcool..............................	4 litres

D. — COMMERCE

Manille est encore le centre de la production d'ilang.

On a exporté de cette ville les quantités suivantes d'essence :

En 1901...........................	2.200 kilog.
1902...........................	2.600 —
1903...........................	3.300 —
1904...........................	3.000 —

La valeur de l'essence d'ilang varie, sur les marchés européens, entre 20 et 30 francs les 30 grammes.

E. — IMITATIONS ET FALSIFICATIONS

En tout premier lieu, rappelons les additions d'essence de champaca dont nous avons déjà parlé ; mais il y a bien d'autres fraudes ; c'est ainsi qu'à Java on ajoute du beurre de coco[1]. On décèle cette adultération en distillant à la vapeur d'eau ; on obtient un résidu ayant une consistance butyreuse et présentant un coefficient de saponification élevé.

L'essence pure ne laisse que 5 0/0 de résidu à la distillation à la vapeur d'eau.

On a trouvé jusqu'à 25 0/0 de beurre de coco ! D'après les chimistes du laboratoire Schimmel, voici les propriétés d'une essence pure et celles d'une essence fraudée :

	ESSENCE PURE	ESSENCE RECTIFIÉE	ESSENCE FRAUDÉE AVEC DU « beurre de coco »	ESSENCE FRAUDÉE AVEC DU « beurre de coco » et rectifiée
Poids spécifique.....	0,916	0,915	0,919	0,908
Pouvoir rotatoire....	— 21° 27′	— 20° 48′	— 17° 1′	— 21° 50′
Coefficient de saponification..........	17,8	16	83,7	14,4
Solubilité dans l'alcool à 95°.........	Soluble dans 1/2 à 2 volumes	Soluble dans 1/2 à 2 volumes	Insoluble dépôt de gouttes huileuses	Soluble dans 1/2 à 2 volumes
Action d'un mélange réfrigérant	Ne se prend pas en masse	Ne se prend pas en masse	Prend un aspect butyreux	Ne se prend pas en masse

1. Voir *le Cocotier*. (*Bibliothèque pratique du Colon.*)

JASMIN

Généralités. — Bien que le jasmin soit assez commun en Europe, nous ne saurions trop en recommander la culture aux colonies, car son délicieux parfum fait que l'essence de jasmin est toujours très demandée.

Rappelons l'appréciation de Dickens :

« Le jasmin est-il donc le Meru mystique, le centre, le Delphes, l'Omphale du monde des fleurs ? Est-il le point de départ de tout parfum, l'unité indivisible, insaisissable? Le jasmin est-il l'Isis des fleurs à la tête voilée, aux pieds cachés, qui se fait aimer de tous et ne se révèle à personne ? Charmant jasmin ! s'il en est ainsi, il faut que la rose descende de son trône et cède la couronne de reine à ta beauté sans pareille. Les révolutions, les abdications sont des jeux émouvants. Si nous allions susciter une guerre civile dans les jardins et proclamer le jasmin empereur et roi des parterres ! »

Les Arabes disent *yasmyn*, d'où le nom que cette plante porte chez nous.

C'est en 1886 que l'essence de jasmin a été obtenue commercialement pour la première fois par la Société des parfums nationaux de Cannes.

Actuellement la culture du jasmin est très en vogue dans le Midi de la France ; le jasmin est le plus beau fleuron de la couronne de fleurs qui entoure Grasse, a-t-on dit ; c'est la fleur par excellence et quand les planteurs parlent de « la fleur », chacun sait qu'ils veulent dire « le jasmin ».

A. — AGRONOMIE

Botanique. — Arbustes de la famille des *oléacées* ; plante dicotylédone. On connaît plusieurs variétés de *jasmi-*

FIG. 139. — Rameau de Jasmin (*Jasmin grandifloræ*).

num ; les principales sont : *jasminum odoratissimum* et le *jasmin grandiflorum* Linné.

Habitat. — Géographie. — Dispersion des variétés. — Synonymie. — Le jasmin croît, presque sans soins, dans les endroits un peu humides de toute la zone tropicale où il reste en fleurs du commencement de l'année à la fin.

En France, la culture du *jasmin grandifloræ* est très étendue à Cannes, où les fabricants de parfums sont généralement en même temps propriétaires d'importantes plantations.

On rencontre aussi des champs entièrement plantés de jasmin en Angleterre, en Turquie, en Espagne, etc.

Plantation. — Culture. — Entretien. — Le jasmin se multiplie de boutures et se cultive à peu près comme la vigne ; il doit être taillé chaque année.

Si la saison sèche se manifeste de façon anormale, il est bon d'arroser, ou mieux d'irriguer.

On peut faire entrer de 5.000 à 10.000 pieds à l'hectare.

En Angleterre et dans d'autres pays, les arbustes sont soutenus à l'aide de tuteurs horizontaux. Mais, quand il s'agit du jasmin grandifloræ, les tuteurs deviennent inutiles.

Les fleurs qui poussent de juillet à fin octobre sont cueillies à la main, le matin, dès que la rosée disparaît, mais avant le grand soleil.

On a remarqué que celles des mois d'août et de septembre sont les plus odoriférantes. C'est à cette époque que les femmes (*fig*. 140), un léger panier à la main, parcourent les plantations et procèdent à la cueillette.

Une ouvrière entraînée peut ramasser de 1.000 à 1.200 kilogrammes de fleurs ; celles-ci doivent être immédiatement livrées à l'usine.

Les plantations ne sont en pleine production que la seconde année de greffage ; chaque millier de plants peut alors produire de 30 à 50 kilogrammes de fleurs, soit de 200 à 500 kilogrammes de fleurs à l'hectare.

L'entretien d'un hectare planté de jasmin revient annuellement à 3.000 francs.

Quand on a recours à la greffe, il est bon de prélever sur jasmin espagnol, et on appose sur jasmin sauvage, quand ce dernier atteint sa deuxième année.

Au reste, le jasmin est une plante rustique ; voici ce qu'en a dit Alphonse Karr :

« L'autre jour, j'ai vu deux cultivateurs dans un jardin ; l'un achetait 4.000 pieds de jasmin d'Espagne. Je n'assistais pas aux débats, mais ils avaient dû être chauds et animés. Lorsque j'arrivai, le marché était conclu. Le prix ordinaire du jasmin d'Espagne est de 3 à 5 francs les 100 pieds. Ceux-ci étaient magnifiques et couverts de larges fleurs blanches et de boutons violets ; l'acheteur prit une bêche et les déracina. Je le crus fou. En France, les jasmins déplantés au mois d'août, quand ils sont en pleines fleurs, seraient regardés comme perdus et bons à mettre en fagots pour allumer le feu. Mais mon homme emporta ses jasmins chez lui, les mit en terre, leur donna quelques arrosoirs d'eau et les laissa tranquilles. Trois jours après, j'allai les voir ; ils étaient dans un état superbe et n'avaient pas cessé de se couvrir de fleurs. »

Pour le Midi de la France, on estime que le prix de 2 francs à 2 fr. 50 du kilogramme de fleurs est suffisamment rémunérateur pour l'agriculture.

Irrigation et arrosage.— Nous avons parlé, plus haut, d'irrigations. Voici, à ce sujet, quelques mots pratiques.

Dans le cas où l'on devra avoir recours à une pompe pour assurer l'irrigation, on pourra employer des appareils élevant l'eau à leur niveau et la déversant sim-

FIG. 140. — Cueillette du Jasmin.
(Photographie Roure-Bertrand fils.)

plement dans les canaux d'irrigation (pompes aspirantes, pompes à chapelet, norias), ou la refoulant au-dessus de leur niveau ou au loin (pompes aspirantes et foulantes).

Les appareils du premier genre pourront être adoptés chaque fois qu'il n'y aura qu'un service d'irrigation proprement dit à assurer; ceux de la seconde catégorie devront l'être toutes les fois qu'on aura à desservir une véritable distribution d'eau avec réservoir et canalisation, soit domestique dans les bâtiments d'habitation, soit agricole amenant l'eau à des bouches disposées de place en place dans le domaine d'exploitation.

A quelque catégorie qu'ils appartiennent, ces appareils, en plus d'un bon fonctionnement, devront présenter les qualités suivantes :

Robustesse, rusticité, visite et entretien faciles.

Leur robustesse écartera les chances d'avarie, lorsqu'une réparation sera inévitable, leur rusticité la rendra plus facile. Leur facilité d'entretien et de visite diminuera le risque de détériorations. C'est par le manque de soins que les pompes périssent, et c'est bien souvent la complication de leur démontage et de leur visite qui rend ce manque de soins fatal.

Pour ces raisons, il convient de préconiser, pour les colonies, un matériel semblable à celui employé pour les travaux publics. Nous donnons la vue d'un des types les plus souvent utilisés et les plus justement appréciés. Ce modèle fonctionne à bras d'hommes; mais pour les pays où la main-d'œuvre est rare ou trop chère, il est fait d'autres pompes pouvant être actionnées au manège, au moteur, ou même, solution généralement peu recommandable, par moulins à vent.

Arrosage. — Pour l'arrosage, il faut nécessairement

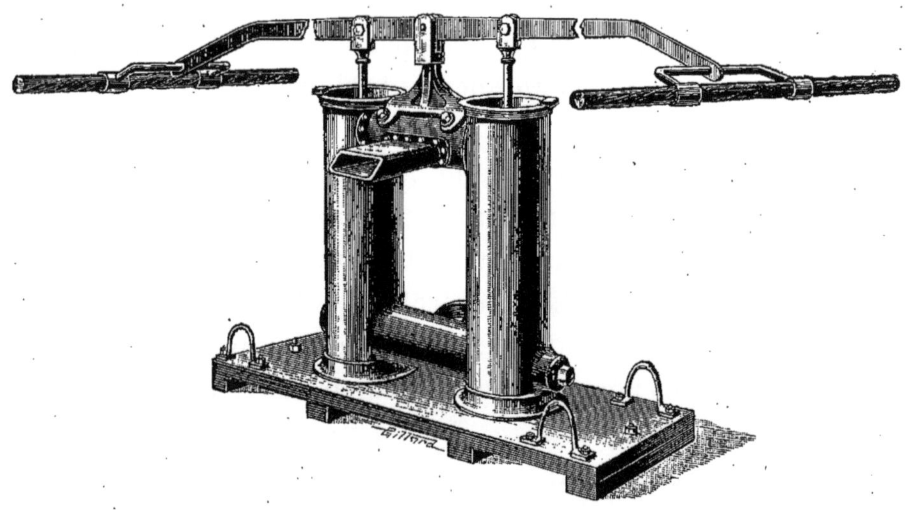

FIG. 141. — Pompe pour irrigation.

employer des pompes aspirantes et foulantes ; elles doivent présenter les mêmes qualités que celles destinées à l'irrigation. Elles pourraient d'ailleurs y être employées, mais, en général, on recherche pour l'arrosage des appareils très maniables, par conséquent légers et d'un débit qui serait trop faible pour assurer un service sérieux d'irrigation. On peut aussi employer ces pompes comme secours contre l'incendie.

Puits dits instantanés. — Dans les pays où le sol est assez meuble et surtout lorsqu'on trouve de l'eau à moins de 8 mètres de profondeur, on peut employer très utilement les puits dits instantanés. Ces puits consistent en un tube, terminé par une pointe et perforé à son extrémité ; on enfonce ce tube au moyen d'un mouton. Un matériel approprié facilite ce travail. Il ne reste qu'à brancher une pompe sur la partie du tube qui affleure le sol pour réaliser une installation élévatoire peu onéreuse.

Maladies et ennemis. — La cochenille peut, en quelques jours, compromettre toute une récolte de jasmin ; on en a eu un exemple dans le Midi de la France, en 1879.

Rendement. — Quand l'habitat répond aux exigences du jasmin, on peut compter sur un rendement annuel de 40 kilogrammes de fleurs par 1.000 pieds. Or, 1 hectare comprend environ 100.000 pieds et peut donc produire 4.000 kilogrammes de fleurs d'une valeur moyenne de 2 fr. 50, soit un rendement de 10.000 francs à l'hectare. Quant au rendement en essence, il peut être de 10 à 13 grammes par 100 kilogrammes de fleurs.

Il est vrai que les frais de culture sont très élevés et que la cueillette revient à environ 0 fr. 50 par kilogramme de fleurs.

B. — Technique

Si on refroidit à 0° l'essence de jasmin, on voit se déposer un stéaroptène blanc, fusible à 125°, il est cristallin, inodore et peu soluble dans l'eau, mais très soluble dans l'éther et dans l'alcool.

On a trouvé, dans l'extrait hydro-alcoolique du jasmin, un peu d'*esculine*, produit qui existe dans le marronnier des Indes. On sait que l'esculine attaquée par l'acide azotique, puis reprise par l'ammoniaque, présente une très forte coloration rouge sang.

Robbins y a constaté la présence d'un alcaloïde qu'on a appelé *gelsémine*; cet alcaloïde est amorphe, alcalin ; sa saveur est amère; il a pour formule $C^{22}H^{19}AzO^{4}$.

Parmi les chimistes qui ont particulièrement étudié l'essence de jasmin, nous citerons Verley qui obtint l'essence par enfleurage à froid, Hesse, Jeancard, Müller, Statie, Erdmann, Zeitschel, etc.

M. Hesse a découvert dans l'essence de jasmin une cétone *jasmone* $C^{11}H^{16}O$; au reste, voici la composition totale de cette essence, d'après le même auteur.

Jasmone...............................	3,0	0/0
Indol	2,5	—
Anthranilate de méthyle.............	0,5	—
Acétate de benzyle....................	65,0	—
— de linalyle.....................	7,5	—
Alcool benzylique.....................	6,0	—
Linalol................................	15,5	—

C. — Industrie

I et II. — **Pays producteurs et pays importateurs**

Les distillateurs et fabricants de parfums, bien que généralement propriétaires de « champs de jasmins », procèdent chaque matin, « en saison », à des achats de fleurs.

Ils prennent par lots peu importants aux petits cultivateurs et paient de 4 à 6 francs le kilogramme.

En pleine saison, chaque maison se rend ainsi acquéreur, le matin, de 50 à 100 kilogrammes de fleurs.

La cueillette doit être faite après la première insolation.

Distillation. — On recommande peu d'opérer par distillation, car l'essence obtenue n'étant que de qualité inférieure, n'obtient pas de cote sérieuse sur le marché.

Dissolvants volatils. — On a parfois recours à ce mode opératoire, mais on lui préfère bien souvent l'enfleurage.

Enfleurage. — La salle des manipulations doit être à l'abri du grand soleil et parfaitement ventilée, afin d'éviter une température élevée.

L'idéal pour la culture et le travail du jasmin serait de s'installer à une altitude moyenne, en pays tropical, afin de profiter de la grande « poussée », tout en évitant les « coups de chaleur ».

Pour opérer par enfleurage, on se sert de châssis en verre sur lesquels on étend un mélange de saindoux clarifié et de graisse de bœuf; puis on y sème les fleurs fraîches, en ayant soin de bien les éparpiller ; on les y laisse un jour. Cette opération est répétée, chaque jour, pendant toute la saison de floraison, que nous savons durer six semaines environ.

Peu à peu le corps gras absorbe l'odeur. En fin d'opération, on recueille la pommade ainsi formée pour la faire fondre à *très douce* température ; puis on filtre.

On calcule qu'il faut 3 kilogrammes de fleurs pour parfumer 1 kilogramme de graisse.

Huile antique. — Pour l'enfleurage d'huiles, on commence par tremper dans l'huile d'olive des morceaux de molleton de coton que l'on couvre de fleurs ; quand on suppose l'huile saturée de parfum, on soumet le tout à l'action d'une presse puissante. L'huile qui s'écoule est livrée au commerce sous le nom d'*huile antique au jasmin.*

Extraits. — On verse de l'esprit-de-vin rectifié sur de la pommade ou de l'huile de jasmin ; le contact doit durer une quinzaine de jours, et la température est maintenue égale entre 15 et 20°.

Pour l'extrait de première qualité, il faut attaquer 1 kilogramme de pommade par un litre d'esprit-de-vin ; au préalable, on a eu soin de diviser fortement la pommade.

Quand on part de l'huile de jasmin, il est nécessaire d'agiter le mélange d'huile et d'esprit-de-vin, toutes les deux heures, car, étant donné la différence de poids spécifique, il y aurait séparation de deux éléments, d'où contact peu efficace et échec final en fin d'opération.

Dans l'un et l'autre cas : pommade ou huile, on filtre l'extrait ; il reste la pommade ou l'huile *lavées ;* ces résidus, une fois refondus, peuvent entrer dans la composition de pommades pour la chevelure. Ajoutons que ces pommades sont préférées aux crèmes et baumes obtenus par additions d'huiles essentielles ; ces compositions sentent toujours l'*officine*, tandis que les huiles et pommades lavées gardent bien une odeur de *fleurs*.

Bouquets pour mouchoirs. — L'extrait de jasmin entre dans la composition des bouquets les plus connus ; on le vend même pur pour le mouchoir. Malheureusement le jasmin appartient à cette catégorie de parfums qui, très agréables d'abord, peuvent incommoder quand elles ont subi l'action oxydante de l'air. On arrive à masquer par des mélanges des parfums de caractères opposés.

ESPRIT DE JASMIN

Alcool à 90°................	12 litres
Extrait de jasmin...........	250 à 500 grammes

BOULE DE SAVON AU JASMIN

Base............................	70	kilogr.
Essence de géranium..............	45	—
— de jasmin.................	100	—
— néroli....................	55	—

D. — COMMERCE

En Turquie, la culture du jasmin est faite parfois dans un tout autre but que celui d'obtention du parfum.

On se contente de laisser un seul axe sur chaque pied, que l'on s'efforce d'obtenir long et parfaitement droit ; ces tiges servent à la confection de tuyaux de pipe.

Fig. 142. — Dans un champ de Jasmin.
(Photographie Bruno-Court)

ORANGERS (FLEURS D'). — BIGARADIER (ESSENCE DE NÉROLI)

Voir : *Bergamote*, p. 430 ; — *Citron, Limon et Cédratier*, p. 439 ; — *Orangers (fruits d')* ; — *Bigaradier* (fruits). *Essence de Petit grain. Orange douce. Essence de Portugal*, p. 447.

Généralités. — *Il fior d'arancio d'ogni fior il ré.* « La fleur de l'oranger est la reine de toutes les fleurs », a dit un poète italien.

Il est certain que l'odeur des fleurs d'oranger était très en vogue au siècle dernier ; l'orangerie de Louis XIV était une source de dépenses considérables ; il y avait de nombreux orangers en fleurs dans les appartements royaux. A Fontainebleau, on fait encore voir des orangers plantés depuis plus de deux siècles.

On ne sait rien de précis sur l'origine du mot *néroli* ; certains prétendent qu'il faut le rapprocher de Néron : cet empereur romain aimait tant les parfums que les plafonds de ses salles à manger représentaient le ciel, d'où « pleuvaient » constamment, parfums et eaux de senteur. D'autres supposent que le néroli a d'abord été fabriqué par les Sabins qui l'appelèrent *nero*, c'est-à-dire « fort », pour le distinguer des autres parfums. Les Sabins habitaient une partie de l'Italie, la Sabine, où l'oranger croît avec vigueur.

Vers l'an 980 de l'ère chrétienne, Avicenne, chimiste, médecin et philosophe arabe ; Rhagez, médecin de Carthage, et Albucasis, médecin arabe, décrivirent, les premiers, les procédés pour l'extraction du principe aromatique des fleurs de l'oranger. Mais le premier travail sérieux présenté en l'espèce, semble être celui de Porta,

FIG. 143. — La cueillette de la fleur d'oranger à Bar-sur-Loup, près Grasse.
(Photographie Roure-Bertrand fils.)

au xvie siècle, plus tard, en 1680, l'essence de néroli fut à la mode à Rome.

La distillation complète de cette essence fut parfaitement indiquée par Benatius, en 1806 ; puis, cette essence fut étudiée par Bonastre ; enfin Boulay donna de nouveaux renseignements, en 1828.

A. — Agronomie

Botanique. — Les orangers, bigaradiers, bergamotiers, pamplemousses, vangasay, etc., appartiennent à la famille des *citrus*.

Comme nous les étudions très en détail dans notre ouvrage : *Fruits des pays chauds*[1], nous ne ferons que résumer ici la partie botanique.

L'essence des fleurs d'oranger est obtenue par distillation avec de l'eau, des fleurs fraîches de l'oranger amer ou *Citrus Bigaradia*, Risso. — Nous verrons plus loin que de certaines parties de ce même oranger, notamment des fruits non développés, on extrait encore une essence très en vogue, celle de *Petit grain*.

Des expériences ont été faites sur la fleur du *Citrus bigaradia* afin d'étudier la distribution des substances odorantes dans les plantes.

Des boutons et des fleurs épanouies furent détachés des mêmes arbres ; au début de la floraison, on sépara soigneusement, dans un même lot, les boutons d'avec les fleurs épanouies et on recommença à la fin de la récolte.

1° Le dosage de l'eau et de la matière sèche dans les boutons indiqua :

Matière sèche................................	21,3 0/0
Eau..	78,7 —

1. *Fruits des pays chauds.* (*Bibliothèque pratique du Colon.*)

L'opération ayant été faite sur 410 boutons, on en déduisit qu'un bouton d'oranger pèse 0^{gr},244.

2° A l'état frais, une fleur pèse 0^{gr},702, savoir :

Pétales.................................... 0^{gr},365
Parties autres que les pétales.......... 0 ,337

Fig. 144. — Vue générale de Nabeul.
(Cliché Jean-Marie Vial.)

Les proportions respectives des pétales et des autres pièces florales sont les suivantes :

Pétales............................. 52 0/0
Parties autres que les pétales.......... 48 —

On en déduit qu'une fleur renferme :

Pétales................................ 0^{gr},309
Parties autres que les pétales.......... 0 ,393

Dosage de l'eau et de la matière sèche dans les fleurs fraîches :

	Matière sèche	Eau
Pétales	14,3 0/0	85,7 0/0
Autres pièces florales...............	22,5 —	77,5 —
Fleur entière.....................	18,2 —	81,8 —

On voit que la fleur s'enrichit en eau pendant son épanouissement. Les pétales sont plus hydratés que l'ensemble des autres pièces florales[1].

En outre, on a remarqué que la fleur est sensiblement plus hydratée que la feuille et que la tige.

Quant à l'acidité volatile, on est arrivé aux déterminations suivantes :

	BOUTONS FLORAUX Acidité volatile en cc. d'acide $\frac{1}{50}$ normal p. 100 de matière		FLEURS ÉPANOUIES Acidité volatile en cc. d'acide $\frac{1}{50}$ normal p. 100 de matière	
	FRAICHE	SÈCHE	FRAICHE	SÈCHE
Pétales	—	—	$10^{cc},25$	$74^{cc},7$
Autres pièces florales........	—	—	11 ,9	52 ,8
Fleur entière...............	$20^{cc},5$	$96^{cc},2$	11 ,1	60 ,7

En rapportant les résultats à l'unité d'organe, on trouve :

1° Pour l'acidité volatile d'un bouton floral : $0^{cc},05$;

2° Pour l'acidité volatile d'une fleur épanouie : $0^{cc},078$, se décomposant ainsi : pour les pétales, $0^{cc},038$; pour les autres parties de la fleur, $0^{cc},040$.

On peut conclure de ces résultats que l'acidité volatile, en valeur absolue, augmente dans une fleur pendant l'épanouissement de celle-ci ; elle est répartie en quan-

---

1. *Bulletin scientifique et industriel de la maison Roure-Bertrand fils*, avril 1904.

tités à peu près égales entre les pétales et l'ensemble des autres pièces florales.

L'acidité volatile, rapportée à 100 parties de substance, diminue dans la matière fraîche et dans la matière sèche au fur et à mesure du développement de la fleur. L'acidité volatile des pétales frais est moindre que celle de l'ensemble des autres parties de la fleur; mais cela provient de leur plus grande hydratation, la matière sèche des pétales possède une acidité volatile supérieure.

Enfin, par des expériences extrêmement intéressantes sur le mode de distribution des produits odorants dans la fleur et sur leur composition, on est arrivé aux conclusions suivantes :

Les pétales renferment la majeure partie de l'essence de la fleur; ils en contiennent également la plus grande proportion centésimale.

Pendant la floraison le poids d'essence augmente sensiblement dans une fleur ; sa proportion centésimale augmente dans la matière fraîche et surtout dans la matière sèche. Il résulte de ce dernier point que, contrairement à ce qui se passe dans la feuille et la tige, la formation ou l'accumulation des produits odorants est plus active lorsque l'organe est en plein développement qu'au début de sa formation.

Pendant le développement de la fleur, l'huile essentielle s'enrichit en éthers d'alcools terpéniques, en anthranilates de méthyle et en alcool total. Le rapport entre la quantité d'alcool combiné et celle d'alcool total s'accroît; en d'autres termes l'éthérification se continue dans la fleur, mais d'une façon lente. La proportion de géraniol augmente et celle de linalol diminue, si bien que le mélange alcoolique s'enrichit en géraniol.

Entre l'essence extraite des pétales et celle provenant

des autres organes floraux on n'observe pas, après l'épanouissement des fleurs, de différence de composition bien sensible; toutefois la première est un peu plus riche en anthranilate de méthyle que la seconde.

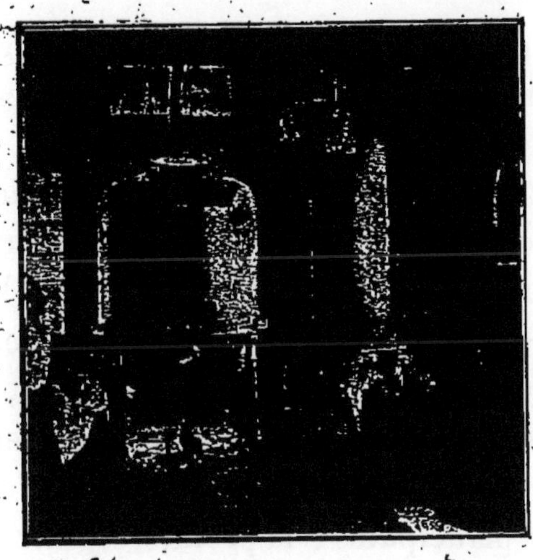

Fig. 145. — Gros alambic pour la distillation des fleurs d'oranger.
(Cliché Jean-Marie Vial.)

Il convient enfin de remarquer que chez la fleur le rapport entre l'alcool combiné et l'alcool total est sensiblement plus faible que chez la feuille et surtout que chez la tige.

Habitat et exploitation. — Rendement. — Un sol argilo-siliceux convient parfaitement.

L'oranger ne fleurit pas avant la quatrième année qui suit la transplantation.

La floraison se produit au retour des pluies, vers fin avril et dure jusqu'en juin.

Pour la cueillette des boutons sur le point d'éclore, on emploie des femmes et des enfants qui se servent de marchepieds et d'échelles doubles.

Un arbre en plein rapport peut fournir annuellement une moyenne de 15 kilogrammes de fleurs. Un prix moyen de vente qui donne satisfaction à tous : planteurs et distillateurs, est celui de 0 fr. 62 le kilogramme de fleurs.

En Europe, on trouve de belles orangeraies sur les côtes orientales d'Espagne; en Italie, en Sicile et en France sur la Côte d'Azur.

Les fleurs du golfe Juan sont très estimées.

C'est au mois de mai que les montagnards des Alpes viennent au golfe Juan pour y cueillir la fleur; ils s'y louent par groupes de cinq ou dix. Les fleurs sont cueillies à la main et tombent sur des toiles, où on les recueille pour les ensacher et les transporter aux distilleries. En France, la culture de la fleur d'oranger occupe deux zones principales : la première, ou zone du littoral, comprend surtout : Vallauris, le Cannet et Cannes; la seconde s'étend au pied des monts, comprenant : les cantons de Bar, de Vence et une partie du canton de Cagnes.

En Afrique, il y a de belles orangeraies, en Tunisie, notamment dans la région de Nabeul (*fig.* 144). La maison Jean-Marie Vial y possède une importante usine spécialement organisée pour la distillation des fleurs d'oranger.

La figure 146 montre une batterie d'alambics destinés à la distillation des fleurs d'oranger à l'usine Jean-Marie Vial au golfe Juan, et la figure 145 donne l'ensemble d'un gros alambic à vapeur permettant de distiller 3.000 kilogrammes d'eau de fleurs d'oranger par vingt-quatre heures.

B. — Technique

L'essence de néroli est jaunâtre; sa densité varie de 0,870 à 0,878; elle dévie la lumière polarisée à droite, d'environ 10 à 12°, pour une colonne de liquide de 20 centimètres; indice de saponification entre 20 et 52, correspondant à une teneur d'acétate de linalyle de 7 à 18 0/0.

Elle est constituée par un carbure d'hydrogène et un hydrocarbure ou camphre; le carbure d'hydrogène est volatil à 173°, et l'hydro-carbone est fusible vers 50°; il existe, en outre, un principe oxygéné.

En ces derniers temps, l'essence de néroli fut plus particulièrement étudiée par Liemann, Semmler, Plisson, Charabot, Pillet, E. et H. Erdmann, Stephan, Barbier, Hess, Zeitschel, etc.

On doit à MM. Charabot et Pillet l'étude suivante comparée entre le néroli et le petit grain.

	Néroli	Petit grain
Densité à 15°.................	0,871-0,876	0,891-0,894
Pouvoir rotatoire ($l = 100$ mm.)	$+ 3$ à $+ 5°$	$- 4$ à $- 7°$
Indice de réfraction n_{D}.........	1,470-1,474	—
Solubilité dans l'alcool à 80° ⎰	Ess. 2 vol.	Ess. 2 vol.
(température 20°)......... ⎱	Alc. 2,6-3,1 vol.	Alc. 2-2,2 vol.
Teneur en éther.............	10-20 p. 100	50-70 p. 100

D'autre part, MM. Hesse et Zeitschel ont étudié séparément l'essence de néroli se trouvant :

1° A l'état de dissolution dans l'eau de fleur d'oranger;

2° Celle retirée à l'aide de dissolvants volatils ;

3° Celle extraite de la pommade ;

4° Celle obtenue par distillation des fleurs déjà macérées ;

5° Celle contenue dans l'eau de distillation des fleurs déjà macérées ;

6° Celle provenant des produits de l'enfleurage.

Fig. 146. — Groupe d'alambics pour la distillation des eaux de fleurs d'oranger.
(Cliché Jean-Marie Vial.)

Voici, sous forme de tableau, les principaux résultats de cette étude :

	Ess. I	Ess. II	Ess. III	Ess. IV	Ess. V	Ess. VI
Densité à 15°..........	0,950	0,907	0,913	0,882	0,930	0,909
Pouvoir rotatoire......	$+ 2°0'$	—	$- 5°0'$	$+ 3°40'$	$+ 2°0'$	$+ 8°34'$
Coefficient de saponification..............	72,0	55,2	78,1	71,8	42,0	58,2
Teneur en anthranilate de méthyle..........	16 0/0	7,6 0/0	9,2 0/0	0,35 0/0	8,85 0/0	5,2 0/0

On a pu caractériser les composés suivants : pinène, camphène gauche, dipentène, aldéhyde décylique, acides phénylacétique et benzoïque, un alcool $C^{10}H^{18}O$, que l'on croit être du linalol gauche, de l'alcool phényléthylique,

du terpinol droit, de l'indol, des traces d'acide acétique,
d'acide palmitique, un alcool sesquiterpénique $C^{15}H^{25}OH$,
ou nérolidol.

C. — Industrie

I et II. — Pays producteurs et pays importateurs

Non seulement on extrait de l'essence, des fleurs du
bigaradier ou oranger amer, mais on utilise aussi
l'écorce des fruits. C'est ce que nous verrons plus loin
(p. 467) à l'étude de l'essence de petit grain.

Nous avons dit précédemment que les fleurs, à peine
écloses, sont cueillies par des femmes et des enfants. La
récolte est remise à **un** agent ou commissionnaire qui
pèse les fleurs et les paie de 0 fr. 60 à 1 franc et plus le
kilogramme. On les laisse alors exposées dans une pièce
froide jusqu'au milieu de la nuit suivante ; puis on les
met en sacs pour les livrer à la fabrique avant le lever
du soleil. Aussitôt a lieu la mise en œuvre. Il arrive parfois que l'on traite de cette façon, en une seule journée,
de 100 à 200 tonnes de fleurs pour une même région.

Après floraison, les arbres sont taillés ; on retire les
feuilles des branches éloignées, et nous verrons de
quelle façon elles sont utilisées.

Comme il n'a pas été possible de prendre toutes les
fleurs, il se produit une fructification très réduite, il est
vrai, à l'automne. On prend également ces fruits alors
qu'ils sont encore *verts*, et ils serviront, avec les feuilles,
à la préparation de l'essence de *petit grain*.

C'est à l'automne qu'a lieu la seconde floraison ; elle
est parfois suffisante pour que l'on songe à une rentrée
industrielle ; en tout cas, cette nouvelle floraison est

Fig. 147. — Travail des fleurs d'oranger.
(Photographie Roure-Bertrand.)

toujours assez copieuse pour garnir les bouquets des mariées..., et s'il fallait s'en rapporter aux mauvaises langues !...

Il y a deux méthodes bien distinctes pour l'extraction de l'essence des fleurs, selon que l'on procède d'une façon ou de l'autre, les produits obtenus sont très différents.

Première méthode. — **Macération.** — On sait ce qu'il faut entendre, ici, par macération : c'est une infusion dans un corps gras.

Il en résulte une *pommade à la fleur d'oranger*, dont la richesse en parfum dépend du nombre d'infusions.

Pour parfumer suffisamment 1 kilogramme de graisse, il faut trente-deux opérations ; chaque fois on soumet à l'enfleurage 250 grammes de fleurs, soit pour chaque kilogramme de graisse, 8 kilogrammes de fleurs.

On traite ensuite la pommade par de l'alcool rectifié ; on laisse digérer à douce température pendant un mois, de 500 à 800 grammes de pommade par litre d'alcool.

Le produit marchand qui en résulte est l'*extrait de fleur d'oranger*.

Pour le mouchoir, ce parfum n'a pas d'égal ; il rappelle, à s'y méprendre, le parfum de la fleur fraîche.

Cet extrait entre dans la fabrication de nombreux extraits composés : extraits de magnolia, de pois de senteur.

Deuxième méthode. — **Distillation.** — Par distillation des fleurs d'oranger avec de l'eau, on obtient l'*essence de néroli*.

La qualité première est le *néroli bigarade*. On part des fleurs du *Citrus bigaradia* (oranger amer).

La deuxième qualité est le *néroli Portugal* obtenu en partant des fleurs du *Citrus aurantium* (oranger doux); le parfum est moins suave que le précédent.

DIVERSES COMPOSITIONS A BASE D'ESSENCE DE NÉROLI

SAVON A BASE D'ESSENCE DE FLEUR D'ORANGER

Savon blanc de suif............	3.000 grammes
Essence de néroli..............	100 —

ESPRIT DE NÉROLI

Néroli (pétale bigarade)...........	55 grammes
Alcool rectifié.................	450 centilitres

L'essence de néroli est la base d'une composition qui rappelle à s'y méprendre l'odeur de chèvrefeuille.

EXTRAIT ARTIFICIEL DE CHÈVREFEUILLE

Essence de néroli..............	10 gouttes
— d'amandes................	5 —
Extrait de tolu................	15 centilitres
— de vanille.............	15 —
Extrait alcoolique de tubéreuse...........	55 —
— de pommade à la rose....	55 —
— de violette.............	55 —

EXTRAIT ARTIFICIEL DE LILAS BLANC

Extrait alcoolique de pommade à la fleur d'oranger...........	15 centilitres
Extrait alcoolique à la tubéreuse...........	55 —
Essence de civette................	15 grammes
— d'amandes................	4 gouttes

L'introduction de l'essence de civette n'a d'autre utilité que de donner de la permanence au parfum pour le mouchoir.

EAU DE HONGRIE

Extrait de fleurs d'oranger........	55 centilitres
Essence de romarin de Hongrie....	55 grammes
— de menthe.............	10 —
— de mélisse............	25 —
— d'écorce de citron....	30 —
Esprit de roses...............	55 centilitres
Alcool.......................	5 litres

EAU DE LISBONNE

Essence d'écorce d'orange........	115 grammes
— de zeste de citron........	55 —
— de roses...............	5 —
Alcool...................	5 litres

EAU DE PORTUGAL

Essence d'écorce d'orange........	225 grammes
— de zeste de citron........	55 —
— de roses...............	5 —
— de bergamote..........	25 —
Alcool...................	5 litres

TEINTURE D'ORANGE

Essence d'écorce d'orance........	15 grammes
— de petit grain...........	5 —
Alcool à 80°................	0^{lit},55

LOTION A LA FLEUR D'ORANGER

Eau de fleurs d'oranger..........	5 litres
Borax.................	25 grammes
Glycérine	200 —

D. — COMMERCE

On peut employer *l'eau de fleur d'oranger* comme *l'eau de rose* et *l'eau de sureau* pour la peau ou encore comme collyre.

L'essence de néroli vaut de 800 à 1.000 francs le kilogramme, selon qualité et quantités disponibles sur le marché ; l'essence de feuilles d'oranger vaut de 5 à 10 francs les 100 grammes et les graisses d'enfleurage sont cotées de 20 à 35 francs le kilogramme.

E. — IMITATIONS ET FALSIFICATIONS

Les falsifications les plus communes et les plus naturelles de l'essence de néroli sont celles qui consistent en additions d'essences de bergamote et de petit grain.

On reconnaît qu'on a affaire à une « essence première », en mettant un peu du produit dans un tube à essai, et en ajoutant quelques gouttes d'acide sulfurique, on voit apparaître aussitôt une belle couleur rouge. Si, au contraire, le produit n'est qu'une essence tirée de feuilles ou d'écorces, il n'y a aucune modification de coloration. D'autre part, toute essence de néroli qui possède un indice de saponification supérieur à 55 doit être considérée comme suspecte.

Enfin, on a proposé d'utiliser comme moyen d'investigation la propriété que possède l'essence de néroli d'abandonner de la paraffine quand on la soumet à l'action d'un mélange réfrigérant ; mais nous devons faire remarquer que l'essence de néroli non falsifiée peut être, dans certains cas, assez pauvre en paraffine.

Le mieux, à notre avis, est de s'en rapporter à des comparaisons physiques en partant d'essences pures considérées comme « types » ; à l'odorat, etc.

CHAPITRE VI

FRUITS ET GRAINS

Nous avons dit, au chapitre *Boutons et Fleurs*, que la poussière des *anthères* s'appelle *pollen*, et que cette poussière, en adhérant au *stigmate*, provoque la fertilisation de la fleur, c'est-à-dire qu'elle amène les pistils à se développer en *fruits* contenant des *graines*.

Pour en revenir à notre exemple de l'oranger, nous voyons que, dès que les ovules sont fertilisées par le pollen, le pistil composé commence à grossir ; les sépales restent unis au pédoncule à la base du fruit; les pétales et les étamines se fanent et tombent bientôt; l'ovaire grossit et forme le fruit qui contient la graine; les ovules deviennent elles-mêmes les graines desquelles naîtront de nouvelles plantes.

On a parfois appelé la graine « l'œuf de la plante ». C'est l'ensemble d'un petit corps, l'*embryon* ou jeune plante, d'une *masse nutritive :* amidon ou huile, qui sera la première nourriture de la plante minuscule.

Les deux, embryon et partie alimentaire, sont entourés de deux enveloppes dures et protectrices.

Ajoutons que l'embryon est formé d'une *radicelle* ou racine, d'une *caulicule* ou tigelle, d'une ou deux feuilles, les *cotylédons*, enfin d'un *germe* ou *plumule* souvent enveloppé dans une petite cavité qui se trouve à la base des cotylédons.

Quant à la présence des essences dans les fruits et à leur développement, nous en parlons plus loin, notamment page 431.

AMBRETTE

Généralités. — La graine d'ambrette fut autrefois employée en herboristerie ; actuellement elle est presque exclusivement réservée à l'industrie des parfums. L'essence d'ambrette fut préparée pour la première fois en 1887 ; les graines concassées donnèrent 20 0/0 d'essence.

Cette essence est dite : *oil of ambrette seeds* par les Anglais et *Moschuskörnerol* par les Allemands.

A. — AGRONOMIE

Botanique. — L'essence d'ambrette s'extrait de la semence de l'*Hibiscus Abelmochus* Linné, famille des *Malvacées*, encore connu sous le nom de *Ketmie musquée*. A la Martinique, on le désigne sous le nom de *Gombo musc*. La fleur ressemble à celle du cotonnier et les Malais appellent l'ambrette *Kopas hootan* ou coton sauvage.

La graine d'ambrette est d'un gris rougeâtre, sous-réniforme, à test crustacé, ombiliquée au fond de l'échancrure ; sa surface est légèrement rayée.

Habitat et exploitation. — Croît spontanément dans l'Inde ; est très cultivée aux Antilles et en Égypte. On la prétend également originaire d'Arabie où elle est appelée *Kab el musk.*

D'après Burnett, la dénomination d'*Abelmoschus* serait une corruption de la précédente.

L'ambrette n'exige pas de sol fertile ; mais, si la terre est trop légère ou peu profonde, la plante ne produit presque pas de fruits. Un terrain argilo-siliceux convient.

Aux îles Comores, notamment à Anjouan il existe deux espèces d'ambrette ; mais cette plante n'y est

Fig 148. — Ambrette.

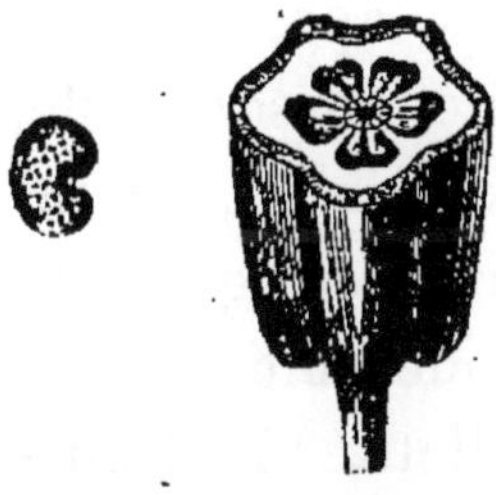

Fig. 149. — Graine d'ambrette avec section du fruit.

que peu cultivée, car elle exige beaucoup de main-d'œuvre.

C'est une plante annuelle de hauteur moyenne de 2 mètres. La racine est à la fois pivotante et traçante pour une première plantation ; un débroussaillement complet s'impose, et le sol a dû être assez profondément travaillé.

Les semis doivent être faits au commencement de la saison des pluies. En très bonne terre les plants alignés doivent être distants les uns des autres, en tous sens, de 1 mètre. Ce qui donne 10.000 sujets à l'hectare.

Deux méthodes sont préconisées : la plantation directe en paquets et la transplantation.

Si l'on plante directement on ne met que quatre à cinq grains à la fois ; après la levée, on éclaircit de façon à ne laisser que deux pieds par paquet. En cas de transplantation on ne choisira naturellement que les plus beaux sujets.

Bien des planteurs préfèrent les semis directs à la transplantation.

Généralement on se contente de trois sarclages que l'on fait soigneusement pour éviter de briser les jeunes pousses.

Bien que la plante soit annuelle si l'on taille les tiges mères après la récolte, on peut compter sur une production, assez faible, il est vrai, pour l'année suivante.

En réalité, ce ne sont pas les travaux de culture et d'entretien qui coûtent le plus, et le prix de revient est considérablement augmenté par la seule opération de la cueillette. C'est au sécateur que chaque fruit sera séparé de la branche ; le fruit bien mûr est mis en sac pour être porté à l'atelier, où les graines une fois extraites de leur pulpe seront desséchées au soleil.

Nous ne pouvons passer sous silence une autre méthode très économique pour cultiver la Ketmie-Musquée : il s'agit tout simplement de plantations intercalaires dans les cannes à sucre. C'est évidemment là une solution favorable.

Maladies et ennemis. — Plusieurs insectes s'attaquent aux fruits et les vident entièrement des graines.

Rendement. — On peut tabler sur une cinquantaine de beaux fruits par pied, à raison de 1 gramme de graines par fruit, soit 50 grammes du pied; donc une tonne de graines à l'hectare.

Sur les marchés les plus voisins des lieux de culture, la graine d'ambrette se cote de 75 à 95 francs les 100 kilogrammes.

B. — Technique

Les graines d'ambrette pulvérisées rappellent l'odeur du musc.

A la température ordinaire, l'essence d'ambrette est solide; elle ne se prend en masse qu'entre 30° et 25°.

Fig. 150. — Plantations de D'Zindi (Ile d'Anjouan, Comores). Vue prise à 500 mètres d'altitude.
Cliché : *la France coloniale.*

Poids spécifique, 0,900 entre 25° et 35°. Au point de vue du pouvoir rotatoire, elle est inactive ou légèrement dextrogyre.

Indice de saponification, 180 à 200.

C. — Industrie

I. — **Pays producteurs**

On se contente généralement de récolter les graines et de les expédier.

II. — **Pays importateurs**

SACHETS

On mêle la poudre de graines d'ambrette à de l'amidon ; on laisse en contact pendant quelques heures ; puis on sépare l'amidon en le passant au tamis ; l'amidon ainsi parfumé est mis en sachets pour la vente.

DISTILLATION

On emploie des appareils ordinaires, mais pas à action directe de flamme, afin d'éviter les coups de feu.

INFUSION OU ESPRIT D'AMBRETTE

Graines d'ambrette concassées....	3 kilogr.
Esprit.........................	10 litres

EXTRAIT D'AMBRETTE

Graines d'ambrette, pulvérisées....	500 grammes
Alcool.........................	6 litres

VINAIGRE A L'AMBRETTE

Graines d'ambrette concassées....	400 grammes
Vinaigre blanc...................	3 kilogr.

D. — Commerce

Les graines les plus estimées viennent de la Martinique.

E. — Imitations et falsifications

Il existe d'autres végétaux possédant un parfum analogue à celui de l'ambrette. John Savory a fait connaître, notamment, le *sumbul*.

D'autre part, on sait que les Chinois tirent de l'*Hibiscus rosa sinensis* une teinture noire pour leurs cheveux et leurs sourcils, sans oublier un cirage pour leurs souliers.

BADIANE (ANIS ÉTOILÉ)

Généralités. — Les arbres à badiane étaient appréciés dès l'antiquité. D'après la littérature chinoise plusieurs provinces de la Chine méridionale devaient fournir, comme tribut, des fruits d'anis étoilé, sous la dynastie des Sung (970-1127 ap. J.-C.). En 1578, on vit, pour la première fois, sur le marché de Londres, de l'anis étoilé : c'était le navigateur Thomas Cavendisch qui en avait rapporté des îles Philippines ; seulement en 1589, nous voyons le professeur Carolus Clusius, de Leyde, étudier et décrire ce produit, qu'il appelait *Anisum philippinarum insularum*.

Redi a affirmé que l'anis étoilé était connu dans la droguerie italienne dès le xvie siècle, sous le nom de *Fœniculum sinenses*, mais son emploi ne daterait guère que du milieu du xviie siècle.

On commença à préparer l'essence de badiane au xviiie siècle ; pourtant son emploi ne s'est généralisé que de notre temps.

Les premières études sérieuses de ce produit sont dues à Caspar Neumann et Fréd. Cartheuser ; puis à W. Meissner, en 1818.

A. — AGRONOMIE

Botanique. — Jusque dans ces derniers temps, on n'a été que très peu documenté sur les variété des fruits du véritable arbre à badiane, à cause de l'analogie entre les différentes espèces d'*Illicium*. Linné le désigna d'abord sous le nom de *Badanifera anisata*, puis d'*Illicium anisatum* ; famille des *Magnoliacées*. Kämpfer avait décrit, en 1690, un illicium trouvé dans les bocages des temples bouddhistes ; Thiunberg, en 1781, et Siebold, en 1825, revinrent sur cette description. Siebold appela d'abord l'arbre *Illicium japonicum*, puis *Illicium religiosum* en 1837. Enfin, en 1886, J. Hooker fils démontra que la badiane des officines ne provient pas de l'*Illicium anisatum*, et il l'appela *Illicium verum*.

C'est le seul qui soit cultivé dans le sud de la Chine et le nord du Tonkin.

Les fruits très aromatiques fournissent une essence renfermant de grandes proportions d'*anéthol :* mélange d'anéthol solide et d'anéthol liquide.

L'arbrisseau est toujours vert. Les fruits sont formés par la réunion de 6 à 12 capsules disposées en étoiles ; ces capsules sont épaisses, dures, ligneuses et brunâtres ; elles contiennent chacune une graine ovale, rougeâtre lisse et fragile. Dans chaque graine est une amande blanche riche en huile.

C'est surtout la graine de l'*Illicium verum* de Chine qui est recherchée en distillation.

Le bois de l'*Illicium anisatum* ayant l'odeur du fruit, on crut pendant longtemps que c'était lui qui fournissait le *bois d'anis* du commerce, mais ce bois spécial vient d'Amérique et doit être l'*Ocotea pechurim*.

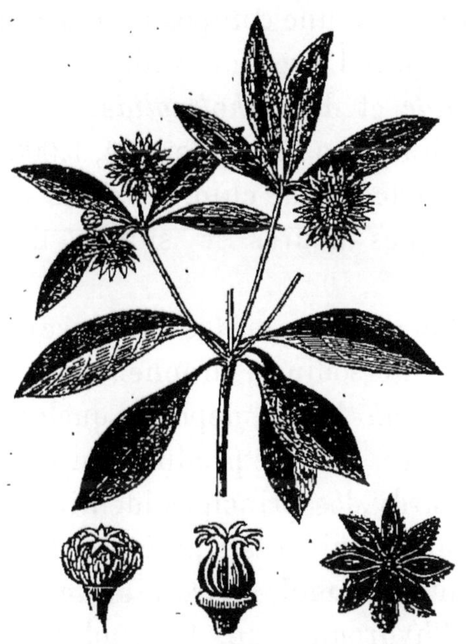

Fig. 151. — Badiane ou anis étoilé.

L'*Illicium anisatum*, comme l'a démontré M. Bretschneider, est une plante vénéneuse, et on a constaté des empoisonnements quand on a ajouté de son essence à celle de l'*Illicium verum*.

M. Eberhardt a prouvé que les feuilles de l'*Illicium verum* contiennent également des quantités notables d'essence.

Habitat et exploitation. — Les diverses espèces d'*Illicium* sont originaires de l'Asie orientale et du Japon; elles sont également indigènes dans les archipels indiens et chinois.

C'est surtout dans les provinces du sud-ouest de la Chine et au Tonkin que l'on se livre à la distillation de l'anis étoilé.

B. — Technique

L'odeur de l'*anis étoilé* ou *Badiane* rappelle celle de l'*anis*. Son essence a une composition analogue à celle de l'anis ; elle comprend presque uniquement un mélange d'*Anethol liquide* et d'*Anethol solide*.

Point de solidification 15°C. ; densité, 1,006. Cette essence bleuit au contact de l'acide chlorhydrique alcoolique ; elle réduit en quelques heures le sulfate d'argent ammoniacal.

D'après Eyckmann, 10 gouttes d'essence dans 60 gouttes d'éther et 0^{gr},15 de sodium, prennent de suite une coloration bleue. Si on laisse déposer quelques heures, le liquide se décolore, et il se produit un dépôt jaune.

D'après M. Tardy, les principes identifiés dans l'essence de badiane sont les suivants : pinène droit, phellandrène gauche, anéthol, estragol, safrol, acide anisique, éther éthylique de l'hydroquinone, terpinol gauche, aldéhyde anisique, acétone anisique, un sesquiterpène gauche.

C. — Industrie

I. — Pays producteurs

Nous préciserons les pays producteurs d'essence de badiane en citant pour la Chine les districts de Lung-Chow (province de Kwang-Si) et de Po-se (province de Kwang-Tung), sur la frontière du Tonkin.

Pour le Tonkin, nous signalerons la région de Lang-Son.

Les appareils de distillation sont tout à fait rudimen-

taires; ils se composent d'un cylindre en fer dont le fond
est percé de trous; au-dessous est un chaudron en fer de
forme hémisphérique, encastré dans un foyer en maçonnerie. L'action du feu est directe. Les manipulations se
font par le haut du cylindre; quant aux vapeurs, elles se

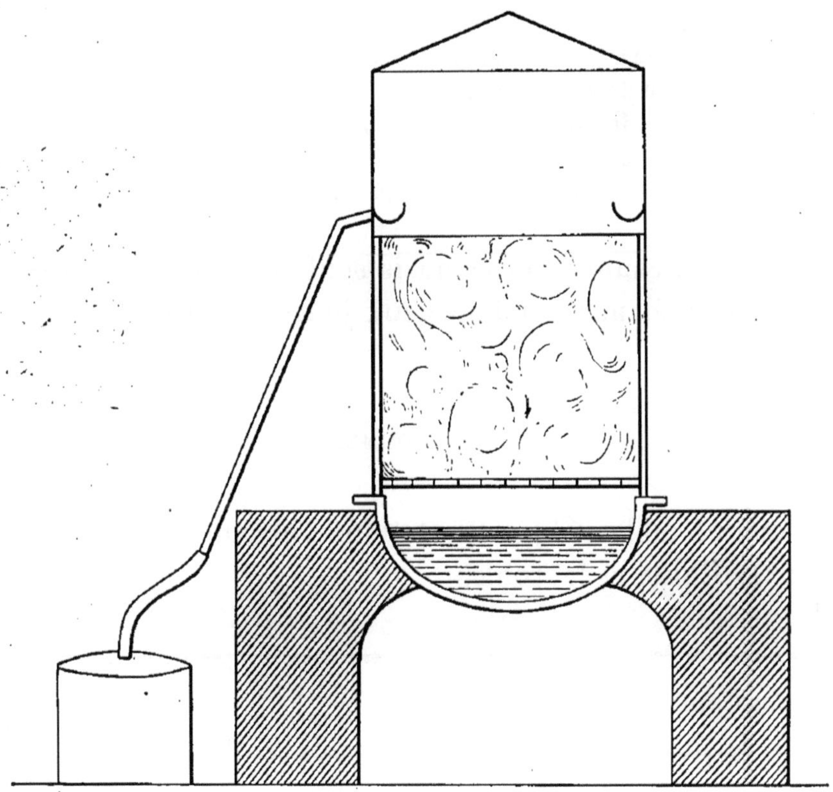

Fig. 152. — Appareil à distiller l'anis étoilé.

condensent sur la paroi supérieure, sont recueillies dans
une rigole et de là s'écoulent dans un récipient ou dans
un condenseur. De l'eau tombe sur le couvercle de l'appareil.

Ces appareils contiennent trois piculs, soit 180 kilogrammes; la distillation demande quarante-cinq heures;
le rendement moyen est de 5^{kg},50, soit 3 0/0.

II. — Pays importateurs

EAU DE COLOGNE ÉCONOMIQUE

Alcool à 85° C....................	10	litres
Eau...............................	5	—
Anis étoilé.......................	100	grammes
Macis.............................	3	—
Cannelle..........................	3	—
Essence de bergamote.............	135	—
— de citron...............	20	—
— de girofle..............	20	—
Teinture de benjoin..............	40	—

L'anis, la cannelle et le macis sont concassés ; on laisse infuser le mélange pendant deux jours ; on distille.

D. — COMMERCE

Voici un tableau des exportations d'essence d'anis étoilé pour la Chine et le Tonkin.

ANNÉES	PAK-HOI ET HAPPA (Macao)	HAI-PHONG (Tonkin)	TOTAL
	piculs	piculs	piculs
1888	976	150	1.126
1889	810	200	1.010
1890	1.294	230	1.524
1891	507	288	795
1892	1.803	»	1.803
1893	862	»	862
1894	1.998	»	1.998
1895	489	13	502
1896	2.369	435	9.804
1897	1.398	399	1.797

Rappelons que dans ce cas le picul égale deux caisses à poids net de 30 kilogrammes et que, depuis quelque temps, le point de solidification sert communément pour l'établissement de la valeur commerciale.

En tête des pays importateurs est l'Amérique du Nord.

Le prix moyen de l'essence de badiane est de 13 à 20 francs le kilogramme.

E. — IMITATIONS ET FALSIFICATIONS

Pour s'assurer si l'essence renferme la proportion normale d'anéthol on a recours au poids spécifique, à la solubilité et au point de solidification.

Les Chinois ajoutent du pétrole qui abaisse le poids spécifique, le point de solidification et qui diminue la solubilité dans l'alcool à 90°.

Une bonne essence ne doit pas se solidifier au-dessous de 15° ; elle doit donner une solution limpide avec trois parties d'alcool à 90°.

BERGAMOTE

Généralités. — On a parlé pour la première fois du *Citrus Bergamia* dans un livre paru à Lyon en 1683 et qui était intitulé *le Parfumeur François, par le sieur Barbe.*

La bergamote y est décrite comme étant une poire dont on tire de l'écorce une certaine quantité d'essence.

D'après l'auteur, « bergamote » viendrait de l'expression turque *Beg-ár mû dî*, voulant dire « princesse des poires ». D'autre part, il est fait mention de l'essence de bergamote dans un inventaire de pharmacie paru à la fin du XVIIe siècle.

J.-G. Volkamer fit éditer, en 1713, un ouvrage *Hesperides Norimbergenses*, dans lequel il décrit le *Limon bergamotta* comme *Gloria limonum et fructus inter omnes nobilissimus*.

A. — AGRONOMIE

Botanique. — La bergamote est le fruit du *Citrus bergamia*, variété des *limetta*.

Rappelons que le genre *citrus* de la famille des Aurantiacées ou Hespéridées est une subdivision de la classe des Rutacées.

Le nombre des variétés de fruits des citrus dépasse celui des pommes et des poires, il est donc considérable.

Nous verrons plus loin que les principaux constituants de l'essence de bergamote sont : le limonène, le dipentène, le linalol, l'acétate de linalyle et le bergaptène. Or, on a voulu se rendre compte du développement progressif de l'essence de bergamote. A cet effet, on a dosé les divers éléments dont nous venons de parler, dans de l'essence extraite de *fruits verts*, puis dans celle provenant de *fruits mûrs*.

Et, d'après le *Bulletin de la Maison Roure-Bertrand fils*, voici à quelles constatations on arriva :

	ESSENCE DE FRUITS	
	VERTS	MÛRS
Densité à 14°..........................	0,882	0,883
— à 18°..........................	0,879	0,880
Pouvoir rotatoire (pour 100 mm.)......	+ 14°38′	+ 20°30
Acidité en acide acétique, p. 100......	0,289	0,283
Acétate de linalyle, p. 100...........	33,8	38,2
Linalol libre, p. 100.................	15,1	5,6
— total, p. 100.................	41,7	35,6

On voit que, pendant le développement du fruit : 1° *la proportion des acides libres diminue ;* 2° *la proportion d'éther augmente d'une façon très sensible ;* 3° *la richesse de l'essence en linalol libre et même en linalol total diminue.*

Ces résultats établis, il était intéressant d'étudier comparativement les portions terpéniques des deux essences et d'envisager ensuite les diverses observations dans leur ensemble.

C'est ce que l'on fit en saponifiant 200 grammes de chacun des produits par ébullition pendant une heure avec un faible excès de potasse alcoolique ; on précipita ensuite par l'eau, les huiles saponifiées.

Sans relater, ici, le détail des opérations, nous dirons que la densité de l'essence de fruits mûrs a subi, par saponification, une diminution plus forte que celle de l'essence de fruits verts.

Puis, les deux produits saponifiés furent soumis, dans les mêmes conditions, à la distillation fractionnée sous pression ordinaire et, par la comparaison des densités, on remarqua que la proportion des terpènes augmente pendant la maturation des fruits.

Or la portion terpénique de l'essence consiste en un mélange de limonène droit et de dipentène, qui est la forme racémique du précédent ; il était intéressant de rechercher si le rapport entre les proportions de ces deux carbures reste ou non constant pendant le développement du fruit.

Pour y arriver, on se débarrassa entièrement du linalol, puis on compara les pouvoirs rotatoires. Les conclusions furent que : *pendant la maturation des fruits du citrus bergamia, la portion terpénique augmente, le rapport entre les proportions de ses deux constituants, limonène et dipentène, restant constant.*

Bref, on peut résumer, comme suit, ces différentes observations relatives aux modifications de l'essence pendant la maturation du fruit du *citrus bergamia*.

1° La proportion des acides libres diminue ;

2° La richesse en acétate de linalyle augmente ;

3° La proportion de linalol libre et même de linalol total diminue d'une façon très sensible ;

4° La masse des terpènes augmente, sans que le rapport entre les proportions des deux carbures soit modifié.

Scientifiquement parlant, il y aurait donc intérêt à faire la récolte de ces fruits, alors qu'ils sont mûrs, puisque l'essence de bergamote a d'autant plus de valeur qu'elle est riche en éther.

M. Gulli n'a trouvé que 0,15 0/0 d'essence dans les feuilles du *Citrus bergamia*.

Habitat. — Exploitation. — Rendement. — Le genre *Citrus* est originaire de l'Asie centrale. Il fut importé dans le sud des États-Unis en 1815, et, depuis 1840,

Fig. 153. — Bergamote.

les cultures en Floride, dans la Louisiane et dans la Californie du sud, sont remarquables.

Pour l'Italie, les bergamotiers ne sont cultivés qu'en Calabre ; le centre de la production est Reggio.

On évalue à 5.000 francs net le produit annuel d'un hectare de bergamotiers ; le prix d'achat du terrain planté s'élevant entre 25.000 et 30.000 francs, il s'ensuit que l'exploitation du bergamotier est, actuellement, de très bon rapport.

B. — Technique

En 1789, Heyer, pharmacien à Brunschwig, obtint des cristaux qu'il appela « camphre de bergamote ».

L'essence de bergamote a une odeur douce très agréable ; lorsqu'elle vient d'être extraite et qu'elle est de bonne qualité, sa couleur est d'un beau jaune verdâtre, mais la teinte verdâtre qui est due à des traces de *chlorophylle* disparaît à la longue et même très vite si les flacons ne sont pas hermétiquement bouchés ; on remarque alors que le liquide devient trouble et qu'il se forme un dépôt de matière résineuse résultant du contact de l'air. Dans ce cas, l'essence prend une odeur prononcée de térében-thine.

Le goût de cette essence est très amer. Sa réaction est acide ; elle bout vers 185° ; son poids spécifique varie de 0,86 à 0,88.

Soluble dans l'alcool absolu, dans l'acide acétique cris-tallisable et un peu dans le bisulfure de carbone.

Elle dévie le plan de la lumière polarisée de 7 à 10°,5 à droite.

La solution alcoolique de bergamote donne avec le per-chlorure de fer une coloration brune.

Par distillation fractionnée on obtient divers produits qui semblent être formés d'hydrures de carbone $C^{20}H^{16}$, de leurs hydrates, et de cristaux résultant de la combinaison de ces hydrures avec 3 équivalents d'eau.

Le dépôt qui se forme à la longue dans l'essence de bergamote est appelé *camphre de bergamote* ou *bergaptène* ;

c'est un corps neutre, soluble dans l'alcool et sans odeur;
il répond à la formule $C^{18}H^6O^6$, d'après Mulder et Ohme.

C. — INDUSTRIE

I et II. — Pays producteurs et pays importateurs

La meilleure essence est faite à l'écuelle; mais on
emploie fréquemment la distillation qui fournit les quatre
cinquièmes de la production totale. Cent fruits donnent,
environ, 85 grammes d'essence.

L'essence de bergamote, mêlée aux autres essences,
ajoute à leur richesse et leur communique une douceur
remarquable. On utilise fréquemment de semblables mélanges en fabrication des savons. Au lieu de l'écuelle on
peut utiliser la *Macchina*. C'est un instrument qui a pour
but de déchirer l'épicarpe et de le presser contre des
éponges qui servent de réceptacle à l'essence.

EXTRAIT DE BERGAMOTE

Essence de bergamote............	50 grammes
Alcool...........................	0lit,50

TEINTURE COMPOSÉE DE BERGAMOTE

Essence de bergamote............	15	grammes
— de lavande..............	15	—
— de girofle...............	2	—
Alcool à 80°....................	0lit,50	

COSMÉTIQUE A LA BERGAMOTE

Graisse.........................	500	grammes
Cire............................	250	—
Essence de bergamote............	30	—
— de cassie	1	—
— de thym................	1	—

D. — Commerce

On importe annuellement en Angleterre plus de 20.000 kilogrammes d'essence de bergamote.

Le prix moyen de cette essence oscille entre 20 et 27 francs le kilogramme ; mais il arrive parfois que l'on cote, par exemple, 35 francs franco bord Brenne, 46 francs franco bord Messine, etc.

E. — Imitations et falsifications

Les fabricants de Messine font souvent des mélanges d'essence vraie de bergamote avec de l'essence de citron ; où bien on ajoute encore de l'essence de térébenthine, des produits retirés du pétrole, etc. L'examen optique permet de déceler la plupart de ces fraudes.

On reconnaît l'addition d'essence d'oranges douces en traitant par l'alcool à 90° ; l'essence de bergamote s'y dissout entièrement, tandis que l'essence d'oranges douces n'y est presque pas soluble.

MM. Soldaini et C. Berte ont appliqué leur méthode de la distillation fractionnée à la recherche des falsifications de l'essence de bergamote.

Ils distillent lentement sous 20-30 millimètres de pression, 50 centimètres cubes d'essence. Pour un produit pur de pouvoir rotatoire $+ 14°\,30'$ et une essence additionnée de 2 0/0 de térébenthine $(\alpha = -\ 30°\,45')$, ils ont obtenu les résultats suivants :

<table>
<tr><td colspan="3" align="center">ESSENCE PURE</td></tr>
<tr><td>TEMPÉRATURE D'ÉBULLITION</td><td>VOLUME DE LA FRACTION</td><td>POUVOIR ROTATOIRE à 14°,5</td></tr>
<tr><td></td><td>cent. cubes</td><td></td></tr>
<tr><td>74-79°</td><td>5</td><td>+ 45° 28'</td></tr>
<tr><td>78-91°</td><td>10</td><td>+ 38°</td></tr>
<tr><td>90-100°</td><td>10</td><td>+ 30° 28'</td></tr>
<tr><td>100-105°</td><td>15</td><td>— 4° 20'</td></tr>
<tr><td>105-114°</td><td>5</td><td>— 11° 40'</td></tr>
<tr><td>114-118°</td><td>1,5</td><td>— 9°</td></tr>
</table>

ESSENCE ADDITIONNÉE DE 2 0/0 DE TÉRÉBENTHINE	
TEMPÉRATURE D'ÉBULLITION	POUVOIR ROTATOIRE A 14°,5
69-76°	+ 35° 58'
76-88°	+ 37° 56'
87-99°	+ 38°
99-110°	3° 22'
110-115°	— 11°

Avec l'essence pure le pouvoir rotatoire du produit qui distille, diminue et change de signe lorsque la première moitié a distillé. On remarque que, dans le cas d'une essence additionnée de 2 0/0 de térébenthine, les 5 premiers centimètres cubes recueillis sont plus faiblement actifs; ils possèdent en outre un pouvoir rotatoire moindre que la fraction suivante.

En partant de 15 centimètres cubes d'essences diverses et recueillant les 5 premiers centimètres cubes, MM. Soldaini et Berte ont obtenu les résultats que voici:

	POUVOIR ROTATOIRE A 14°		
	DE L'ESSENCE	DU RÉSIDU	du PREMIER TIERS
Essence pure.................	+ 14° 50'	— 0° 56'	+ 41° 20'
— additionnée de 5 0/0 de térébenthine....	+ 12° 38'	— 0° 00'	+ 35° 28'
— additionnée de 2,5 0/0 de térébenthine et 2,5 0/0 de citron.	+ 14° 55'	+ 2° 40'	+ 40° 20'
— additionnée de 5 0/0 d'essence de citron.	+ 17° 11'	+ 3° 20'	+ 42° 28'

De son côté, M. Gulli a signalé la falsification suivante de l'essence de bergamote.

On additionne d'essence de térébenthine préalablement soumise à l'action du gaz chlorhydrique.

Ainsi traitée, l'essence de térébenthine a acquis la propriété de consommer une quantité de potasse correspondant à 18-20 0/0 d'acétate de linalyle. Une essence de bergamote additionnée de 5-10 0/0 de semblable produit possède sensiblement les mêmes caractères analytiques qu'une essence pure.

Il y a donc lieu de rechercher le chlore dans l'essence de bergamote. La méthode employée pour l'essai de l'essence d'amandes amères serait sans doute applicable ici, mais M. Gulli préconise le mode opératoire suivant : Dans une capsule de platine, on verse quelques gouttes de l'essence suspecte et de la potasse alcoolique, on chauffe à l'ébullition, on évapore et l'on calcine le résidu ; on laisse refroidir, puis on reprend par l'eau, on acidule au moyen de l'acide nitrique et on ajoute un peu de nitrate d'argent qui produit un précipité de chlorure d'argent si l'essence est falsifiée. Il est indispensable de vérifier, par un essai préalable, que la potasse employée est elle-même exempte de chlore.

CITRON. — LIMON ET CÉDRATIER

Généralités. — Le fruit que nous désignons communément sous le nom de *citron* provient du *limon* et non du *cédratier* ou *vrai citronnier*.

Le cédratier est le seul représentant de la famille des *Citrus* qui fut connu de l'ancienne Rome. On pense qu'il était cultivé en Palestine, au temps de Joseph.

Virgile disait de ce fruit :

> Le citron qui mûrit au soleil de la Perse,
> Comme un laurier superbe, étale un tronc altier ;
> Mais de ses sucs piquants l'odeur qui se disperse
> Dans les airs dit au loin : ce n'est pas un laurier.
>
> (*Géorgiques*, II, 133.)

C'est par les guerres d'Alexandre le Grand que les peuples d'Occident ont connu les citronniers et que la culture de cette famille des citrus se répandit en Perse et en Médie. Plus tard, les Romains et les Arabes propagèrent les citronniers dans les pays maritimes de la Méditerranée, en Espagne et au Maroc ; ce fut pendant les guerres des croisades, qui durèrent trois siècles, que les citronniers furent acclimatés en France et en Italie. Depuis, on rencontre des citronniers dans tous les pays à climat chaud ou tempéré.

Les diverses dénominations des *citrus* ont dû passer du sanscrit dans le langage des autres peuples de l'antiquité. Les Grecs et les Romains connaissaient le citron, mais ignoraient les oranges, les limettes et les bergamotes.

Ils désignaient les citrons sous les noms de *Malum citratum*, *citreum* ou *Malum persicum*.

Du viii° au x° siècle, les Arabes propagèrent le citronnier, *citrus Limonum* Risso, depuis le golfe d'Oman et la Mésopotamie jusqu'en Syrie et en Arabie.

On commença à cultiver les citronniers en Sicile vers l'an 1002.

Les manuscrits des xii° et xiv° siècles mentionnent souvent les citronniers et autres *citrus*. Le géographe arabe Edrisi parle des citronniers qu'il vit sur les côtes méditerranéennes de l'Afrique et Jacques de Vitri remarqua, vers 1225, plusieurs variétés de citronniers en Palestine.

Les citronniers *Arbores citronum* étaient cultivés à Gênes et sur les côtes liguriennes en 1369. Un écrit de 1420 cite les limons comme article d'exportation d'Alexandrie.

En 1486, les limoniers étaient cultivés dans la vallée de la Riviera ; on les voit également aux Açores en 1494.

En 1516, Barbosa, voyageur portugais, signala les limons comme venant de la côte du Malabar ou de Ceylan. Ce ne fut que vers le xv° siècle que les citronniers furent introduits en Allemagne où, d'après Conrad Gesner, on les cultivait, au milieu du xv° siècle, comme plantes d'ornement.

Les médecins romains préconisaient le jus de citron comme remède précieux dans une foule de cas ; au milieu du vi° siècle, Alexandre Trallianus le recommandait de façon très spéciale.

C'est le médecin arabe Mesuë qui introduisit, le premier, le sirop de citron dans son *Antidotarium ;* puis, la formule en fut inscrite, en 1543, dans le *Dispensatorium Noricum* de Valerius Cordus.

En 1555, Conrad Gesner signala l'essence de citron

extraite du tissu cellulaire du zeste des fruits ; puis, Jacques Besson, en 1571, et de Porta, en 1589, décrivirent la préparation des essences par distillation, en partant d'écorces fraîches et broyées. Après eux, Gaubius, vers le milieu du xviiie siècle préconisa aussi cette méthode et Cl. J. Geoffroy décrivit longuement ce mode de travail.

A. — Agronomie

Botanique. — Le citron ordinaire est le *Citrus Limonum* Risso, tandis que le vrai citron provenant du cédratier est le *Citrus medica* Risso.

Nous n'étudierons pas spécialement le cédratier, car l'essence de cédrat n'est fabriquée que sur commande, et les produits que livre le commerce sous cette étiquette sont généralement des mélanges d'autres essences. MM. Gulli et Burgess ont étudié cette essence.

Habitat et exploitation. — Les citronniers semblent être originaires de la Chine méridionale, de la Cochinchine et des Indes.

En Sicile, dans les environs de Messine, des centaines d'hectares sont plantés de citronniers.

Au reste, pour que nos lecteurs se fassent plus facilement une idée exacte de l'importance de la culture des *citrus* dans le sud de l'Italie et en Sicile, nous reproduirons le tableau de la campagne de 1895-1896 que nous trouvons dans *Statistica del commercio special*.

RÉGIONS AGRICOLES DE CULTURE	ORANGES		CITRONS		CÉDRATS, MANDARINES BERGAMOTES, ETC.		ENSEMBLE DE L'EXPLOITATION DES HESPÉRIDÉES	
	NOMBRE D'ARBRES	NOMBRE DE FRUITS CHIFFRÉS PAR MILLE	NOMBRE D'ARBRES	NOMBRE DE FRUITS CHIFFRÉS PAR MILLE	NOMBRE D'ARBRES	NOMBRE DE FRUITS CHIFFRÉS PAR MILLE	NOMBRE D'ARBRES	NOMBRE DE FRUITS CHIFFRÉS PAR MILLE
Lombardie.......	755	39	21.242	1.918	3.350	83	25.347	2.040
Vénétie.........	144	5	1.210	156	12	0,2	1.366	162
Ligurie.........	104.950	12.045	409.652	15.777	38.750	9.181	553.352	36.953
Marches et Ombrie	52.509	1.452	17.842	237	460	4	70.811	1.693
Toscane........	2.203	320	16.486	819	759	20	19.448	1.168
Latium.........	11.760	1.478	19.873	2.411	1.370	79	33.003	3.969
Région de l'Adriatique du sud...	343.730	70.436	134.913	23.022	13.482	1.029	492.125	94.486
Région centrale-méridionale ...	2.666.693	541.634	1.031.116	193.588	1.023.450	179.784	4.721.259	915.006
Sicile..........	4.359.206	544.350	6.243.158	1.661.994	318.779	57.043	10.921.143	2.263.386
Sardaigne.......	187.797	14.649	40.786	3.237	18.132	693	246.715	18.580
TOTAUX.....	7.729.747	1.186.408	7.936.278	1.903.159	1.418.544	247.875,2	17.084.569	3.337.443

Si l'on compte 800 fruits par 100 kilogrammes, on trouve pour l'exportation :

Production totale.................... 3.337.443.000 fruits
Exportation totale 237.236.000 kilogr. à 800 fruits par 100 kilogr.... ...... 1.897.888.000 —

Il reste donc pour la consommation italienne, y compris la fabrication des essences........................... 1.439.555.000 fruits

Quant aux pays importateurs, on trouve :

États-Unis et Canada................ ... .. 50 0/0
Autriche-Hongrie.................. 20
Grande-Bretagne.... 14
Russie.......................... 6
Allemagne....................... 5

Rendement. — Un citronnier en plein rapport fournit annuellement une moyenne de 10 caisses de fruits. Mais la production est sujette à de grandes variations ; bien des facteurs influent : le sol, l'ameublissement, les pluies, le climat, etc.

Néanmoins on a calculé qu'en conditions normales et avec une chute de pluie annuelle de $1^m,50$, on peut tabler sur un rendement, en citron, de trois quarts de baril à un baril, soit de 122 à 163 litres par arbre.

B. — TECHNIQUE

Depuis de Saussure, on sait que les essences absorbent de l'oxygène dès qu'elles sont isolées et qu'une partie se convertit en résine demeurant en dissolution dans le reste de l'essence. Ce phénomène d'absorption augmente graduellement pendant un certain temps, pour diminuer ensuite.

Pour l'essence de citron, le maximum d'absorption n'est atteint qu'au bout d'un mois ; il dure ensuite vingt-six jours, et chaque jour l'essence s'assimile deux fois son volume d'oxygène.

C'est la résine ainsi formée qui altère l'odeur de l'essence.

M. F. Watts dit que l'essence de citron obtenue par expression diffère notablement de celle obtenue par distillation ; la première est jaunâtre, sa densité diminue avec l'âge ; elle est très stable ; c'est ainsi qu'elle ne subit aucune modification, même si on la chauffe pendant deux heures à 300°.

L'essence obtenue par expression et saturée de citrophène ou camphre de citron, tandis que celle obtenue par distillation ne contient pas de ce produit ; en outre l'essence distillée a un parfum rappelant celui de la térébenthine, et elle est incolore.

En résumé, on signale dans l'essence de citron les composés suivants : pinène, phellandrène, limonène, citral, aldéhyde octylique, aldéhyde nonylique, géraniol, acétate de géranyle, anthranilate de méthyle, citronellal, citroptène.

C. — Industrie

I et II. — Pays producteurs et pays importateurs

Nous pouvons résumer de la façon suivante les divers produits obtenus dans l'industrie du citron :

a) Production d'écorce fraîche ;

b) Production d'écorce sèche ;

c) Essence de fleurs (distillation) ;

d) Essence de zestes (expression) ;

e) Essence de zestes (distillation) ;

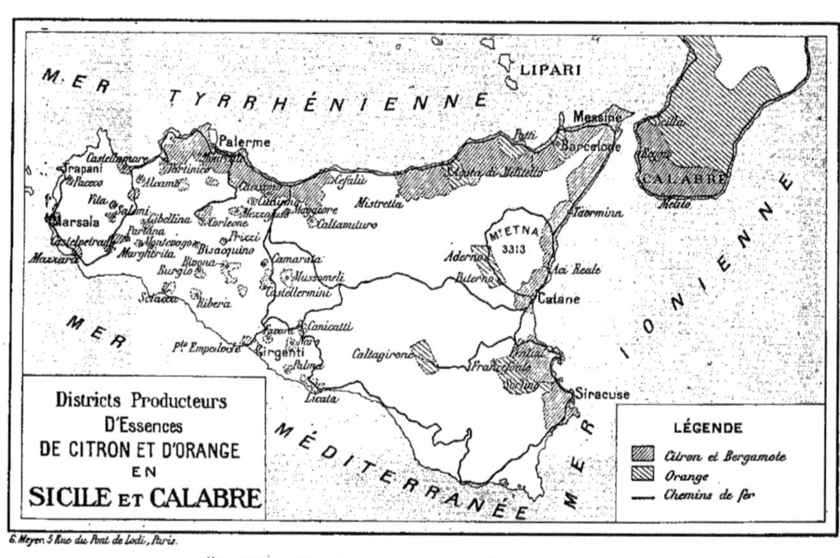

Fig. 154. — Répartition des citrus en Sicile et en Calabre.

f) Production du jus vert ou concentré ;

g) Production de citrate de chaux ;

h) Production de l'acide citrique.

CONSIDÉRATIONS

a) et *b*) Ne nous intéressent pas.

c) Pour ce qui est de la distillation des fleurs, nous renverrons à ce que nous avons dit pour les fleurs d'oranger (p. 414).

d) L'essence de zestes, par expression, s'obtient de diverses manières. Dans tous les cas, le but est de recueillir l'essence contenue dans les téguments des vésicules de l'épicarpe ou zestes.

Voici les principaux procédés :

1° *A la Spugna*. — On coupe les fruits en quartiers et on met de côté la pulpe acide ; on frotte alors l'écorce contre une éponge. L'expression est donc faite à la main. Au bout d'une dizaine de jours, ces éponges du genre « éponges de passage » deviennent trop dures et ne peuvent plus servir.

2° *A la Scorzetta*. — Le fruit est coupé en deux parties et la pulpe est enlevée à l'aide d'une cuillère spéciale. Les deux moitiés d'écorces sont alors malaxées à la main et frottées, comme précédemment sur une éponge ; mais de cette façon elles ne se brisent pas et, après avoir été salées, on peut les exporter sous le nom de *Salato*.

3° *A l'écuelle*. — L'écuelle est un vase d'étain peu profond d'environ 20 centimètres de diamètre reposant en son centre sur un tube en fer destiné à recueillir le « jus » ce tube, fermé d'un côté, a 15 centimètres de longueur et 2 centimètres de diamètre (*fig.* 155).

Toute la paroi de l'écuelle est tapissée de pointes de laiton destinées à déchirer l'écorce du fruit. Ces pointes fortes et aiguës ont 1 centimètre de hauteur; c'est sur elles que l'ouvrier porte les fruits; l'huile dégagée est donc recueillie dans le tube, puis on la verse dans un vase à décantation.

Quel que soit le procédé employé, l'essence obtenue est purifiée par filtration, puis livrée au commerce dans des récipients en cuivre de 50 kilogrammes de capacité. Le rendement moyen varie de 400 à 600 grammes pour 1.000 fruits.

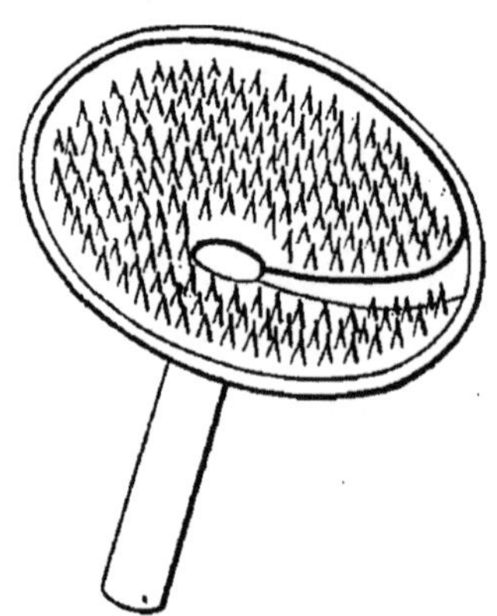

Fig. 155. — Écuelle.

e) On distille l'écorce de citron dans l'un des appareils déjà décrits.

f) *g*) *h*) Ne nous intéressent pas directement.

Afin de compléter cette étude sur l'essence de citron, nous croyons bien faire en donnant encore certains renseignements.

D'après le *Bulletin économique de l'Indo-Chine*, on obtient en Sicile et en Calabre les rendements suivants:

Mille citrons, d'un poids moyen de 100 kilogrammes produiraient :

Écorce odorante fraîche, épaisse de 2 millimètres et demi enlevée à la machine...................	27 kilogr.
Écorce odorante sèche obtenue par dessiccation à l'ombre......................	$10^{kg},700$
Essence obtenue par expression ou distillation.....	370 à 600 gr.
Jus vert ou cru renfermant 2 kilogrammes d'acide citrique pur......................	40 litres
Jus cuit et concentré renfermant 40 0/0 d'acide citrique pur......................	5 kilogr.

Citrate de chaux renfermant 65 0/0 d'acide citrique
    pur .... $3^{kg},050$
Acide citrique cristallisé......................   2 kilog.
Pulpe résiduelle obtenue en cas de séchage des
    écorces................................   33 —
Pulpe résiduelle obtenue en cas de fabrication de
    l'essence ....   50 —

Cette pulpe résiduelle sert à la nourriture des bestiaux ; à défaut, elle peut être répandue au pied des citronniers en guise d'engrais potassique.

Le rendement en essence est variable selon que l'on traite les fruits de la grande récolte de décembre-janvier, qui donnent 600 grammes, ou ceux de la récolte de février-mars, qui ne donnent que 370 à 400 grammes.

En comptant l'essence à 10 francs le kilogramme et le citrate à raison de 2 francs l'unité d'acide citrique, le produit brut de 100 kilogrammes de citrons serait d'environ 9 francs, et 1 hectare de 300 pieds, donnant par an 2.250 kilogrammes de fruits, rapporterait brut 2.025 francs.

M. O. Balester à donné d'intéressants détails sur le travail industriel des citrons dans la *Revue des cultures coloniales*.

Écorçage. — Les citrons sont d'abord pelés. Deux ouvriers et une machine suffisent pour écorcer environ 6.000 citrons par jour. Le guide de la machine doit être placé de manière à enlever toute l'épaisseur des cellules à essence plus une épaisseur de 1 millimètre de blanc. Sur un fruit moyen, l'épaisseur totale à enlever est de 2 millimètres et demi environ.

L'écorce enlevée a la forme d'un ruban. Si, au lieu d'essence, on désire des rubans secs, on les fait sécher à l'ombre jusqu'à ce qu'ils deviennent un peu rigides. En cet état, ils se conservent bien et peuvent être exportés.

Fabrication de l'essence au zeste. — Les écorces fraîches sont mises à macérer dans l'eau froide pendant vingt à trente minutes. On les passe ensuite à la presse hydraulique. Sous la pression, les cellules essentielles s'ouvrent et abandonnent l'essence. On obtient ainsi un mélange d'essence et d'eau que l'on dirige dans un récipient florentin où la séparation des liquides se fait mécaniquement et d'une manière continue. On recueille l'essence, on la filtre sur papier et on la met en fût, à l'abri de l'air et de la lumière, en un lieu frais.

L'essence au zeste est plus estimée que l'essence de distillation, elle se vend mieux et plus facilement.

Expression des citrons pelés. — Les fruits pelés sont passés à la presse hydraulique, la même qui sert à l'expression des écorces. Après une première pression énergique, on peut, comme en Sicile, ajouter de l'eau chaude à la pulpe afin de recueillir tout le suc acide. Le liquide provenant de l'expression est tamisé pour éliminer les pépins et les particules de pulpes, les déchets restant sur le tamis sont ajoutés à une opération suivante.

Dans certaines usines on procède à une décantation qui dure de trois à quatre jours.

Le jus filtré est dirigé dans un bac en bois, peu profond, où se fait la conversion des acides en citrate.

Si l'on expédie le jus, on a soin de bien remplir les fûts et on bonde aussitôt que possible.

Concentration du jus. — Pour l'exportation directe du jus on commence par une concentration.

On évapore à l'air libre dans des bassins en cuivre chauffés à feu nu. A la Jamaïque on fait bouillir jusqu'à ce que le jus soit réduit au dixième de son volume pri-

Fig. 156. — Pressoirs à fruits.

mitif. Le jus contient alors $2^{kg},834$ d'acide citrique par 4 litres et demi de liquide. Sous cet état, le jus est très acide; il a la couleur et la consistance des mélasses.

Fabrication du citrate. — Le citrate est obtenu à l'aide de la chaux vive ou éteinte.

Théoriquement, il faut 44^{kg},430 de chaux vive pure pour neutraliser 100 kilogrammes d'acide citrique pur. Dans la pratique, cette quantité est toujours dépassée à cause des impuretés contenues dans la chaux, même d'excellente qualité.

La chaux vive renfermant des matières étrangères qui ne se désagrègent pas par l'hydratation, il est préférable d'employer la chaux éteinte additionnée d'eau et tamisée pour éliminer les parties pierreuses ou granuleuses.

A cet effet, on commence par éteindre la chaux vive avec un peu d'eau. Quand elle est délitée, on ajoute de nouvelle eau pour avoir un lait assez épais qui est passé au tamis.

Il n'est pas nécessaire de doser, au préalable, l'acide citrique contenu dans le jus; il suffit d'opérer avec le papier rouge de tournesol.

Le lait de chaux étant préparé, on l'ajoute par petites portions au jus acide, en remuant la masse pour faciliter la réaction. On opère avec précaution pour éviter une trop vive effervescence et un débordement. De temps à autre on plonge le papier de tournesol dans le liquide; tant qu'il reste rouge, on ajoute du lait de chaux. On arrête l'opération quand le papier vire au bleu, ce qui indique la saturation de l'acide.

On a ainsi une dissolution de citrate dans l'eau. Pour insolubiliser et précipiter le sel, il faut porter le liquide à l'ébullition, ce qui s'obtient, soit par l'arrivée de vapeur dans le bac, soit par le chauffage à feu nu en un récipient quelconque.

L'ébullition arrivée, on laisse refroidir le liquide; tout le citrate se précipite rapidement et l'eau devient claire.

Cette eau, qui ne contient plus de parties utilisables, est décantée et rejetée jusqu'à ce que le dépôt de citrate soit mis à nu.

Il ne reste plus qu'à faire sécher au soleil, ou autrement, le citrate qui se présente sous forme de morceaux blanchâtres, plus ou moins gros.

Matériel nécessaire. — *Machine à peler :* coût, 25 à 40 francs.

Presse hydraulique ou articulée, ou encore *simple pressoir à cidre* ou *petits moulins* à canne à sucre. Dans le cas d'un moulin, il est préférable d'en faire construire un comprenant de lourds rouleaux de bois horizontaux garnis de feuilles de cuivre grossièrement perforées ; de cette façon, les fruits, puis les cellules de la pulpe sont facilement brisés.

Avec un bon appareil, pressoir ou moulin, un baril de citrons, soit 163 litres donnera de 31 à 36 litres de jus ; si la machine est défectueuse, ce rendement pourra tomber à 24 et 25 litres.

Remarque. — Si le planteur de citronniers veut travailler industriellement les fruits, il devra d'abord songer au combustible qu'il faut, sur place, en abondance. Il s'installera donc à proximité de bois ou procédera à des plantations de bonnes essences pour chauffage.

Jus du citron. — Le jus obtenu et expédié comme nous l'avons expliqué plus haut peut se conserver pendant plusieurs mois ; si l'on voulait prolonger son séjour en fûts il faudrait y ajouter 15 grammes d'acide salicylique par 22 litres de jus. Rappelons qu'en France l'usage de l'acide salicylique pour la conservation est interdit. Pourtant l'acide salicylique, qui empêche toute fermentation, n'altère en aucune façon la salubrité du jus.

Applications en parfumerie. — L'essence de citron est très employée dans la fabrication des parfums et extraits pour le mouchoir. Mais comme elle s'aigrit rapidement au contact de l'air, ou à la lumière, ou à une haute tem-

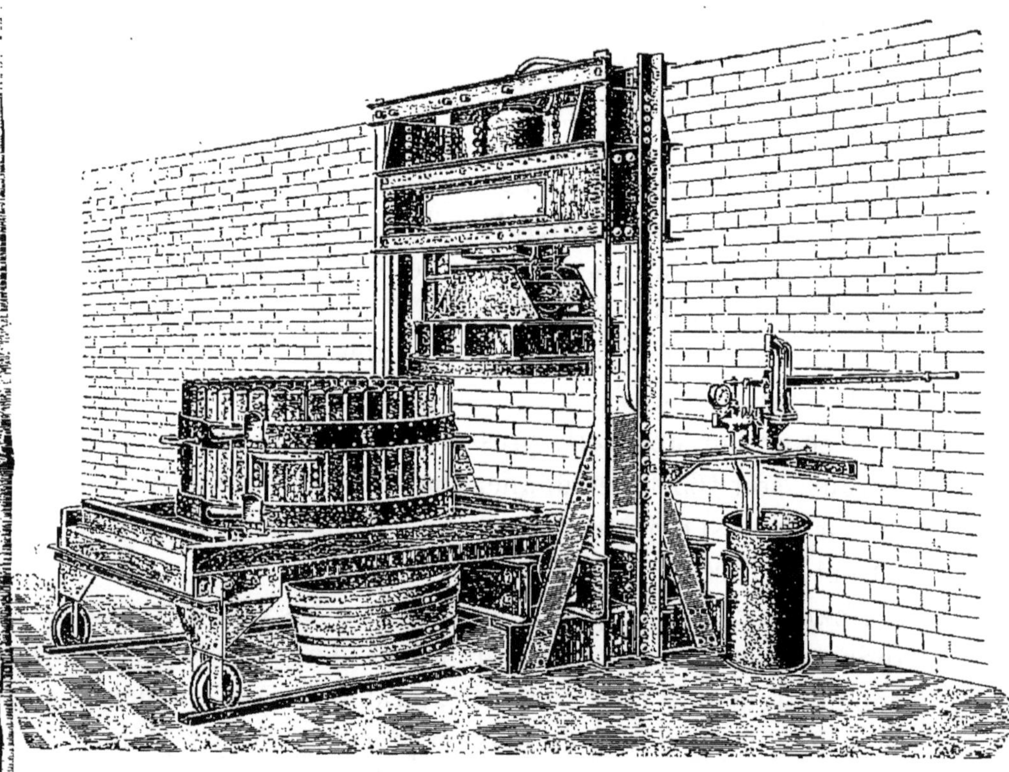

Fig. 157. — Presse hydraulique pour extraction en grand.
(Cliché Mayfarth.)

pérature, il faut prendre certaines précautions pour lui garder ses propriétés marchandes. Il faut la tenir en des endroits frais et obscurs.

Purification de l'essence de citron. — D'après M. Cobb, de Yarmouth, on arrive facilement à purifier cette essence en l'agitant avec un peu d'eau chaude, puis en laissant déposer. Une substance mucilagineuse se forme et vient surnager ; elle acquiert bientôt suffisamment de solidité pour que l'essence puisse être transvasée.

Pommades au citron. — Elles ne sont pas à recommander, car l'essence de citron, en s'acidifiant, fait rancir les corps gras ; en voici néanmoins deux recettes.

SAVON AU CITRON

Savon blanc de suif............	3.000	grammes
Essence de zeste de citron......	400	—
— de citron.............	55	—
— de bergamote.........	100	—
— de verveine..........	15	—

SAVON AU BLANC DE BALEINE

Savon blanc de suif	7.000	grammes
Essence de citron.............	500	—
— de bergamote	1.000	—

L'essence de citron entre dans la composition de l'*eau de Cologne*.

EAU DE COLOGNE (qualité courante)

Alcool......................	25	litres
Essence de citron	115	grammes
— de bergamote...........	115	—
— d'écorce d'orange	115	—
— de néroli bigarade........	15	—
— de romarin.............	55	—
— de petit grain..........	55	—

Quand on veut s'assurer de la présence de l'essence de citron dans une « eau de Cologne » : il suffit d'ajouter quelques gouttes d'ammoniaque dans 20 grammes de l'eau à essayer. S'il y a de l'essence de citron l'odeur de citron s'accuse immédiatement. Lorsque l'essence de limon est fraîche on peut la mélanger directement avec du carvi,

des clous de girofle, du romarin, etc. pour obtenir de très
bons parfums et des bouquets ; c'est ainsi que dans la recette
connue sous le nom de « Bouquet des délices », c'est l'essence de zeste de citron qui est la base de la formule.

BOUQUET DES DÉLICES

Essence de zeste de citron........	15 grammes
— de bergamote...........	7 —
Extrait d'ambre gris..	$0^{lit},25$
— d'iris..................	0 ,25
— de roses (pommade).......	0 ,55
— de tubéreuse (*id.*).......	0 ,55
— de violette (*id.*)	0 ,55

Mais, dans la plupart des cas, on forme un alcoolat :
200 grammes d'essence de citron par 5 litres d'alcool
avant de fabriquer des parfums composés.

TEINTURE DE CITRON

Essence de citron...............	15 grammes
— de citronnelle (Lemon grass)	5 —
Alcool à 80°....	$0^{lit},50$

VINAIGRE DE CITRON

Zestes frais de citron............	1 kilogr.
Vinaigre......................	25 —

D. — COMMERCE

Les extraits suivants, de *statistica del commercio spe-
ciale*, sont un aperçu de l'énorme trafic auquel donnent
lieu la production et l'exploitation des citrons, bergamotes, oranges et mandarines en Italie.

En 1892 :

Production.........	3.163.000 de fruits.
Exportation.........	1.704.628 quintaux métriques.

En 1893 :

    Production............   3.140.000 de fruits.
    Exportation..........   1.978.134 quintaux métriques.

En 1894 :

    Production...........   3.320.000 de fruits.
    Exportation.... ....   2.148.011 quintaux métriques.

En 1895 :

    Production..........   3.550.000 de fruits.
    Exportation.........   2.206.870 quintaux métriques.

En 1896 :

    Production..........   3.337.000 de fruits.
    Exportation.... ....   2.372.369 quintaux métriques.

Quant à l'exploitation de l'essence, en voici un tableau :

1889	277.599 kilogr.	valant	4.206.258 livres
1890	301.879	—	5.056.214 —
1891	264.150	—	4.954.655 —
1892	359.378	—	5.543.358 —
1893	588.334	—	9.356.814 —
1894	666.740	—	8.308.148 —
1895	554.191	—	8.081.870 —
1896	514.067	—	7.579.424 —
1897	732.092	—	9.719.133 —
1898	667.293	—	9.015.083 —

Dont le détail pour les années 1897 et 1898 se traduit comme suit :

En 1897 :

Messine	560.788 kilogr.	valant	7.570.618 livres
Reggio	87.095	—	1.306.425 —
Catane	12.016	—	120.160 —
Palerme	72.193	—	721.153 —
Total	732.092 kilogr.	—	9.719.133 livres

En 1898 :

Messine....	524.099 kilogr. valant	6.813.287 livres
Reggio.....	85.069 —	—	1.446.117 —
Catane.....	6.366 —	—	82.758 —
Palerme....	51.759 —	—	672.867 —
Total....	667.293 kilogr.	—	9.015.083 livres

Le prix de l'essence de citron peut varier de 6 francs à 9 et 14 francs le kilogramme, selon quantités en livrable et qualités. Pour la Sicile, un bon prix moyen est celui de 9 francs franco bord Messine.

E. — IMITATIONS ET FALSIFICATIONS

On falsifie fréquemment l'essence de citron à l'aide de l'essence de térébenthine. On reconnaît cette fraude au moyen du polarimètre : l'essence de térébenthine abaisse, en effet, l'angle de rotation de l'essence de citron. Mais, au paravant, il est indispensable de s'assurer si l'on a affaire à de l'essence de térébenthine française ou à de l'essence américaine.

Pour calculer à peu de chose près la quantité d'essence de térébenthine, on admet comme pouvoir rotatoire moyen — 30° pour l'essence française et + 6° pour l'essence américaine.

Si donc il y a addition de moitié d'essence de térébenthine, on aura avec l'essence française :

$$\frac{+\,60° + -\,30°}{2} = +\,15°,$$

et, avec l'essence américaine :

$$\frac{+\,60° + 6°}{2} + 33°.$$

On a recours aussi au dosage du citral.

Il existe plusieurs méthodes : MM. Soldaini et Berte préconisent l'emploi du bisulfite de potasse au lieu de bisulfite de sodium.

M. Parry préfère doser à l'aide de l'acide cyanacétique ; quant à M. J. Walther, il traite l'essence par l'hydroxylamine, et il dose ensuite l'excès de ce réactif.

M. E. Dowzard fait l'essai en déterminant la viscosité ; il emploie le viscosimètre de M. Reischauer et représente par 100 la durée d'écoulement de 25 centimètres cubes d'eau à 20° ; de sorte que, si t désigne cette durée en secondes dans le cas de l'essence à 20°, et θ la durée d'écoulement de 25 centimètres cubes à la même température, la viscosité sera :

$$V = \frac{t}{\theta} \times 100.$$

Mais cette méthode n'est pas admise par tous les chimistes.

MUSCADIER ET MACIS

Généralités. — La littérature ancienne ne fournit pas de renseignements sur la noix de muscade, car les rapports de Scribonius, Plaute, Dioscoride, Largus, Pline, Galien, etc., dans lesquels il est question du macis peuvent aussi bien s'appliquer à l'écorce de l'*Ailantus malabarica*.

En 1180, des noix muscades provenant de l'Inde furent importées à Accon, port de la Syrie méridionale ; en 1158, les *Nuces muscatarum* venant d'Alexandrie figuraient dans le commerce à Gênes. Pourtant leur origine certaine ne fut établie qu'au commencement du XVIe siècle, par Lodovico Barthema et Pigafetta. Les Portugais, en prenant possession des îles de l'archipel indien, créèrent un monopole commercial pour la muscade.

Burnett dit que son histoire fournit un exemple de l'extravagance à laquelle l'esprit de monopole a poussé non seulement les particuliers, mais même les États.

Fig. 158. — Muscadier aromatique : rameau ; graine avec macis ; amande ou muscade ; coupe transversale.

C'est aux îles Banda, archipel des Moluques, que furent créées, par les Hollandais, les premières grandes plantations de muscadiers. Les Hollandais qui colonisèrent ces îles, il y a environ deux cent cinquante ans, essayèrent de s'assurer le monopole des muscades. En effet, après avoir soumis les indigènes, ils propagèrent la culture du muscadier dans certaines petites îles, qu'ils firent garder militairement ; puis, ils détruisirent les muscadiers dans les autres îles. Or il arriva que les ouragans et tremblements de terre anéantirent, en grande partie, les plantations de Banda, en 1778.

A ce moment les Hollandais livraient à l'Europe 125.000 kilogrammes de muscades et de macis ; 60.000 kilogrammes aux Indes orientales. Le macis, à lui seul, représentait 45.000 kilogrammes pour l'Europe et 5.000 kilogrammes pour les Indes. En 1769, les Français introduisirent le muscadier à l'île Maurice.

En 1796, les Anglais prirent les « îles aux épices », et la Compagnie des Indes Orientales importa en Angleterre 60.000 kilogrammes de muscade et 30.000 kilogrammes de macis.

D'après Balfour, il y avait aux Moluques, en 1814, c'est-à-dire sous la domination anglaise, 570.000 muscadiers, dont près de 500.000 étaient en rapport.

On estime qu'actuellement les Moluques produisent 300.000 kilogrammes de muscades par an, et que la Grande-Bretagne en enlève à elle seule 65.000 kilogrammes.

L'essence de macis et de noix de muscade se trouvent dans les tarifs des pharmaciens de Berlin en 1574 ; puis on les retrouve dans les tarifs de Worms et de Francfort en 1582 et aussi dans une édition du *Dispensatorium Noricum* de 1589. Les premières études en furent faites par Caspar Neumann, Bonastre, Valentini, etc.

A. — AGRONOMIE

Botanique. — Le muscadier est le *Myristica moschata* de la famille des *Myristicées*. C'est un arbre atteignant quelques mètres de hauteur, de bel aspect, au feuillage luisant et dont les fruits rappellent ceux de la pêche ; ils s'en distinguent pourtant par leur forme allongée.

Les muscades sont entourées de quatre enveloppes :

La première est un brou rappelant celui des noix ;

La deuxième, qui se présente immédiatement après, est très mince et rougeâtre, c'est le *macis*, il s'ouvre comme un filet et laisse la graine se développer ;

La troisième, qui vient sous le macis, est une coquille dure, mince, sans odeur ;

La quatrième est une pellicule verdâtre enveloppant directement la graine ou muscade ; elle n'a aucune utilité dans le commerce.

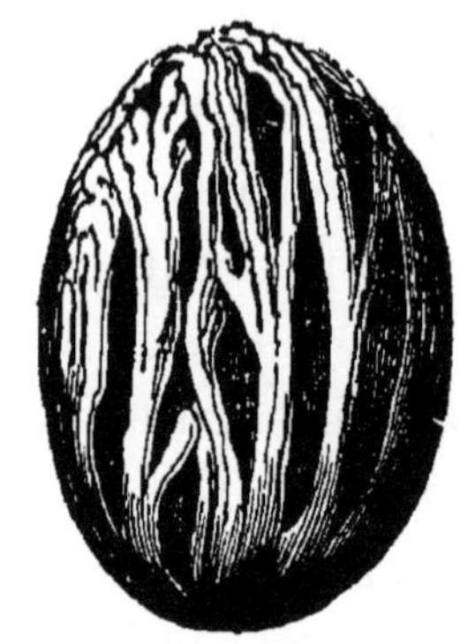

Fig. 159. — Graine de mus-cadier avec arille (aril-lode) ou macis.

L'odeur du macis est aromatique, comme celle de muscade, mais les deux parfums ne peuvent être confondus.

Habitat. — Exploitation. — Rendement. — Nous avons déjà dit que les principaux lieux de production du muscadier sont les îles Banda.

L'archipel hollandais des Moluques, duquel relèvent ces îles, fait partie de la Malaisie et comprend les îles Gilolo ou Halmahera, Bouron, Céram et Amboine, d'une population globale d'environ 55.000 habitants. La ville principale est Amboine.

Les îles Banda, qui donnent leur nom à la mer de Banda, sont peuplées par environ 10.000 habitants.

B. — Technique

L'essence brute est un produit complexe formé d'un mélange d'essence solide (stéaroptène) et d'une huile légère qui commence à bouillir vers 168°. Densité, 0,920.

Cette essence est soluble dans l'eau, la potasse caustique, l'éther, etc.

Les propriétés à peu près identiques des essences de macis et de celles de noix de muscades font que l'on confond souvent ces deux essences.

On y trouve : un terpène, le pinène ; c'est un mélange presque inactif de pinène droit et de pinène gauche ;

Du dipentène qui a été caractérisé par son tétrabromure ; de l'acide myristique ; une substance phénolique, et, l'on croit aussi, du myristicol et un peu de myristicine.

M. Thoms a établi que la myristicine isolée de cette essence, en 1890, par M. Semmler, est un composé propénylique :

$$CH^2{-}CH{=}CH^2$$
$$CH^3O \quad\quad\quad O$$
$$O{-}CH^2$$

C. — INDUSTRIE

I. — Pays producteurs

Par distillation, on tire du muscadier deux essences : l'essence de macis, l'essence de muscade.

Essence de macis. — Le rendement en essence est de 4 à 15 0/0. Liquide incolore devenant jaune rougeâtre à la longue. Forte odeur de la matière première, mais qui devient désagréable en vieillissant. Poids spécifique varie entre 0,890 et 0,930 ; pouvoir rotatoire, $a_D = +10°$ à $+20°$; donne une solution limpide avec 3 parties d'alcool à 90°.

Essence de muscade. — Comme l'oranger, le muscadier donne différentes odeurs, selon que l'on s'adresse à l'une ou à l'autre de ses parties.

L'essence de muscade proprement dite est un liquide très fluide et blanc, transparent ; elle s'épaissit en absorbant de l'oxygène.

Le rendement en essence est de 8 à 15 0/0.

Le poids spécifique varie selon le mode de distillation employé ; il oscille entre 0,865 et 0,920 ; pouvoir rotatoire, $a_D = + 14°$ à $+ 28°$; cette essence se dissout entièrement dans 3 parties d'alcool à 90°.

II. — Pays importateurs

Poudre pour sachets. — Le *macis* pulvérisé est très employé pour la fabrication de fonds de poudres pour sachets.

La *noix de muscade* également pulvérisée est recherchée pour la préparation des mêmes poudres.

Matière grasse. — Soumise à l'action d'une presse, la muscade donne une matière grasse et onctueuse, qui combinée avec un alcali, produit un savon de toute première qualité : « Savon Bandana » ou « de Banda ».

L'huile concrète de muscade obtenue par expression est dite *beurre de muscade*. Elle est préparée en grand aux Moluques et à Cayenne où on la livre sous forme de pains carrés enveloppés dans des feuilles de palmier. C'est un produit jaune pâle teinté de rouge et friable.

L'essence de muscade est utilisée pour parfumer les savons.

On l'emploie aussi pour la préparation de diverses frangipanes ; elle se combine bien avec le santal, la lavande, la bergamote, etc.

FÈVE TONKA

Généralités. — Les fèves Tonka fraîches ont une très forte odeur de « foin coupé ». Il est donc à supposer que la flouve odorante *Anthoxantum odoratum*, graminée qui

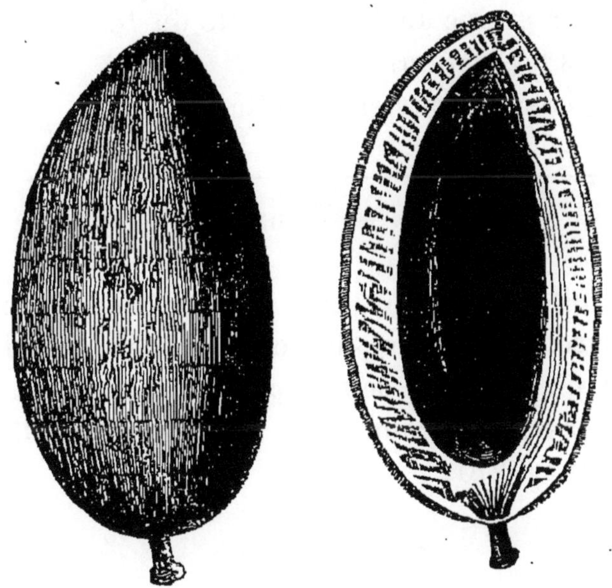

Fig. 160. — Fruit de fève Tonka.

donne l'odeur du foin, doit contenir le même principe odorant que la fève Tonka; autre remarque: tous deux, sur pied, sont presque inodores et ne deviennent aromatiques que séparés de la tige.

A. — AGRONOMIE

Botanique. — C'est le *Tonkin* ou Dipterix *odorata*, famille des *Légumineuses* qui fournit les graines connues dans le commerce sous les noms de *fèves Tonka, coumara*, etc.

Le tonkin, très répandu dans les forêts de la Guyane, y atteint une hauteur moyenne de 60 pieds. Le fruit ovale est formé d'une substance grasse durcissant à maturité et contenant une graine d'un beau noir et en forme d'amande. C'est cette graine qui a l'odeur du « foin coupé » (*fig*. 159).

Le *Dipterix Eboensis*, natif de Mosquita, possède également une graine analogue à celle du *D. odorata*, mais elle n'a pas de parfum.

Un sol glaiseux convient à cette plante.

B. — TECHNIQUE

Quand elle est fraîche, elle contient une essence qui lui donne son odeur ; une huile grasse, de l'acide benzoïque et un principe neutre, *coumarine*, qui fut étudié par M. Perkin. La coumarine est blanche ; elle fond à 70° et bout à 270°.

C. — INDUSTRIE

I et II. — Pays producteurs et pays importateurs

TEINTURE TONKIN

Fève Tonkin...................... 450 grammes
Alcool .... 4^{lit},500

On fait macérer pendant un mois.

Cette teinture entre dans la fabrication d'extraits composés ; elle ne se vend jamais pure car elle fait éternuer.

L'extrait de Tonka entre dans l'extrait artificiel d'ilang-ilang dont voici la composition.

EXTRAIT ARTIFICIEL D'ILANG

Extrait de Tonka...............	86	grammes
— de tubéreuse............	115	—
— de musc..............	115	—
— de cassie.............	115	—
— d'iris	225	—
Essence de néroli..........	1	—
— d'orange nouvelle......	4	—
Alcool..................	2	litres

ROSE DE CHINE

Esprit de Tonkin.................	$0^{lit},15$
— de tubéreuse..............	0 ,15
— de verveine....	0 ,15
— de roses triple............	0 ,15

FOIN COUPÉ

Extrait de fèves de Tonka..........	$1^{lit},15$
— de fleurs d'oranger........	0 ,55
— de géranium...........	0 ,55
— de jasmin.............	0 ,55
— de roses triple..........	0 ,55
— de roses............	0 ,55

POMMADE DE TONKIN

Fèves Tonka..............	250	grammes
Graisse	2	kilogr.

HUILE DE TONKIN

Fèves Tonka..............	250	grammes
Huile.................	2	kilogr.

Pour la pommade et l'huile, on procède à une macération chaude de deux jours, puis on filtre à travers de la mousseline.

SACHET A ODEUR D'HÉLIOTROPE

Fève Tonka en poudre..........	250 grammes
Musc en grains................	10 —
Vanillons....................	125 —
Iris en poudre...............	1.000 —
Feuilles de roses en poudre.....	500 —
Essence d'amandes...........	5 gouttes

EAU-TONKA

Extrait de fèves de Tonka..............	0lit,30
— de vanille...........	0 ,30
— d'ambre gris...........	0 ,30
— d'iris	0 ,30
— de musc........	0 ,55
Esprit de roses triple..................	1 litre

C'est un parfum très durable et toujours très recherché.

D. — COMMERCE

On met de la poudre de Tonkin dans le tabac à priser afin de lui donner un bouquet très agréable... pour les amateurs !

ORANGER (FRUITS D')

BIGARADIER. — ESSENCE DE PETIT GRAIN. — ORANGE DOUCE. — ESSENCE DE PORTUGAL

Généralités. — Du VIIIe au Xe siècle, les Arabes répandirent l'oranger amer, *Citrus Bigaradia*, Risso, dans le golfe d'Oman, en Mésopotamie et en Syrie.

L'oranger doux, *Citrus Aurantium*, Risso, était cultivé à Nice, comme plante d'ornement, dès 1336 ; déjà, en 1340, les oranges douces, *Arancio* étaient communes à Venise. Vers

le xvi⁰ siècle, Conrad Gesner, Jacques Besson et de Porta
étudièrent l'essence tirée des oranges ; plus tard, Gaubius
reprit leurs travaux. L'essence d'orange fut mentionnée
dans le *Dispensatorium Noricum* de 1589 et dans la *Phar-*
macopœa Augustana de 1613.

A. — AGRONOMIE

Botanique. — *Oranger amer ou Bigaradier.* — Nous
n'avons pas à revenir sur ce que nous avons dit sur le
bigaradier, *Citrus Bigaradia* (p. 403). Nous y renvoyons
donc nos lecteurs. Seulement, au chapitre industrie, fabrication de l'essence de petit grain, nous aurons à compléter
notre documentation sur ce *Citrus*.

Oranger doux. — C'est le *Citrus aurantium*, Risso.

Habitat. — **Exploitation.** — **Rendement.** — Pour le *biga-*
radier, voir page 408.

B. — TECHNIQUE

Se reporter à la page 410, pour ce qui concerne le *biga-*
radier.

Oranger doux. — L'essence d'orange douce est un liquide
d'un beau jaune plus ou moins clair ayant l'odeur caractéristique du fruit ; saveur douce et aromatique ; poids
spécifique, de 0,848 à 0,852 pouvoir rotatoire, $a_D = + 96°$ à
$+ 98°$ à 20°. Solution difficilement limpide avec l'alcool à
90°. Cette essence commence à bouillir à 175°.

Quand elle est rectifiée, l'essence devient incolore ; elle
se conserve très mal. Wallach, Wright, Flatau, l'abbé
Ogston, Moore, etc., ont particulièrement étudié cette
essence. M. Parry y a signalé la présence de l'anthrami-

late de méthyle; M. Stephan, en opérant par distillation fractionnée, a retiré les terpènes de 42 kilogrammes d'essence et a obtenu 530 grammes de produit à étudier. Il en a extrait de l'acide caprique normal et une aldéhyde identique avec l'aldéhyde décylique normale $C^{10}H^{20}O$; après saponification, M. Stéphan a encore reconnu la présence de l'acide caprylique $C^8H^{16}O^2$; enfin du linalol droit et du terpinol droit; puis de l'alcool nonylique; bref, l'essence d'orange douce renferme les composés suivants : limonène, aldéhyde décylique, linalol droit, terpinol droit, alcool nonylique et acide caprylique à l'état combiné.

Quant à l'essence extraite des feuilles et tiges de l'oranger à fruits doux, on a remarqué : une abondante portion terpénique dans laquelle on a identifié le camphène droit ainsi qu'un peu de limonène ; du citral; des alcools, partie à l'état libre, partie à l'état d'éthers; le géraniol a été identifié.

C. — INDUSTRIE

I et II. — Pays producteurs et pays importateurs

Oranger amer ou Bigaradier. — Nous avons indiqué, page 412, le travail des « fleurs d'oranger » pour l'obtention de l'*essence de fleur d'oranger*, de l'*essence de néroli*, etc.

Ici nous avons à envisager la préparation de l'*essence de petit grain*, en partant du fruit du bigaradier.

La dénomination « petit grain » vient de ce que, primitivement, on ne tirait cette essence que des « petits fruits verts » ou « petit grain ».

Le « néroli bigarade » est très recherché pour la fabrication de l'eau de Cologne, de l'eau de Hongrie et autres parfums pour le mouchoir ; quant au « néroli, petit grain », il est surtout utilisé pour parfumer le savon.

Pour rendre plus complète cette classification, nous ajouterons qu'il y a plusieurs variétés « d'essence de petits grains ».

Le « petit grain doux » est obtenu par la distillation de la feuille du *Citrus aurantium* ou oranger doux.

Le « petit grain limon » résulte de la distillation des feuilles de l'oranger commun.

Le « petit grain bigarré » provient de la feuille du *Citrus bigaradier* ou oranger amer. encore dit de Séville.

L'*eau de fleur d'oranger* est celle qui reste après extraction complète de l'essence (distillation).

Dans les pays chauds, on peut obtenir des parfums de bonne qualité en distillant des feuilles de certains *citrus*.

C'est ainsi que les fleurs du *Citrus decumana*, ou pamplemousse, donnent, par distillation, un néroli recherché.

Les produits ainsi obtenus par distillation diffèrent étrangement de ceux résultant de macération ou enfleurage ; ils n'ont pas, comme ces derniers, l'odeur de fleurs fraîches.

Produits extraits des écorces de fruits. — Ici encore il y a deux méthodes d'extraction : *expression* et *distillation*.

Méthode par expression. — On commence par râper l'écorce du fruit ou zeste, afin d'écraser les *bourses* ou petits vaisseaux qui contiennent l'essence.

On peut encore se servir d'une *écuelle* ou récipient garni de pointes (*fig. 155*).

Méthode par distillation. — Voir ce que nous avons dit d'autre part.

Oranger doux. — De l'oranger doux, *Citrus aurantium*, on extrait l'*essence de Portugal*.

Les fruits sont travaillés comme ceux du *bergamotier*,
du *citronnier*, etc.

D. — COMMERCE

Nous avons parlé du commerce de l'essence de « fleurs
d'oranger » et de néroli (p. 416).

Essence Portugal. — Le prix franco bord Messine peut
varier de 15 francs à 20 et 25 francs le kilogramme.

E. — IMITATIONS ET FALSIFICATIONS

Il est facile de déceler la présence d'éléments étrangers dans l'essence de Portugal, car son poids spécifique
est très élevé et son pouvoir rotatoire remarquable
comme intensité. Pourtant on falsifie parfois avec de
l'essence de térébenthine ou avec de l'essence de citron.

Pour la recherche de l'essence de térébenthine, il suffit
de fractionner à plusieurs reprises les portions les plus
volatiles au moyen du déphlagmateur.

PAMPLEMOUSSE. — LIMETTIER. — MANDARINE

Généralités. — Nous terminerons l'étude des *citrus* par
quelques considérations sur les pamplemousses, les
limettes et les mandarines.

A. — AGRONOMIE

Botanique. — *Pamplemousse.* — C'est le fruit du *Citrus
decumana*, Linné ; on l'appelle encore shaddock ou grappe-

fruit. Il peut peser jusqu'à 6 kilogrammes; son écorce renferme une petite quantité d'essence que l'on obtient par expression ou par distillation. Mais, à ce point de vue, le pamplemousse n'offre pas d'intérêt, industriellement parlant.

Limettier. — Il faut distinguer le limettier des Indes occidentales et le limettier d'Italie.

Le premier est le *Citrus media* Linné, variété *acida* Brandis; que l'on dit *lime*, en anglais; il est cultivé pour son suc acide *lime juice*, à Monserrat, à Haïti, à la Trinidad, à la Jamaïque, etc.

Le limettier de l'Europe méridionale est le *Citrus Limetta*, Risso ou *Citrus Limetta vulgaris* ou *Lima dulcis*. Le suc de ce limettier est plus doux que celui du limettier des Indes.

Mandarine. — C'est le fruit du *Citrus madurensis*, Loureiro; on peut en extraire une essence très agréable.

Des études spéciales faites par la Maison Roure-Bertrand fils, sur le mandarinier, il résulte que :

L'acidité volatile, chez le mandarinier, va en diminuant depuis la feuille jusqu'au bois. Dans un même organe, elle est plus grande lorsque celui-ci est jeune que lorsque son développement est plus avancé. Mais, en valeur absolue, la quantité d'acide volatil est plus élevée chez une feuille vieille que chez une feuille jeune, ce qui montre qu'il s'en forme au fur et à mesure de la végétation plus qu'il n'en disparaît.

C'est lorsque la feuille est jeune que les composés odorants se forment le plus activement. Ils sont plus abondants chez la feuille que chez la tige, surtout lorsque les organes sont jeunes. Plus tard, une nouvelle quantité de méthylanthranilate de méthyle se forme dans la feuille et y séjourne, tandis que le poids de ce corps contenu dans la tige (où il est probablement déversé par la feuille) devient également plus grand. Le poids de terpène diminue dans la feuille ; mais la perte que subit cet organe est inférieure au gain que réalise la tige, ce qui montre qu'il n'y a pas eu consommation de ces corps, mais que — au contraire — il s'en est formé une quantité assez importante dans l'intervalle considéré. Ces composés terpéniques ont vraisemblablement pris naissance dans la feuille pour être ensuite déversés dans la tige (*Bulletin* d'octobre 1903).

D'après MM. E. Berte et S. Gulli, l'essence de mandarine est encore extraite du *Citrus deliciosa* et du *Citrus bigaradia sinensis*.

Habitat. — Exploitation. — *Pamplemousse.* — Le *Citrus decumana* est très répandu en Floride dans les archipels de l'océan Indien, etc.

Limettier. — Nous venons de voir sa répartition selon variété.

Mandarine. — Il en existe de nombreuses variétés dans bien des régions chaudes et tempérées.

Relativement à l'étude complète de ces fruits, nous renvoyons nos lecteurs à notre ouvrage *les Fruits des pays chauds*.

B. — TECHNIQUE

Pamplemousse. — Son essence, très agréable, rappelle celle de l'orange ; poids spécifique, 0,860 ; pouvoir rotatoire, $a_D = + 94°30'$.

Limettier. — L'essence du limettier est dite *oil of limette* en anglais, et *Limettöl* en allemand.

L'essence *des Indes obtenue par expression des écorces
est d'une belle couleur jaune d'or; poids spécifique,
0,873 à 29°, et 0,882 à 15° ; pouvoir rotatoire, $a_D = +35°$
à $+38°$; l'élément constituant principal est le citral.

L'essence obtenue par distillation du suc est dite *oil
of limes* son odeur est désagréable et ne rappelle plus le
citral. Poids spécifique, 0,865 à 0,868 ; pouvoir rotatoire,
$a_D = +38°52$; bout entre 175° et 220°.

L'essence d'Italie obtenue par expression des écorces
rappelle, par son odeur, l'essence de bergamote ; elle est
de couleur assez foncée. Poids spécifique, 0,872 ; pouvoir
rotatoire $a_D = +58°19'$; indice de saponification, 75.

MM. Tolden et Beck ont extrait la limettine de l'essence de limette. MM. A. Tolden et H. Burrows ont établi la formule suivante relativement à la constitution de
ce corps :

$$(OCH^3)^2\, C^6H^2 \underset{\diagdown\ O-CO}{\overset{\diagup\ CH=CH}{\Big\langle}}\cdot$$

M. Parry a analysé, en outre, l'essence des fleurs du
limettier ; il lui a trouvé pour densité 0,870 et pour pouvoir rotatoire $+21°30$.

Mandarine. — L'essence de mandarine est d'un beau
jaune avec fluorescence bleue qui s'accentue si l'on additionne d'alcool ; l'odeur est plus agréable que celle de
l'essence de citron ; poids spécifique, 0,854 à 0,858 ; pouvoir rotatoire, $a_D = +65°$ à $+75°$.

Cette essence a été particulièrement étudiée par
MM. Walbaum, Fortmann, etc. On a reconnu que le composé qui joue le principal rôle dans cette essence, au
point de vue de l'arome, est le méthylanthranilate de
méthyle et, d'après les travaux des chimistes de la Maison Roure-Bertrand, les feuilles de mandarinier renferment 50 0/0 de ce constituant.

C. INDUSTRIE. — *D.* COMMERCE. — *E.* IMITATIONS
ET FALSIFICATIONS

Voir ce que nous avons précédemment dit, relativement aux divers citrus étudiés dans cet ouvrage.

Quant aux additions d'essences d'orange, de citron, etc., dans l'essence de mandarine, on les découvre, d'après MM. E. Berte et S. Gulli, en employant la méthode de la distillation fractionnée. On recueille les cinquante premiers centièmes et on compare leur pouvoir rotatoire àcelui de l'essence et à celui du résidu. Le pouvoir rotatoire de la fraction recueillie excéderait de 3° à 3° 10, celui de l'essence, qui dépasserait lui-même de 3° 10 à 3° 30′ celui du résidu.

VANILLE

Généralités. — D'après Johnston, l'odeur de la vanille aurait un effet physiologique sur l'économie ; elle agirait comme un stimulant aromatique, excitant les fonctions intellectuelles et augmentant l'énergie générale.

De toutes les orchidées, la vanille est certainement la plante la plus précieuse au point de vue industriel.

Pour la partie historique et toute documentation complète, nous renvoyons nos lecteurs à notre ouvrage[1].

A. — AGRONOMIE

Botanique. — Famille des orchidées, tribu des Aréthusies ; l'espèce la plus répandue est la *Vanilla planifolia* originaire du Mexique.

1. *Vanillier, Vanille, Vanilline, etc. (Bibliothèque pratique du Colon.)*

On cultive encore :

Vanilla pompona Schiede ou vanillon de la Guadeloupe ;

Vanilla Garderi, Rolfe ;

Vanilla appendiculata, Rolfe ;

Vanilla odorata, Presl. ;

Vania Rhaeantha.

Nous ne parlerons guère ici que du *Vanilla planifolia*.

Le *vanilla planifolia* présente deux sortes de racines, les unes souterraines qui la fixent au sol; les autres aériennes, qui la soudent aux tuteurs.

La tige est grimpante, sarmenteuse avec ramifications; elle atteint fréquemment la grosseur du petit doigt. Si l'on casse cette tige et qu'on applique la section sur la peau, on observe une action vésicante résultant de la présence d'un suc visqueux, riche en *raphides* (cristaux pointus d'oxalate de chaux).

Les feuilles sessiles sont alternes, elliptiques, charnues, d'environ 15 centimètres de longueur sur 8 de largeur.

Les fleurs, d'un blanc sale, se présentent en épis axilliaires avec une labelle conique, allongé et à bords frangés

L'ensemble des organes mâles est dit *Androcée ;* celui des organes femelles, *Ginécée.* Ces fleurs apparaissent en grappes d'une douzaine à la naissance des feuilles; elles sont hermaphrodites et complètes.

Pour faciliter la fructification on a recours à la fécondation artificielle. En effet l'unique anthère ne peut communiquer avec le stigmate.

On a fécondé pour la première fois la vanille au Jardin des Plantes de Paris, en 1830.

Les gousses ou fruits du vanillier sont groupées et

alignées le long de leur support : chaque bouquet forme ce qu'on appelle, en terme de métier, un *balai*. La gousse n'est autre qu'une capsule allongée, composée de deux valves inégales.

Les graines sont lenticulaires et de couleur noirâtre.

Ce sont ces gousses qui, après préparation destinée à développer le parfum, se trouvent dans le commerce.

On a reconnu dans les divers organes du vanillier la présence constante d'un ferment oxydant.

Chez le fruit mûr, c'est le parenchyme interne du péricarpe qui en renferme le plus ; le pédoncule du fruit vert contient une oxydase dans ses tissus ; celui du fruit mûr, mais non préparé, en manque presque complètement. Or, précisément, la préparation ne développe que très peu de vanilline dans cette partie du fruit.

Tandis que les vanilles les plus estimées (Mexique, Réunion, Mayotte, Seychelles) contiennent l'oxydase en proportion notable, les vanilles médiocres, comme la vanille de Tahiti et le vanillon de la Guadeloupe, n'en renferment pas ou se colorent à peine par la teinture de gayac.

Indépendamment de cette oxydase, le suc extrait du vanillier contient un autre ferment susceptible d'hydrolyser l'amidon.

L'étude a montré, dans le vanillier, la présence simultanée de deux ferments distincts, l'un hydratant, l'autre oxydant, dont l'existence paraît intimement liée à la production de la vanille.

D'autre part, on peut admettre l'hypothèse suivante sur la formation de la vanilline dans les fruits pendant la préparation : le ferment hydratant transformerait la coniférine naissante en alcool coniférylique et en glucose. La présence du glucose est, en effet, constante

dans la vanille. D'autre part, l'alcool coniférylique
serait transformé en vaniline par l'action de l'oxydase.

Habitat et exploitation. — Cette orchidée est très répandue dans certaines régions de la zone tropicale. Pour
se faire une idée de l'importance des plantations dont
elle est l'objet, il suffit de se reporter aux mercu-
riales (p. 496).

Il faut au vanillier un climat chaud et humide, une
température moyenne de 25° C.

De l'eau en excès, un soleil trop ardent et des grands
vents sont également nuisibles; d'où nécessité de bien
choisir l'emplacement, le terrain; puis, selon les pays,
d'interposer un *couvert* plus ou moins épais.

Les flancs de colline, les sols en pente douce, les
fonds de vallées à écoulement d'eau facile conviennent au
vanillier, à condition que la terre soit friable et *riche en
humus*.

On rencontre le vanillier à la Martinique, à la Guade-
loupe, en Guyane, à Madagascar et dépendances, aux
Comores, au Congo, à Tahiti, au Mexique, à Maurice, aux
Seychelles, à Ceylan, à Java, etc.

Si l'on plante en terrain vierge, il est prudent, avant
de débroussailler, de se renseigner sur le régime des
vents et sur les saisons des pluies.

Peut-être aurait-on avantage de ménager, dans certaines directions, des rideaux de grands arbres contre les
vents; de même, sur l'étendue de la plantation, il pourrait
être prudent de laisser des arbres à fort ombrage garan-
tissant contre une action trop directe du soleil. — Surtout si l'on se trouve en terrain sec, à pente accentuée et
à irrigation difficile.

Quoi qu'il en soit, il faut commencer par un sérieux

débroussaillement, accompagné, s'il y a lieu, de travaux de nivellement et de terrassement pour la captation ou l'écoulement des eaux.

Le terrain étant préparé, on procédera à la plantation des tuteurs, suivie de celle des boutures de vanille, comme nous l'indiquons d'autre part.

Les travaux d'entretien seront également très suivis; en toutes saisons, les plantations ou *carreaux* devront être d'une grande propreté, même en temps de *paillage*. On reproduit par bouturage; le semis de grains ne peut se faire dans la pratique.

Terminons en disant que des vanilliers plantés normalement et parfaitement entretenus, commencent à fleurir, environ dix mois après la plantation; c'est alors qu'intervient la fécondation ou pollinisation artificielle. Ils donnent leurs premières gousses à la deuxième année, et entrent en plein rapport en troisième année. Dans ces conditions, le vanillier peut durer de sept à huit ans et fournit en moyenne cinq récoltes.

Rendement. — Les lignes de tuteurs (nous supposons des pignons d'Inde, *Jatropha Curcas*) étant espacées de 2 mètres et par lignes, les tuteurs étant à intervalles réguliers de 1 mètre, on aura 5.000 pieds de vanilliers à l'hectare.

On laisse ordinairement à chaque liane sept balais de chacun dix gousses, d'où soixante-dix gousses formant un poids moyen de 1.000 grammes.

Dans ces conditions, le rendement à l'hectare serait de 5.000 kilogrammes en vanille verte; malheureusement, ceci n'est qu'une indication théorique, et il ne faut guère compter que sur 1.000 à 1.200 kilogrammes de vanille verte à l'hectare.

L'expérience a montré qu'il faut de 3^kg,5 à 5 kilogrammes de vanille verte pour obtenir 1 kilogramme de *vanille préparée*. Nous admettrons quatre pour coefficient. En conséquence, des 1.000 kilogrammes de vanille verte nous ne retirerons guère que 250 kilogrammes de *vanille marchande*.

Nous en donnons plus loin les estimations.

L'opportunité de cette opération est d'une importance capitale. Toute vanille cueillie trop verte ne donnera jamais de bons résultats à la préparation et moisira sûrement, quelles que soient, au reste, l'expérience et l'habileté du préparateur. C'est même là, source de conflits fréquents, dans les grandes entreprises, entre les préparateurs et les chefs de cultures.

Pour y remédier, nous avons toujours donné, dans les exploitations que nous avons dirigées, toute latitude aux préparateurs rendus alors entièrement responsables.

D'autre part, si l'on attend trop, les valves s'ouvrent et la gousse passe en qualité inférieure.

Bref, tout en sachant que la vanille est bonne à cueillir quand les pointes de gousses commencent à jaunir, il n'en faut pas moins une grande habitude pour opérer à coup sûr.

B. — Technique

La principale substance odorante de la vanille est la vanilline, dont la formule est $C^{16}H^8O^6$ ou acide *paroxybenzoïque métoxyméthyle*. Nous avons déjà dit, en étudiant le girofle que la vanilline est préparée artificiellement en partant de l'eugénol.

Les gousses ne contiennent guère que 2 0/0 de vanilline ; il faut donc 50 kilogrammes de vanille pour obtenir 1 kilogramme de vanilline naturelle.

La vanilline est un corps solide fondant à 70°; elle est très soluble dans l'eau bouillante, l'éther, l'alcool, le sulfure de carbone, etc.

Les vanilles mexicaines contiennent peu de vanilline, mais aucune substance n'y masque le parfum.

Tieman dit qu'indépendamment de la vanilline, il y a aussi de l'acide vanillique $C^{16}H^8O^8$; Leutner ajoute qu'il y a aussi 11,8 0/0 de matières grasses et cireuses; 4 0/0 de résine ; 16,5 0/0 de sucre de gomme ; 4,6 0/0 de cendres.

C. — INDUSTRIE

I. — Pays producteurs

Préparation. — Nous avons été à même d'employer personnellement la méthode suivante aux Comores.

PREMIÈRE PHASE. — Le matériel comprend des cuves cloisonnées C pouvant recevoir des récipients ou *fers-blancs* F.

Les dimensions des cuves sont de 1ᵐ,50 de longueur sur 1ᵐ,50 de largeur et 0ᵐ,50 de hauteur (*fig.* 160) ;

Celles des « fers-blancs » : 0ᵐ,35 de hauteur sur 0ᵐ,24 de côté.

Dans chaque cuve on loge douze fers-blancs chargés respectivement de 8 kilogrammes de gousses vertes (*fig.* 161).

Les récipients reposent sur des fers à cornières et sont maintenus à écartement convenable par des tringles *b* ; de cette façon ils sont à quelques centimètres les uns des autres et l'eau peut les baigner librement.

Afin d'éviter le contact des gousses et des parois des fers-blancs, on interpose une toile, ou mieux, une étoffe de laine ; celle-ci est suffisamment longue pour pouvoir être rabattue à la partie supérieure sur les gousses et les *coiffer* entièrement; en outre, avant de faire arriver l'eau, on a eu soin decouvrir les fers-blancs en se servant de plaques de tôles.

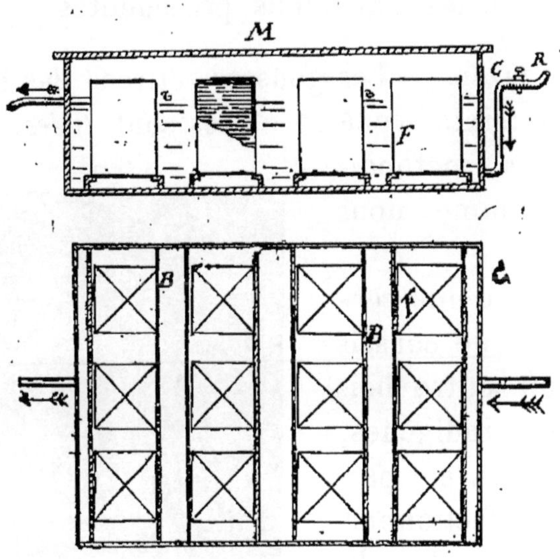

Fig. 161. — Cuves et récipients pour la préparation de la vanille.

Le tout ainsi préparé, on ouvre le robinet R, et de l'eau chauffée à 90° C. pénètre dans la cuve. On ferme R

Fig. 162.
Récipient rempli de gousses.

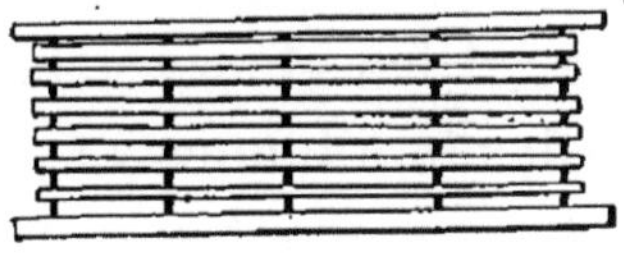

Fig. 163.
Claie pour séchage de la vanille.

dès que le niveau est à environ 5 centimètres du bord des fers-blancs. Un trop-plein évite tout accident.

Il reste à poser sur la cuve C un couvercle M en bois garni d'une couverture de laine, de façon à éviter une déperdition quelconque de chaleur.

La cuve est abandonnée durant une nuit, exactement douze heures ; le lendemain matin, le couvercle est retiré, les fers-blancs extraits, l'eau vidée ; il reste à recharger les cuves, selon les indications précédentes.

Deuxième phase. — Les gousses retirées des fers-blancs ont pris une teinte brunâtre : elles sont *tuées*, il reste à les dessécher méthodiquement, comme nous allons le voir.

On dispose d'une certaine quantité de châssis en rafia ou autre bois léger que les indigènes, en tous pays, savent parfaitement confectionner. Ces châssis ont les dimensions suivantes : 2 mètres de longueur sur 0ᵐ,75 de large (*fig*. 163). On les garnit d'une ou plusieurs couvertures de laine, et les gousses retirées des fers-blancs y sont

Fig. 164. — Salle de séchage de la vanille à Anjouan. (Cliché *la France coloniale*.)

étalées en couches minces ; une autre couverture les recouvre entièrement. Le châssis est alors *armé* ; deux hommes l'enlèvent, un à chaque extrémité, et le portent au soleil.

Il est prudent que la sole d'exposition ne soit pas trop éloignée de l'atelier, car il faut éviter la pluie. En temps ordinaire, cette dessiccation au soleil dure de cinq à six jours. Les gousses ont pris un nouvel aspect : la teinte a foncé, la partie charnue résiste moins ; elle s'est amollie, et une dessiccation à l'ombre suffira pour chasser l'excès d'eau de constitution.

Trois ième phase. — La dessiccation à l'ombre s'opère encore sur des châssis ou claies, mais moins rustiques que précédemment et aussi de plus petites dimensions. Comme il en faut une grande quantité, le développement en surface serait considérable, si l'on n'avait recours à des étagères, dont les montants présentent des glissières (*fig*. 164).

Ici encore les gousses sont étalées en couches minces ; cette fois, sans intervention de couvertures. Dans les ateliers de certaine importance, les étagères occupent une salle à part, dite de *séchage*, où une grande propreté est exigée. Des ouvertures permettent d'établir un courant d'air indispensable pour une dessiccation régulière.

En terme de métier, les gousses ainsi placées sur les étagères sont dites *grosses*, ce qui signifie que les capsules sont encore pleines.

La température étant uniforme dans la salle de séchage, il arrive que les gousses de dimensions moindres se *font* plus vites : au bout d'une quinzaine de jours, une première *visite* s'impose déjà certaines gousses seront suffisamment avancées pour être retirées, elles sont dites *demi-grosses* et portées à une étagère spéciale ; on les reconnaît parce qu'elles semblent un peu vidées, elles sont devenues très molles, la robe commence à se rider, la teinte est plus brune.

Les autres gousses qui ne sont pas prêtes resteront encore une huitaine de jours dans la catégorie des grosses.

Une semaine après, les demi-grosses sont à nouveau visitées et celles dont la dessiccation sera presque complète sont mises à part ; elles sont dites *demi-sèches*. Dès ce moment les vérifications se multiplient. Les demi-sèches deviennent *sèches*, etc. On apprécie par simple pression des doigts ; la gousse sèche ne devant plus produire aucun craquement et le parfum devant commencer à se manifester.

En résumé les petites gousses restent de vingt à vingt-cinq jours sur l'étagère ; les grandes de quarante à quarante-cinq jours.

Fig. 165. — Mesurage et empaquetage de la vanille à Anjouan.
(Cliché *la France coloniale*.)

QUATRIÈME PHASE. — *Mise en malles*. — Les malles sont en fer-blanc ou en tôle galvanisée ; elles ont ordinairement 1 mètre de longueur sur 0^m,50 de hauteur et 0^m,60 à 0^m,70, de largeur. Le zinc ne peut convenir.

Les vanilles sèches y sont déposées dans un même sens, mais sans classement de longueur ; elles y restent de un à deux mois, jusqu'au moment de l'empaquetage. C'est pendant ce temps que le parfum se développe.

Chaque semaine elles sont retirées et soigneusement examinées : on dit que la vanille est en *observation*. Si des gousses moisissent, on les lave à l'eau tiède, puis après les avoir essuyées, on les porte à une étagère spéciale où elles resteront un jour ou deux. On profite de ces manipulations pour vérifier le triage fait sur gousses vertes et le modifier selon les circonstances.

Mesurage. — La préparation proprément dite étant terminée, les gousses sont mesurées et classées par longueurs. Les ouvriers qui font ce travail ont à leur disposition une planchette divisée en centimètres et demi-centimètres et une table à casiers ; chaque case devant en principe correspondre à une longueur ; mais, pour éviter le trop grand nombre de compartiments, les cases correspondent en réalité à deux longueurs : une grande et une petite ; la différence entre elles est suffisante pour qu'il ne puisse y avoir d'erreur au moment du ramassage.

TABLEAU DES LONGUEURS MARCHANDES

Vanille	25
—	24 1/2
—	24
—	23 1/2, etc.
—	15 1/2
—	15

Classement définitif. — Les gousses ainsi fractionnées par qualités et longueurs sont définitivement classées.

Certains préparateurs prévoient les marques extra, supérieur, etc. ; d'autres se contentent de diviser en 1re, 2e et 3e qualités.

Ces classements en pays d'origine ne changent rien au prix de vente, les courtiers et acheteurs étant toujours très experts en la matière. Ils font un classement à eux, basé sur les trois facteurs : qualité, longueur, parfum.

Empaquetage. — Par longueurs égales les vanilles sont mises en bottes d'un poids moyen de 200 à 300 grammes.

Ici encore la main-d'œuvre est spéciale, les empaqueteurs devant, en même temps qu'ils confectionnent les paquets, lisser les gousses afin de donner aux robes de l'uni et du brillant ; les gousses de couverture ou de chemises sont particulièrement soignées, trois liens assurent l'assemblage : un à chaque extrémité, le troisième au milieu.

Les bottes ainsi confectionnées sont remises en malles, où on les observe jusqu'au moment de l'expédition. Si des moisissures se développent, les gousses atteintes sont retirées et lavées comme nous l'avons déjà dit.

Il faut avoir grand soin de ne pas laisser de gousses moisies, car, en cas de préparation défectueuse, la contamination *pourrait* devenir générale. Rien d'absolu, néanmoins à ce sujet.

Mise en boîtes. — Ce sont des boîtes en fer-blanc ordinairement de $0^m,30$ de longueur sur $0^m,22$ de largeur et $0^m,14$ de hauteur.

Afin d'isoler la vanille, on les garnit de papier glacé. Les paquets y sont disposés par longueurs.

Cette mise en boîtes se fait au dernier moment, car la surveillance devient difficile, et il faut toujours craindre les moisissures.

Avant de placer la vanille, les boîtes avec papier ont été pesées ; leur poids constitue ce qu'on appelle la *tare*.

Chaque boîte contient de 20 à 30 paquets d'un poids global d'environ 6 kilogrammes.

Caissage. — Pour les expéditions, on se sert de solides caisses en bois contenant une douzaine de boîtes. Leur poids brut est donc d'une centaine de kilos.

Dispositions spéciales. — Les caisses de vanille sont

toujours d'une certaine valeur, et il est indispensable d'éviter toute perte, toute confusion ; aussi les expéditeurs accompagnent-ils leurs envois de bordereaux très détaillés.

REMARQUES. — 1° Pour que le *planteur* qui livre sa *vanille verte* n'y perde pas, il faut, dans la plupart des

FIG. 166. — Atelier de préparation de vanille à Anjouan.
(Cliché *la France coloniale*.)

cas, que le cours ne soit pas inférieur à 1 fr. 25 le kilogramme ;

2° En préparation, on admet une dépense moyenne, pour le travail seul, de 3 francs par kilogramme sec ;

3° Il faut environ 4 kilogrammes de vanille verte pour obtenir 1 kilogramme de vanille préparée ;

4° Pour que le *préparateur* de vanille profite de son travail, il faut que le cours moyen de vanille préparée « tête et queue » ne soit pas inférieur à 12 francs le kilogramme ;

5° Les hauts cours pratiqués par « périodes » sont uni-

quement dus à la « spéculation » ; des trafiquants éhontés
n'hésitent pas, bien souvent, de pousser à la « hausse »
au risque de détourner les acheteurs. — Ils sont les premiers ensuite à se lamenter en voyant les gros consom-
mateurs, chocolatiers, pâtissiers, confiseurs, etc., etc.,

Fig. 167. — Séchoir à vanille (Anjouan).

(Cliché *la France coloniale*)

s'approvisionner de vanilline artificielle... ; ils crient alors
au scandale et dans le seul souci de l'intérêt général !...
Ils dénoncent la vanilline comme « poison ».

Ici encore les intermédiaires malhonnêtes sont à supprimer, le parasitisme devenant de plus en plus un fléau
social.

Autres manipulations pouvant être faites en pays producteurs. — *Teintures et infusions.* — Nous avons décrit
(p. 120) la façon d'obtenir les infusions, teintures et

alcoolats ; nous ne reviendrons donc pas sur ces généralités.

L'appareil employé sera celui indiqué par la figure 58.

Entre les deux disques A et A', on met un certain poids de produits, par exemple 2 kilogrammes de vanille réduite en petits morceaux, et on verse suffisamment d'alcool pour que le disque supérieur en soit recouvert.

L'opération dure un temps indéterminé, mais en rapport avec la force désirée ; le produit de premier épuisement sera dit teinture ou alcoolat n° 1.

Si l'on passe sur le marc une nouvelle quantité d'alcool, on aura un produit n° 2.

Essence immédiate. — On fait macérer 300 grammes de gousses, coupées en morceaux, dans 4 litres d'alcool. On agite une fois par jour. Au bout d'un mois, on peut décanter. L'alcoolat ainsi obtenu peut être employé pur ou mélangé à d'autres essences.

II. — Pays importateurs

EAU OU EXTRAIT DE VANILLE

Teinture de vanille................	1 kilogr.
— de baume de tolu........	225 grammes
— d'ambre et de musc......	50 —
Eau de rose....................	450 —

ESSENCE DE VANILLE

Vanille en gousses................	2 kilogr.
Écorce de cannelle..............	15 grammes
Clous de girofle.................	10 —
Esprit d'ambrette..............	5 litres
Musc...........................	4 grammes

INFUSION COMPOSÉE

Vanille en morceaux....................	1ᵏᵍ,500
Extrait de rose......................	4ˡⁱᵗ,500
— de tubéreuse	3 litres
— de fleur d'oranger................	4 —
— de jasmin	4 —

Les parfums de vanille entrent dans la composition de nombreux extraits artificiels; en voici quelques exemples.

EXTRAIT ARTIFICIEL D'HÉLIOTROPE

Extrait alcoolisé de vanille.........	30 centilitres
— alcoolisé de pommade à la rose	15 —
— alcoolisé d'ambre gris......	30 grammes
— alcoolisé de pommade à la fleur d'oranger..........	50 —
Huile essentielle d'amandes.......	5 gouttes

EXTRAIT ARTIFICIEL D'ŒILLET

Esprit de vanille.................	55 grammes
— de fleurs d'acacia...........	15 centilitres
— de fleurs d'oranger..........	15 —
— de roses....................	25 —
Essence de girofle................	10 gouttes

EXTRAIT ARTIFICIEL DE POIS DE SENTEUR

Extrait de vanille.................	25 grammes
— de tubéreuse	25 centilitres
— de fleurs d'oranger.........	25 —
— de pommade à la rose......	25 —

FLEURS D'IRLANDE

Extrait de vanille.................	30 grammes
— de roses blanches...	55 centilitres

Fig. 168. — Carte des Comores.

Voici, d'autre part, ce que l'on entend par « extrait de roses blanches ».

Esprit de roses extrait à la pommade......	1^{lit},15
— de roses triple.....................	1 ,15
— de violettes.....................	1 ,15
Extrait de patchouli....................	0 30
— de jasmin......................	0 ,55

FLEURS DE MAI

Extrait de vanille....................	0^{lit},55
— de cassie.....................	0 ,25
— de jasmin.....................	0 ,25
— de fleurs d'oranger.............	0 ,25
-- de roses (pommade).............	0 ,25
Essence d'amandes amères.............	0^{gr},45

POMMADE A LA VANILLE

On part de 6 kilogrammes de corps de pommade qu'on infuse de 400 grammes de vanille coupée en petits morceaux ; on abandonne pendant quinze jours ; puis on fait fondre à nouveau ; le mélange reste ainsi dix jours, après lesquels on le passe sur canevas.

POMMADE ROMAINE A LA VANILLE

On fait fondre au bain-marie 6 kilogrammes de pommade à la rose, puis on y jette 600 grammes de vanille pulvérisée ; après agitation, on laisse déposer pendant deux heures, et on tire au clair après avoir parfumé.

Pommade à la rose.............	6 kilogr.
Vanille.....................	600 grammes
Bergamote...................	150 —
Huile à la rose...............	1.000 —

POMMADE A L'HÉLIOTROPE ARTIFICIEL

Huile à la vanille..................	250	grammes
Pommade à la rose...............	500	—
Huile au jasmin..................	115	—
— à la fleur d'oranger.........	55	—
— à la tubéreuse..............	55	—
Essence de girofle....	5	gouttes
— d'amandes..............	5	—

HUILE A L'HÉLIOTROPE ARTIFICIEL

La formule reste la même, mais on substitue l'huile à la rose à la pommade à la rose.

POMMADE A LA TEINTURE DE VANILLE

Après avoir fait fondre le corps de pommade, on y fait infuser 50 grammes de benjoin en poudre ; on tamise au linge blanc, puis on bat au mortier tout en ajoutant diverses essences.

Corps de pommade au benjoin......	1	kilogr.
Teinture de vanille...............	15	grammes
Essence de cannelle...............	3	—
— de girofle.................	5	—
— de citron	6	—
Teinture d'ambrette..............	6	—

POUDRE BLANCHE A LA VANILLE

Dans une boîte pouvant être hermétiquement fermée, on fait alterner des couches de poudre à la tubéreuse et de vanille réduite en très petits morceaux.

Les proportions sont de 200 grammes de vanille pour 3^{kg},500 de poudre. Le premier contact dure quinze jours ; on tamise, puis on procède à un nouveau contact, lequel dure selon la volonté de l'opérateur ; quand on suppose tout le parfum de la vanille absorbé, on tamise, puis on ajoute 50 grammes de poudre blanche ambrée et musquée ; on termine par un dernier tamisage.

SACHET A LA VANILLE

Vanille en petits morceaux	150 grammes
Girofle......................... .	15 —
Musc.........................	5 —

CRÈME A LA VANILLE

Axonge......	1 kilogr.
Vanille................... ...	100 grammes

PASTILLES A LA VANILLE

Braise de boulanger..	1.000 grammes
Vanille en gousses....	150 —
Benjoin........................	300 —
Tolu........................	125 —
Girofle........................	125 —
Essence de néroli..............	3 —
— de santal....	3 —
Nitre.........................	40 —
Gomme adragante.............	quantité suffisante

EXTRAIT ARTIFICIEL DE JONQUILLE

Extrait de vanille.................	60 grammes
— alcoolique de fleurs d'oranger	30 centilitres
Extrait alcoolique de pommade de jasmin...........................	60 —
Extrait alcoolique de pommade à la tubéreuse...................	60 —

HUILE A LA VANILLE

Vanille en gousses.............	150 grammes
Huile.........................	2 kilogr.

POMMADE A LA VANILLE

Vanille en gousses .... 150 grammes
Pommade .... 2 kilogr.

D. — COMMERCE

De notre ouvrage *Vanillier, vanille, vanilline*, nous extrayons les prix suivants. de la vanille, moyenne qualité ; longueur, 18 centimètres.

1878........	5 fr. au kilogr.	1894........	65 fr. au kilogr.
1879........	6 —	1895........	60 —
1880........	7 —	1896........	55 —
1881........	10 —	1897........	50 —
1882........	20 —	1898........	50 —
1883........	30 —	1899........	50 —
1884........	30 —	1900........	30 —
1885........	35 —	1901........	24 —
1886........	40 —	1902........	35 —
1887........	45 —	1903........	22 —
1888........	50 —	1904........	18 —
1889........	55 —	1905........	12 —
1890........	60 —	1906........	20 —
1891........	70 —	1907........	35 —
1892........	80 —	1908........	25 —
1893........	70 —		

E. — IMITATIONS ET FALSIFICATIONS

Voir notre étude : *Vanillier, vanille, vanilline* (Bibliothèque pratique du colon).

CHAPITRE VII

GOMMES, RÉSINES, BAUMES

Définitions. — On appelle *résines* les essences ou huiles essentielles qui découlent de certains arbres (familles des *térébinthacées* et des *conifères*). Ces essences s'oxydent ou s'hydratent dans certaines conditions. Elles exsudent naturellement des arbres; mais, pour faciliter leur émission, on pratique fréquemment des incisions.

Elles se forment souvent par suite d'oxydation lente des essences au contact de l'air. Leur couleur varie du jaune clair au rouge foncé.

Au point de vue commercial, les résines sont généralement des substances de grande valeur.

Les baumes sont des substances résineuses insaponifiables, rudes au toucher, insolubles dans l'eau, solubles dans l'éther, l'alcool et les huiles; renfermant de l'*acide cinnamique* ou de l'*acide benzoïque*, ou les deux à la fois.

Dans les pays où se rencontrent, sous forme de « peuplements », les arbres à résine, on compte que le rendement net de ce produit et de ses dérivés est de 40 francs par hectare et par an, non compris la valeur du bois.

BENJOIN

Généralités. — Originaire de Malaisie, où il est appelé *Kaju Keminjan.*

C'est l'*encens* de l'Extrême-Orient ; il a longtemps servi dans l'Eglise catholique, dans les temples bouddhistes, indiens, mahométans, et l'on suppose aussi dans le culte des Israélites.

Encore de nos jours, les Chinois aisés parfument leurs habitations en y brûlant du benjoin.

A. — AGRONOMIE

Botanique. — C'est le *Styrax Benjoin*, de Dryander ou *Plagiospermum Benzoin*, de Pierre. Famille des *Styracinées.* C'est un arbre de taille moyenne et d'aspect grisâtre. Les feuilles sont ovales, un peu acuminées ; les fleurs se présentent en grappes, terminales ou axillaires ; le fruit est une drupe sphérique monosperme.

Habitat. — **Géographie.** — **Dispersion des variétés.** — **Synonymie.** — Les terrains frais conviennent mieux que d'autres, mais il faut éviter les eaux stagnantes.

Sur les collines un peu élevées, l'arbre à benjoin ne pousse que difficilement. Les variations de température ne doivent pas être brusques, et l'air doit toujours être chargé d'humidité.

L'arbre à benjoin se rencontre aux Indes Néerlandaises, au Cambodge, au Laos. A Sumatra, c'est surtout dans la résidence de Palembang qu'il est abondant ; sa culture y a été commencée il y a un peu plus d'un siècle.

La meilleure qualité vient du Siam ; on l'appelle *amygdaloïde*, parce qu'elle présente de nombreuses petites taches blanches, rappelant des « amandes cassées ». On dit aussi *benjoin-vanille*, à cause de son parfum spécial.

Si l'on chauffe la qualité dite amygdaloïde, les taches blanches émettent des vapeurs qui se condensent et qu'on appelle *fleur de benjoin*.

Voir plus loin les détails que nous donnons relativement à ces phénomènes.

Plantation. — Culture. — Entretien. — Le sol et le mode de culture influent beaucoup sur le produit.

Comme altitude, on ne doit guère dépasser 200 mètres. On choisit de préférence des terrains sablonneux qui ne peuvent être inondés. Dans les terrains glaiseux, la plante se développe normalement, mais les produits sont de qualité inférieure ; quant aux sols rocailleux, il faut les éviter.

Avant de procéder aux semis, on commence par enlever les écorces vertes des graines.

Il est indispensable de recourir à des pépinières que l'on entretient avec soin ; la transplantation se fait dès le début de la saison des pluies.

A Sumatra, on met en place, entre les rangées de riz ; quand celui-ci est âgé de un à deux mois, le riz protège le jeune plant contre les rayons solaires.

Parfois aussi on met en pépinières les drageons, mais, plus souvent, on préfère planter directement.

Le grand soleil est nuisible, surtout dans le cas de pépinières.

Une excellente méthode de culture est de faire des plantations mixtes d'arbres à benjoin, d'arbres à gutta et

de quelques essences analogues; en tout cas, l'introduction du *Palaquium oblongifolium* est toute indiquée.

Au bout de sept à huit ans, le *Styrax* possède une tige
droite d'une hauteur de 4 à 7 *vaam*, du pied à la couronne.

FIG. 169. — Rameau de Styrax benjoin (d'après Engler).

Ce n'est qu'à partir de la septième année que les
incisions doivent être commencées, et encore les produits obtenus des premières entailles ne sont que de très
médiocre qualité.

Trois mois après, on procède à de nouvelles incisions, et la résine obtenue est de qualité extra.

Durant les trois années suivantes, l'arbre pousse encore et la production augmente ; puis l'arbre cesse de donner vers la quinzième année. Il meurt de dix-huit à vingt ans.

Rendement. — Un arbre bien portant peut produire, par trimestre, 123 kallis ; par des soins culturaux, on peut aller à 200 et 250 kallis ; soit une moyenne de $1^{kg},500$ à 2 kilogrammes par an, et cela pendant six ans.

B. — TECHNIQUE

Si l'on soumet le benjoin à l'action de la chaleur, on remarque qu'une certaine quantité de ce produit se volatilise en donnant des vapeurs se condensant facilement. C'est ainsi qu'on obtient la *fleur de benjoin* ou *acide benzoïque* dont l'odeur rappelle celle du benjoin.

A l'état naturel, le benjoin renferme de 15 à 20 0/0 d'acide benzoïque.

Le benjoin est cassant, mais se ramollit facilement ; il fond à 75°.

Dans sa composition entrent des résines amorphes solubles dans l'alcool et dans les lessives alcalines.

Hlasiwetz et Barth disent que le benjoin fondu avec la potasse assure de l'acide protocatéchinique, de la pyrocatéchine et de l'acide para-oxybenzoïque. On trouve dans le benjoin de l'acide benzoïque associé parfois à de l'acide cinnamique.

C. — INDUSTRIE

I   —   Pays produteurs

Voici quelques renseignements complémentaires sur la façon de récolter la résine de benjoin.

Des incisions de 1 centimètre de profondeur sont pratiquées dans l'écorce (*fig.* 169); elles doivent entamer toute l'épaisseur de l'écorce et un peu le bois.

A Palemberg (Sumatra), l'indigène se sert, à cet effet, d'une hache *parang*. On enlève de l'écorce des portions triangulaires. Les blessures sont faites par séries de 3×3, distantes de 40 centimètres, et la série la plus basse doit être à 40 centimètres de la base. On gratte la surface de l'écorce pour supprimer les aspérités et faciliter l'écoulement.

Une semaine d'attente est nécessaire pour que le suintement se manifeste; il coule alors un liquide jaunâtre qui, sous l'influence de la lumière et de l'air, passe au brun, puis se dessèche lentement. La résine s'amasse dans les aspérités des entailles et au bout d'un mois, on distingue dans le liquide des gouttelettes de benjoin solidifiées; la masse se prend de plus en plus; au bout d'un mois et demi à deux mois, on peut l'enlever.

Le premier produit n'a presque pas de valeur; l'indigène écarte même souvent celui de tout le trimestre de début.

Environ trois mois après l'attaque pour les premières blessures, on en fait de nouvelles à 4 centimètres de celles restantes et à 40 centimètres au-dessus de la rangée supérieure; encore une fois les produits en résultant n'ont presque pas de valeur. Six mois après la première

Incision, puis tous les trois mois, on renouvelle l'attaque de l'écorce, à 4 centimètres au-dessus des anciennes incisions en faisant une nouvelle série de 40 centimètres, toujours au-dessus de la dernière.

Il arrive aussi que les « inciseurs » fassent trois séries de cinq incisions, la plus inférieure à 8 centimètres du sol, les autres restant distantes de 40 centimètres. La seconde opération consiste à faire, deux mois après les premières, 4 centimètres sur les premières, de nouvelles entailles. Au cinquième mois d'exploitation, on incise au-dessus des premières blessures ; puis on continue comme il vient d'être expliqué :

Ces deux méthodes conviennent également.

Ce n'est qu'après la troisième saignée que la

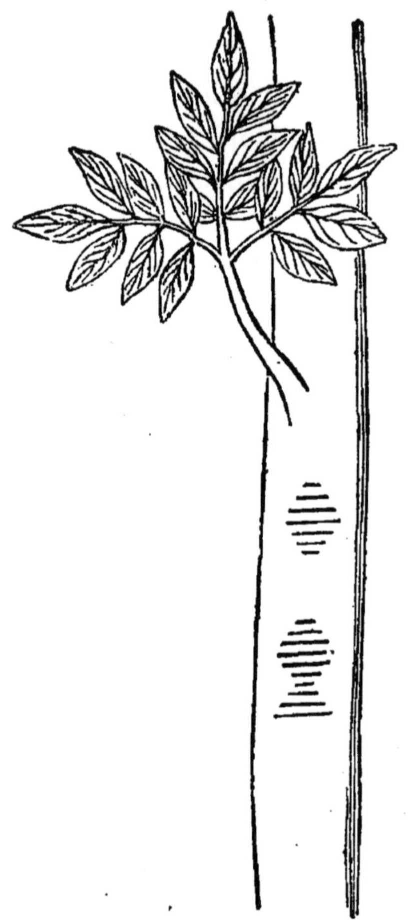

Fig. 170. — Incisions sur arbre à benjoin.

production augmente ; cette production s'accentuera pendant les trois premières années, pour rester constante pendant un certain temps, puis diminuer graduellement.

La récolte se fait pendant toute l'année, mais plus particulièrement à la mousson d'été (Sumatra).

Aux plantations, le benjoin est emballé dans des

écorces ; c'est ainsi qu'il arrive à Palemberg ; là, il est logé dans des récipients en fer-blanc ou en bois garnis de tissus à l'intérieur.

II. — Pays importateurs

Fabrication de la fleur de benjoin. — *Procédé W. Bastick.* — On jette de la résine grossièrement pilée dans un vase de fer de 25 centimètres de diamètre sur 5 de hauteur ; on coiffe le récipient de papier à filtrer que l'on fixe au moyen de colle ; puis on suspend un cylindre de papier épais. Le vase est alors chauffé au bain de sable pendant six heures. On provoque ainsi une première sublimation donnant environ 50 grammes d'acide benzoïque pour 400 grammes de résine.

Si l'on concasse à nouveau la résine refroidie et qu'on la replace dans le récipient, on obtient encore une certaine quantité de fleur de benjoin.

Enfin, on peut épuiser totalement la résine en la faisant bouillir avec de la chaux vive et en précipitant l'acide du benzoate de chaux par de l'acide chlorhydrique.

INFUSION DE BENJOIN

Benjoin en larmes pulvérisé.......	80 grammes
Alcool à 90°.....................	1 litre

TEINTURE DE BENJOIN

Benjoin en larmes pulvérisé.......	250 grammes
Alcool à 90°.....................	2 litres

POMMADE ROMAINE AU BENJOIN

Benjoin...........	1 kilogr.
Storax.........................	500 grammes
Civette........................	3 —
Axonge.........................	8 kilogr.
Huile antique..................	2 —

VINAIGRE AU BENJOIN

Benjoin en poudre.............. 30 grammes
Alcool........................ 125   —
Vinaigre blanc................ 500   —

D. — COMMERCE

Le royaume de Siam en fait un important commerce d'exportation. En 1852, les expéditions atteignirent, à Singapour, 1.282 piculs. En 1889, Java importa pour 176.182 florins (373.505 francs) de benjoin.

Les Indes Néerlandaises font un grand commerce de benjoin.

En 1890, Palembang en exporta près de 800 tonnes au prix moyen de 2 francs le kilogramme.

En réalité, on exporte de Palembang au moins cinq qualités de benjoin et non seulement trois, comme nous l'avons indiqué à la *récolte*.

Ce sont : le *menjan-poetih* ou *menjan-lilin*, première qualité, contenant peu de fibres verticales et qui vaut, sur place, 30 florins le picul (65 kilogrammes).

Les autres qualités descendent à 3 florins par picul.

Le *menjan-poetih* est translucide sur les bords, à cassure brillante ; il renferme une certaine quantité de granulations blanches, jaunâtres, et même brunâtres. Dans les qualités supérieures, ces granulations sont rares et dispersées. On reconnaît même de suite une bonne qualité au petit nombre de granulations blanches.

M. E. de Wildeman dit que les qualités inférieures tombent en morceaux irréguliers et que leur cassure est peu luisante.

Au bout d'un certain temps, le benjoin de Palembang devient écailleux et perd de son éclat.

Ajoutons qu'en côte occidentale de Sumatra le benjoin est de qualité supérieure à celui de la région de Palembang.

CAMPHRIER

Généralités. — Le camphre livré dans les magasins est raffiné. Venise et la Hollande eurent dans les temps anciens le monopole du raffinage du camphre ; aujourd'hui cette opération se fait un peu partout en Europe.

L'odeur du camphre est très caractéristique.

A. — AGRONOMIE

Botanique. — Le camphre est produit par plusieurs plantes. A Sumatra et à Bornéo (îles de la Sonde), l'arbre à camphre est le *Dryobalanops camphora*, de la famille des *Diptérocarpées*. Au Japon, le camphre s'extrait du *Laurus camphora* et on rencontre fréquemment dans le commerce du camphre extrait du *Laurus camphora*, de la famille des *Laurinées*, encore appelé « laurier camphre » à l'île de Formose.

Le camphre existe à l'état naturel dans l'arbre, entre l'écorce et le ligneux, puis dans la moelle.

Toutes les parties du *Laurus camphora* contiennent du camphre.

Le *Dryobalanops armatica* est un arbre magnifique qui croît plus particulièrement sur les côtes nord-ouest de Sumatra et au nord de Bornéo.

Aux Indes, on exploite le *Blumea balsamifera* de la famille des Synanthérées ; c'est un arbrisseau répandu dans la chaine de l'Himalaya, jusqu'à Singapour ; on le rencontre également dans l'archipel malais, en Chine, au Tonkin, aux îles Formose et Haï-Nan. Par distillation on obtient le camphre appelé Ngai-fên, que l'on expédie sur Canton où il est raffiné et désigné sous le nom de *Ngai-p'ien*.

Habitat. — On rencontre l'arbre à camphre en Chine, au Japon et dans certaines îles de l'Océan Indien.

Le camphrier se rencontre également dans diverses régions du Tonkin, à l'état sauvage.

Des essais d'exploitation ont été entrepris dans la province de Thai-Nguyen, par M. Sauer, et le produit a été vendu, en 1906, 45 piastres le picul à Hong-Kong, soit environ 213 francs les 100 kilogrammes.

Les végétaux qui fournissent le camphre donnent en même temps une essence dite « huile de camphre ».

La proportion relative de l'essence et du camphre peut varier dans de larges limites.

Des travaux déjà exécutés à ce sujet au Muséum on peut dire que trois facteurs principaux interviennent dans la proportion de camphre obtenue :

1° La nature botanique des sujets exploités ;

2° Pour une espèce définie, les conditions mêmes de développement des individus ;

3° La manière dont est menée la distillation.

Pour le premier point, il paraît dès maintenant bien établi qu'on trouve au Tonkin plusieurs espèces de camphriers, mais sûrement deux bien distinctes ; celles-ci, étudiées sur les matériaux envoyés au Muséum, sont le *Cinnamomum Camphora*, Camphrier du Japon, de Formose, etc., et le *Cinnamomum Cecidodaphne*, variété *Caniflora*.

Les conditions générales de végétation doivent mieux

Fig. 171. — Camphriers (Parc de Mahajoarivo).

convenir à la seconde, qui différencie mieux ses tissus et
donne plus de camphre. Le camphrier du Japon fournit

au contraire, au Tonkin, une forte proportion d'huile.

Quant aux conditions de distillation, il est assez difficile de les déterminer en France ; elles jouent très certainement un rôle non négligeable dans le résultat obtenu et doivent donner lieu à des études effectuées sur place, en s'inspirant des perfectionnements usités aujourd'hui dans les grands centres de production.

B. — Technique

Le camphre de Bornéo répond à la formule $C^{10}H^{18}O$ et celui du Japon à cette autre $C^{10}H^{16}O$; pourtant ils ont même aspect et même odeur.

L'huile essentielle de camphrier est visqueuse, blanche et translucide, d'un goût amer ; sa densité moyenne est de 0,990 à la température ordinaire et de 1,000 à 0°. Malgré sa viscosité, on distingue très bien la structure granuleuse de cette huile. Les cristaux sont du système octaédrique.

L'essence de camphrier fuse à 175° C. et bout à 204° C. ; puis elle se sublime sans se décomposer.

Le camphre purifié se présente en masse cristalline et translucide, à nombreuses fissures. Il se casse facilement, bien que présentant une certaine élasticité ; on ne peut que difficilement le broyer ; pour le pulvériser, il est nécessaire de le triturer avec de l'éther, du chloroforme, de l'alcool, etc. Abandonné à l'air, le camphre se volatilise rapidement.

Il ne faut que 1.000 à 1.300 parties d'eau pour dissoudre le camphre, mais la dissolution se fait très vite dans l'acétone, l'esprit-de-bois, l'alcool, etc. Pour précipiter le camphre de sa solution dans l'eau, il suffit d'ajouter un sel alcalin. M. Zadig Malmœ a démontré la présence du terpinol, du camphre et du cinol dans l'essence de camphre.

Il y existe aussi du bornéol. MM. Blanc, Bouveault, W.-H. Perquin, etc., ont étudié la constitution du camphre.

M. Bouveault a donné pour l'acide camphorique le schéma :

$$
\begin{array}{c}
CH^3 \quad CH^3 \\
\diagdown C \diagup \\
\diagup \diagdown \\
H^2C \qquad C \diagup CH^3 \\
| \qquad | \diagdown CO^2H \\
H^2C \text{———} CH\text{-}CO^2H
\end{array}
$$

et pour le camphre le schéma :

$$
\begin{array}{c}
CH^3 \quad CH^3 \\
\diagdown C \diagup \\
\diagup \diagdown \\
H^2C \qquad C \diagup CH^3 \\
| \qquad | \diagdown CO \\
H^2C \text{———} CH\text{-}CH^2
\end{array}
$$

Depuis, M. Bredt a proposé un autre schéma, qui est adopté par nombre de chimistes.

C. — Industrie

I et II. — Pays producteurs et pays importateurs

a) **Camphre.** — Nous avons dit que le camphre se trouve à l'état naturel, dans l'intérieur des arbres ; il y existe par masse de 30 à 40 centimètres de long entre l'écorce et le tronc.

A l'île Formose, des indigènes se sont fait une spécialité de deviner les arbres riches en camphre. On les appelle *myrcappoors*, autrement dit : *voyants de camphre*... Mais trop souvent on abat, d'après leurs indications de beaux arbres ne contenant aucune veine de camphre.

Pour l'extraction du camphre du *Laurus camphora*, on opère comme suit : les branches sont séparées du tronc, puis hachées ; on les projette alors dans de l'eau bouillante ; le camphre monte immédiatement à la surface et se solidifie dès que l'eau se refroidit. Dans certains pays, on recouvre la chaudière avec un chapiteau de terre tapissée de paille de riz. L'eau étant portée à l'ébullition, le camphre se vaporise en même temps que l'eau et il vient se déposer sur la paille. Il reste à le recueillir, et, sous cet état il constitue le *camphre brut*.

b) **Raffinage du camphre.** — L'opération est très simple. On mêle le camphre brut avec un peu de chaux, puis le tout est soumis à l'action d'une chaleur suffisante pour vaporiser le camphre. Celui-ci se dégage et va tapisser la paroi interne du récipient.

Fabrication des Josticks ou « Baguettes du culte de Bouddha ». — Le *Bulletin des Sciences pharmacologiques* a donné les intéressants renseignements suivants :

Dans tous les pays où se célèbre le culte bouddhiste, on fait une grande consommation de « josticks ». Ces « chandelles du culte », dont l'usage correspond à peu près à celui des cierges de cire dans les pratiques extérieures de la religion catholique, sont allumées dans les mêmes circonstances : cérémonies en l'honneur d'une joie ou d'un deuil, demandes ou remerciements aux divinités, etc. Les josticks tiennent à la fois du cierge et de l'encens, puisque, comme ce dernier, ils brûlent sans flamme apparente ; leur préparation a quelque chose de mystérieux, et de nos jours elle est encore à peu près inconnue, les gens qui les manipulent étant choisis dans une certaine classe et étant tenus à un rigoureux secret. MM. L. Decker et P. Hurrier, par un long séjour en Indo-Chine, ont réussi à connaître les points essentiels de cette fabrication.

Une tige de bambou équarrie, plus ou moins longue et plus ou moins grosse, selon le jostick que l'on veut obtenir, est roulée habilement sur un plan incliné dans un mélange de poudres odoriférantes agglutinées par de la résine, rendue visqueuse par une légère élévation de température. On laisse intacte une des extrémités, qui permettra de tenir la « baguette du culte ». Dans certains cas, le bambou est remplacé par une tige flexible, ce qui permet de rouler le jostick en spirale.

La combustion de ces poudres odoriférantes varie avec les contrées ; celles qu'on emploie en Indo-Chine proviennent généralement de la province de Canton ; elles renferment quatorze drogues différentes parmi lesquelles on peut citer : camphre, santal, cannelle, aconit, clous de girofle, ombellifères, etc.

L'aconit, dont la présence pourrait surprendre, joue vraisemblablement un rôle protecteur et préserve admirablement les josticks contre l'attaque des animaux : rats, souris... Quant au camphre, il est utile à plus d'un point de vue : son odeur est agréable et sa combustion facile ; c'est ce qui permet au jostick de brûler sans s'éteindre. Il semble remplacer le nitrate de potasse de nos papiers d'Arménie.

FORMULES ET RECETTES

SAVON AU CAMPHRE

Graisse	500 grammes	
Cire blanche	100	—
Camphre	125	—
Essence de lavande	15	—

PATE AU CAMPHRE

Huile d'amandes...................	250 grammes
Axonge	150 —
Cire	30 —
Spermaceti.....................	30 —
Camphre.......................	30 —

CRAIE CAMPHRÉE (pour les dents)

Craie précipitée..................	500 grammes
Camphre pulvérisé..............	150 —
Racine d'iris pulvérisée...........	200 —

POUDRE ANGLAISE

Craie blanche...................	300 grammes
Camphre.......................	100 —

CAMPHRE A L'EAU DE COLOGNE

Eau de Cologne.................	1 litre
Camphre.......................	130 grammes

VINAIGRE CAMPHRÉ

Camphre.......................	50 grammes
Vinaigre	2 litres

L'odeur du camphre passe pour être prophylactique, aussi beaucoup de personne usent-elles de ce produit en temps d'épidémies.

Le camphre est également très employé en tous temps pour ses qualités antiseptiques.

D. — COMMERCE

Tout le camphre provenant de l'île Formose est accaparé par le marché de Canton qui le dirige sur les autres marchés.

E. — IMITATIONS ET FALSIFICATIONS

Camphre artificiel. — On l'obtient en faisant agir le chlore ou l'acide chlorhydrique sur des hydrogènes carburés liquides : essences de citron, de térébenthine, etc. Ces camphres artificiels n'ont ni la composition, ni les propriétés du camphre naturel.

GAIAC

Généralités. — Le bois du *Bulnesia Sarmienti* arrive dans le commerce depuis 1892 sous le nom de *Palo balsamo*.

A. — AGRONOMIE

Botanique. — Le *Gaïacum officinale* est une essence à grains serrés. Le bois est très dur et résineux. Sa râpure est d'un jaune assez foncé et devient verdâtre à la lumière. Son goût est âcre, repoussant. Racine pivotante. Mais l'essence de bois de gaïac provient du *Bulnesia Sarmienti*, de la famille des *Zygophylacées ;* c'est un arbre d'une cinquantaine de pieds de hauteur ; il est indigène dans la province de Gran Chaco, sur le cours moyen du Rio Berjemo, en République Argentine.

Habitat et exploitation. — Croît à la Jamaïque, à Saint-Domingue, dans de nombreuses îles de l'Amérique, dans les forêts de l'Afrique occidentale.

Il exige une terre meuble, profonde et riche.

On en extrait, par distillation, de 5 à 6 0/0 d'essence.

B. — Technique

L'essence est un liquide visqueux qui se concrète lentement en une masse cristalline. Dès qu'elle est solidifiée, cette essence ne fond plus qu'entre 40 et 50°; son odeur rappelle celle du thé. Poids spécifique entre 0,965 et 0,975; pouvoir rotatoire, — 6° à — 7° à la température de 30°. L'essence de bois de gaïac se dissout dans l'alcool à 70°. Indice de saponification, 3,9.

Le principe cristallisé de cette essence est le guajol; il est constitué par un hydrate de sesquiterpène de la formule $C^{15}H^{26}O$.

Cette essence est employée en parfumerie pour reproduire le parfum de *rose-thé* et aussi pour falsifier l'essence de roses.

On l'emploie encore pour la préparation de liqueurs odontalgiques.

C. — Industrie

I et II. — Pays producteurs et pays importateurs

La gomme de gaïac est reconnaissable à son odeur suave et caractéristique; elle embaume quand on la pétrit dans la main ou si on la projette sur des charbons incandescents. On pourrait aisément les confondre avec l'*arcanson* si cette autre gomme n'avait une forte odeur de térébenthine.

E. — Imitations et falsifications

On falsifie la râpure de bois de gaïac à l'aide de celle tirée du buis.

MYRRHE

Généralités. — Cette résine est connue depuis un temps immémorial; son histoire est inséparable de celle de l'encens; elle est fréquemment mentionnée dans la Bible. Elle y est prescrite (Exode, chap. xxx, 23), sous le nom de *mur*, pour entrer dans la composition de l'huile sainte. Les Grecs la connaissaient sous le nom de *myrna* ou *myrrha*; ils la supposaient provenir des pleurs de la mère d'Adonis après que les dieux l'eurent métamorphosée en arbre, pour la soustraire à la colère de son père Cyniras.

C'est le suc desséché à l'air que donnent sous forme d'émulsion, dans la parenchyme de leur écorce, plusieurs variétés de *Commiphora*. L'encens et la myrrhe figurent parmi les drogues destinées aux fumigations, aux onctions, aux embaumements. Il en est question dans les écrits sanscrits, les Vedas, la Bible, le Coran, les Papyrus d'Eber et dans une foule d'ouvrages grecs, arabes et romains.

A. — AGRONOMIE

Botanique. — L'arbre qui donne la myrrhe est le *Balsamodendron myrrha*, de la famille des *Térébinthacées*. Il en existe deux variétés principales : celle qui fournit la résine premier choix; c'est un arbrisseau à feuilles d'un vert foncé, fortement découpées et recroquevillées; l'autre est un arbre qui atteint parfois plus de 3 mètres de hauteur; ses feuilles sont dentelées et à reflet brillant.

Ces arbustes croissent en partie à l'état sauvage et aussi à l'état cultivé.

La myrrhe officinale, ou de Herabol est surtout produite par le *Commiphora abyssinica* Engler et par le *Commiphora Schimperi*, Engler, que l'on trouve dans le sud de l'Arabie et sur la côte des Somalis.

Habitat et exploitation. — On rencontre l'arbre à myrrhe en Abyssinie, sur la rive occidentale de Hawash, et sur la côte de la mer Rouge, jusqu'au détroit de Bab-el-Mandeb. Il pousse sur les collines arides qu'occupent les tribus des Adarils ou Damakils. Il y est connu sous le nom de *Kurberta*. Quant à la myrrhe, elle est dite *hofali* et s'écoule des blessures de l'arbre sous forme de suc laiteux et âcre.

On rencontre également l'arbre à myrrhe en Arabie et en Perse.

B. — TECHNIQUE

La distillation de l'essence de myrrhe était connue de Valerius Cordus, de Walter Ryff, de Conrad Gessner, etc. Dans le courant du xviiie siècle, Fr. Hoffmann, Caspar Neumann, Thielebein, J.-R. Spielmann l'étudièrent ; puis viennent les travaux de Braconnot, Rodolphe Brandes, Pelletier, etc.

Si l'on distille la myrrhe, on obtient une huile volatile jaunâtre, visqueuse, de densité 0,988 à 13°. Cette huile dévie la lumière polarisée de 30°,1 pour une couche de 50 millimètres.

Elle bout à 280°.

Ruickholdt lui attribue la formule $C^{20}H^{14}O^2$.

D'autre part, Brandes dit qu'une myrrhe de bonne qualité renferme 2,60 0/0 d'huile volatile, 22,24 de résine molle et 5,56 de résine sèche ; elle contiendrait en outre 55 0/0 de gomme.

La myrrhe serait donc une « résine-gomme ».

C. — Industrie

I et II. — Pays producteurs et pays importateurs

En Abyssinie, la myrrhe est recueillie lorsque les boutons pointent, après les premières pluies, c'est-à-dire vers janvier, et aussi en mars à maturité des graines.

Cette résiné est formée de masses brunâtres plus ou moins arrondies et de volumes variables ; leur cassure est rugueuse ; elles ne dépassent guère la grosseur d'un œuf.

Les nomades ont toujours soin de recueillir la myrrhe, qu'ils échangent pour du tabac et autres produits d'usage commun.

En distillant la myrrhe, on obtient une essence selon un rendement moyen de 2,5 à 8,5 0/0.

Distillation. — 100 kilogrammes de myrrhe donnent à la distillation environ 500 grammes d'essence.

Cette essence a tous les caractères de la myrrhe.

POUDRE DENTIFRICE A LA MYRRHE

Myrrhe.......................	150 grammes
Borax en poudre.................	225 —
Craie...........................	500 —
Iris...........................	150 —

TEINTURE DE MYRRHE GOMME DENTIFRICE

Myrrhe en larmes.................	130 grammes
Eau de Cologne.................	1 litre

On fait macérer pendant quinze jours, il reste à filtrer.

Dans une solution de 50 grammes d'azotate de potasse pour un demi-litre d'eau, on plonge du ruban de coton sans apprêt ; on le fait sécher, puis on l'imbibe de la teinture suivante, qui a dû macérer pendant un mois.

Alcool à 85° C.....................	30 centilitres
Myrrhe.........................	15 grammes
Benjoin.........................	100 —
Iris............................	250 —
Musc...........................	10 —
Essence de roses................	5 —

D. — COMMERCE

En outre de ses nombreux emplois en parfumerie, la myrrhe est très utilisée en pays producteurs comme stimulant, mais ce sont surtout les chevaux qui en profitent.

E. — IMITATIONS ET FALSIFICATIONS

La myrrhe se distingue des autres gommes-résines en ce que sa solution dans l'essence de pétrole se colore en rouge par les vapeurs de brome. Son essence prend également cette coloration.

OLIBAN

Généralités. — On en brûle dans les églises grecques et romaines où, d'après les rites religieux, on doit parfumer les autels.

D'après M. P.-L. Simmonds, l'oliban du commerce est le *luban* des Arabes et l'*encens* des Anciens.

Hérodite dit que les Phéniciens apportaient de l'oliban aux Grecs, car ces derniers joignaient aux fumées des victimes celles de résines odoriférantes. Le même ajoute que, pour récolter l'oliban, les Arabes faisaient brûler sous les arbres, du *styrax*, afin de chasser les petits serpents volants qui gardaient les arbres.

Il est à supposer que les Hébreux recevaient également, d'Arabie, l'encens qu'ils brûlaient. Jérémie ne dit-il pas au nom de l'Éternel : « Qu'ai-je besoin de l'encens qui vient de Saba, du roseau aromatique, etc. »

Ajoutons que, s'il faut en croire Tertullien, les premiers chrétiens employaient l'oliban pour purifier les demeures souterraines où ils se refugiaient.

Hérodote, Théophraste, Plutarque, Athénée ; puis Strabon, Dioscoride, Pline et Arrian parlent souvent de l'oliban dans leurs écrits.

A. — AGRONOMIE

Botanique. — On extrait l'oliban de plusieurs espèces de *Boswellia* (famille des térébinthacées) principalement du *Boswellia thurifera*, *Boswellia serrata*, *Boswellia glabra*, *Boswellia Carterii*.

Ces arbres poussent, presque sans terre, au milieu de blocs de marbre blanc.

Lorsqu'on entaille l'écorce de ces arbres, il en jaillit une émulsion blanche qui se concrète bientôt, comme nous le disons plus loin.

Habitat. — Exploitation. — On pratique des incisions sur le tronc, et la résine s'écoule abondamment ; elle ressemble d'abord à du lait épais, mais elle durcit rapidement. On délaisse fréquemment les arbres âgés, qui ne donnent qu'un liquide clair à forte odeur de résine.

La résine qui résulte de l'écoulement forme des grains jaunes « larmes » qu'on détache ou qu'on ramasse.

B. — TECHNIQUE

L'essence d'oliban était déjà connue du temps de Valerius Cordus. Sous le nom d'*Oleum thuris*, l'essence d'encens figure dans les tarifs de la ville de Berlin en 1754, mais dès 1589 le *Dispensatorium Noricum* la mentionnait.

L'oliban se rencontre en larmes isolées de forme globuleuse et d'environ 2 centimètres de longueur.

Il est soluble dans l'eau et partiellement dans l'alcool; il se ramollit dans la bouche; sa saveur est légèrement amère et rappelle celle de la térébenthine. Son odeur ne se développe qu'à une assez haute température. D'après Braconnot, il faut distinguer dans l'oliban un peu d'huile volatile, une résine soluble dans l'alcool, une résine insoluble dans l'alcool et dans l'eau, une gomme soluble dans l'eau. Il n'y aurait pas traces d'acide benzoïque. L'oliban est une gomme-résine et non un baume.

Si l'on trempe de l'encens (oliban) dans l'alcool, on voit celui-ci prendre une teinte blanchâtre, cela est du à la dissolution de la résine. Hlasiwetz donne pour formule de cette résine $C^{80}H^{30}O^{12}$.

Quant à la gomme de ce produit, elle se dissout dans l'eau et est analogue à la gomme arabique. De l'encens on peut extraire une essence dont l'odeur rappelle celle de la térébenthine.

L'essence d'encens est formée de terpènes qui passent à 162° ; un deuxième élément est le dipentène ; puis un troisième est un phellandrène.

M. Halbey a étudié plus particulièrement l'encens.

C. — Industrie

I. — Pays producteurs

On se contente de le récolter pour l'expédier en Angleterre ou directement sur le continent.

II. — Pays importateurs

Par distillation à la vapeur, l'oliban fournit de 3 à 8 0/0 d'essence.

Ces produits entrent dans beaucoup de formules en parfumerie.

D. — Commerce

On distingue l'oliban d'Afrique et celui de l'Inde.

OPOPONAX

Généralités. — L'odeur forte et aromatique de l'opoponax ne plaît pas à tout le monde ; certaines personnes la trouvent nauséabonde, et d'autres, au contraire, très agréable. Souvent il est confondu avec la myrrhe, et Holmer pense que l'opoponax serait réellement la myrrhe de l'Écriture sainte.

A. — Agronomie

Botanique. — Les auteurs ne sont pas d'accord sur l'origine de l'opoponax ; les uns prétendent que cette résine provient de l'*Heraclum panaces*, plante ombellifère ; d'autres le font venir de l'*Opoponax chironium*, qui pousse abondamment en Sicile.

D'après Holmes, l'opoponax qui se trouve dans le commerce et dont on tire l'essence, serait la gomme-résine du *Commiphora Kafal*, Engler, ou *Balsamodendron Kafal* de Kunth.

B. — Technique

C'est une gomme-résine dont l'odeur rappelle celle de la myrrhe, mais qui est beaucoup plus suave. Elle se présente en larmes irrégulières assez friables.

D'après Pelletier, l'opoponax contient 3 0/0 d'essence.

On trouve dans l'opoponax une résine rouge dont la formule d'après Johnston, $C^{40}H^{24}O^{14}$; cette résine est soluble dans l'alcool, le chloroforme, l'éther, etc. ; elle est fusible à 65° C.

M. Knitl, en traitant cette essence par du bisulfite en a extrait une substance fusible à 133° de la formule $C^{20}H^{10}O^7$ à laquelle il a donné le nom d'*oponal*.

C. — Industrie

I et II. — Pays producteurs et pays importateurs

Par distillation l'opoponax fournit de 6 à 10 0/0 d'essence de couleur verdâtre, d'odeur balsamique, mais qui se résinifie rapidement à l'air.

Le poids spécifique $= 0,865$ à $0,905$; le pouvoir rotatoire $a_D = -8^\circ$ à -12° ; solution limpide avec parties égales d'alcool à 90°. Bout entre 200° et 300°.

BOUQUET D'OPOPONAX

Essence d'opoponax..............	15	grammes
— de roses..................	45	—
Zeste de citron..................	60	—
Bergamote	60	—
Teinture d'iris....................	2	—
Essence de vanille-fleurs..........	4	—

à ajouter à l'infusion suivante :

Fève Tonkin....................	125	grammes
Vanille en gousses...............	245	—
Noix de muscade.................	30	—
Alcool	55	litres

PÉROU (BAUME DU)

Généralités. — Il ressemble à la mélasse ordinaire et a quelque peu le parfum de la vanille.

On a retrouvé dans les archives de Tzalco, une bulle papale parlant du baume noir, *Balzamo negro ;* d'après cet écrit, le baume fut tellement estimé, jadis, qu'en 1562 Pie IV, puis Pie V en 1571, autorisèrent le clergé à s'en servir dans la consécration du saint chrême *sagrada crisma ;* ces papes déclarèrent, en outre, que c'était sacrilège de blesser ou de détruire les arbres qui le produisaient.

Pendant longtemps on supposa à tort que cette gomme provenait de l'Amérique méridionale ; le motif en était que dans les premiers temps de la domination espagnole, le baume provenant des régions de Sonsonate et de San-Salvador était expédié par les marchands de la côte, à Callas et de là transporté en Espagne.

On le crut donc originaire du pays expéditeur et voilà comment le « baume de San-Salvador » est improprement appelé « baume du Pérou ».

A. — AGRONOMIE

Botanique. — L'arbre qui fournit le baume du Pérou est le *Myroxylum perniferum*, famille des *Légumineuses ;* il est touffu dans sa partie basse et s'élève en cône ; il peut atteindre une hauteur de 15 à 20 mètres.

Les feuilles sont d'un beau vert foncé :

Les fleurs très odorantes, blanches et inégales, apparaissent deux à deux, nombreuses aux extrémités des rameaux. Leur calice est d'un vert pâle tirant sur le bleu ; il est poissé par le baume qui y suinte.

Le fruit rappelle l'amande, par sa forme ; il est ailé, et son noyau blanc est riche en baume.

L'arbre produit à cinq ans ; il vit très vieux.

Habitat. — **Géographie.** — **Dispersion des variétés.** — **Synonymie.** — Le sol peut être pauvre ; il doit être sec. L'arbre ne se trouve jamais à une altitude supérieure à 330 mètres.

On le rencontre surtout dans les pays de l'Amérique centrale.

D'après le Dr Dorat, on compte, dans le district de Cuismagna, environ 4.000 arbres qui donnent, bon an mal an, une moyenne de 330 kilogrammes de baume ; mais, si l'extraction était faite intelligemment, il paraît que la production pourrait atteindre 5.000 kilogrammes.

Sur la côte de Chiquimulilla, dans le Guatemala, existent également de belles plantations de *Myroxylum perniferum* ; mais, c'est sans conteste sur la côte de San-Salvador, entre Acajutta et Libertad que sont les plus beaux peuplements connus. Cette région est dite « Côte du Baume », et c'est elle qui fournit en grande partie le baume du Pérou !

Ce district est à une quinzaine de kilomètres de deux ports ; il s'étend sur le versant d'une colline latérale à la mer; le sol est, en grande partie, si encombré de brousse épaisse, qu'il est très difficile de s'y rendre à cheval ; aussi les habitants de Sonsonate et de San-Salvador n'y vont-ils que très rarement ; c'est là qu'existent quelques villages d'Indiens dont les habitants sont seuls exploitants de la gomme.

Plantation. — Culture. — Entretien. — Un arbre convenablement exploité peut produire pendant une trentaine d'années; il est prudent, alors, de le laisser se reposer durant cinq ou six ans. Les Indiens disent « qu'il reprend des forces ».

Ensuite, l'arbre peut encore être de rapport pendant un certain temps.

D'après le Dr Dorat, de l'État de San-Salvador, les fleurs apparaissent, dans ce pays, fin septembre et commencement d'octobre.

Les arbres bien abrités sont d'un rendement supérieur mais, pour que l'exsudation atteigne le maximum, les arbres doivent avoir été plantés et les soins culturaux leurs sont indispensables.

A Calcutta, où l'espèce a été introduite, la gomme

coule spontanément durant les mois de décembre et de janvier.

B. — TECHNIQUE

Densité varie de 1,15 à 1,16. Traité par l'eau froide, il lui cède un peu d'acide cinnamique et la rend acide. Il se dissout entièrement dans l'alcool absolu ; il ne se dissout que partiellement dans l'éther et dans l'alcool étendu.

Si on le traite par une lessive alcaline, il se sépare une matière huileuse, jaunâtre, appelée *huile de Baume du Pérou*.

Le baume du Pérou renferme 30 0/0 d'une résine amorphe, noire, cassante, insoluble dans le bisulfure de carbone, mais soluble dans l'alcool et les alcalis caustiques.

Si l'on évapore la partie soluble dans le sulfure de carbone, on obtient de la *cinnaméine* qui est un liquide aromatique d'une densité de 1,1.

Sous l'influence de la chaux, la cinnaméine se dédouble en alcool benzilique et en acide cinnamique. Cette cinnaméine est un cinnamate benzilique.

Elle se trouve dans le baume en proportion de 60 0/0.

Les chimistes Grimaux et Delafontaine ont particulièrement étudié ce produit.

MM. H. Thoms et Biltz ont trouvé dans le *baume blanc* de la myroxocérine, une combinaison non azotée de l'acide cinnamique libre, de l'acide cinnamique combiné à l'alcool cinnamique et à l'alcool phényl-*n*-propylique, un produit qu'ils supposent être du myroxol et probablement un carbure.

Rappelons que dans le *baume noir*, existent de l'alcool benzylique et du péruviol.

De son côté, M. A. Hellstrœm a étudié un baume originaire du Honduras et dont la composition diffère un peu de celle du baume blanc du Pérou.

C. — Industrie

I et II. — Pays producteurs et pays importateurs

Baume de l'écorce. — L'odeur se sent à une centaine de mètres de l'arbre.

L'exploitation ne peut être commencée avant que l'arbre ait de cinq à six ans.

Voici comment on procède à la récolte ou *coséche*. On attend le commencement de la saison sèche, par exemple, les premiers jours de novembre, pour le San-Salvador.

L'écorce est battue, sur quatre bandes, diamétralement opposées, jusqu'à une certaine hauteur ; on se sert, pour cela, de la partie plate d'une cognée ; l'écorce se sépare bientôt du ligneux. Pour cette opération, il faut une grande habitude, car il est nécessaire de ne pas déchirer l'écorce. Quand celle-ci est retirée, il reste donc, adhérentes à la partie ligneuse, quatre autres bandes qui séparaient celles récoltées. C'est le seul moyen de ne pas trop nuire à la vitalité de l'arbre.

Les bandes enlevées, sont alors incisées, puis on présente les ouvertures au feu ; le baume, qui déjà s'écoule prend feu, mais on l'éteint bientôt. L'écorce est abandonnée, alors, pendant quinze jours ; au bout de ce temps le baume suinte abondamment ; il est reçu sur des étoupes de coton que l'on bourre dans les fentes ; quand les chiffons sont saturés, on les soumet à une forte pression pour en expulser le baume, puis on les place dans des récipients en terre contenant de l'eau bouillante ; aussitôt le baume restant se sépare et surnage comme de l'huile. Au fur et à mesure, on écume, jusqu'à ce que tous les chiffons aient été ainsi « blanchis ».

On ne fait que quatre *coséches* par arbre et par mois; ce qui donne, mensuellement, de 6 à 9 kilogrammes de baume.

Quant à l'écorce abattue, dès que l'exsudation se ralentit, on la provoque à nouveau par de nouvelles incisions suivies d'applications de feu, etc. Ces manipulations (*trabajo*) ne prennent fin qu'aux premières pluies d'avril-mai.

Le baume obtenu est d'un brun sale; il a la consistance d'une mélasse épaisse; pour le purifier, on le fait bouillir à nouveau; il se forme des écumes qu'on enlève et qui forment une *lie* employée pour la préparation de teintures de basse qualité.

Le baume clarifié se vend, sur place de 0 fr. 80 à 1 fr. 25 la livre, selon qualité ; mais, s'il est travaillé à nouveau (*réjinado*), sa valeur peut augmenter considérablement.

Récemment raffiné, ce baume est d'une couleur d'ambre, mais il ne tarde pas à prendre une teinte plus foncée et à devenir tout à fait brun.

Dès qu'il est récolté, le baume est introduit dans des calebasses pour être transporté sur les marchés.

Baume des fleurs. — Des fleurs, on peut extraire un baume tout à fait extra. — Malheureusement très rare dans le commerce.

Quand la saison a été pluvieuse, la gomme est moins abondante ; aussi les indigènes, pour n'en rien perdre, chauffent-ils le corps de l'arbre ; il s'ensuit réellement une exsudation plus forte, mais l'arbre meurt.

Nous croyons savoir qu'une règlementation est intervenue à ce sujet.

La couleur foncée de ce baume ne permet guère de le faire entrer dans les préparations à base d'alcool ; au contraire, on l'utilise très heureusement en fabrication des savons ; non seulement il leur donne son parfum, mais encore il les fait mousser.

D'autre part, le baume du Pérou passe pour avoir une action médicinale favorable à la peau, et on le préconise en hiver contre les gerçures.

SAVON A BASE DE BAUME DU PÉROU

Baume du Pérou................ 900 grammes
Savon figé..................... 25 kilogr.

On fait fondre ensemble.

D. — Commerce

Le « baume du Pérou » importé en Angleterre provient principalement du département de Sonsonate, dans la république de San-Salvador.

A Calcutta, où l'on a procédé à des plantations régulières, la gomme est de qualité supérieure, on l'appelle *calcauzate ;* elle est de couleur orangée et exhale une odeur forte et pénétrante.

L'exportation du baume de San-Salvador a été, pour 1875, de 11.402 kilogrammes, d'une valeur de 107.000 francs.

Dans la zone côtière qui s'étend d'Acajutta à Libertad existent quelques villages indigènes habités par des Indiens ; le baume est leur principale richesse ; chaque année ils en portent de 8.000 à 10.000 kilogrammes sur les marchés voisins.

Pendant longtemps on trouvait dans le commerce une

qualité de baume dite *baume du Pérou sec* ; mais d'autres marques existent toujours : *baume du Pérou brun, baume du Pérou noir*, ou *baume San-Salvador, baume du Pérou liquide du commerce*, etc.

E. — IMITATIONS ET FALSIFICATIONS

On additionne l'*huile de ricin*, de *colophane*, de *styrax*, d'*essence de copahu*, etc.

Il y a des méthodes diverses pour essayer le baume du Pérou.

1° Procédé Schlickum. — *a*) Déterminer la *densité*. Elle ne doit pas être inférieure à 1,135 ;

b) On reconnaît qu'il y a de l'*huile de ricin* ou de *copahu* en agitant avec 4 fois son volume de pétrole. Par l'évaporation, il ne doit pas y avoir plus de 0,054 de résidu. — Le copahu se révèle par son odeur ;

c) Présence probable du *benjoin*. On traite 1 gramme de baume par le sulfure de carbone ; le résidu, recueilli et séché à 140°, ne doit pas dépasser $0^{gr},16$;

d) Présence du baume de *copahu*. On confirme les essais *b* et *c* en traitant 1 gramme du baume par 2 grammes d'acide sulfurique concentré ; si l'on observe une odeur d'acide sulfureux et des mousses, c'est qu'il y a une certaine proportion de copahu ;

e) Le mélange précédent étant froid, on le lave à l'eau chaude, puis à l'eau froide ; si le résidu, au lieu de devenir dur et cassant, présente une consistance sirupeuse, c'est qu'il y a présence de l'*huile de ricin* ; confirmation de (*c*).

f) *Benjoin et styrax*. — La masse résineuse ci-dessus est lavée, puis séchée au papier buvard ; on la dissout alors dans quelques grammes d'éther ; si la dissolution est incomplète, c'est qu'il y a du benjoin ou du styrax.

Pour savoir lequel des deux, on traite le résidu par l'acétone ; si la dissolution est complète, on a affaire à du benjoin, notamment si le sulfure de carbone laisse plus de 16 0/0 de baume indissous (essai *c*).

Si le résultat de l'expérience est une poudre blanche, soluble dans le chloroforme et que ce dernier laisse ensuite de petits cristaux, par évaporation, on peut être certain que du *styrax* a été ajouté ; ce qui sera contrôlé, au reste, par l'essai *g*.

g) Pour être absolument certain de la présence du *styrax*, on procède encore à l'essai suivant :

On traite 1 gramme de baume par 3 grammes de solution d'ammoniaque à 0,96 de densité. Si le tout se prend en masse gélatineuse ou s'il y a des flocons gélatineux dans la couche éthérée, c'est que du styrax a été ajouté.

En outre, le mélange se séparant en deux couches, on continue comme suit : la couche inférieure étant sursaturée par l'acide acétique, puis portée à l'ébullition, doit à peine se troubler ; au contraire, s'il précipitait une résine solide, on serait en présence d'une addition de *colophane* ou de *copahu*.

Nous avons indiqué en *d* la réaction du copahu ; mais, d'autre part, l'extrait obtenu par la distillation de l'éther de pétrole a l'odeur de copahu, tandis que le résidu de colophane est inodore.

2° **Procédé Demer.** — Il permet de déceler la présence du benjoin et du styrax.

On introduit, dans un tube, 5 grammes de baume, 5 grammes de lessive de soude concentrée et 10 grammes d'eau.

On ajoute deux fois 15 grammes d'éther ; après chaque

addition, on agite ; puis, l'on décante l'éther autant que possible.

Le résidu est porté à l'ébullition et repris par l'acide chlorhydrique ; il reste à ajouter de l'eau froide.

Il se sépare une résine que l'on recueille et qui est dissoute dans 3 grammes de lessive de soude ; on étend de 20 grammes d'eau et le tout est soumis à l'ébullition, pour être ensuite précipité avec une solution de chlorure de baryum. On jette le précipité sur un filtre ; quand il est parfaitement égoutté, on le dessèche au bain-marie ; on épuise par l'alcool, on filtre et la solution alcoolique est évaporée. Il reste à traiter le résidu par l'acide sulfurique concentré et à agiter le liquide avec du chloroforme.

Si celui-ci se colore en violet, l'impureté est du benjoin ; si la coloration est bleue, c'est qu'on a ajouté du styrax.

Il existe encore d'autres méthodes préconisées dans les laboratoires ; nous pensons inutile de les décrire ici.

REMARQUE. — Dans un baume du Pérou authentique, le rapport de l'acide cinnamique à l'acide benzoïque est de $\frac{40}{60}$.

STYRAX

Généralités. — Le styrax figurait parmi les anciennes drogues ; on le trouve mentionné par Théophraste, Hérodote, Dioscoride, etc. On en connaissait plusieurs variétés au moyen âge. Quant au *Styrax d'Amérique*, il existait, lors de la découverte du nouveau continent, sous le nom de « Ocosotl » ; il était fabriqué à Mexico et dans les régions centrales de l'Amérique; ses propriétés sont semblables à celles du *Styrax du Levant*.

Les premières descriptions du styrax d'Amérique se trouvent dans les œuvres de Garcia ab Orto, de Pierre André Mathiolus, de Nicolas Monardes, etc.

A. — AGRONOMIE

Botanique. — Le styrax est extrait du *Liquidambar orientale*, Miller; famille des Hamamélidacées. C'est un arbre de 30 mètres de hauteur; il ressemble à nos platanes. Il est indigène en Asie Mineure méridionale.

C'est de son tissu cortical qui se détache chaque année de l'arbre, qu'on retire le baume qui coule naturellement et bientôt se concrète à l'air sous forme de résine.

Si on opère par coction et expression, on obtient le *styrax liquide* du commerce. Le styrax qui se vendait jadis sous le nom de *Styrax calamita* était solidifié par de la sciure de bois.

Quant au styrax d'Amérique, il provient du *Liquidambar styracifluum* Linné; famille des Hamamélidacées; c'est un baume, de consistance du miel, qui s'écoule naturellement entre l'aubier et l'écorce du tronc et des rameaux; on peut encore provoquer cet écoulement par des incisions.

Habitat. — Exploitation. — Le *Styrax officinale* (*fig*. 172) est un arbrisseau très répandu en Asie Mineure. C'est vers les mois de juin et de juillet qu'on commence l'exploitation des arbres.

L'écorce extérieure est enlevée sur tout un côté du fût et mise en paquets que l'on soumet à des fumigations; on continue par un grattage intérieur au moyen d'un couteau-faucille; à partir de ce moment l'écorce est amassée dans des trous jusqu'à ce qu'il y en ait en quantité suffisante pour commencer l'extraction de la résine, selon la méthode décrite plus loin.

FIG. 172. — Styrax officinale.

B. — TECHNIQUE

Liquide visqueux, gris et peu soluble dans l'alcool ; son odeur est forte et agréable ; ses constituants sont la *styracine* $C^{36}H^{16}O^4$ et le *styrol* $C^{16}H^8$, de l'acide cinnamique et une résine.

Poids spécifique varie de 0,89 à 1,1 ; cette essence est lévogyre, $a_D = -3$ à $- 38°$: elle bout entre 150° et 300° et se décompose partiellement en abandonnant de l'acide cinnamique. Cette essence contient du styrol ou phényl-éthylène $C^6H^5.CH:CH^2$, des éthers cinnamique, des alcools éthylique, benzylique, phénylpropylique et cinnamylique.

D'après M. W. de Miller, l'essence d'Amérique est dextro-gyre $a_D = + 16° 33'$.

C. — INDUSTRIE

I. — Pays producteurs

L'écorce ayant été raclée à l'intérieur, les raclures sont placées dans des sacs en crin et soumises à l'action d'une forte presse. Après une première « passe » on asperge les sacs d'eau bouillante, puis on recommence une opération de presse. On peut considérer alors la matière comme épuisée.

Parfois aussi on se contente de faire bouillir l'écorce intérieure avec de l'eau ; la résine surnage et on la retire à l'aide d'une écumoire ; on extrait ce qui peut en rester encore en soumettant l'écorce bouillie à la presse, comme nous venons de le dire.

Quoi qu'il en soit, la résine obtenue est dite *yagh*, ce qui signifie « huile ». C'est une substance grise et opaque semi-fluide, connue dans le commerce sous le nom de styrax liquide. Ce sont principalement des *Yuruks* ou Tur-comans nomades qui se livrent à cette exploitation.

L'écorce épuisée n'est pas perdue ; après un séchage au soleil, on l'expédie dans les îles turques, grecques, etc., où elle sert en fumigation.

On expédie en baril sur Constantinople, Smyrne, Alexandrie, Syra. En outre, d'après le Dr Handburg, s'il s'agit de transports par terre, on met du styrax avec de l'eau dans des peaux de bouc, et ce n'est qu'aux ports d'expédition qu'on utilise les barils.

II. — Pays importateurs

La teinture de styrax est surtout employée pour « fixer » les essences analogues obtenues par macération.

Par exemple, on fixe l'extrait de jonquille obtenu en faisant infuser de la pommade à la jonquille dans de l'alcool, en lui ajoutant, par chaque demi-litre, environ 25 grammes de teinture de styrax.

A ce point de vue, disons que les principaux « fixants » en parfumerie sont les teintures de styrax, de benjoin et de tolu.

Voici plusieurs compositions assez complexes dans lesquelles entre le styrax.

EXTRAIT DE STYRAX

Essence de patchouli..............	3^{gr},500
— de roses vierge...........	0^{lit},002
— de santal...............	0 ,002
Extrait de styrax.................	3^{gr},500
— de vanille...............	115 grammes
— d'iris....................	225 —
— de musc.................	225 —
Alcool...........................	2 litres

EAU PARFAITE

Essence d'orange fraîche..........	1^{gr},500
— de piment...............	0^{lit},002
— de bois de cèdre..........	1^{gr},500
— de rose	1 ,500
Extrait de styrax.................	28 ,500
— de jasmin...............	56 ,500
— de Tonka...............	114 grammes
— d'iris...................	170 —
Alcool...........................	2 litres

EXTRAIT ARTIFICIEL DE NARCISSE

Extrait de styrax................. 15 centilitres
   —   de tolu................... 15   —
   —   de tubéreuse............ 170   —
   —   de jonquille............. 115   —

D. — Commerce

Dans le commerce on connaît, en outre des produits du Levant et d'Amérique, plusieurs marques de styrax ; c'est ainsi que l'on distingue le *styrax rouge* ou encens des Juifs ; le *styrax calamite*, du latin *calamus* roseau, à cause de la forme sous laquelle on le présentait jadis sur les marchés.

D'après M. Campbell on extrait en moyenne, annuellement, 20.000 okes, soit 250 kilogrammes de *styrax liquide* dans les districts de Giovà et de Ullà et à peu près la moitié de cette quantité dans les districts d'Isgengak et de Marmoriza.

L'essence de styrax est dite *oil of Storax* en anglais et *Storaxöl* en allemand.

E. — Imitations et falsifications

On y ajoute fréquemment des cendres, du sable, etc. Mais un examen au microscope permet de se rendre compte de ces grossières adultérations ; on peut également dissoudre dans l'alcool.

TOLU (BAUME DE)

Généralités. — Son historique a beaucoup de rapports avec celui du *Styrax d'Amérique*.

Il a l'aspect de la résine commune, mais à une faible chaleur il se liquéfie et ressemble, comme le baume du Pérou, à une simple mélasse.

L'odeur en est très agréable.

Les premiers renseignements sur l'origine du baume de tolu furent signalés par Monardés ; il les publia à Séville en 1574 ; plus tard, Hernandez les compléta.

Les deux variétés de baume de tolu furent mentionnées dans les Pharmacopées dès le commencement du xviiᵉ siècle.

A. — AGRONOMIE

Botanique. — L'arbre produisant ce baume est le *Myroxylum toluiferum* de Candolle ou *Myrospermum toluiferum* ou *tuluiferum* Richard et Kunth. Famille des Légumineuses.

Habitat et exploitation. — On trouve le *Myroxylum toluiferum* au Chili, au Mexique ; dans la partie septentrionale de l'Amérique du Sud.

B. — TECHNIQUE

Le poids spécifique de l'essence varie de 0,945 à 1,09 ; son pouvoir rotatoire est faible ; l'essence est tantôt lévogyre et tantôt dextrogyre : $a_\mathrm{D} = -\,0°58'$ à $+\,0°54'$; odeur très agréable qui rappelle celle de la jacinthe.

C. — INDUSTRIE

I. — Pays producteurs

On pratique des entailles sur les arbres ; il s'en écoule un liquide épais, qui durcit bientôt et se prend en masse

Le gâteau ainsi formé s'amollit vers 30° et fond entre 60 et 65°.

Par la distillation à la vapeur on obtient de 1,5 à 30/0 d'essence.

II. — Pays importateurs

Le baume de tolu étant soluble dans l'alcool, est employé pour la base de bouquets donnant aux parfums une permanence qu'ils ne posséderaient pas, par simple solution d'une huile.

BOUQUET A BASE DE TOLU

Baume de tolu.....................	125 grammes
Esprit-de-vin	1 litre

D. — COMMERCE

Le baume de tolu est désigné en Angleterre sous le nom de *oil of Balsam Tolu*, et en Allemagne sous celui de *Tolubalsamöl*.

TROISIÈME PARTIE

MEMENTO GÉNÉRAL DU COLON

Ayant toujours été frappé de l'isolement, à peu près complet, dans lequel se trouve le *Colon* — aux colonies — et ayant été à même de me rendre compte des difficultés réelles qui l'empêchent de se tenir en relations constantes avec les milieux coloniaux de la métropole : Représentation, Propagande, Commerce, Industrie, etc., j'ai cru utile de terminer chacune de mes études par un *Memento*, groupant des adresses *indispensables* et que chacun devrait connaître.

J'espère, de cette façon, rendre service aux uns et aux autres, en facilitant bien des négociations.

MEMENTO GÉNÉRAL DU COLON

I. — GÉNÉRALITÉS

SERVICES OFFICIELS. — ÉCOLES SPÉCIALES ET COURS. — GROUPE-
MENTS COLONIAUX. — SOCIÉTÉS DE PROPAGANDE. — JOURNAUX
ET REVUES.

A. — Métropole.
B. — Colonies.

II. — RENSEIGNEMENTS SPÉCIAUX SUR LES PLANTES A PARFUMS ET LEURS INDUSTRIES

MATÉRIEL. — APPAREILS. — TOUS PRODUITS BRUTS ET FABRIQUÉS
(Importation et Exportation)

III. — ADRESSES ABSOLUMENT INDISPENSABLES AUX COLONIAUX

PLANTEURS. — NÉGOCIANTS. — INDUSTRIELS. — IMPORTATEURS, —
EXPORTATEURS. — COURTIERS. — COMMISSIONNAIRES. — CON-
SIGNATAIRES, ETC., ETC.

Exportation (par spécialités).
Importation (par spécialités).

I

GÉNÉRALITÉS

SERVICES OFFICIELS. — ÉCOLES SPÉCIALES ET COURS
GROUPEMENTS COLONIAUX. — SOCIÉTÉS DE PROPAGANDE
JOURNAUX ET REVUES

A. — MÉTROPOLE

MINISTÈRE DES COLONIES
Pavillon de Flore (Tuileries). — Organisation actuelle.

I. — CABINET DU MINISTRE

1er *Bureau* : Secrétariat technique. — Enregistrement général. — Chiffre. — Service technique des Postes et Télégraphes.

(Même personnel que le 1er bureau du secrétariat général (ancienne formation); mais le service des distinctions honorifiques passe au 1er bureau de la 1re direction. — Nouvelle formation.)

II. — DIRECTION. — PERSONNEL

1er *Bureau* : Personnel de l'Administration centrale et des services civils autres que la magistrature, l'enseignement et les cultes. — Distinctions honorifiques.

(Même personnel que le 3e bureau du secrétariat général (ancienne formation); plus celui des distinctions honorifiques : 1 commis expéditionnaire; 1 auxiliaire; 1 secrétaire d'état-major.

2e *Bureau* : Archives. — Dépôt de papiers d'état civil des colonies greffes, notariat, etc. — Bibliothèque. — Publications. — Expositions

(Même personnel que le 2e bureau du secrétariat général, moins celui du service géographique et des missions passant au 2e bureau de la 2e direction. — Nouvelle formation.)

3e *Bureau* : Justice. — Instruction publique. — Cultes. — Affaires ressortissant à ces services.

(Même personnel que le 4e bureau du secrétariat. — Ancienne formation.)

III. — DIRECTION DES AFFAIRES POLITIQUES ET ADMINISTRATIVES

1er *Bureau* : Services pénitentiaires.
(Même personnel que le 3e bureau de la 2e direction de l'ancienne formation.)
N.-B. — Le sous-directeur, chef du service, est adjoint au directeur des affaires politiques et administratives.
1re *Sous-direction.*
2e *Bureau* : Afrique occidentale française et Congo français.
Service géographique. — Missions.
(Même personnel que le 1er bureau de la 1re direction (ancienne formation); plus le personnel du service géographique et des missions) : 1 rédacteur; 2 agents cartographes.
3e *Bureau* : Madagascar. — Mayotte et Comores. — Côte française des Somalis.
(Même personnel que le 2e bureau de la 1re direction. — Ancienne formation.)
2e *Sous-direction.*
4e *Bureau* : Amérique. — Océanie. — Réunion.
(Même personnel que le 1er bureau de la 2e direction. — Ancienne formation.)
5e *Bureau* : Asie.
(Même personnel que le 2e bureau de la 2e direction. — Ancienne formation.)

IV. — 3e DIRECTION. — COMPTABILITÉ

(Même personnel que la 3e direction. — Ancienne formation.)

COMITÉS ET COMMISSIONS

Inspection générale et Conseil supérieur du Service de santé des colonies et pays de protectorat (Ministère des Colonies).
Inspection générale des Travaux publics des Colonies.
Commission permanente des Marchés et des Recettes.
Comité consultatif du Contentieux des colonies.
Commission supérieure des Archives et de la Bibliothèque.
Commission de surveillance des Banques coloniales.

OFFICE COLONIAL
(Palais Royal, galerie d'Orléans)

Bureau de renseignements.
Bibliothèque.
Musée commercial.

ÉCOLES SPÉCIALES ET COURS

Paris et Banlieue

Ecole coloniale, 2, avenue de l'Observatoire.
Institut national agronomique, 16, rue Claude-Bernard.
Institut de médecine coloniale (Faculté de médecine).
Muséum d'histoire naturelle. — Enseignement colonial, rue Cuvier.
Groupe d'études coloniales de l'énergie française, 14, rue du Helder.
Etudes coloniales et maritimes (Société des), 16, rue de l'Arcade.
Ecole pratique d'Enseignement colonial (Institution du Parangon).
68, rue de Paris, Joinville-le-Pont (Seine).

Départements

Cours coloniaux de la Chambre de commerce de Lyon, Palais du Commerce.
Musée de Marseille, 63, boulevard des Dames, Marseille.
Institut colonial de Marseille.
Enseignement colonial de Nancy.
Institut colonial de Bordeaux, Ecole supérieure du Commerce, 66, rue Saint-Sernin, Bordeaux.

GROUPEMENTS COLONIAUX
ET SOCIÉTÉS DE PROPAGANDE COLONIALE

Paris et Banlieue

Action coloniale et maritime, 47, rue Bonaparte.
Africaine (L'), 33, rue de l'Entrepôt.
Alliance coloniale (L'), 4, rue de Bretagne.

Comité de la Mutualité coloniale et des pays de protectorat, 19, rue François-Bonvin.

Association amicale franco-chinoise.

Association caoutchoutière coloniale.

Association cotonnière coloniale, 9, rue Saint-Fiacre.

Association (L') pour le placement gratuit de Français à l'étranger et aux colonies, 13, boulevard Arago.

Association séricole coloniale.

Association syndicale des Journalistes coloniaux, 19, boulevard Montmartre.

Coloniale (La), Œuvre coloniale des femmes de France, 57, rue Boissière.

Colonisation française (La), 12, rue des Lombards.

Comité d'action républicaine aux colonies françaises, 25, rue Saulnier.

Comité de l'Afrique française, 21, rue Cassette.

Comité Dupleix, 26, rue de Grammont.

Comité des Congrès coloniaux français, 18, rue Le Pelletier.

Comité de la Guyane française, 34, rue Hamelin.

Comité de Madagascar, 44, rue de la Chaussée-d'Antin.

Comité du Commerce et de l'Industrie d'Indo-Chine, 23, rue Taitbout.

Comité de l'Asie française, 21, rue Cassette.

Comité du Maroc, 21, rue Cassette.

Comité de Propagande de l'Afrique occidentale française, 33, rue de l'Entrepôt.

Comité de l'Océanie française, 47, rue Bonaparte.

France Coloniale (La), association mutuelle coopérative d'épargne et de prévoyance, 15, rue du Louvre. TÉLÉPH 210-87.

Ingénieurs coloniaux (Société française des), Bourse du Commerce.

Intérêts coloniaux (Société des), 11, rue Saint-Lazare.

Ligue pour la défense des droits coloniaux, 2, rue des Halles.

Ligue coloniale française, 19, rue Saint-Georges.

La Maison du colon, 175, rue Saint-Honoré.

Ligue maritime française, 39, boulevard des Capucines.

Office national du commerce extérieur, 3, rue Feydeau.

Propagande coloniale (Société de), 21, rue Condorcet.

Société anti-esclavagiste de France, 11, rue du Regard.

Société d'encouragement pour le commerce français d'exportation 3, rue Feydeau et 2, place de la Bourse.

Société pour l'Emigration des femmes aux colonies, 44, rue de la Chaussée-d'Antin.

Société d'Angkor pour la conservation des monuments anciens de l'Indo-Chine.

Société de Géographie, 184, boulevard Saint-Germain.

Société de Géographie commerciale, 8, rue de Tournon.

Société nationale d'Horticulture de France, 84, rue de Grenelle.
Société nationale d'Acclimatation de France (Section coloniale).
Société de Colonisations et d'Agriculture coloniale, 34, rue Hamelin.
Syndicat de Presse coloniale, 2, rue des Halles.
Union coloniale, 44, rue de la Chaussée-d'Antin.
Mission laïque française, 6, rue des Ursulines.
Croix Verte (La), 26, rue Troyon, Sèvres.

Départements

ROUEN

Office colonial de Rouen, 1, place Verdrel.
France colonisatrice (La), 22, place Saint-Marc.

LE HAVRE

Société d'aide et de protection aux colonies.

PUBLICATIONS. — JOURNAUX ET REVUES

Paris et Banlieue

Action coloniale (L'), 2, rue des Halles.
Actualités diplomatiques et coloniales, 33, rue de l'Entrepôt.
Acclimatation (L'), 46, rue du Bac.
Afrique minière (L'), 18, rue Saint-Marc.
Agriculture tropicale (Journal d'), 21, rue Hautefeuille.
Agriculture (L') *commerciale française, coloniale et étrangère*, 21, avenue des Champs-Elysées.
Annales d'hygiène et de médecine coloniales, O. Doin, 8, place de l'Odéon.
Annales diplomatiques et consulaires.
Annales de Géographie, 5, rue de Mézières.
Bulletin de l'Association du Mérite agricole.
Bulletin du Comité de l'Afrique française, 21, rue Cassette.
Bulletin du Comité de l'Asie française, 21, rue Cassette.
Bulletin de la Société de Géographie commerciale, 8, rue de Tournon.
Bulletin de l'Office de l'Algérie, Galerie d'Orléans, Palais-Royal.
Bulletin de l'Office de la Tunisie, Galerie d'Orléans, Palais-Royal.
Bulletin de l'Office colonial, Galerie d'Orléans, Palais-Royal.
Bulletin officiel des Colonies, 87, rue Vieille-du-Temple (Imprimerie Nationale).

Bulletin de Renseignements coloniaux, 2, rue des Arènes.

Bulletin de la Société des Etudes coloniales et maritimes.

Bulletin de la Société des Ingénieurs coloniaux, Bourse du Commerce.

Bulletin de la solidarité coloniale.

Bulletin des halles, bourses et marchés, 33, rue J.-J.-Rousseau.

Bulletin de la Société d'Agriculture coloniale (*L'Agriculture pratique des pays chauds*), 11, rue Cassette.

Bulletin de la Société nationale d'Acclimatation de France, 33, rue de Buffon.

Bulletin des administrateurs coloniaux, Galerie d'Orléans, Palais-Royal.

Bulletin de la Société des Etudes coloniales et maritimes.

Bulletin de la Société des Ingénieurs coloniaux, Bourse du Commerce, rue des Viarmes.

Bulletin de la Solidarité coloniale.

Colonial-Affiches, 175, rue Saint-Honoré. Directeur Paul Hubert; abonnement 8 francs.

Courrier d'Extrême-Orient (*Le*), passage de l'Opéra, galerie du Baromètre, 12.

Chambres de commerce (*Journal des*).

Caoutchouc et la Gutta-Percha (*Le*), 49, rue des Vinaigriers.

Dépêche coloniale (*La*), 19, rue Saint-Georges.

Dépêche coloniale illustrée, 19, rue Saint-Georges.

Echo de l'Afrique, 65, rue du Bac.

Echo colonial, 46, rue de Londres.

Europe coloniale (*L'*), 11, rue Saint-Augustin.

Écho des Mines et de la Métallurgie (*L'*), 23, rue Brunel.

Economiste français (*L'*), 35, rue Bergère.

Exploitation française (*L'*), 9, faubourg Poissonnière.

Finance coloniale (*La*), 59, rue de Provence.

France de Demain (*La*) (Comité Dupleix), 26, rue de Grammont.

France coloniale (*La*), 19, boulevard Montmartre.

France étrangère et coloniale, 12, rue du Helder.

Gazette coloniale et diplomatique (*La*), 2, rue des Halles.

Géographie (*La*) (*Bulletin de la Société de Géographie de Paris*), 120, boulevard Saint-Germain.

Globe Trotter (*Le*), 4, rue de la Vrillière.

Index de l'exploitation, 9, faubourg Poissonnière.

Industrie textile (*L'*), 40 *bis*, rue de Douai.

Journal des Chasseurs et la Vie à la campagne, 56, rue Jacob.

Journal des Voyages, 146, rue Montmartre.

Locomotion automobile (*La*), 15, rue Bouchut.

Liberté des Colonies (*La*), 95, boulevard Beaumarchais.

Livret Chaix colonial, 20, rue Bergère.

Maroc français (Le), 59, rue de Provence.

Mois colonial (Le), 47, rue Bonaparte.

Moniteur des colonies (Le), 59, rue de Provence.

Moniteur officiel du commerce extérieur (Le), 3, rue Feydeau.

Mouvement colonial (Le), 33, rue de l'Entrepôt.

Messager du commerce (Le), 8, Faubourg Montmartre.

Moniteur des usines (Le), 34, rue Dunkerque.

Paris-Canada, 10, rue de Rome.

Petit Journal (Le), militaire, maritime, colonial, 61, rue Lafayette.

Petit Journal agricole, 61, rue Lafayette.

Politique coloniale (La), 15, rue Laffitte.

Presse coloniale (La), 2, rue des Halles.

Questions diplomatiques et coloniales (Les), 19, rue Cassette.

Quinzaine coloniale (La), 44, rue de la Chaussée-d'Antin.

Recueil général de jurisprudence, de doctrine et de législation coloniale.

Revue de Géographie, 15, rue Soufflot.

Revue indigène (La), 34, rue de Truffaut.

Revue des produits chimiques (La), 196, rue La Fayette.

Revue de Madagascar, 44, rue de la Chaussée-d'Antin.

Revue française de l'étranger et des Colonies et exploration, 92, rue de la Victoire.

Semaine agricole (La), Société nationale d'encouragement à l'agriculture.

Sucrerie indigène et coloniale (La), 143, boulevard Magenta.

Tour du Monde (Le), 79, boulevard Saint-Germain.

Vulgarisation scientifique (La), 8, place de l'Odéon, Paris.

DÉPARTEMENTS

NANTES

Phare (Le), *Revue hebdomadaire de l'Action française*, 12, place du Commerce.

SAINT-ÉTIENNE

Le Chasseur français.

MONTPELLIER

Les Annales de l'École nationale d'agriculture de Montpellier.

BORDEAUX

Revue commerciale et coloniale, 15, avenue Carnot, Caudéran-Bordeaux.

MARSEILLE

Journal des Colonies (Le), 33, rue Grignan, Marseille.
Réveil agricole (Le), 15, quai du Canal, Marseille.
Annales de l'Institut colonial de Marseille.

B. — COLONIES. — PAYS DE PROTECTORAT. — ZONES D'INFLUENCE

PUBLICATIONS, JOURNAUX ET REVUES

Amérique

MARTINIQUE

Combat (Le).
Bulletin agricole de la Martinique.
France coloniale (La).
Journal officiel de la Martinique, Fort-de-France.
Union sociale (L').

GUADELOUPE ET DÉPENDANCES

Avenir (L').
Citoyen (Le).
Courrier de la Guadeloupe (Le), Pointe-à-Pitre.
Démocratie (La), Pointe-à-Pitre.
Indépendant (L'), Pointe-à-Pitre.
Emancipation (L'), Pointe-à-Prite.
Journal officiel de la Guadeloupe, Pointe-à-Pitre.

GUYANE

Journal officiel de la Guyane française, Cayenne.

SAINT-PIERRE ET MIQUELON

Journal officiel de Saint-Pierre et Miquelon, Saint-Pierre.
Réveil Saint-Pierrais.
Vigie de Saint-Pierre et Miquelon (La).

Afrique

ALGÉRIE

Algérie agricole (L').
Bulletin agricole de l'Algérie et de la Tunisie, Alger.
Bulletin de la Chambre de commerce d'Alger.
Bulletin de la Société d'agriculture d'Alger.
Echo d'Oran (L')
Mont Atlas (Le), Oran.
Réveil de Mascara (Le).
Petit Fanal oranais (Le), 10, rue Général-Joubert, Oran.

TUNISIE

Action française (L').
Bulletin de la Chambre d'Agriculture de Tunis.
Bulletin de la Chambre mixte de commerce et d'agriculture du Centre, Sousse.
Courrier de Tunisie (Le).
Cri de Tunis (Le).
Justice (La).
Progrès de Tunis (Le).
Républicain (Le).
Tunis-Etudiant.
Tunisien (Le).
Tunisie minière.
Tunisie libérale (La).
Tunisie industrielle (La), Directeur : Lucien Lafforet. — Rédacteur en chef : Marcel Plessis. — Bureaux et administration, 11, rue de Rome, Tunis.

MAROC

Dépêche Marocaine (La).

Afrique occidentale française

SÉNÉGAL

Journal officiel du Sénégal.
Procès-verbaux de la Chambre de commerce de Saint-Louis.

SÉNÉGAMBIE-NIGER

Journal officiel du Haut-Sénégal-Niger.

GUINÉE FRANÇAISE

Journal officiel de la Guinée française, Conakry.

CÔTE D'IVOIRE

Bulletin officiel de la Côte d'Ivoire, Bengerville.
Journal officiel de la Côte d'Ivoire, Bengerville.
Côte d'Ivoire (La), Grand-Bassam.

DAHOMEY ET DÉPENDANCES

Journal officiel du Dahomey et dépendances.

CONGO

Journal officiel du Congo, Brazzaville.

MADAGASCAR ET DÉPENDANCES

Bulletin économique de Madagascar et dépendances, Tananarive.
Dépêche de Madagascar (La), Tamatave.
Dépêche de Majunga (La).
Echo de Madagascar, Tananarive.
Journal officiel de Madagascar et dépendances, Tananarive.
Myanolo-Tsaina (Le). (Entièrement en langue malgache.)
Revue minière de Madagascar (La), rue de l'Amiral-Pierre à Tananarive, et 6, cité Monthiers, Paris.
Supplément agricole et commercial du Journal officiel de Madagascar, Tamatave.
Vaovao (gazette franco-malgache).

LA RÉUNION

Bulletin de la Chambre de commerce de la Réunion, Saint-Denis.
Bulletin commercial de l'île de la Réunion.
Créole (Le), La Réunion.
Journal de la Réunion (Le).
Nouveau Salazien (Le), La Réunion.
Patrie créole (La).
Revue agricole de la Réunion, Saint-Denis.

COTE FRANÇAISE DES SOMALIS ET DÉPENDANCES

Journal officiel de la Côte des Somalis.

Asie

INDE

France d'Asie (La).
Inde française (L').
Journal officiel de l'Inde.
Progrès (Le), Pondichéry.
Républicain (Le), Pondichéry.

INDO-CHINE

TONKIN

Avenir du Tonkin (L').
Bulletin de la Chambre d'agriculture du Tonkin, Hanoï.
Bulletin économique de l'Indo-Chine (Direction de l'agriculture et du commerce), Hanoï.
Bulletin du nouveau Syndicat des planteurs au Tonkin, Hanoï.
Bulletin officiel de l'Indo-Chine, Hanoï.
Bulletin de la Chambre de commerce d'Hanoï.
Courrier d'Haïphong.
Écho du Tonkin (L'), Haïphong.
Indépendance tonkinoise (L').
Indo-Chine française (L').
Indo-Chinois (L'), Hanoï.
Indo-Chine commerciale (L').
Journal officiel de l'Indo-Chine française (Le).
Revue indo-chinoise (La), Hanoï.
Tribune Indo-Chinoise (La).

COCHINCHINE

Bulletin administratif de la Cochinchine.
Bulletin de la Chambre de commerce de la Cochinchine, Saïgon.
Bulletin du secrétariat du gouvernement de la Cochinchine.
Bulletin de la Société des études indo-chinoises, Saïgon.
Courrier saïgonnais (Le), Saïgon.
Cochinchine française (La).
Colon (Le).

Opinion (L'), Saïgon.
Nong Cô Minh Dam.
Procès-verbaux de la Chambre de commerce de Saïgon.
Unité indo-chinoise (L').
Presse indo-chinoise (La).

ANNAM

Bulletin de la Chambre consultative mixte de commerce et d'agriculture de l'Annam.

CAMBODGE

Bulletin de la Chambre consultative mixte de commerce et d'agriculture du Cambodge.

LAOS

Bulletin administratif du Laos.

Océanie

NOUVELLE-CALÉDONIE ET DÉPENDANCES

Bulletin du Commerce de la Nouvelle-Calédonie.
Nouvelles Hébrides, Nouméa.
Bulletin officiel de la Nouvelle-Calédonie.
Bulletin de l'Union agricole calédonienne, Nouméa.
Journal officiel de la Nouvelle-Calédonie et dépendances.

ÉTABLISSEMENTS FRANÇAIS DE L'OCÉANIE

Journal des Nouvelles-Hébrides, île Vaté.
Peuple (Le), Haïti.
Procès-verbaux de la Chambre d'agriculture de Tahiti, Papeete.

CHAMBRES DE COMMERCE, D'AGRICULTURE
ET CHAMBRES CONSULTATIVES AUX COLONIES

AMÉRIQUE

LA MARTINIQUE

Chambre de commerce, à Fort-de-France.

LA GUADELOUPE

Chambre de commerce, à la Basse-Terre.
Chambre d'agriculture, à la Basse-Terre.
Chambre d'agriculture de la Baie Mahaut.
Chambre d'agriculture de Marie-Galante.

GUYANE

Chambre de commerce, à Cayenne.
Chambre d'agriculture, à Cayenne.
Commission consultative de mines, à Cayenne.

SAINT-PIERRE ET MIQUELON

Chambre de commerce, à Saint-Pierre.
Tribunal de commerce, à Saint-Pierre.

AFRIQUE

ALGÉRIE

Chambre consultative d'Agriculture. — Organisée conformément aux décrets du 31 mars 1902 et du 9 novembre 1903. — Composée de seize membres élus par les colons et de six notables indigènes nommés par le Gouverneur général.

Société d'Horticulture de Philippeville.

Société d'Horticulture de Constantine.

Comices (au nombre de sept). — Batna, Bône, Bougie, Guelma, Sétif, Soukahras.

Syndicats agricoles.

Caisse de crédit agricole mutuel. — Il existe des caisses locales régies par la loi du 5 novembre 1894 et des caisses régionales organisées en vertu de la loi du 8 juillet 1901.

Sociétés d'assurances mutuelles.

Sociétés coopératives. — Coopérative oléicole de Guelma. « Société des huileries de Guelma ». Fondée en 1903. Capital 25.000 francs, divisé en cent actions de 250 francs. A pour objet : conservation des olives, fabrication de l'huile, vente des produits. Les actionnaires ont droit à un intérêt de 5 0/0 et à un dividende de 20 0/0 en proportion de la quantité d'olives vendues ou fournies. Les employés peuvent recevoir 10 0/0 et le fonds de réserve, les 50 0/0 qui restent.

Sociétés indigènes de prévoyance. — Régies par la loi du 4 avril 1893 et l'arrêté gouvernemental du 7 décembre 1894.

AFRIQUE OCCIDENTALE FRANÇAISE

SÉNÉGAL

Chambre de commerce, à Dakar.
Chambre de commerce, à Saint-Louis.
Chambre de commerce de Corée.
Chambre de commerce, à Rufisque.

SÉNÉGAMBIE ET NIGER

Comité consultatif du commerce, à Kayes.

GUINÉE

Commission permanente du commerce, de l'industrie et de l'agriculture, à Conakry.

COTE D'IVOIRE

Chambre consultative du commerce et des mines de Grand-Bassam.
Chambre consultative du commerce et des mines de Grand-Lahou.

MADAGASCAR ET DÉPENDANCES

Chambre consultative de Tananarive.
Chambre consultative de Fianarantsoa.
Chambre consultative de Farafangana.
Chambre consultative de Tamatave.
Chambre d'agriculture de Tamatave.
Chambre consultative de Sainte-Marie.
Chambre consultative de Nossi-Bé.
Chambre consultative de Majunga.
Chambre consultative de Tulear.
Chambre consultative de Diégo-Suarez.
Chambre consultative de Fort-Dauphin.

LA RÉUNION

Tribunal maritime de Saint-Denis.
Chambre de commerce de Saint-Denis.
Chambre d'agriculture de Saint-Denis.

ASIE

ÉTABLISSEMENTS FRANÇAIS DANS L'INDE

Chambre de commerce de Pondichéry.
Chambre d'agriculture de Pondichéry.
Comité d'agriculture de Karikal.
Comité consultatif du commerce de Karikal.
Comité d'agriculture de Chandernagor.
Comité d'agriculture de Mahé.
Comité d'agriculture de Yanaon.

INDO-CHINE

COCHINCHINE

Chambre de commerce de Saïgon.
Chambre d'agriculture de Saïgon.

TONKIN

Chambre d'agriculture du Tonkin, à Hanoï.
Chambre de commerce de Hanoï.
Chambre de commerce de Haï-Phong.

ANNAM

Chambre consultative mixte de commerce et d'agriculture de l'Annam, à Tourane.

CAMBODGE

Chambre consultative mixte de commerce et d'agriculture du Cambodge, à Pnom-Penh.

OCÉANIE

NOUVELLE-CALÉDONIE ET DÉPENDANCES

Tribunal de commerce, à Nouméa.
Chambre de commerce, à Nouméa.
Chambre d'agriculture, à Nouméa.

ÉTABLISSEMENTS FRANÇAIS DE L'OCÉANIE

Chambre de commerce, à Tahiti.
Chambre d'agriculture, à Tahiti.

II

RENSEIGNEMENTS SPÉCIAUX
SUR LES PLANTES A PARFUMS ET LEURS INDUSTRIES

IMPORTATEURS DE MATIÈRES PREMIÈRES
DISTILLATEURS ET FABRICANTS DE PARFUMS

Amiot et Sergent, 68, rue de Rivoli, Paris. TÉLÉPH 228-85. — Essences, ambre, civette, musc, vanille, benjoin, etc.

Abrou et Salzer, 32, rue Saint-Antoine. Paris, TÉLÉPH 273-40. — Baume du Pérou, Baume de Tolu, Musc naturel, Civette, Petit-grain du Paraguay, etc.

Augier (L.) et Cie, 52, rue N.-D.-de-Nazareth, Paris. TÉLÉPH 213-22. — Benjoin, civette, musc, vanille, etc.

Barrière et Béranger, 59, rue Saint-Antoine, Paris. TÉLÉPH 318-45.

Barthélemy, 27, rue Saint-André-des-Arts, Paris.

Bernard-Escoffier fils, à Grasse (Alpes-Maritimes). Agent à Paris : *E. Nautré et Cie*, 6, boulevard Saint-Denis.

Bruno Court. Parfumerie Notre-Dame-des-fleurs, Grasse (Alpes-Maritimes).

Bing fils et Cie, 43, rue de Paradis, Paris.

Bobineau, 24, rue Meslay, Paris.

Cavallier frères, à Grasse (Alpes-Maritimes). Représentant à Paris : A. Robert, 10, rue Carlier.

Chardin Hadancourt, 23, rue des Ecouffes, Paris.

Charlot (H.), 12, rue Sainte-Anne, Paris. TÉLÉPH 256-84.

Chiris (A.), à Grasse (Alpes-Maritimes). Boufarik (Algérie), 1, rue de Lubeck, Paris. TÉLÉPH 692-08. — Musc, ambre, essence de Sicile, essence de rose, vanille, etc.

Compagnie franco-algérienne, 29, rue Meslay, Paris.

Darras frères, 13, rue Pavée, Paris. TÉLÉPH 129-22 et 129-41.

Daeschner (A.) et Cie, 30, rue d'Enghien, Paris.

Dupont Justin, Argenteuil (Seine-et-Oise). TÉLÉPH 86.

Euzière et Laffitte, 15, rue Charlot, Paris.

Freigel (E.), 14, rue Barbette, Paris, TÉLÉPH 214-93. — Ambre Arénia, Capryfoline, Églantine, Fleur d'oranger, Giroflée, Jasmin, Mimosa, Muguet, Musc, Œillet, Trèfle, Civette, etc.

Gabriel (L.,) 4, rue Richer, Paris, — Benjoin, Musc, Civette, Essence de Badiane, etc.

Gaunet (A.), à Riquebonne-la-Flore, Vallauris (Alpes-Maritimes). Agent général *L. Desmeurs*, 24, rue du Roi-de-Siècle, Paris. — Eaux. de fleurs d'oranger et de roses de mai, etc.

Gonnet (G.), à Althen-des-Paluds (Vaucluse), représentant.

F.-Peyrusson, 95, rue Saint-Sauveur, Paris, Géranium, Menthe, Lavande, etc.

Jakson John et C°, 10, rue du Trésor, Paris.

Jeancard fils, à Cannes. Agent général, *Quarré*, 68, Avenue Ledru-Rollin, Paris. TÉLÉPH 917-75.

Jean-Marie Vial, Établissements Saint-Étienne (Loire). — Alcool de menthe, Eau de Cologne, Eau de fleurs d'orangers, Produits hygiéniques, etc. TÉLÉPH 283.

Koch (E.), 6, rue du Pont-Louis-Philippe, Paris. — Essence de rose, benjoin, etc.

Laridan (G.), 44, rue La Condamine, Paris. TÉLÉPH 344-64. — Ambre, Musc, Civette, Benjoin, Menthe, Lavande, Thym, Romarin, Aspic, etc.

Lautier fils, Grasse (Alpes-Maritimes), et 78, rue Réaumur, Paris.

Lyon (J.-H.) et C°, 38, rue du Louvre, Paris. TÉLÉPH 257-62. — Ambre, Civette, Musc, Géranium, Ylang.

Merlino (A.) fils, 55, rue des Petites-Écuries, Paris.

Miant (Ch.), 11, rue Pavée, Paris. — Iris, etc.

Nautré (E.) et Cie, 6, Boulevard Saint-Denis, Paris. TÉLÉPH 442-67.

Nury (E.) et Leroi (M.), 21, rue Saulnier, Paris. — Menthe, etc.

Ochsé (A.), 5, rue Étienne-Marcel, Paris.

Pélissier-Aragon, Grasse (Alpes-Maritimes). Représentant : *E. Lévy*, 7, rue Alfred-Hévens, Paris.

Pilar frères, Grasse (Alpes-Maritimes). Représentant : *E. Courtois*, 39, rue Dulong, Paris.

Pillet et d'Enfer, 16, rue Saint-Merri, Paris. TÉLÉPH 241-16. — Essences, parfums synthétiques, eau de fleurs d'oranger, de rose, etc.

Pinaud (Ed.), H. et G. Klotz et Cie, successeurs, 18, place Vendôme, Paris.

Quinet et fils, 64, rue Vieille-du-Temple, Paris. TÉLÉPH 151-99. — Ambre, benjoin, civette, musc, vanille, etc.

Bigaud L., 61, boulevard Soult, Paris. — Muguet, orchidine, aubépine, ambréine, œillet, etc.

Risler (H.) et Cie, 22, rue de Tocqueville, Paris. — Vanilline, héliotropine, anéthol, anis de Russie, terpinéol, sapol, coumarine, santalol, bois de santal, etc.

Robertet (P.) et Cie, 4, rue Martel, Paris.

Roure-Bertrand fils, à Grasse (Alpes-Maritimes) et 65, rue Meslay, Paris. TÉLÉPH 122-06.

Saint-Germain (P.) et Cie, 3, rue Barbette, Paris. — Essence de roses, ylang-ylang, benjoin, etc.

Salle (H.) et Cie, 4, rue Elzévir, Paris. TÉLÉPH 249-23 et 249-24. — Baume du Pérou, tolu, benjoin, essence de rose, etc.

Sossler et Morel, 10, rue Barbette, Paris. TÉLÉPH 286-18. — Baume du Pérou, tolu, benjoin, etc.

Tombarel frères, Grasse (Alpes-Maritimes). Représentant : *J. Chauvier*, 13, rue des Filles-du-Calvaire, Paris.

Ullmann (F.), 13, rue de l'Entrepôt, Paris.

Warrick frères, Grasse (Alpes-Maritimes), et 5, rue du Havre, Paris.

PRODUITS SPÉCIAUX POUR L'INDUSTRIE DES PARFUMS

AMIDON (FLEUR D')

Fouquier (P.), 171, rue d'Allemagne, Paris.

BLANC MINÉRAL, KAOLIN, MATIÈRES RÉSINEUSES, TALC, ETC.

Gamard et Laflèche, 8, rue de Thorigny, Paris.
Pécourt (A.), 13, quai de la Gironde, Paris.

BLUTOIRS, TAMISEURS, ETC.

Hérault, Constructeur breveté, 195, boulevard Voltaire, Paris.

BOITES MÉTALLIQUES EN TOUS GENRES, ESTAGNONS

Carnaud (J.-J.) et Forger, 3, rue d'Argout, Paris.
Desjardins (A.), 265, rue Saint-Denis et 269, rue Sainte-Foy, Paris.
Dreyfus et Cie, 24, rue de Lagny, Montreuil-sous-Bois (Seine).
Filon (E.), 71, rue du Temple, Paris.
Picard et Cie, 5 et 8, rue Florian, Pantin (Seine). TÉLÉPH 415-19.
Williame (P.) et Cie (Anciens Etablissements), 88, rue Martre, Clich (Seine). TÉLÉPH 511-75.

BOITES EN PEUPLIER, CAISSES SPÉCIALES

Pichard (L.), 127, rue de Neuilly, Suresnes (Seine). TÉLÉPH 64.

BOUCHONS DE LIÈGE, ETC.

Baleton (J.) et Cie, 10, rue de Lancry, Paris.

BOUCHONS MÉTALLIQUES SPÉCIAUX, CAPSULES, ETC.

*Beffort (de) et C*ie, « Stilligoutte », 66, rue de Bondy, Paris TÉLÉPH 414-56.
Berlan (F.) et fils, 70, rue d'Angoulême, Paris.
Catelin (L.), 28, Avenue Wagram, Paris. TÉLÉPH 513-46.
Chotteau (C.), 4, rue Bouchardin, Paris.
Cirages français (Société générale des), 11, rue Beaurepaire, Paris.

CARACTÈRES, GRIFFES, FLEURONS, MATRICES, ETC.

Béreux, 3, rue Jean-de-Beauvais, Paris.

CARTONNAGES, BOITES SPÉCIALES, ETC.

Aubert (N.), 110, rue Vieille-du-Temple, Paris.
Chaléon, 91, rue Quincampoy, Paris.
Marguerond, 40, rue Mathis, Paris. TÉLÉPH 411-72.
Nicoud (P.), 119, rue du Temple, Paris.
*Planson V*re, 6, rue des Haudriettes, Paris.
Pinel (G.), 21, rue Mercœur, Paris. TÉLÉPH 903-41.

CHAUDRONNERIE, APPAREILS SPÉCIAUX POUR DISTILLATION

*Egrot, Grangé et C*ie, 19 à 25, rue Mathis, Paris. TÉLÉPH 411-75.

COULEURS VÉGÉTALES ET SPÉCIALES

Gamard et Laflèche, 8, rue de Thorigny, Paris.
*Jacques-Sauce et C*ie, 118, av. Philippe-Auguste, Paris. TÉLÉPH 160-69.
*Lefranc et C*ie, 18, rue de Valois, Paris.

ÉTAIN EN FEUILLES ET CAPSULES

Lambert et fils, 33, rue Volta, Paris.
Sainte-Marie-Dupré R. fils, 6, passage Violet, Paris. TÉLÉPH 904-47.

ÉTIQUETTES, ENVELOPPES, ETC.

Chanel (E.), 359, rue Saint-Martin, Paris.
Gardella, 5, rue Pasquier, Paris. TÉLÉPH 224-42.

Jouet (P.), 80, rue des Archives, Paris.
*Mourrier, Jeanbin et C*ⁱᵉ. « Laque transparente », 38, rue Sainte-Croix-de-la-Bretonnerie, Paris. TÉLÉPH 110-86.
*Nortier G. et C*ⁱᵉ, 16 et 18, rue de l'Aqueduc, Paris. TÉLÉPH 404-09.
Stahl (P.), 9, rue Sainte-Anastase, Paris. TÉLÉPH 248-48.

FAÏENCES, PORCELAINES SPÉCIALES, ETC.

Burguin, 33, rue des Petites-Écuries, Paris.
*Utzschneider et C*ⁱᵉ, 22, rue de Paradis, Paris. TÉLÉPH 258-78.

FICELLES SPÉCIALES A COIFFER

Noizeux (P.)., 82, rue Quincampoix, Paris. TÉLÉPH 119-29.

FILTRATION SPÉCIALE

Flamand-Hazard, Filtres Capillery, 9, rue de la Chaussée-d'Antin, Paris.
Letang fils, 108, rue Vieille-du-Temple, Paris.

GLYCÉRINE, ACIDE ACÉTIQUE, COLORANTS, ETC.

Grangé (Th.), 15, rue Michel-le-Comte, Paris.

HOUPPES, PATTES DE LIÈVRE, ETC.

Coutran (J.), 105, avenue Parmentier, Paris.
Katz (D.), 141, rue Saint-Denis, Paris.

IMPRESSIONS SPÉCIALES

Deschamps (H.), 82, rue d'Hauteville, Paris. TÉLÉPH 155-84.

MACHINES SPÉCIALES POUR FABRICANTS DE SAVONS, ETC.

*Savy Jeanjean et C*ⁱᵉ, 162, rue de Charenton, Paris TÉLÉPH 900-03.

MÉTAL PLAQUÉ, OR, ARGENT, ETC.

Olive (P.), 47, rue de Saintonge, Paris.

NOIRS POUR COSMÉTIQUES

Petitjean (L.), 15, rue de l'Entrepôt, Paris.

OUTILLAGE POUR GRAVURES, EMBOUTISSAGE, GAUFRAGE, DÉCOUPAGE ESTAMPAGE, ETC.

Gautier (*J.*), 10, rue Oberkampf, Paris. ⬚TÉLÉPH 941-71.

PAPIERS DE FANTAISIE, CHROMOS, ETC.

*Barthélemy-Benard et C*ie, 15, rue du Jardinet, Paris.
Cosson (*F.*), 132, Faubourg Saint-Denis, Paris.

PEAU DE BAUDRUCHE ET AUTRES POUR FLACONS

Baumann (*M.*) *fils*, 93, boulevard Sébastopol, Paris. ⬚TÉLÉPH 228-43.
Fabre (*C*). *et C*ie, Aubervilliers (Seine). ⬚TÉLÉPH 410-81.
Martin, 47, rue d'Alsace, Courbevoie (Seine). ⬚TÉLÉPH 85.
*Rouvel et C*ie, 6, rue de Turbigo, Paris. ⬚TÉLÉPH 220-99.

PRODUITS DE CHIMIE ORGANIQUE ET PRODUITS ORDINAIRES

Laire (*de*) (*Établissements*), 47, quai des Moulineaux, Issy (Seine).
Poulenc frères, 92, rue Vieille-du-Temple, Paris.

PULVÉRISATION

Poulain (*L.*), 110 à 114, rue Pelleport, Paris. ⬚TÉLÉPH 929-23.

RÉCIPIENTS SPÉCIAUX

Odelin (*G.*), *Emaillerie Parisienne*, 67 et 68, quai du Point-du-Jour,
Pont-de-Billancourt (Seine). ⬚TÉLÉPH 695-01.

TUBES EN ÉTAIN

Cherrier (*L.*), 12, boulevard de la Villette, Paris.
Daget (*E.*), 11, rue Saint-Gilles, Paris.
Dorizon, 40 et 42, rue Saint-Sabin, Paris.
Krieg et Zivy, 7, rue Barbès, Montrouge (Seine). ⬚TÉLÉPH 714-96.

VASELINE, HUILES, CIRES, ETC.

Goerger (*A.*), 43, boulevard de Strasbourg, Paris.

Belet (E.) et Cie, 25, rue de l'Entrepôt, Paris.
Beaune (L. de), 112, boulevard Blanqui, Paris. ⌜TÉLÉPH⌝ 811-85.
Dolligny (L.), 4, cité Paradis, Paris.
Dépinoix (C.), 7, rue de la Perle, Paris.
Godard (L.), 5, quai aux Fleurs. ⌜TÉLÉPH⌝ 820-30.
Labuthie (G). et P. Robin, 22, rue de Tanger, Paris. ⌜TÉLÉPH⌝ 411-49.
Roberge (H.), 30, rue des Francs-Bourgeois, Paris.
Rouquairol, 204, rue Saint-Maur, Paris. ⌜TÉLÉPH⌝ 401-77.
Rouyer (F.), 83, avenue Ledru-Rollin et 18, rue Saint-Nicolas, Paris.
Saumont (H.), 41, rue de Turenne, Paris. ⌜TÉLÉPH⌝ 214-01.
Verreries-de-Romilly-sur-Andelle, Romilly-sur-Andelle (Eure).

III

ADRESSES ABSOLUMENT INDISPENSABLES
AUX COLONIAUX

ABACA

(MACHINES POUR LE TRAVAIL DE L')

(Fibres de Bananier)

Fasio (F.), 56, rue d'Isly, Alger, Algérie.

ACCUMULATEURS ÉLECTRIQUES

Compagnie française des accumulateurs électriques « Union », 13, rue de Londres, Paris.

AGAVES

(MACHINES POUR LE TRAVAIL DES)

(Aloès, Fourcroya, Sisal, Tampico, etc.)

Fasio (F.), 56, rue d'Isly, Alger, Algérie.

AGRICULTURE COLONIALE

MACHINES ET OUTILS CULTURAUX, PERFECTIONNÉS ET SPÉCIAUX POUR COLONS,
CHARRUES, HERSES, ROULEAUX, BRABANTS
SEMOIRS, BILLONNEURS, BUTTEURS, FOUILLEUSES, SCARIFICATEURS
EXTIRPATEURS, TRAINEAUX, HOUES, ARRACHEUSES
FANEUSES, RATEAUX, BROUETTES

Bajac (A.), ingénieur-constructeur, breveté S. G. D. G. — Forges, ateliers de construction, bureaux et magasins à Liancourt (Oise). TÉLÉPH 12.

Simon frères, ateliers de construction et fonderie, à Cherbourg (Manche). TÉLÉPH 3.

Tissot (J.-C.), appareils brevetés. — Bureaux et magasins, 7, rue du Louvre, Paris. TÉLÉPH 145-34.

ANANAS

(MACHINES POUR LE TRAVAIL DES FIBRES D')

(Fibres piña)

Fasio (F.), 56, rue d'Isly, Alger, Algérie.

APICULTURE

RUCHES, SOCLES, MAGASINS ET HAUSSES, COUTEAUX SPÉCIAUX
SECTIONS, CÉRIFICATEURS, EXTRACTEURS
CHAUDIÈRES, MATURATEURS, PRESSOIRS, MARMITES, NOURRISSEURS
TOUS ACCESSOIRES

Tissot (J.-C.). — Bureaux et magasins, 7, rue du Louvre, Paris. TÉLÉPH 145-34.

APLATISSEURS DE GRAINS

Simon frères, ateliers de construction et fonderie, à Cherbourg (Manche). TÉLÉPH 3.

APLATISSEURS DE FEUILLES

Fasio (F.), constructeur, 56, rue d'Isly, Alger.

ARACHIDES

(MACHINES POUR LE TRAVAIL DES)

Hérault (P.), constructeur mécanicien, 197, boul. Voltaire, Paris.

ARBORICULTURE

CROISSANTS, ÉMONDOIRS, SERPES, ÉCHENILLOIRS, SÉCATEURS CISAILLES, SERPETTES, DÉPLANTOIRS

Tissot J.-C. — Bureaux et magasins, 7, rue du Louvre, Paris. TÉLÉPH 145-34.

ASSURANCES

VIE

Urbaine (L'), 8, rue Le Peletier, Paris. TÉLÉPH 108-98.

ARPENTAGE

DÉCAMÈTRES, CHAINES, NIVEAUX, BOUSSOLES, GRAPHOMÈTRES, MINES NIVELETTES

Tissot (J.-C.). — Bureaux et magasins, 7, rue du Louvre, Paris. TÉLÉPH 145-34.

(VOIR GÉODÉSIE)

AUTOMOBILES

VOITURES

De Dion-Bouton et Cie, 36, quai National, Puteaux (Seine).

CANOTS

Société anonyme des Vedettes-automobiles, 65, rue de la Victoire, Paris, TÉLÉPH 217-16.

Moteurs Aster pour la navigation, 33, boulevard Carnot, Saint-Denis, (Seine).

Dalifol et Cie, 229, boulevard Péreire, Paris.

Société du propulseur amovible extra-léger « La Motogodille », G. Trouche et Cie, 206, boulevard Péreire, Paris.

AVICULTURE

COUVEUSES, ÉLEVEUSES, ÉPINETTES, PONDOIRS
LAMPES SPÉCIALES, BOITES, D'ÉLEVAGE, MANGEOIRES ET ABREUVOIRS
BILLOTS, RATELIERS, MUES, CAGES, PIGEONNIERS, FAISANDERIES,
CABANES, POULAILLERS, BARBOTIÈRES, COFFRES, PANIERS, PIÈGES

Tissot (J.-C). — Bureaux et magasins, 7, rue du Louvre, Paris.
[TÉLÉPH] 145-34.

BAROMÈTRES

THERMOMÈTRES, HYGROMÈTRE, BOUSSOLES, CURVIMÈTRES, COMPTEURS
JUMELLES, LONGUES-VUES, LOUPES
INSTRUMENTS SPÉCIAUX INOXYDABLES POUR LES COLONIES

Vinay, "Lunetterie normale," 60, rue Lafayette, Paris.

BATTEUSES

Beaupré (E.), ingénieur-constructeur, Montereau (Seine-et-Marne)
(Spécialité de batteuses à plan incliné).
Mayfarth (Ph.) et Cie, ingénieurs-constructeurs, 6, rue Riquet,
Paris. [TÉLÉPH] 428-53.
Simon frères, ateliers de construction et fonderie, Cherbourg
(Manche). [TÉLÉPH] 3.

BEURRERIE

MALAXEURS, LISSEUSES, MOULES, OUTILLAGE EN BUIS

Simon frères, ateliers de construction et fonderie, Cherbourg
(Manche). [TÉLÉPH] 3.

BLUTERIES, TARARES, TRIEURS, TAMIS, CRIBLEURS

(VOIR : SOIE ET GAZES, TOILES D'ACIER ET DE BRONZE, ETC.)

Billioud (A.), ingénieur, 46, rue Albouy, Paris.
Hérault (P.), constructeur-mécanicien, 197, boulevard Voltaire,
Paris.
Renault, Lévêque et Cie, 37 et 39, rue J.-J.-Rousseau, Paris.
[TÉLÉPH] 107-2

BOTANIQUE

LABORATOIRE, ÉTUDES, DÉTERMINATION DES ESPÈCES
CLASSIFICATION, ETC.

Muséum d'histoire naturelle, rue Cuvier, Paris.

BROUETTES A SAC ET AUTRES

Mainguy, 28, rue Guérin, Marseille.
Mallet (E.-L.), boulevard d'Accès, Marseille.
*Renaud Lévêque, et C*ie, 37 et 39, rue J.-J.-Rousseau, Paris.
TÉLÉPH 107-27.

BROYEURS ET MOULINS

*Renaud Leprêtre, et C*ie, 37-39, rue J.-J.-Rousseau, Paris.
TÉLÉPH 107-27.
*Dalbouze fils, Bracchet et C*ie, 11, rue du Château, Puteaux
Seine. TÉLÉPH 528-95.
Simon frères, ateliers de construction et fonderie, à Cherbourg
(Manche). TÉLÉPH 3.
Société anonyme Humboldt, 17, boulevard Haussmann.
Turner (E.-R. et F.) Limited, Ipswich (Angleterre).
Société anonyme de Constructions mécaniques et Fonderies nan-
céennes, 40, faubourg Stanislas, Nancy.

CABLES MÉTALLIQUES

Pelon et Roger, 76, avenue de la République, Paris.
*Renaud, Lévêque et C*ie, 37-39, rue J.-J.-Rousseau, Paris.
TÉLÉPH 107-27.

CACAOYÈRES

(MACHINES SPÉCIALES POUR TRAVAIL DU CACAO)

*Savy, Jeanjean et C*ie, 162, rue de Charenton, Paris. TÉLÉPH 909-03.
Wilckens (Th.), Gr. Reicheustrasse, 25, Hambourg et Dorotheen-
strasse, 22, Berlin, N. U. T.
*Mayfarth (Ph.) et C*ie, rue Riquet, Paris. TÉLÉPH 428.53

CAPTATION ET RÉCUPÉRATION DES POUSSIÈRES

Chassaing et Cie ingénieurs-constructeurs, 4, passage Fontaine-Delvaulx, Lille. ⌧ TÉLÉPH 215-77.

CHASSE

ARMES ET MUNITIONS

Manufacture française d'armes, Saint-Etienne (Loire).

CHAUFFAGE INDUSTRIEL

Chassaing et Cie ingénieurs-constructeurs, 4, passage Fontaine-Delvaulx, Lille. ⌧ TÉLÉPH 215-77.

CIDRERIE

(APPAREILS POUR)

BROYEURS, LAVEURS, PRESSOIRS

Simon frères, Cherbourg, Manche. ⌧ TÉLÉPH 3.

CHEMINS DE FER

Voir : *Transports*

CHIMIE

LABORATOIRES. — ANALYSES DE TERRES, MINERAIS, PRODUITS, ETC.

Gallois (Ch.), 81, rue de Maubeuge, Paris.

PRODUITS ET MATÉRIEL POUR LABORATOIRES

Gallois (Ch.), 37, rue de Maubeuge, Paris.
Poulenc frères, 19, rue du Quatre-Septembre, Paris.
Salle (H.) et Cie, 4, rue Elzévir, Paris.
Fontaine (G.) fils, 16, rue Monsieur-le-Prince, Paris.

CIMENT. — CHAUX HYDRAULIQUES

Société des ciments de Portland artificiel de l'Indo-Chine, 33, rue Joubert, Paris. ⌧ TÉLÉPH 215-77.

COCOTERIES

OUTILS SPÉCIAUX POUR COCOTERIES, CASSE-NOIX, ETC.

Wilckens (Th.), Gr. Reichenstrasse, 25, Hamburg.

COIR

(MACHINES POUR LE TRAITEMENT ET LA PRÉPARATION DES FIBRES DE)

Lehmann (E.), Chatham Buildings, 8, Chatham street, Manchester.

COULEURS

(SPÉCIALES POUR COLONIES)

Société de fabrication de couleurs minérales, 6, rue de Clermont Beauvais (Oise).

COUPE-RACINES

Hérault (P.), Constructeur-mécanicien breveté, 197, boulevard Voltaire, Paris.

CHARPENTIER

(OUTILS DE)

COGNÉES, HACHETTES, BISAIGUES, COINS, MASSES, MERLINS,
TARIÈRES, SCIES, HACHEREAUX

Tissot (J.-C.), Magasins et Bureaux, 7, rue du Louvre, Paris.
TÉLÉPH 145-34.

CONCASSEURS

Dalbouze fils, Brachet et Cⁱᵉ, 11, rue du Château, Puteaux (Seine).
Hérault (P.), constructeur-mécanicien, 197, boulevard Voltaire, Paris.
Martin, Bitterfeld, Allemagne (concasseur pour noix de palme).
E. Poisson, Cotonou, Dahomey (concasseur pour noix de palme).
Simon frères, ateliers de construction et Fonderie à Cherbourg (Manche). TÉLÉPH 3.
Société anonyme de Constructions mécaniques et Fonderies nancéennes, 40, rue Faubourg-Stanislas, Nancy.

CONSTRUCTIONS DÉMONTABLES

Compagnie des constructions démontables et hygiéniques, 45, rue Lafayette, Paris. [TÉLÉPH] 112-52.

Sée (E. et A.), ingénieurs-constructeurs, 15, rue d'Amiens, Lille. [TÉLÉPH] 304.

COTON

(MACHINES POUR LE TRAVAIL DU)

Asa Lees et Cᵒ Lᵗᵈ, Oldham, Angleterre.

COUVERTURES ET TOITURES

Andernach (A.-W.), Anvin, Pas-de-Calais.
Industrie internationale (L'), « Le Rubéroïde », 20, rue Saint-Georges, Paris.
Maas (E.), carton cuir armé ardoisé, 16, rue de Châteaudun, Paris (XIᵉ).

DÉCORTIQUEURS

Gordon John and Cᵒ, 9, New Broad Street, London, E. C.
Marcus Mason and Cᵒ, Produce Exchange, New-York, U. S. A.
Billioud (A.). — Ingénieur, 46, rue Albouy, Paris.
Lehmann (E.), 8, Chatham Buildings, Manchester, Angleterre.

DÉFIBREUSES

Fasio (F.), 56, rue d'Isly, Alger.
« Mono-défibreuse », dépôt à Paris, chez M. Chaumeron, 41, rue de Trévise.

DÉPULPEURS

Atelier mécanique « de Bromo » à Pasoeroan, Java.
Gordon John and Cᵒ, 9, New Broad Street London, E. C.
Établissement des filtres Philippe, 188-190, rue du Faubourg-Saint-Denis, Paris. — Dépulpeurs, filtres et filtres-presses, pompes, malaxeurs, installation d'usines. [TÉLÉPH] 406-11.

DISTILLATION, DISTILLERIES AGRICOLES ET INDUSTRIELLES
RECTIFICATION

EAUX-DE-VIE, RHUM, ALCOOLS INDUSTRIELS, WISKIES, GENIÈVRES, ETC.

APPAREILS

*Egrot, Grangé et C*ⁱᵉ, 19, rue Mathis, Paris. TÉLÉPH 411-75.
Philippe (A.), 188-190, rue du Faubourg-Saint-Denis, Paris. —
Filtres et filtres-presses, pompes malaxeurs. TÉLÉPH 406-11.
(Voir : *Fermentation*).
V. Vermorel, Alambics perfetionnés. Villefranche (Rhône).

DRAINAGE

(OUTILS DE)

LOUCHETS, CUILLERS, CHARRUES A GAZON, CROCHETS, DRAGUES, HOYAUX

BÊCHES, PIOCHES

Tissot (J.-C.), Bureaux et Magasins, 7, rue du Louvre, Paris,
TÉLÉPH 145-34.

DYNAMITE ET EXPLOSIFS

Société anonyme d'explosifs et de produits chimiques, 19, rue Louis-
le-Grand, Paris.
Société générale pour la fabrication de la dynamite, 12, place Vendôme, Paris.

ENNEMIS ET MALADIES DES PLANTES

PALS INJECTEURS, PIÈGES A PAPILLONS, BROSSES, ETC.

V. Vermorel, constructeur à Villefranche (Rhône).

ÉPIERREURS

Froment, Chanvre, Cafés verts ou torréfiés, Cacaos

Hérault (P.), Constructeur-mécanicien breveté 197, boulevard
Voltaire, Paris.

ÉQUIPEMENT

CAMPEMENT COMPLET ET MATÉRIEL COLONIAL

Maison Flem. Henry (*R.*), ingénieur, E. C. P. *et Poisson, successeurs.*
Fabrique de tentes; matériel de campement; équipements, etc.,
40, rue Louis-Blanc, et 5, rue Richelieu, Paris (X°). TÉLÉPH 422-17 et
314-22. Adresse télégraphique : Flem-Paris.

Catalogue franco sur demande. — Réclamer catalogue P. H.
(dernière édition).

ÉTUDES, ENTREPRISES, EXPERTISES

MATIÈRE COLONIALE

Paul Hubert, ingénieur-conseil, 8, rue La Fontaine, Paris
TÉLÉPH 327-33.

ÉLÉVATEURS ET TRANSPORTEURS (VIS D'ARCHIMÈDE)

La Burthe et Sifferlen, avenue Herbillon, Saint-Mandé, Paris.
TÉLÉPH 922-78.
Aug. Gaudillon, ingénieur-constructeur à Senlis (Oise).

ÉVAPORATEURS. — DESSICCATEURS. — SÉCHOIRS

FRUITS DIVERS

Banane, Cacao, Coprah, Figues, etc.,

Mayfarth (*Ph.*) *et* Cie, constructeurs, 6, rue Riquet, Paris (XIX°),
TÉLÉPH 428-53.
Vermorel (*V.*), constructeur, Villefranche (Rhône).

FARINES

(OUTILLAGE COMPLET POUR TRAVAIL DES)

Renaud, Levéque et Cie, 37-39, rue J.-J.-Rousseau, Paris.
TÉLÉPH 107-27.

FÉCULERIE

INSTALLATIONS COMPLÈTES

Pommes de terre, Manioc

Hérault (*P.*), 197, boulevard Voltaire, Paris.

FERMENTATIONS

Produits, Levures sélectionnées

Jacquemin (G.), Levures sélectionnées. — Bouillie anticryptogamique. — Institut de recherches scientifiques et industrielles, Malzéville, près Nancy. TÉLÉPH 1-03 Nancy.

FILTRATION

FILTRES ORDINAIRES, FILTRES CENTRIFUGES, FILTRES-PRESSES

Cappillery (A.), « Filtre français », à Le Vigan (Gard). Filtre rapide, hermétique et universel, le plus en progrès. Médaille d'or, diplôme d'honneur, hors concours, membre du jury.

Établissements de filtres, Philippe (A.), 188-190, rue du Faubourg-Saint-Denis, Paris.

Filtres Philippe, de grandeurs, formes et dispositions diverses, pour tous liquides alimentaires et industriels. — Épurateurs d'eaux. — Filtres-presses. — Pompes. — Malaxeurs. — Installations d'usines. — Exposition universelle, Paris, 1900. 3 médailles d'or, TÉLÉPH 406-11.

FORÊTS
(EXPLOITATION DES)

HACHETTES, MARQUES EN FER, ÉQUERRES
CEINTURES POUR ÉLAGUEURS, GRIFFES

Tissot (J.-C.), Bureaux et magasins, 7, rue du Louvre, Paris. TÉLÉPH 145-34.

FROID

APPAREILS ET PRODUITS

Société du Froid industriel, 69, rue de Turbigo, Paris. TÉLÉPH 282-19.

FRUITS

APPAREILS POUR PELER LES POMMES

Mayfarth (Ph.) et *Cie*, 6, rue Riquet, Paris. TÉLÉPH 428-53.

HACHE-PAILLE. FOURRAGES, ETC.

Hérault (P.), mécanicien breveté, 197, boulevard Voltaire, Paris.

HISTOIRE NATURELLE

Les fils d'Emile Deyrolle, 46, rue du Bac, Paris. TÉLÉPH 729-27.

HARNAIS AGRICOLES ET ACCESSOIRES

Bajac (A.), Ingénieur-constructeur, Liancourt (Oise). TÉLÉPH 12.

HORTICULTURE

(OUTILLAGE D')

BATEAUX, HERSES, INCISEURS, RAYONNEURS, TRACEURS, PLANTOIRS, SER-
PETTES, BINETTES, POUSSETTES, RATISSEURS, GREFFOIRS, SEMOIRS,
SÉCATEURS, TONDEUSES, CISAILLES, TONNEAUX D'ARROSAGE, ÉCHELLES A
DÉCLANCHEMENT, SERFOUETTES, SCIES, FOURCHES, BÊCHES, ARROSOIRS,
SERINGUES, SOUFLETS, ETC., ETC.

Bajac (A.), Ingénieur-constructeur, Liancourt (Oise). TÉLÉPH 12.
Tissot (J.-C.), Bureaux et magasins (appareils brévetés), 7, rue du
Louvre, Paris. TÉLÉPH 145-35.

HYDRAULIQUE. IRRIGATIONS. POMPES. NORIAS

L. Pellet et Cie, Ingénieurs-constructeurs, 5 *bis*, place Voltaire,
Paris. TÉLÉPH 925-46.
Aug. Gandillon, Ingénieur-constructeur à Senlis (Oise).

HYGIÈNE

ANTISEPTIQUES ET DÉSINFECTANTS

Cie du gaz Clayton, 20, rue Taitbout, Paris.
Société française de produits sanitaires et antiseptiques, 35, rue des
Francs-Bourgeois, Paris (IVe). — *Crésyl Jeyes*. Médaille d'or à l'Exposition universelle de Paris, 1900 (la seule décernée aux désinfec-
tants et antiseptiques). TÉLÉPH 127-89.

CRÉSYL-JEYES

Société parisienne d'antisepsie. — *Lusoforme*, 15, rue d'Argenteuil,
Paris.
Société française du carbonyle, 182, rue Lafayette, Paris.

APPAREILS

RÉSERVOIRS DE CHASSE, APPAREILS INODORES, URINOIRS, FONTAINES LAVABOS, SIPHONS, ETC.

R. Le Garrec, 8, rue des Francs-Bourgeois, Paris.
Usines du Pied-Selle, à Fumay, Ardennes.

INDIGOTERIE

INSTALLATIONS COMPLÈTES

Ateliers mécaniques « de Bromo », à Pasoeroean (Java).

INSECTICIDES

Tissot (J.-C.), Bureaux et magasins, 7, rue du Louvre, Paris TÉLÉPH 145-34.
Lefèvre (A.), ingénieur, Presles (Seine-et-Oise).
Rivoire père et fils, «Le Foudroyant», 16, rue d'Algérie, Lyon.
Truffaut (G.), ingénieur-chimiste, « La Biogine », Versailles (Seine-et-Oise).

LAITERIE

ÉCRÉMEUSES CENTRIFUGES, BARATTES, POTS A LAIT, THERMOMÈTRE CRÉMOMÈTRE, LACTO-DENSIMÈTRES

Simon frères, ateliers de construction et fonderie, à Cherbourg Manche). TÉLÉPH 3.

LAVEURS

(POUR RACINES, ETC.)

Baïac (A.), Ingénieur-constructeur, Liancourt (Oise). TÉLÉPH 12.

LIQUEURS

(MATÉRIEL POUR LA FABRICATION DES)

Egrot et Grangé, 19 à 23, rue Mathis, Paris. TÉLÉPH 411-75.

MANÈGES

Simon frères, ateliers de construction et fonderie, Cherbourg (Manche). TÉLÉPH 3.

MOULINS A CANNE A SUCRE ET ACCESSOIRES

Fried. Krupp A.-G. Grusonwerk, Magdeburg-Buckau (Allemagne).

MOULINS A VENT

Pilter, 24, rue Alibert, Paris.

MOTEURS

MOTEURS PROPREMENT DITS

EAU (TURBINES, ROUES HYDRAULIQUES

Société des établissements Singrun, Epinal (Vosges).

ALCOOL, GAZ, ESSENCE, PÉTROLE

Moteurs « Gardner ». — Nouvelet et Lacombe, 111, quai d'Asnières, à Asnières (Seine).

Simon frères, ateliers de construction et fonderie, Cherbourg (Manche), « L'Autonome ». TÉLÉPH 3.

Société des « moteurs Niel », 54, rue de Châteaudun, Paris. TÉLÉPH 116-79.

ÉLECTRIQUES (DYNAMOS)

Jacquet frères, Vernon (Eure).

NAVIGATION (SOCIÉTÉS DE)

Chargeurs-Réunis, 1, boulevard Malesherbes, Paris.
Cyprien, Fabre et Cie, 69, rue Sylvabelle, Marseille.
Compagnie Fraissinet, 6, place de la Bourse, Paris.
Compagnie générale transatlantique, 5, rue des Mathurins, Paris.
Compagnie havraise, péninsulaire, 13, rue Grange-Batelière, Paris.
Messageries maritimes, 1, rue Vignon, Paris.
Compagnie nationale, 18, rue de la République, Marseille.

OLIVES

(TRAVAIL DES)

BROYEURS POLYLAMES

Simon frères, Cherbourg (Manche). TÉLÉPH. 3.

PALMES. NOIX ET HUILE

(MACHINES SPÉCIALES POUR)

Martin, Bitterfelet, Allemagne.
Poisson (E.), à Cotonou, Dahomey.
Wilckens (Th.), Gr. Reichenstrasse, 25, Hambourg et Dorotheen-strasse, 22, Berlin (N. W. 7).

PATES ALIMENTAIRES

(MATÉRIEL POUR FABRIQUES DE)

L'Huilier, Palez et Cie, Vienne (Isère).

PATISSERIES ET CONFISERIES

(MATÉRIEL POUR)

Hummel (J.), 28, rue Notre-Dame-de-Nazareth, Paris.

PESAGE

(APPAREILS DE)

Trayvou (B.), usines de la Mulatière, Lyon.
E.-L. Mallet, boulevard d'Accès, Marseille.
Société nouvelle des Etablissements Decauville aîné, Petit-Bourg (Seine-et-Oise).
Rondet, Schor et Cie, 25, rue du Banquier, Paris.

PÈSE-GRAINS

Renaud, Levéque et Cie, 39 et 37, rue J.-J.-Rousseau, Paris. TÉLÉPH 107-27.

PHARMACIE

PRODUITS ET USTENSILES PORTATIFS

Beurrier (*J.*), « Fédit-comprimé », 56, rue de La Rochefoucauld, Paris.

Michel Legros, « Trousse Michel Legros », contre serpents, insectes venimeux, etc., Limoges.

PHARMACIE VÉTÉRINAIRE

Tricard (*A.*), 10, rue Trézel prolongée, Levallois-Perret, Paris.

PHOTOGRAPHIE

PRODUITS

Gallois Ch., 37, rue de Dunkerque, Paris.
Jougla, 45, rue de Rivoli, Paris. TÉLÉPH 105-75.
Lumière (*A.*) *et ses fils*, Lyon-Monplaisir.

APPAREILS

Nouveaux établissements du Comptoir photographique colonial, 20, rue Monge, et 8, rue des Ecoles, Paris (V⁰).

Gaumont (*L.*) *et Cⁱ*, ingénieurs-constructeurs. Le Block-Notes, 57, rue Saint-Roch, Paris (Iᵉʳ).

Richard frères, Vérascope, 3, rue Lafayette, Paris.

Photo-Hall, 5, rue Scribe, Paris. TÉLÉPH 240-52.

Dom-Martin, 51 *bis*, boulevard Saint-Germain, Paris.

Hanau E. et fils, « Le Marsouin », 27, boulevard de Strasbourg, Paris.

PIPES

Quentin et Cⁱᵉ, 22, rue de Bondy, Paris.

PLANS INCLINÉS

Société nouvelle des Etablissements Decauville aîné, Petit-Bourg (Seine-et-Oise).

Société anonyme de constructions mécaniques et fonderies nancéennes, 40, boulevard Stanislas, Nancy.

PONTS PORTATIFS

Mallet (E.-L.), boulevard d'Accès, Marseille.
Société nouvelle des Etablissements Decauville aîné, Petit-Bourg (Seine-et-Oise).

POULIES

(VOIR AUSSI TRANSMISSIONS, PALIERS, CHAISES)

E. Vanlaethem, ingénieur-constructeur, 54, rue Secrétan, Paris. Poulies en bois et poulies en carton-cuir.

PRESSES

FILTRES-PRESSES (VOIR FILTRES)

PRESSES A BALLES

Coq (V.), Aix-en-Provence (Bouches-du-Rhône).
Mallet (E.-S.), constructeur, boulevard d'Accès, Marseille.
Mayfarth (Ph.) et Cie, constructeurs, 6, rue Riquet, Paris. TÉLÉPH 428-53.
Wilckens (Th.). Gr. Reichenstrasse, 25, Hambourg et Dorotheenstrasse, 22, Berlin, N. W. 7.

PRESSOIRS ET FOULOIRS

E.-L. Mallet, constructeur, boulevard d'Accès, Marseille.
Simon frères, ateliers de construction et fonderie à Cherbourg (Manche). TÉLÉPH 3.

PROSPECTION ET MINES

Alexandre Stucr, 4, rue de Castellane, Paris (VIIIe).
Prospection et appareils, Comptoir spécial de prospection minière. (Demander les catalogues spéciaux.)

PULVÉRISATEURS, SOUFREUSES, GAZOFACTEURS

Vermorel (V.), constructeur, Villefranche (Rhône). Pulvérisateur " Éclair ", Soufreuse " Torpille ".

PYROTECHNIE

Lacroix (E.), 12, boulevard de la Madeleine, Marseille.

QUINCAILLERIE COLONIALE

Tissot (J.-C.), 7, rue du Louvre, Paris. [TÉLÉPH] 145-34.

RIZERIES

(APPAREILS ET MACHINES POUR)

Renaud, Lévêque et Cie, 37, 39, r. J.-J.-Rousseau, Paris. [TÉLÉPH] 107-27.
Wilckens (Th.), Gr. Reichenstrasse, 25, Hambourg et Dorotheen-strasse, 22, Berlin (N. W. 7).
Simon frères, Cherbourg (Manche). [TÉLÉPH] 3.

ROUES

E.-L. Mallet, boulevard d'Accès, Marseille.

SACS, TOILES, TISSUS, FICELLES, CABLES, ETC.

Saint frères, 34, rue du Louvre, Paris.

SCIERIES

(MATÉRIEL POUR)

Hug (P.), 37, rue de Lyon, Paris.
Jametel (P.), ingénieur-constructeur, 41, cours de Vincennes, Paris.
E. Kiessling et Cie, 26, boulevard Beaumarchais, Paris.
Sussfeld Lorsch et Cie, 21, rue de l'Échiquier, Paris.
Kirchner et Cie, 77, rue Manin, Paris.

SÉCHOIRS (à café)

(VOIR ÉVAPORATEURS)

Ateliers mécaniques « de Bromo », à Pasoeroean (Java).

SELLERIE

ARTICLES SPÉCIAUX POUR COLONIES

Camille et ses fils, rue du Château-Landon, Paris.

STÉRILISATEURS

Etablissement de filtres Philippe (A.), 188-190, rue du Faubourg-Saint-Denis, Paris.
Stérilisateurs électro-chimiques et autres. — Epurateurs. — Filtres de tous genres. TÉLÉPH 406-11.

SOIES ET GAZES

POUR BLUTERIES, TAMIS, ETC.

Renaud, Lévéque et Cie, 31, 39, r. J.-J.-Rousseau, Paris. TÉLÉPH 107-27.

SOUDURE AUTOGÈNE

E. et A. Sée, ingénieurs-conducteurs, 15, rue d'Amiens, Lille. TÉLÉPH 3-04.

STORES

Boutoux (L.) *et C*^{ie}, 14, rue Taitbout, Paris.

SYLVICULTURE

Tissot (J.-C.), 7, rue du Louvre, Paris.

SUCRERIES

INSTALLATIONS COMPLÈTES

Ateliers mécaniques « de Bromo », à Pasoeroean (Java).

TABAC

(OUTILS, MACHINES POUR TRAVAIL ET PRÉPARATION DU)

Wilckens (Th.), Gr. Reichenstrasse, 25, Hambourg et Dorotheen-strasse, 22, Berlin, N. W. 7.

TÉLÉGRAPHIE SANS FIL

Ducretet (E.), ingénieur-constructeur, 75, rue Claude-Bernard, Paris.

TÉLÉPHONE

Société industrielle des téléphones, 25, rue du 4-Septembre, Paris.

TOILES D'ACIER ET DE BRONZE. — TOILES MÉTALLIQUES
POUR BLUTERIES, TAMIS, ETC.

*Renaud, Lévêque et C*ie, 37, 39, r. J.-J.-Rousseau, Paris. TÉLÉPH 107-27.

TOITURES SPÉCIALES POUR COLONIES

Andernach (A.-W.), Anvin (Pas-de-Calais).

TOILES MÉTALLIQUES

*Bompeix (A.) et C*ie, 12, rue du Caire, Paris.

TOILES ÉMERI
PAPIER ÉMERI, TOILE SILEX, TOILE VERRE, PAPIER SILEX
PAPIER DE VERRE, ETC.

Nathan Kahn, 6, rue du Repos, Paris.

TOLES PERFORÉES, ZINC A ALVÉOLES

*Renaud, Lévêque et C*io, 37, 39, r. J.-J.-Rousseau, Paris. TÉLÉPH 107-27.

TOURBE (CONSERVATION DES FRUITS)

Charmeux (F.), « Tourbe jaune de Hollande », 34, rue Sadi-Carnot, Thomery (Seine-et-Marne).

TRANSMISSIONS, PALIERS, CHAISES, ETC.

E. Vanlaethem, ingénieur-constructeur, 54, rue Secrétan, Paris.

TRANSPORTS AÉRIENS

Société de Construction de voies aériennes, 54, rue Blanche, Paris. TÉLÉPH 302-25.

TRANSPORT

CHEMINS DE FER A VOIE ÉTROITE

Ateliers de construction du Pont de Flandre, 1, boulevard Macdonald, Paris.

Société nouvelle des Établissements Decauville aîné, 13, boulevard Malesherbes, Paris.

Weitz (J.), chemin des Culattes, Lyon.

Orenstein et Koppel, 29, rue de Mogador, Paris.

Mallet (E.-L.), boulevard d'Accès, gare du Prado, Marseille.

Rondet, Schor et Cie, 25, rue du Banquier, Paris.

Pétolat (A.), Dijon.

Koppel (A.), Berlin, et 58, rue Lafayette, Paris.

TRAVAUX PUBLICS

(MATÉRIEL DE)

SONNETTES, DIABLES, BINARDS, FARDIERS, DRAGUES ET EXCAVATEURS

Rondet, Schor, et Cie, 25, rue de la Banque, Paris.

TREUILS, MOUFLES, PALANS, CRICS

Renaud, Lévêque et Cie, 37, 39, r. J.-J.-Rousseau, Paris. TÉLÉPH 107-27.

Société anonyme de Constructions mécaniques et Fonderie nancéennes, 40, faubourg Stanislas, Nancy.

TUILERIES ET BRIQUETERIES

(MATÉRIEL POUR)

Boulet et Cie, 28, rue des Ecluses-Saint-Martin, Paris.

Joly (J.), Blois.

Lobin fils, Aix-en-Provence.

TRAVAIL A FERRER

Bajac (A.), Ingénieur-constructeur, Liancourt (Oise). TÉLÉPH 12.

TRANSPORTEURS AÉRIENS

Société de Construction de voies aériennes, 54, rue Blanche, Paris. TÉLÉPH 302-25.

TURBINES ET ROUES HYDRAULIQUES

Aug. Gandillon, ingénieur-constructeur à Senlis (Oise).

VENTILATEURS ET ASPIRATEURS

Hamm (L.) et Cie, 15, rue de la Banque, Paris.
Société française d'électricité A. E. G., 42, rue de Paradis, Paris.

VENTILATEURS ET ASPIRATEURS ÉLECTRIQUES

Chassaing et Cie, ingénieurs-constructeurs, 4, passage Fontaine-Delsaulx, Lille. TÉLÉPH. 571.

VERMICELLERIE

(APPAREILS, ET MACHINES POUR)

Renaud, Lévéque et Cie, 37 et 39, rue J.-J.-Rousseau, Paris. TÉLÉPH 107-27.

VERRES D'OPTIQUE

Vinay, Lunetterie normale, 60, rue Lafayette, Paris.

VITICULTURE

FOULOIRS, PRESSOIRS

Simon frères, Cherbourg (Manche). TÉLÉPH. 3.

EXPORTATION

PAR SPÉCIALITÉS

ALIMENTATION

ALIMENTATION GÉNÉRALE

Autran (H.) L. T. D., 21, Mincing Lane, Londres, E. C.
Cassoute, 16, rue de Noailles, Marseille.
Potin (F.), 103, boulevard Sébastopol, Paris.
Soubiran (G.), Etablissement Saint-Michel, Bordeaux.
Société française des produits alimentaires « La Bordelaise », Le Boucat, Bordeaux.

Compagnie des conserves alimentaires de la Méditerranée, 4, rue du Jeune-Anacharsis, Marseille.

Comptoir spécial d'alimentation pour les colonies, 16, rue de l'Annam, Anvers.

AMANDES ET NOISETTES

Gouirand (Vve Henri), Aix-en-Provence.

BEURRES

Bretel frères, Valogne (Manche).
P. Fortin, Vire (Calvados).

BEURRE DE COCO

Rocca Tassy et de Roux, la « Végétaline », la « Cocoaline », 22, rue Montgrand, Marseille.

BIÈRES

Bière Stella — Compagnie française des Boissons hygiéniques. Maison Rigolet, Marseille.
Bière du Dragon, Prosper Dor, 7, rue Dieudé, Marseille.

BILLARDS

Loreau Père, 1, rue de Turenne, Paris.

BISCUITS ET GATEAUX SECS

Lefèvre-Utile, Nantes.

BOISSONS, EAUX GAZEUSES ET PRODUITS

Compagnie continentale des sparklets, 131, rue de Vaugirard, Paris (XVᵉ).

CHAMPAGNE ET MOUSSEUX

Perrier (R. et E.), Châlons-sur-Marne.
Werlé et Cⁱᵉ, Reims.
Rœderer (Ch.) et Cⁱᵉ, Reims.

CHOCOLAT

Poulain, « Nectar Cacao », Blois.

CORAIL

Schwister (L.), 75, rue Turbigo, Paris.

ESSENCES ET EXTRAITS

LIQUEURS, SIROPS, PARFUMERIE

Cartier-Ferréol, 6, rue Chevalier-Roze, Marseille.

FRUITS SECS

Abrate-Chiaffrino, Marseille.

HUILES

Fournier jeune et Cie, 1, rue du Chantier, Marseille.
Moullard, « La Sicilienne », huile d'olives, 18, boulevard Louis-Salvator, Marseille.

LAITS

SPÉCIAUX POUR EXPORTATION

Coleman (A.), 4, rue Chauchat, Paris.
Société des comprimés lactés, Mignot, Plumey et Manivet, Louviers (Eure), et 86, rue Lafayette, Paris.

MOUTARDE

Garcet et Tremblot, Yvetot (Seine-Inférieure).

PATES ALIMENTAIRES

Société la Fromentine, 16, boulevard Saint-Denis, Paris.

SEL

Vincent et Cie, 28, boulevard Malesherbes, Paris.

VIANDES (Conserves de)

Van Someren (A.), 7, rue de l'Esplanade, Anvers.

VINAIGRE

Sunhary de Verville, 68, rue Reinard, Marseille.
Garcet et Tremblot, Yvetot (Seine-Inférieure).

VINS ET SPIRITUEUX

Cazalis et Prats, Cette.
Artaud (J.-B. et A.), rue Plumier prolongée, Marseille.

IMPORTATION

PAR SPÉCIALITÉS

CACAOS

Augustin Louis, 18, rue Saint-François, Bordeaux.
Alleaume, 25, rue Fontenelle, le Havre.
Delaunay, Paris.
Riondé frères, Paris.

CAFÉS

Augustin Louis, 18, rue Saint-François, Bordeaux.
Baloy, Bordeaux.
Compagnie française des cafés calédoniens, 3, boulevard Bonne-Nouvelle, Paris.
Dufay-Gignaudet, Marseille.
Jouve (café), 8, boulevard Bonne-Nouvelle, Paris.
Maréchal, le Havre.
Sauvage, le Havre.
Turbert et Cie, le Havre.
Vermond (H.), 3, rue des Juges-Consuls, Paris.

CAOUTCHOUC

Augustin Louis, 18, rue Saint-François, Bordeaux.
Hecht frères et Cie, 75, rue Saint-Lazare, Paris.
Edeline (L.), 43, quai National, Puteaux.
Dutheil de la Rochère, Bordeaux.
Torrilhon E.-B. — *Usines à Chamalières et à Royat (Puy-de-Dôme)*, 10, faubourg Poissonnière, Paris.
Michelin et Cie, 105, boulevard Pereire, Paris.
Torrilhon (J.-B.), 10, faubourg Poissonnière, Paris (X°).
Soustre (R.) et E. Faure, 37, quai de Bourgogne, Bordeaux.

COPRAH ET PRODUITS OLÉAGINEUX

Rocca Tassy et de Roux, 22, rue Montgrand, Marseille.
Talvande frères et Douault, Nantes.

COQUILLAGES BRUTS

Myers (G.), 259, rue Saint-Martin, Paris.

CORAIL ET ÉCAILLES DE TORTUES

Myers (G.), 259, rue Saint-Martin, Paris.
Macpherson et Billy, 75, rue de Turbigo, Paris (IIIe).
Porral, 27, rue Saint-Martin, Paris.

COTON

Fossat (A. et E.), le Havre.

COULEURS VÉGÉTALES

Laurent (V.) et Cie, 62, rue Bara, Bruxelles.

CUIRS

Augustin Louis, 18, rue Saint-François, Bordeaux.

CUIVRE (MINERAIS)

Société des cuivres de France, 5, rue Cambon, Paris.

FIBRES ET TEXTILES

Chaumeron, 41, rue de Trévise, Paris.
Delhomme frères, filatures de Paimbœuf.
Paulard, 57, rue Grange-aux-Belles, Paris.
Vaquin et Schweitzer, le Havre.

FLEURS (ORCHIDÉES, etc.)

Ch. Béraneck, horticulteur, 36, rue de Babylone, Paris.

FRUITS

Hollier (L.), 13, boulevard Rochechouart, Paris.

GOMME ARABIQUE ET GOMME COPAL

Laurent (V.) et Cie, 61, rue Bara, Bruxelles.
Porral, 27, rue Saint-Martin, Paris.

HISTOIRE NATURELLE

INSECTES, OISEAUX, POISSONS, FAUVES, etc.

La Maison du colon, 175, rue Saint-Honoré, Paris.

IVOIRE

Henin (E.), 175, rue du Temple, Paris.

KOLA

Fillot, 134, rue Saint-Honoré, Paris.

MINERAIS

Comptoir géologique et minéralogique, Alexandre Stuer, 4, rue de Castellane, Paris (Collections d'études. — Demander liste des catalogues).

NACRE

Porral, 27, rue Saint-Martin, Paris.

PARFUMS ET ESSENCES

MATIÈRES PREMIÈRES

Chiris, 1, rue de Lubeck, Paris.
Laurent (V.) *et* Cie; 61, rue Bara, Bruxelles.
Robertet, 46, rue des Petites-Écuries, Paris.

POIVRE

Soustre (R.) *et Faure*, 37, quai de Bourgogne, Bordeaux.

PRODUITS ALIMENTAIRES

(VENTE AU DÉTAIL)

Adrien (*Anne-Marie*), 20, rue Claude-Pouillet, Paris.
Hediard, 21, place de la Madeleine, Paris.

RAPHIAS

Augustin Louis, 18, rue Saint-François, Bordeaux.

RIZ

Soustre (R.) et Faure, 37, quai de Bourgogne, Bordeaux.

ROTINS ET JONCS

Porral, 27, rue Saint-Martin, Paris.

SÉRICICULTURE

Ferrand et Guintrand, à Cogolin (Var).

SUCRE DE CANNE

Colhumel et Cie, Nantes.
Cossé-Duval et Cie, Nantes.

THÉS

Compagnie des thés de l'Annam, 15, rue Vieille-du-Temple, Paris.
V. Fiévet, 46, rue du Faubourg-du-Temple, Paris.
Thés supérieurs de l'Annam. Derobert frères et J. Fiart, Lyon.

VANILLE

Ardoin frères, 31, boulevard de Longchamp, Marseille.
Chiris, 1, rue de Lubeck, Paris.
Laurent (V.) et Cie, 61, rue Bara, Bruxelles.

TABLE DES MATIÈRES

CHAPITRE III

Industrie des parfums. — Manipulations à l'usine

Fabrication des essences naturelles

CHAPITRE IV

Produits marchands en parfumerie

CHAPITRE III

Bois

CHAPITRE IV

Feuilles

CHAPITRE V

Boutons et Fleurs

CHAPITRE VI

Fruits et grains

CHAPITRE VII

Gommes. — Résines. — Baumes

TROISIÈME PARTIE

MEMENTO GÉNÉRAL DU COLON

Paul HUBERT, Ingénieur-Conseil

8, rue La Fontaine, PARIS (XVIᵉ)

MISSIONS ET EXPERTISES AUX COLONIES

OBTENTION DE CONCESSIONS

RENSEIGNEMENTS, DEVIS, MISE EN VALEUR

ENTREPRISES AGRICOLES, COMMERCIALES ET INDUSTRIELLES

CONSTITUTIONS DE SOCIÉTÉS

ACHATS ET CESSIONS DE PROPRIÉTÉS

REPRÉSENTANTS & CORRESPONDANTS AUX COLONIES & PAYS ÉTRANGERS

SITUATIONS POUR PERSONNEL INTÉRESSÉ

TOUTES ENTREPRISES COLONIALES

CONSULTATIONS

DU MÊME AUTEUR

Les phosphates de chaux naturels. — Un volume......... 3 fr. 50
Traité complet de l'Enrichissement des phosphates de chaux. — Un volume... 7 fr. 50
Le superphosphate.................................... 6 fr.
Ocres et terres ocreuses. — Un volume.............. 2 fr. 50

Tours. — Imprimerie Deslis Frères, 6, rue Gambetta.

www.ingramcontent.com/pod-product-compliance
Ingram Content Group UK Ltd.
Pitfield, Milton Keynes, MK11 3LW, UK
UKHW020958140726
13695UKWH00001B/26